微积分探幽

从高等数学到数学分析

（上册）

谭小江 ◎编著

图书在版编目 (CIP) 数据

微积分探幽：从高等数学到数学分析．上册 / 谭小江编著．— 北京：北京大学出版社，2022.7

ISBN 978-7-301-33149-1

Ⅰ．①微… Ⅱ．①谭… Ⅲ．①微积分－高等学校－教材 Ⅳ．① O172

中国版本图书馆 CIP 数据核字 (2022) 第 119973 号

书　　名　微积分探幽——从高等数学到数学分析（上册）
　　　　　WEIJIFEN TANYOU——CONG GAODENG SHUXUE DAO SHUXUE FENXI（SHANGCE）

著作责任者　谭小江　编著

责任编辑　潘丽娜

标准书号　ISBN 978-7-301-33149-1

出版发行　北京大学出版社

地　　址　北京市海淀区成府路 205 号　100871

网　　址　http://www.pup.cn　新浪微博：@ 北京大学出版社

电子信箱　zpup@pup.cn

电　　话　邮购部 010-62752015　发行部 010-62750672　编辑部 010-62752021

印 刷 者　天津中印联印务有限公司

经 销 者　新华书店

787 毫米 × 1092 毫米　16 开本　20.5 印张　410 千字

2022 年 7 月第 1 版　2024 年 3 月第 2 次印刷

定　　价　56.00 元

前言

有一年, 我与几位北大的同学一起参加学校的招生活动. 途中这几位同学在讨论自己学习的高等数学时, 都感叹确实是很难. 当时一位经济学院的学生突然站出来, 很骄傲地告诉大家他正在参加数学学院的双学位学习, 其中数学分析课程比大家的高等数学难太多太多. "什么? 你敢去学数学学院的数学分析?" 在同伴们的赞叹声中, 这位经济学院的同学露出一副满意的笑容. 作为一位长期从事数学分析教学工作的教师, 看到这一场景不禁有些莞尔. 双学位的数学分析怎么是数学学院的数学分析了? 二者之间不论从课程难度和训练效果都差得太远了吧? 另一方面我也有些疑惑, 数学分析在这些北大同学的眼里怎么就变得那么神秘, 那么"高大上"了? 我自己当年由于条件限制, 基本是通过自学学习的数学分析, 怎么今天就变得高不可攀了?

这以后我就产生了一个想法, 能不能为这许许多多不是数学专业的同学写一本故事化一点, 平易近人, 大白话多一些, 能够自学的数学分析呢? 能不能写本书让数学分析平民化一点, 门槛低一点, 话啰唆一点, 多几句评论、说明、解释, 让数学分析不是那么"高大上", 那么让人害怕, 让更多的人有机会学习一点数学分析. 我将这一想法给曾经长期合作的北京大学出版社编辑潘丽娜老师讲了讲, 得到了充分的鼓励和肯定. 谢谢小潘老师. 好吧, 那就来试一试.

在我们现在的教学体制下, 大学的多数同学在学校学习的都是高等数学, 只有很少的一部分同学, 例如数学、力学、信息科学专业的学生学习的是数学分析. 在这些学习高等数学的同学里面, 有许多同学在学习期间, 甚至大学毕业几年之后, 都希望了解一点数学分析, 希望知道数学系的同学学习的是什么样的高深数学. 然而数学分析开始时的 Dedekind 分割、极限理论的七大定理等等就让许多人望而却步了. 这些东西都在讲什么呢? 我曾经教过的一位同学, 在学习了半个学期后, 十分感慨地评论: 数学分析太 "变态" 了, 就是不断在用一些十分显而易见的事去证明另一些显而易见的事. 半个学期就讲了一件事: "从直线左边走到右边必须经过直线上的点." 就这点事还把人讲得糊里糊涂, 考得稀里哗啦. 是的, "从直线左边走到右边必须经过直线上的点" 就是不容易讲清楚, 要将这句话转换为能够进行严谨逻辑推理的数学语言, 打造成建立整个微积分的基础, 构造出各种强有力的数学工具就更难了.

不能否认, 数学分析就是一门非常难的课程. 一个人要通过这门课程的学习, 掌握数学的基础知识, 对思维方式进行潜移默化的改造, 达到提升抽象思维能力、逻辑推理能力、计算能力的良好效果, 不经过严格训练, 没有 "ε-δ 语言" 的反复折磨, 又怎么可能呢? 特别地, 按照这样的要求, 要写一本多数人能够接受, 方便自学, 认真阅读后能够有收获的数学分析教材显然是件知易行难的事, 需要面对的是各种学习过或者没有学习过不同层次高等数学的同学, 需要面对他们深入学习或者浅尝即可的不同学习目的, 需要面对的太多太多. 怎样解决这些问题呢? 在本书中, 我们主要做了下面几个方面的工作.

第一, 尽可能将书写得故事化一点, 大白话多一点, 语言平易一点, 增强书的可读性, 降低进入的门槛. 本书从数学分析发展简史开始, 用故事来说明数学分析当时讨论的问题、遇到的困难, 以及解决这些困难的方法, 说明极限和实数理论产生的原因, 以及这些理论在数学分析中的作用. 我们用 Euclid 的故事和他的公理化方法引入实数理论, 而将 Dedekind 分割仅仅作为实数公理的一个模型, 并且强调以后不会再用到. 希望读者能够比较自然地接受实数的确界原理, 免去开始时学习 Dedekind 分割的困难以及其中十分烦琐的定义和推导. 另一方面, 我们将确界原理贯穿于一元微积分的始终, 将连续函数的三大定理、Lagrange 微分中值定理和 Newton-Leibniz 公式等等微积分的主要结论都作为确界原理的等价表述, 帮助读者理解严谨的数学分析里每一个重要成果都离不开确界原理, 因而需要重视实数理论. 当然这样做必然会使得许多故事与史实和人物并不完全符合, 甚至出现错误. 所以这里再一次强调我们是以故事的形式在表述, 希望同学学习时能够多一点了解, 得到些启示, 不论实数理论, 还是 Riemann 积分等的产生和发展过程都不能从史实上保证其完全准确.

第二, 保证内容的基本完整和章节的相对独立. 我们是按照北京大学数学科学学院数学分析课程的基本要求和框架来安排本书内容的, 并且初稿也多次在数学科学学院和信息科学技术学院数学分析课程的教学实践中实际使用, 书中的许多习题也是实际教学时的考试试题. 我们希望通过内容的基本完整, 帮助有需要的读者全面了解和学习数学分析. 当然, 为了保证自学的不同需求, 我们也将各章节安排得尽可能独立一些, 在每章开始的地方交代清楚这一章需要用到前面章节的哪些基本结论. 同时, 我们将书中所有定理分类为由相关定义直接推出的, 以及依赖于实数理论的. 希望帮助读者区分局部与整体, 掌握前后关系. 我期待这样做能使得读者即使跳过其中的一些章节也不影响阅读整本书. 当然, 为了这个目的, 我们不得不多次重复相同的故事, 多次表述同一个定义、同一个定理. 但按照数学分析的重点、难点需要通过多次强调, 不断重复和反复应用来掌握的实际情况, 这样的安排也是需要的.

第三, 突出重点, 保证本书的完全自洽与高度严谨. 我们在实数公理的基础上, 从 Archimedes 原理开始, 所有的结论都经过严格的逻辑推理. 希望读者能够从中理解和掌握高等数学与数学分析的差异, 能够通过不断地模仿和重复各种定义以及定理的表述和证明, 得到较好的数学训练. 而另一方面, 我们将单调有界收敛定理和 Cauchy 准则突出于各种不同极限的收敛问题中, 希望借此帮助读者理解 ε-δ 只是一种形式语言, 需要实数理论来提供强有力的支撑.

第四, 对重点和难点尽可能多次强调, 不断重复和反复应用. 本书的目的不是要将数学分析变得简单易学, 能够轻松掌握. 相反地, 数学分析不仅仅是知识学习, 更重要的是训练, 是逻辑推理能力、抽象思维能力和计算能力的培养, 不是教会你怎么算微分、积分就够了. 数学分析的学习应该注重数学思维的培养、严谨逻辑的训练, 注重提高学习能力. 特别是希望通过阅读本书自学的同学, 这一点就更重要了. 可是知易行难啊, 学习的过程中怎样达到训练的效果呢? 我常常这样想, 一个专业的乒乓球运动员为了掌握某一种技能并将其用到实战中, 需要小心地纠正动作, 千万次地重复, 不断地实践, 思维和逻辑训练难道不也应该这样吗? 大多数同学都需要在无数次 “因为 …… 所以 ……” “如果…… 则…… 否则……” “对于任意一个 …… 存在一个 ……” “存在一个…… 使得对于任意一个 ……” 的重复中将逻辑推理严谨、条件使用充分、语言表达准确转换为思维的本能. 因此, “重点强调、不断重复、反复应用” 必须贯穿在数学分析的整个学习过程中, 只有这样才能得到足够的逻辑训练, 理解和掌握数学分析中的重点、难点.

书中部分内容标了 $*$, 阅读时可以跳过.

本书的初稿多次在北京大学数学科学学院和信息科学技术学院数学分析课程的实际教学中使用, 许多同学对其中不容易理解的地方和错误提出了很多宝贵的意见和想法, 其中有同学不辞辛苦, 在初稿中标明了许多他们发现的错误和改进意见, 这里一并致谢.

对于读者, 我最后还想说一点. 数学分析是一门非常强调能力培养的课程, 特别是其中的学习能力. 如果你能够通过自己阅读完美地掌握数学分析, 恭喜你, 你的能力足以保证你学好任何其他课程. 为了你的素质训练, 来试一试, 挑战自我, 读一读数学分析吧. 希望我们的书对你有帮助.

谭小江

2022 年 1 月

目　录

第一章 实数理论

本章将首先介绍数学分析的发展历史, 说明其发展过程中碰到的问题, 以及解决这些问题的方法. 本章希望通过这些内容向读者说明数学分析这一门非常完整且自洽的学科, 是怎样开始的, 哪些基本假设是我们以后严格证明所有其他定理的基础. 接着本章将帮助读者了解极限理论, 以及作为极限理论的基础 —— 实数理论产生的原因、过程和主要结论. 然后本章将从公理化方法和公理系统的模型两个不同角度来讨论实数空间, 给出实数的确界原理.

本章是数学分析的基础, 也是以后各种逻辑推理的起点, 因而用到的观点和讨论的方法都比较抽象, 与中学数学, 或者高等数学有较大差异. 可能部分读者会感觉有些内容过于复杂、抽象, 有点困难. 但是, 按照数学分析学习的基本原则: 重点强调、多次重复和反复应用, 刚开始学习时觉得有些生涩不要紧, 经常回过头来读一读, 多反复几次, 在以后的学习中, 在多次接触各种抽象空间之后, 就能够不断加深对于实数理论的理解. 毕竟实数理论是数学分析需要学习的重要内容之一, 也是整个数学的起点, 掌握这一理论对于今后学习其他数学课程也会有非常大的帮助.

在本书后面的章节中, 我们也将多次回到这一章提出的问题、观点和相关结论. 例如, 后面将多次说明正是实数理论保证了我们有一个好的极限理论, 因而能够得到微积分的其他结论. 我们将利用连续函数的三大定理、Lagrange 微分中值定理和 Newton-Leibniz 公式等微积分学的基本结论来等价地重新描述实数的确界原理, 并说明其意义, 希望能够帮助读者在反复阅读、重点强调和多次应用的基础上, 较好地理解实数理论.

1.1 数学分析简史

数学分析中的微积分理论是 1665 年左右由 Newton 和 Leibniz 等人发明的. 当时由于实际生活以及物理和天文学等各方面的需要, 数学家面临两个问题 (见图 1.1):

(1) 设 $f(x)$ 是一函数, $p_0=(x_0,f(x_0))$ 是函数 $f(x)$ 所给曲线 L 上的一点, 问怎样定义并得到曲线 L 在点 p_0 处的切线?

(2) 设 $f(x)>0$ 是定义在区间 $[a,b]$ 上的函数, 令

$$D=\{(x,y)\mid x\in[a,b],0\leqslant y\leqslant f(x)\},$$

称 D 为由函数 $f(x)$ 定义的曲边梯形, 问怎样计算 D 的面积?

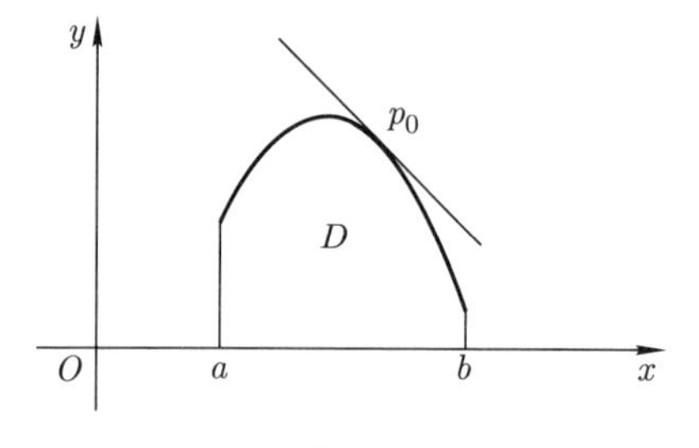

图 1.1

如果从物理的角度出发, 将曲线切线的斜率等同于一个运动的瞬时速度, 将曲边梯形的面积等同于通过运动的瞬时速度来得到运动的路程. 上面两个问题对于 Newton 则可以表述为怎样定义并得到一个运动的瞬时速度, 以及怎样通过一个运动的瞬时速度来计算这个运动在某一时间段通过的路程.

对于这两个问题, 当时的数学家提出了无穷小的概念. 他们认为无穷小是一类很小很小的量, 希望怎样小, 就可以怎样小, 时间上表示一瞬间. 这些量可以像通常的实数一样进行加、减、乘、除运算. 对于一个函数 $y=f(x)$, 当点 $p_0=(x_0,y_0=f(x_0))$ 固定后, 如果给自变量 x_0 加上一个很小很小的无穷小 $\mathrm{d}x$, 变为 $x_0+\mathrm{d}x$ 时, 因变量也会发生一个很小很小的无穷小变化 $\mathrm{d}y$, 即 $y_0+\mathrm{d}y=f(x_0+\mathrm{d}x)$, 见图 1.2.

这时, 在无穷小的意义下, 将函数曲线局部看成直线段, 则无穷小的商 $\dfrac{\mathrm{d}y}{\mathrm{d}x}$ 就是这一直线段的斜率. 而另一方面, 切线可以看作这一直线段经延长后所成的直线,

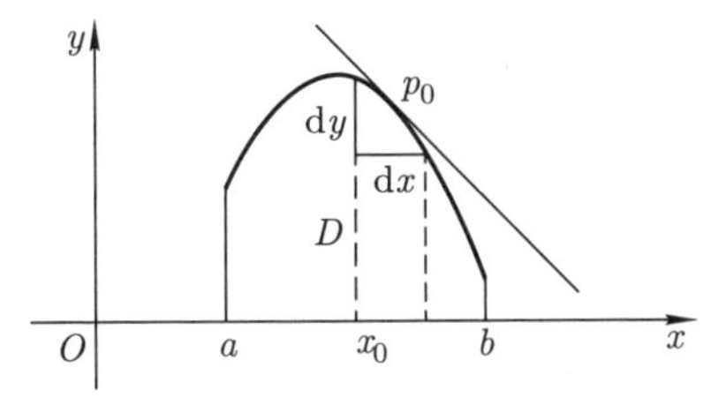

图 1.2

由此就得到函数曲线在点 $p_0 = (x_0, y_0)$ 的切线方程为

$$y - y_0 = \frac{\mathrm{d}y}{\mathrm{d}x}(x - x_0).$$

这样利用无穷小就解决了求函数曲线切线的问题.

现将 $\dfrac{\mathrm{d}y}{\mathrm{d}x}$ 记为 $f'(x_0)$, 称为函数 $f(x)$ 在 x_0 处的导数, 也称为微商 (即无穷小的商). 由关系式 $f'(x_0) = \dfrac{\mathrm{d}y}{\mathrm{d}x}$, 两边乘 $\mathrm{d}x$, 我们得到 $\mathrm{d}y = f'(x_0)\mathrm{d}x$, 其中 $\mathrm{d}y$ 称为函数的微分. 而另一方面, 已知 $y_0 + \mathrm{d}y = f(x_0 + \mathrm{d}x)$, 这一关系将微分表示为

$$\mathrm{d}y = f(x_0 + \mathrm{d}x) - y_0 = f(x_0 + \mathrm{d}x) - f(x_0).$$

现在设 x 是区间 $[a, b]$ 上任意的一个点, 用 x 代替 x_0, 我们得到等式

$$\mathrm{d}y = \mathrm{d}f(x) = f'(x)\mathrm{d}x = f(x + \mathrm{d}x) - f(x).$$

上式中用 $y - y_0$ 代替 $\mathrm{d}y$, $x - x_0$ 代替 $\mathrm{d}x$, 将微分 $\mathrm{d}y = f'(x_0)\mathrm{d}x$ 放大, 就得到函数曲线的切线. 因此求切线就是求函数的微分.

如果 $g(x) > 0$ 是定义在区间 $[a, b]$ 上的函数, 设 D 是由 $g(x)$ 定义的曲边梯形, 那么怎样得到 D 的面积呢? 首先从无穷小的角度考虑, 将曲边梯形 D 理解为由许许多多以 $g(x)$ 为高, 无穷小 $\mathrm{d}x$ 为宽的矩形组成的图形, 见图 1.3. 由此可得, D 的面积 $m(D)$ 可以表示为 $m(D) = \displaystyle\sum_{x\in[a,b]} g(x)\mathrm{d}x$. 这时, 假设能够找到另一个函数 $f(x)$, 使得对于 $[a, b]$ 中任意的点 x, 都成立 $g(x) = f'(x)$, 则由 $g(x)\mathrm{d}x = f'(x)\mathrm{d}x = f(x + \mathrm{d}x) - f(x)$, 我们得到

$$m(D) = \sum_{x\in[a,b]} g(x)\mathrm{d}x = \sum_{x\in[a,b]} f'(x)\mathrm{d}x = \sum_{x\in[a,b]} \mathrm{d}f(x) = \sum_{x\in[a,b]} [f(x + \mathrm{d}x) - f(x)].$$

对此, 类比于对于一个序列 $\{a_1, a_2, \cdots, a_n\}$, 在和式 $\displaystyle\sum_{k=1}^{n-1}(a_{k+1} - a_k)$ 中, 前后项

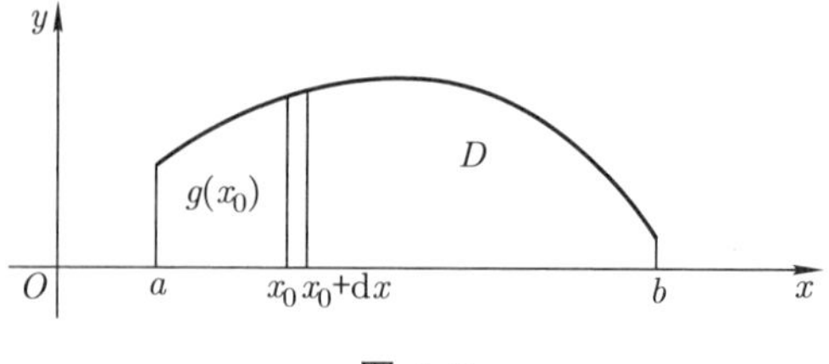

图 1.3

由于正负号不同, 因而相互抵消, 所以成立公式 $\sum_{k=1}^{n-1}(a_{k+1}-a_k)=a_n-a_1$, 在和式 $\sum_{x\in[a,b]}[f(x+\mathrm{d}x)-f(x)]$ 中, 将区间 $[a,b]$ 看作由无穷多个无穷小 dx 组成的集合, 则

$$\sum_{x\in[a,b]}[f(x+\mathrm{d}x)-f(x)]=[f(a+\mathrm{d}x)-f(a)]+[f(a+2\mathrm{d}x)-f(a+\mathrm{d}x)]\\+\cdots+[f(b)-f(b-\mathrm{d}x)],$$

前后项由于正负号不同, 因而也可以相互抵消, 所以成立公式

$$\sum_{x\in[a,b]}[f(x+\mathrm{d}x)-f(x)]=f(b)-f(a).$$

由此得到

$$m(D)=\sum_{x\in[a,b]}g(x)\mathrm{d}x=\sum_{x\in[a,b]}f'(x)\mathrm{d}x=\sum_{x\in[a,b]}[f(x+\mathrm{d}x)-f(x)]=f(b)-f(a).$$

当然, 对于上面无穷多个无穷小的和 $\sum_{x\in[a,b]}g(x)\mathrm{d}x$ 与有限和, 以及加法关系 $\sum_{k=1}^{n-1}(a_{k+1}-a_k)=a_n-a_1$ 与无穷和中关系 $\sum_{x\in[a,b]}[f(x+\mathrm{d}x)-f(x)]=f(b)-f(a)$ 的类比, Leibniz 本人也觉得有些问题. 为了区别, 他特意将在希腊文字中表述加法的词 summa 里的 "s" 拉长为 $\int$, 用以表示上面特别的和, 即将 $\sum_{x\in[a,b]}g(x)\mathrm{d}x$ 表示为 $\int_a^b g(x)\mathrm{d}x$, 称为函数 $g(x)$ 在区间 $[a,b]$ 上的积分. 利用这些关系式和符号, 就得到了现在称之为微积分学基本定理的 Newton-Leibniz 公式:

$$m(D)=\int_a^b g(x)\mathrm{d}x=\int_a^b f'(x)\mathrm{d}x=f(b)-f(a).$$

这一公式利用无穷小解决了怎样求曲边梯形面积的问题, 微积分由此诞生了.

微积分的发明将求切线与求面积这两种不同问题, 通过求一个函数的导数, 以及知道一个函数 $f(x)$ 的导数 $f'(x)=g(x)$ 之后, 求出函数 $f(x)$ 这两种不同的关系联系起来, 或者说将微分和积分联系起来, 使得以往许多表达不清楚、计算困难的问题变得简单、可以计算了. 这一发明大大推动了当时欧洲的科技和工业革命, 取得了一大批以往难以想象的成果.

然而随着微积分应用的不断深入, 人们对于这一理论中用到的无穷小产生了各种各样的疑问, 这其中最著名的是 1735 年左右由 Berkeley 提出的关于无穷小的质疑.

Berkeley 以 Newton 本人给出的, 求函数 $y=x^3$ 的曲线在点 $p_0=(x_0,y_0)$ 处切线的方法为例, 给自变量 x 增加一个无穷小 $\mathrm{d}x$ 后, 因变量 y 也产生了一个无穷小变化 $\mathrm{d}y$, 成立关系式

$$y_0+\mathrm{d}y=(x_0+\mathrm{d}x)^3=x_0^3+3x_0^2\mathrm{d}x+3x_0(\mathrm{d}x)^2+(\mathrm{d}x)^3.$$

将 $y_0=x_0^3$ 从等式两边消去, 两边再分别除以无穷小 $\mathrm{d}x$, 就得到

$$\frac{\mathrm{d}y}{\mathrm{d}x}=3x_0^2+3x_0\mathrm{d}x+(\mathrm{d}x)^2.$$

由于其中 $\mathrm{d}x$ 是无穷小, 因而 $3x_0\mathrm{d}x+(\mathrm{d}x)^2$ 也是无穷小, 可以忽略不计, 由此得 $\frac{\mathrm{d}y}{\mathrm{d}x}=3x_0^2$, 函数 $y=x^3$ 的曲线在点 $p_0=(x_0,y_0)$ 处的切线方程为

$$y-y_0=3x_0^2(x-x_0).$$

Berkeley 认为在 Newton 给出的方法中, 除式 $\frac{\mathrm{d}y}{\mathrm{d}x}$ 里的 $\mathrm{d}x$ 不能为 0, 因为 0 不能作为分母, 而等式 $\frac{\mathrm{d}y}{\mathrm{d}x}=3x_0^2$ 成立, 又必须 $\mathrm{d}x=0$, 这显然矛盾. Berkeley 称这一过程是在偷换概念, 在 $\mathrm{d}x=0$ 和 $\mathrm{d}x\neq 0$ 之间不断进行概念偷换, 犯了逻辑上的错误. Berkeley 将这种召之即来 ($\mathrm{d}x\neq 0$), 挥之则去 ($\mathrm{d}x=0$) 的无穷小称之为 "幽灵". 从 Berkeley 的观点来看, 建筑在无穷小幽灵上面的数学, 乃至将数学作为基础的科学并不是非常的严谨和可信.

Berkeley 提出的观点现在一般称为 Berkeley 悖论. 这一悖论在当时产生了极大的震动, 并由此引发了数学史上所谓的 "第二次数学危机" .

一方面, 微积分的许许多多实际应用成果使得人们有理由相信这一理论是正确的. 而另一方面, Berkeley 提出的质疑又是不能回避的. 当时许多数学家做了大量努力, 试图解决这一矛盾.

1820–1870 年期间, Cauchy 和 Weierstrass 等人提出了极限的概念, 并且不断地将其完善, 形成了极限理论, 试图利用极限来解释清楚什么是无穷小. 对于他们而言, 无穷小这样一种希望怎样小, 就可以怎样小的量不是一种给定的数量, 而是一个变量在取极限这样一个不断变化、变得越来越小的过程中实现的.

序列 $\left\{\frac{1}{n}\,\middle|\, n=1,2,\cdots\right\}$ 为无穷小, 是变量 n 在变得越来越大, 趋于无穷的变化过程中实现的, 而不是由某一个很大很大的 n 给出的常数 $\frac{1}{n}$, 即无穷小是变量在变化过程中产生的, 而不是一个常量. 为了使得极限的表述逻辑严谨, Weierstrass 在 Cauchy 极限概念的基础上, 特别发明了一套描述极限过程的 ε-N, ε-δ 语言.

序列 $\{a_n\}$ 在 n 趋于无穷时的极限为 A, 如果序列 $\{a_n-A\}$ 是无穷小, 即对于任意给定的 $\varepsilon>0$, 存在 N, 使得只要 $n>N$, 就成立 $|a_n-A|<\varepsilon$.

而对于一个函数 $f(x)$, 其在点 x_0 处的导数 $\frac{\mathrm{d}y}{\mathrm{d}x}=f'(x_0)$ 则定义为对任意给定的 $\varepsilon>0$, 存在 $\delta>0$, 使得只要 $0<|x-x_0|<\delta$, 就成立

$$\left|\frac{f(x)-f(x_0)}{x-x_0}-f'(x_0)\right|<\varepsilon.$$

以 ε-N, ε-δ 语言为基础的极限理论完美地回答了 Berkeley 提出的质疑. 在商 $\frac{\mathrm{d}y}{\mathrm{d}x}$ 里, 无穷小 $\mathrm{d}x$ 不是 0, 而是变量. 等式 $\frac{\mathrm{d}y}{\mathrm{d}x}=3x_0^2$ 是在 $3x_0^2+3x_0\mathrm{d}x+(\mathrm{d}x)^2$ 中变量 $\mathrm{d}x$ 取趋于 0 的极限后实现的, 因而并不矛盾. 与此同时, ε-N, ε-δ 语言也是一种非常严谨的逻辑推理语言, 它使得诸如无穷小加无穷小仍然是无穷小等想当然的说法变成了严格逻辑推理的结论.

然而当 Cauchy 和 Weierstrass 等人试图利用极限理论来重建微积分时, 却发现问题实际并没有真正解决. 在 ε-N 和 ε-δ 语言建立的极限理论里, 序列 $\{a_n\}$ 在 n 趋于无穷时的极限为 A, 如果序列 $\{a_n-A\}$ 是无穷小. 这一结论成立的前提必须是数 A 在取极限前就已经知道了. 但这样的假设显然是不合理的. 极限是一个逼近过程, 需要通过简单的、能够直接计算的序列或者函数来逼近复杂的、不能直接计算的对象, 而需要逼近的对象在多数情况下是不可能事先知道的. 例如, 求函数曲线在一点的切线时, 如果你不知道斜率 $f'(x_0)$, 要通过 ε-δ 语言, 对 $\frac{f(x)-f(x_0)}{x-x_0}-f'(x_0)$ 取极限, 就没有可以比较的对象.

Cauchy 和 Weierstrass 等人很快就意识到仅仅靠逻辑语言上的改变并不能真正解决实际问题. 对于序列 $\{a_n\}$ 或者函数 $f(x)$ 而言, 在取极限的过程中, 重要的是要能够通过已知的序列或者函数自身的性质来判断其是否有极限, 或者说需要判

断一个由简单到复杂的逼近过程是否合理, 而不是与一个事先不可能知道的数 A 进行比较. 简单地说, 对于序列 $\{a_n\}$, 需要有一个条件, 使得序列中的项 a_n 满足这一条件时, 就能够保证存在一个数 A, 使得 A 是 $\{a_n\}$ 在 n 趋于无穷时的极限. 在这一过程中, 数 A 能不能实际求出并不重要, 由于 a_n 与 A 可以任意接近, 只要取 n 充分大, 用 a_n 来近似代替 A 即可.

对于用 ε-N, ε-δ 语言定义的极限存在的问题, Cauchy 给了一个解决方案, 他提出在极限定义中, A 存在的一个判别条件 —— Cauchy 准则.

Cauchy 准则 n 趋于无穷时, 序列 $\{a_n\}$ 在实数中有极限 A, 当且仅当对于任意给定的 $\varepsilon > 0$, 存在 N, 使得只要 $n_1 > N, n_2 > N$, 就成立 $|a_{n_1} - a_{n_2}| < \varepsilon$.

但怎样证明 Cauchy 准则呢? Cauchy 等人发现必须先说清楚实数的性质.

这里我们需要先回顾一下历史上的 "第一次数学危机" . 2500 多年前, 人们对数的认识还停留在有理数范围内, 当时一个名叫 Hippasus 的学者发现边长为 1 的正五边形的对角线没有长度, 或者说长度不是有理数. 一个线段没有长度, 这显然与人们的认知矛盾, 由此引发了数学史上的 "第一次数学危机" , Hippasus 也因此受到迫害.

而前面的讨论告诉我们, "第二次数学危机" 本质上仍然是人们对于实数的认识不清楚. 为了得到好的极限理论, 必须要有一个好的实数空间, 使得其中的实数充分多, 保证在其上, 我们能够给一个类似于 Cauchy 准则这样的条件, 使得满足这一条件的 "好的序列" 在实数中一定存在极限. 经过 Weierstrass、Dedekind 和 Cantor 等许许多多数学家们不懈的努力, 人们在 1820—1870 年左右建立了实数理论, 并在此基础上构造了一套理论完整、逻辑严谨、功能强大的极限理论, 利用这一理论完成了微积分的重建, 形成了我们今天的数学分析, 也成功地战胜了 "第二次数学危机" .

通过上面讨论我们看到, 数学分析由三部分组成: 1820—1870 年左右建立的实数理论, 这部分构成了数学分析的基础; 1820 年左右提出的极限理论, 这是数学分析的基本工具; 1665 年左右发明的微积分, 这部分则是数学分析的成果. 这前后经过了近两百年的发展历史, 而越到基础, 其发展起来的时间越晚, 因而也更加复杂、更加抽象, 当然学习的难度相对也就更大一些.

本书将先对实数理论做一些简单介绍. 读者如果感到这部分内容过于抽象, 理解起来有困难, 可以直接进入极限理论和微积分的学习, 等到有了较好的数学训练之后再回过头来重新学习这部分理论.

最后还应该说明, 尽管无穷小缺少严格的逻辑基础, 但非常直观、简洁, 能够迅速将问题表述清楚, 且容易得到结论, 给出计算公式. 例如上面我们利用无穷小很快就给出了切线和面积的解决方案和计算公式. 另外, 读者也可参考本章后面习题中圆面积、球体积、球面面积的计算. 所以无穷小在现代分析和物理学中仍然被广泛应用, 称之为微元法. 后面我们也将介绍和多次使用微元法. 而 Leibniz 利用无穷小创造出来的各种数学符号, 例如微商 $\dfrac{\mathrm{d}y}{\mathrm{d}x}$, 积分 $\displaystyle\int_a^d f(x)\mathrm{d}x$, 微分 $\mathrm{d}y = f'(x)\mathrm{d}x$ 等由于其非常直观、方便, 因而仍然是今天数学分析里广泛使用的基本符号.

1.2 一些基本符号和逻辑用语

下面我们先回顾一下集合及其运算等一些基本概念, 给出部分在数学中经常用到的特殊符号和逻辑用语. 在后面的讨论中, 我们将逐渐增加这些符号和用语的使用频率, 以帮助读者理解和熟练使用这些逻辑语言和工具.

以 S 表示一个集合, $x \in S$ 表示 x 是集合 S 中的元素, $x \notin S$ 表示 x 不是集合 S 中的元素. 以 $\varnothing$ 表示不含任何元素的空集.

一个集合可以用列表法给出, 例如 $S = \{a, b, c, d\}$ 表示集合 S 由 a, b, c, d 这四个元素构成, 而 $\mathbb{N} = \{0, 1, 2, \cdots\}$ 表示自然数全体. 集合也可以用集合中元素需要满足的条件来表示, 一般形式为

$$S = \{x \mid x \text{ 需要满足的条件}\}.$$

例如, 以 $\mathbb{R}$ 表示实数域, 则 $[a, b] = \{x \mid x \in \mathbb{R}, a \leqslant x \leqslant b\}$ 表示实数轴 $\mathbb{R}$ 中以 a 和 b 为端点的闭区间, 而 $(a, b) = \{x \mid x \in \mathbb{R}, a < x < b\}$ 则表示实数轴 $\mathbb{R}$ 中以 a 和 b 为端点的开区间, $(a, b] = \{x \mid x \in \mathbb{R}\ a < x \leqslant b\}$ 则表示半开区间.

设 S_1, S_2 是两个集合. 以 $S_1 \bigcup S_2$ 表示这两个集合的并, 即

$$S_1 \bigcup S_2 = \{x \mid x \in S_1, \text{或 } x \in S_2\};$$

以 $S_1 \bigcap S_2$ 表示这两个集合的交, 即

$$S_1 \bigcap S_2 = \{x \mid x \in S_1, \text{且 } x \in S_2\};$$

以 $S_1 - S_2$ 表示这两个集合的差, 即

$$S_1 - S_2 = \{x \mid x \in S_1, \text{但 } x \notin S_2\};$$

以 $S_1 \times S_2$ 表示这两个集合的乘积, 即

$$S_1 \times S_2 = \{(x,y) \mid x \in S_1, y \in S_2\}.$$

例如 $\mathbb{R}^2 = \mathbb{R} \times \mathbb{R}$ 就是通常的平面.

用同样的方法, 可以定义任意多个集合的交、并和乘积.

我们用 $S_1 \subset S_2$ 表示 S_1 是 S_2 的子集, 即 S_1 包含在 S_2 中, 或者说 S_1 是 S_2 的一部分. 用 $f: S_1 \to S_2$ 表示集合 S_1 到集合 S_2 的一个映射, 即对于任意 $x \in S_1$, 通过 f 确定 S_2 中唯一的一个元素 $f(x)$. 如果 S_1 和 S_2 都是实数 $\mathbb{R}$ 中的子集, 则称 f 为定义在 S_1 上的函数.

符号 $\forall$ 表示 "对于任意一个", 符号 $\exists$ 表示 "存在一个", 而 s.t.(such that) 表示逻辑用语 "使得". 例如: $S \subset \mathbb{R}$ 称为有上界的集合, 如果 $\exists a \in \mathbb{R}$, s.t. $\forall x \in S$, 都成立 $x \leqslant a$. 这时 a 称为 S 的上界. 如果 a 是 S 的一个上界, 并且对于 S 的任意一个上界 c, 都成立 $a \leqslant c$, 即 a 是 S 的所有上界中最小的上界, 则称 a 为 S 的上确界, 记为 $a = \sup\{S\}$. 而如果 a 为 S 的上确界, 并且 $a \in S$, 则称 a 为 S 的最大元素, 记为 $a = \max\{S\}$. 同样的方法可以定义实数中集合的下界、下确界 $c = \inf\{S\}$ 和最小元素 $c = \min\{S\}$.

在推理过程中, 如果条件 A 成立能够推出 B 成立, 则称 A 是 B 的充分条件, 记为 A⇒B, 这时可以认为 A 强于 B. 如果条件 A 不成立能够推出 B 也不成立, 则称 A 是 B 的必要条件, 这时 A 弱于 B. 如果 A 与 B 同时成立或者同时不成立, 则称 A 是 B 的充要条件, 或者称 A 与 B 等价, 记为 A⇔B. 这时 A 与 B 是同一件事的不同描述.

如果 A 是 B 的充分条件, 则 B 不成立时, A 必须也不成立, 因而 B 是 A 的必要条件. 反之, 如果 A 是 B 的必要条件, 则 B 成立时, A 必须也成立, 因而 B 是 A 的充分条件. 即强弱之间有互换关系, A 强于 B 表明 B 弱于 A, 而 A 弱于 B 表明 B 强于 A.

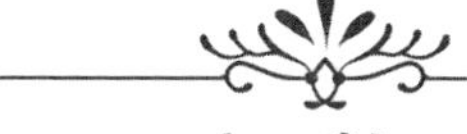

1.3　实 数 公 理

数学分析是一门非常严谨、完整的学科, 它的每一个结论都必须有严格的逻辑基础. 而就如我们在 "数学分析简史" 一节里说明的, 为了这种严谨性, 需要从实数空间的讨论开始.

如果将实数空间等同于直线 (数轴), 所谓实数理论本质上就是希望说明实数足够多, 使得直线上没有留下任何空隙. 或者说在平面上, 从直线的一侧走到另一侧必须过直线上的点. 当然, 这里首先需要说清楚什么是直线 (实数空间). 对此有两个办法: 一个是定义一条直线 (实数的公理化方法); 另一个是利用集合理论, 从 $0, 1$ 开始, 具体构造出一条直线, 即构造出实数空间的一个实际模型.

下面我们将从公理化方法和实数模型这两方面来建立实数理论.

先从公理化方法开始. 公元前 300 年左右, 大数学家 Euclid 对当时已知的 400 多个几何结论进行分析. 他的做法是如果一个结论能够被余下的结论推出, 则将这一结论去掉. 逐条分析后, Euclid 发现最后只剩五个结论. 他将这五个结论作为几何的基本假设, 或者说公理, 不能够, 也不需要再去证明了, 而几何的其他结论都应该是这五个基本假设通过逻辑推理得出的定理. 由此 Euclid 创建了 Euclid 几何, 并开创了数学的公理化方法, 这一方法已成为现代数学的主要特征.

什么是公理化方法呢?

我们知道数学是一门推理的学科. 所谓推理, 就是利用一些已知的结论通过合理的逻辑推导和计算来得到一些新的结论. 但如果我们的每一个结论都是建立在其他结论逻辑推理的基础上, 则当我们不断从后一个结论讨论前一个结论的来源时, 就只能是或者无穷无尽地寻找下去, 或者产生循环推理. 显然这两种情形都是不可取的. 因此从推理的角度, 必须要有一个出发点, 必须以一些合理的假设为基础进行推理. 这些假设作为我们认可、不需要证明的基本事实, 就是数学中经常用到的公理.

需要说明的是, 公理并不代表真理, 也不是简单的事实罗列, 而是以空间的形式来表述的. 通常的表述方式是我们有一个由某些元素组成的集合, 集合中的元素之间有某些基本关系, 这些关系满足一些基本事实 (公理), 从而形成一个公理空间或者公理系统. 一个公理系统仅仅是数学中某一个理论的基础和出发点. 一个命题可以是一个公理系统中的公理, 利用这些公理建立起一套数学理论. 与此同时这一命题的反命题又可以是另一个公理系统中的公理, 建立另外一套数学理论. 所以公理并不是我们通常意义下的真理, 不是列表形式的事实罗列.

一个公理系统中的公理需要满足三个条件:

(1) 公理的独立性: 公理系统中的任何一条公理不能是这一公理系统中其他公理的逻辑推论;

(2) 公理的相容性: 公理系统中的公理之间互相不能推出矛盾;

(3) 公理的完全性: 推理过程中不再需要添加其他公理.

而公理系统的这三个条件则需要通过公理空间的实际模型, 或者说公理空间的实际例子来加以验证. 下面我们将通过实数理论的建立帮助读者进一步理解关于公理空间以及公理空间的模型等相关概念.

回到数学分析, 如果我们也应用 Euclid 的方法, 将数学分析的所有结论都放在一起, 将那些能够被剩余结论证明的定理逐个淘汰, 看一看数学分析最本质的条件是什么, 是在哪些基本事实的基础上建立起来的. 或者说是以哪些假设为基础, 来证明其他定理. 对此, 回顾一下 1.1 节中关于数学分析发展史的讨论, 我们知道数学分析需要以极限为基本工具. 而为了保证能够有一个好的极限理论, 就必须要求讨论极限的空间 —— 实数空间有好的性质. 因此, 我们需要将关于实数的性质作为数学分析逻辑推理的基础, 即我们需要将关于实数的一些基本假设作为公理.

实数公理 实数空间是一个集合 $\mathbb{R}$, 在 $\mathbb{R}$ 上有三个基本关系:

(1) **加法关系** $+: \mathbb{R}\times\mathbb{R}\to\mathbb{R}$. 任意两个实数 $(a,b)\in\mathbb{R}\times\mathbb{R}$, 通过 $+$ 确定唯一的一个实数 $a+b\in\mathbb{R}$.

(2) **乘法关系** $\times: \mathbb{R}\times\mathbb{R}\to\mathbb{R}$. 任意两个实数 $(a,b)\in\mathbb{R}\times\mathbb{R}$, 通过 $\times$ 确定唯一的一个实数 $a\times b\in\mathbb{R}$. 下面我们将 $a\times b$ 记为 ab.

(3) **序关系** 任意两个实数之间有序 $<,=,>$ 的关系, 或者说实数之间有大小的关系, 且对于任意两个实数 a 和 b, 在 $<,=,>$ 这三个关系中成立且仅成立其中一个.

这三个基本关系满足下面的公理 (性质).

加法、乘法公理

(1) 交换律: $a+b=b+a, ab=ba$;

(2) 结合律: $(a+b)+c=a+(b+c), (ab)c=a(bc)$;

(3) 分配律: 对于任意实数 a,b,c, 成立 $a(b+c)=ab+ac$;

(4) 逆元素: 在 $\mathbb{R}$ 中存在两个特别的元素 0 和 1, 使得对于任意 $a\in\mathbb{R}$, 存在 $-a\in\mathbb{R}$, 满足 $a+(-a)=0$, 而对于任意 $a\in\mathbb{R}, a\neq 0$, 存在 $a^{-1}\in\mathbb{R}$, 满足 $aa^{-1}=1$.

序公理

(1) 序的传递性: 如果 $a<b$, 而 $b<c$, 则必有 $a<c$;

(2) 序与加法的关系: 如果 $a<b$, 则对于任意 $c\in\mathbb{R}$, 成立 $a+c<b+c$;

(3) 序与乘法的关系: 如果 $a<b$, 则对于任意 $c\in\mathbb{R}, c>0$, 成立 $ac<bc$.

确界原理 实数中任意不是空集且有上界的集合必有最小上界, 即上确界.

需要特别说明的是, 在上面实数公理系统中, 集合、元素、加法、乘法和序关系等都是一些基本词汇, 一种抽象的概念, 不能够, 也不需要再进一步加以定义了. 或者说, 这里的实数空间是一个抽象的空间, 不能够具体给出. 就如同我们不能够对“人”“马”这些词汇再进一步定义一样. 在实数公理系统中, 我们不需要知道实数集合 $\mathbb{R}$ 具体是由什么样的元素组成, 不需要知道加法、乘法和序是怎么产生的, 也不需要验证实数的这些性质为什么成立, 我们要做的仅仅是以实数的这些关系和这些关系满足的各种性质 (公理) 为出发点来建立其他概念, 并进行推理. 数学分析中所有其他不是利用定义直接得到的结论都应该是实数的这些基本假设逻辑推理的结果. 特别地在这里, 确界原理是作为一个公理, 即一个基本假设来给出的.

为了帮助读者进一步理解公理和公理空间, 下面我们以数学中另一个基本的公理系统 —— 线性空间为例, 做进一步的说明, 希望对读者理解这些抽象的语言和关系有一定的启示.

线性空间的公理 线性空间 $\mathbb{V}$ 是一个集合, 在 $\mathbb{V}$ 上有两个基本关系:

(1) **加法关系** $+$: $\mathbb{V}\times\mathbb{V}\to\mathbb{V}$, $\mathbb{V}$ 中任意两个元素 a, b, 通过加法 $+$ 确定了 $\mathbb{V}$ 中另一个元素 $a+b$;

(2) **数乘关系** $\times$: $\mathbb{R}\times\mathbb{V}\to\mathbb{V}$, 对于任意实数 $r\in\mathbb{R}$ 以及任意 $a\in\mathbb{V}$, 通过乘法 $\times$ 确定 $\mathbb{V}$ 中唯一的一个元素 $r\times a\in\mathbb{V}$, 记为 ra.

这两个关系满足下面的公理:

(1) $\mathbb{V}$ 中加法的交换律: $a+b=b+a$;

(2) $\mathbb{V}$ 中加法的结合律: $a+(b+c)=(a+b)+c$;

(3) $\mathbb{V}$ 中加法与数乘关系之间的分配律: 对于任意实数 $r\in\mathbb{R}$, 以及 $\mathbb{V}$ 中任意元素 a 和 b, 成立 $r(a+b)=ra+rb$.

当然, 与实数公理相同, 这里向量空间 $\mathbb{V}$ 及其上面的加法和数乘关系都是抽象的存在, 不需要知道 $\mathbb{V}$ 具体是由什么元素组成, 也不需要知道加法和数乘都是怎样进行的, 我们需要的仅仅是利用这种关系及其满足的性质来定义其他概念和进行进一步的逻辑推理.

例如: 如果令 $\mathbb{V}=\mathbb{R}^2$ 为我们通常使用的平面, 即 $\mathbb{V}=\{(x,y)\mid x,y\in\mathbb{R}\}$, 这时 $\mathbb{V}$ 中的元素 (x,y) 就是平面向量, 而 $\mathbb{V}$ 中的加法则定义为

$$(x_1,y_1)+(x_2,y_2)=(x_1+x_2,y_1+y_2),$$

数乘定义为

$$r(x,y)=(rx,ry).$$

当然, 这时我们需要验证 $\mathbb{V}=\mathbb{R}^2$ 上这样定义的加法和数乘满足线性空间公理中的三个条件.

而如果设 $[a,b]=\{x\in\mathbb{R}\mid a\leqslant x\leqslant b\}$ 为实轴上的一个闭区间, 令 $\mathbb{V}=H[a,b]$ 是区间 $[a,b]$ 上所有函数组成的集合, 这时 $\mathbb{V}$ 中元素就是 $[a,b]$ 上的函数. 在 $\mathbb{V}$ 上定义加法和数乘为: 对于任意两个函数 $f_1,f_2\in\mathbb{V}$, 以及 $x\in[a,b]$, 令 $(f_1+f_2)(x)=f_1(x)+f_2(x)$, 而对于任意 $r\in\mathbb{R},f\in\mathbb{V}$, 定义数乘 $rf\in\mathbb{V}$ 为 $(rf)(x)=rf(x)$. 利用这些关系 $\mathbb{V}$ 也成为一个线性空间.

利用抽象的线性空间的公理系统建立起来的各种方法和理论都可以应用到具体的线性空间 $\mathbb{R}^2$ 和 $H[a,b]$ 上.

相对于通过实数公理系统建立的数学分析, 另一个建立数学分析的方法则是具体构造出一个满足实数公理系统的实际模型, 或者说给实数空间构造一个实际的例子. 而公理空间的实际模型与公理空间完全不同. 对于模型, 我们需要利用集合和集合运算, 或者已经知道的其他一些实际空间模型将公理空间具体地构造出来. 以实数公理系统的模型为例. 这时需要利用集合和集合运算等一些方法将实数空间 $\mathbb{R}$ 中的元素实际地构造出来, 并在这一利用实际构造得到的集合上面对其元素具体定义出加法、乘法和序这些基本关系, 然后进一步验证所有实数空间中关于加法、乘法和序的公理在这个具体构造的集合和实际定义的关系中都是成立的. 而对于线性空间的公理系统, 在实数模型的基础上, $\mathbb{V}=\mathbb{R}^2$ 以及 $\mathbb{V}=H[a,b]$ 都是线性空间公理系统的实际模型.

我们前面曾经提到一个公理空间需要满足公理的独立性、相容性和完全性, 而公理空间的模型则是验证这些性质的基本工具. 例如假定一个公理空间由 A, B, C 三条公理组成, 如果能够构造出一个实际模型, 使得这三条公理在这一模型上都成立, 则说明这三条公理相互之间是相容的, 或者说是互相不可能有矛盾的. 而如果能够构造一个实际模型, 使得在其上公理 A 和 B 成立, 但 C 不成立, 则说明公理 C 独立于公理 A 和 B, 或者说 C 不可能由公理 A 和 B 推出. 从这个意义上讲, 公理空间的实际模型是必须的. 公理不是随便罗列的一些假设, 公理的合理性是需要通过实际模型来验证的.

反过来, 公理空间也不是平白无故产生的. 每一个公理空间都是通过某些实际例子和具体模型总结、提取、抽象出来的. 公理化方法使得大家的讨论有共同的依据和出发点, 不会产生各说各话的模糊不清. 从这个角度, 一个学科公理化方法应用得越多, 这一学科就越严谨、越成熟. 公理化方法应该是科学研究中广泛提倡和推广的方法.

历史上关于平行公理的讨论是公理模型应用的一个重要例子. 在 Euclid 几何的公理系统中有一条平行公理: 过直线 L 外任意一点, 存在唯一的一条与 L 平行的直线. 这一公理也称为第五公理. 由于其中关于平行线存在和唯一的表述使得许多数学家相信平行公理应该是一条定理, 或者说其不独立于 Euclid 几何的其他公理. 不少数学家毕生奋斗, 试图证明这一结论, 结果一无所获. 而天才的俄罗斯数学家 Lobachevsky 提出了另外一种想法. 他以过直线 L 外任意一点, 存在无穷多条与 L 平行的直线作为公理, 加上 Euclid 几何的其他公理共同构成一个公理空间, 发现在其上也能建立起一套很好的几何理论, 称为非欧几何. 在此基础上, Poincaré 利用平面中的单位圆盘, 将其中与单位圆周垂直的圆弧作为直线, 成功地构造了一个非欧几何的模型, 从而证明了平行公理不可能由 Euclid 几何的其他公理得到, 即平行公理独立于 Euclid 几何的其他公理.

回到实数空间, 为了说明实数公理的合理性, 我们需要具体构造出一个实数空间的模型. 从另一个角度, 数学中用到了各种各样的公理系统, 因而都需要构造相应的实际模型, 而这些模型许多是在实数模型的基础上进行构造的, 例如线性空间的模型, 上面提到的非欧几何的模型等. 因而实数模型显然是数学中其他公理系统实际模型的基础, 应该得到充分重视.

构造实数空间的模型有多种方法, 模型的具体形式在今后的推理中不会再用到了. 这是因为我们的推理都是建立在实数公理的基础上, 与模型的具体形式没有关系. 下面将利用 Dedekind 分割的方法来具体构造一个实数空间的模型. 需要再一次强调, 这一模型以后不会再用到了.

还要特别说明一点, 通过下一节实数模型的构造, 我们将看到实数模型在同构的意义下实际上是唯一的 (这里对于同构的解释, 读者可以参阅本书第二章 2.3 节中的例 2). 利用这种唯一性, 数学分析也可以完全不用公理化的方法, 而是直接建立在实数模型的基础上. 或者说我们可以直接从实数模型的构造开始, 从实数的实际定义出发, 一步一步产生出各种概念、推导出各种定理, 从而建立相关的理论, 而整个过程中所用到的实数就是实际模型具体构造出来的实数. 这里完全不用考虑公理化方法. 这时的实数模型不是用来讨论实数公理的合理性, 而是实实在在地构造出我们需要的实数.

最后需要强调, 实数公理化空间与实数模型这两种方法还是有一些差别的. 例如在下面极限理论的讨论中, 我们将给出描述实数完备性的七个定理. 如果以实数模型为基础来建立数学分析, 则这七个定理是相互等价的, 但如果从公理化方法出发, 这七个定理就不是完全相互等价的了. 这点我们将在具体讨论时进一步说明.

1.4* 利用 Dedekind 分割构造的实数模型

这节我们用 $\mathbb{R}$ 表示满足实数公理的抽象的实数空间.

下面来实际构造一个实数模型. 由于我们希望构造的模型必须满足实数公理, 所以需要先从实数公理出发, 看一看利用这些公理, 怎样在抽象的空间 $\mathbb{R}$ 中产生出有理数, 再进一步了解有理数的性质以及有理数与其他实数的关系. 然后反过来, 以这些性质和关系为基础, 先构造比较简单的自然数、整数和有理数, 再利用构造出的有理数去构造其他实数.

实数公理中假定了抽象的实数空间 $\mathbb{R}$ 里存在两个特别的元素 0 和 1, 而利用实数公理中的加法关系, 令 $2=1+1, 3=1+2, \cdots$, 使用归纳法, 就得到 $\mathbb{R}$ 中必须包含自然数集

$$\mathbb{N}=\{0,1,2,\cdots,n,n+1,\cdots\}\subset\mathbb{R}.$$

利用实数公理中对于任意 $a\in\mathbb{R}$, 存在 $-a\in\mathbb{R}$, 满足 $a+(-a)=0$ 这一性质, 由自然数集 $\mathbb{N}$, 我们得到 $\mathbb{R}$ 中必须包含整数集

$$\mathbb{Z}=\{\cdots,-3,-2,-1,0,1,2,3,\cdots\}\subset\mathbb{R}.$$

再利用实数公理中对于任意 $a\in\mathbb{R}, a\neq 0$, 存在 $a^{-1}\in\mathbb{R}$, 使得 $aa^{-1}=1$, 利用 $\mathbb{R}$ 中存在的整数集 $\mathbb{Z}$, 就得到抽象的实数空间中必须至少包含有理数集

$$\mathbb{Q}=\left\{\frac{p}{q}=pq^{-1}\middle|p,q\in\mathbb{Z},q\neq 0\right\}\subset\mathbb{R}.$$

由于有理数与有理数的加和乘仍然是有理数, 因而 $\mathbb{Q}$ 满足实数公理中的加法公理、乘法公理和序公理. $\mathbb{Q}\subset\mathbb{R}$ 称为有理数域. 下面我们利用实数公理先来讨论有理数域的性质以及有理数与其他实数的关系.

定理 1.4.1 (Archimedes 原理) 对于 $\mathbb{R}$ 中任意给定的两个实数 $a>0, b>0$, 存在自然数 N, 使得只要自然数 $n>N$, 就成立 $na>b$.

证明 先证存在自然数 N, 使得 $Na>b$. 用反证法, 假设不成立, 令

$$S=\{na\mid n=1,2,\cdots\},$$

则由不成立的假设得集合 $S\subset\mathbb{R}$ 有上界 b. 对此, 利用实数公理中的确界原理: 实数中任意非空有上界的集合必有上确界, 得 S 有最小上界, 设为 c. 则对于任意自

然数 $n, n+1$ 也是自然数, 因而 $(n+1)a \in S$, 成立 $(n+1)a \leqslant c$, 从而 $na \leqslant c-a < c$. 由于其中 n 是任意自然数, 我们得到 $c-a$ 也是 S 的上界. 这与 c 是 S 的最小上界矛盾. 而这一矛盾是由假定不存在 N, 使得 $Na > b$ 造成的, 假设不对. 因而存在 N, 使得 $Na > b$, 而当 $n > N$ 时, $na > Na > b$. ■

定理 1.4.1 是 Archimedes 的名言: “随便给我一把尺子, 我就可以丈量全世界” 的数学证明. 其表示如果将自然数 n 作为变量, 随着 n 越来越大, n 可以大于任意给定的正数. 自然数的这一性质在数学分析的极限理论里称为序列 $\{n\}$ 按顺序趋于正无穷, 记为 $n \to +\infty$. 而自然数序列 $\{n\}$ 则是利用实数的确界原理得到的第一个标准的极限序列, 这一序列将成为下一章定义序列极限的基础.

定理 1.4.2 对于任意给定的实数 $\varepsilon > 0$, 存在自然数 N, 使得只要自然数 $n > N$, 就成立 $\dfrac{1}{n} < \varepsilon$.

有了上面两个结论, 现在我们来给出有理数与其他实数的关系.

定理 1.4.3 (有理数的稠密性) 对于 $\mathbb{R}$ 中任意给定的两个实数 $a < b$, 总存在有理数 $\dfrac{p}{q}$, 使得 $a < \dfrac{p}{q} < b$.

证明 可以假定 $0 < a$. 由定理 1.4.1, 存在自然数 n, 使得 $n \leqslant a < n+1$. 如果 $n+1 < b$, 则令 $\dfrac{p}{q} = n+1$ 即可.

现设 $b \leqslant n+1$, 由定理 1.4.2, 存在自然数 m, 使得 $\dfrac{1}{m} < b-a$. 这时

$$n + \frac{1}{m} \leqslant a + \frac{1}{m} < b \leqslant n + \frac{m}{m}.$$

因而存在 $k \in \{1, 2, 3, \cdots, m-1\}$, 使得 $a < n + \dfrac{k}{m} \leqslant b$.

如果 $a < n + \dfrac{k}{m} < b$, 令 $\dfrac{p}{q} = n + \dfrac{k}{m}$. 如果 $a < n + \dfrac{k}{m} = b$, 则 $k > 1$, 而 $a < n + \dfrac{k-1}{m} < b$, 令 $\dfrac{p}{q} = n + \dfrac{k-1}{m}$ 即可. ■

至此我们从实数公理成立得到抽象的实数空间 $\mathbb{R}$ 中一定含有理数, 并且有理数是稠密性的. 下面以此为基础, 我们来实际构造一个实数模型. 必须说明, 这里需要从一无所有开始, 先构造自然数, 再构造整数, 然后构造有理数, 最后利用有理数的稠密性构造无理数. 为了重点突出, 这里仅简单叙述前面几步, 重点讨论无理数的构造.

首先我们承认不含任何元素的空集 $\varnothing$ 是实际存在的. 将空集作为一个元素, 令 $S = \{\varnothing\}$, 得到含一个元素的集合存在. 利用归纳法, 则得到含任意有限多个元素的

集合是存在的. 我们将有限集合中元素的个数标示为自然数 $0, 1, 2, \cdots$, 这样就得到了自然数集 $\mathbb{N} = \{0, 1, 2, \cdots\}$. 利用有限集合中元素个数多少的比较, 在自然数集 $\mathbb{N}$ 上就建立了大小关系. 而将两个集合的并的元素个数对应到自然数的加法, 两个集合乘积的元素个数对应到自然数的乘法. 这样利用有限集合元素个数以及集合的并和乘积, 在标示有限集合元素个数的自然数 $\mathbb{N}$ 上就建立了序、加法和乘法关系.

进一步, 对每一个自然数 $n \neq 0$ 形式地定义一个元素 $-n$, 使得 $n + (-n) = 0$, 就得到了整数集 $\mathbb{Z} = \{0, \pm 1, \pm 2, \pm 3, \cdots\}$. 同样地, 利用整数形式地定义乘法的逆元素: 如果 $q \in \mathbb{Z}, q \neq 0$, 形式地定义一个元素 $\dfrac{1}{q} = q^{-1}$, 就得到有理数集

$$\mathbb{Q} = \left\{ \frac{p}{q} = pq^{-1} \middle| p, q \in \mathbb{Z}, q \neq 0 \right\}.$$

而利用自然数集 $\mathbb{N}$ 上的序、加法和乘法关系, 按照我们熟知的方法, 就不难在 $\mathbb{Q}$ 上定义加法、乘法和序关系, $\mathbb{Q}$ 成为有理数域. 有理数域保持了我们习惯的各种有理数的性质. 这样从承认空集的存在开始, 我们就实际构造出了有理数域.

下面将在有理数域的基础上, 按照如果我们构造出的模型满足实数公理, 则其中的有理数在实数里就是处处稠密这一特点来实际构造实数模型.

首先需要实际构造一个集合 $\mathbb{R}'$, 利用 $\mathbb{R}'$ 中具体构造出来的元素来表示实数. 这里我们采用较为直观的 Dedekind 分割.

一开始, 我们设想所有实数构成了实数轴, 我们已经有的有理数分布在这一实数轴上. 但由于有理数太少, 因而在数轴上留下了许许多多的空隙, 需要添加无理数将这些空隙填满, 使得每一个点对应一个实数、每一个线段都有长度. 这时在我们想象中的数轴上, 利用实数的序关系, 每一个点都将实数轴分割为左右两部分. 特别地, 这个点将实数轴上所有的有理数分割为左右两部分, 左边的有理数都小于右边的有理数. 而如果我们的模型满足实数公理, 则有理数的稠密性就应该成立, 这时实数轴上不同的点之间一定有无穷多个有理数, 因而不同的点对于有理数的左右分割一定是不一样的.

反过来, 如果已经将有理数分割为左右两部分, 左边的有理数都小于右边的有理数, 则右边的有理数都是左边所有有理数构成的集合的上界. 如果我们构造的实数满足确界原理, 则这一集合有最小上界, 而这一最小上界在数轴上对应的点就是将有理数分割为左右两部分的点.

通过上面分析我们看到, 在我们想象的数轴上有多少点, 则有理数就有多少个分割为左右两部分的方法, 而有理数的稠密性保证了不同的点一定对应于有理数的不同分法. 以此为依据, 现在反过来, 要在已经有了的有理数的基础上, 实际构造出

实数的集合, 即想象的数轴, 我们只需将每一个实数对应为有理数分割为左右两部分的一个方法, 用每一个有理数分割的方法代表一个实数, 所有这样的分割构成的集合就是整个实数的集合. 对此有下面定义.

定义 1.4.1 有理数的一个 **Dedekind 分割**是将有理数全体组成的集合 $\mathbb{Q}$ 分成 A, B 两个子集, 满足以下性质:

(1) 不空, 即集合 A 与 B 中都至少包含一个有理数;

(2) 不漏, 即任一有理数, 或属于 A, 或属于 B;

(3) 不乱, 即 A 中任意一个有理数均小于 B 中任意一个有理数;

(4) A 中没有最大的数.

用 $(A \mid B)$ 记有理数的一个分割, A 称为分割的下类, B 称为分割的上类.

定义 1.4.1 中的条件 (4) 不同于条件 (1) ~ (3), 它是非实质性的, 只是为了推理方便. 在条件 (4) 中我们用到了有理数在有理数中的稠密性, 即任意两个有理数之间有无穷多个有理数 (两个有理数的平均值是有理数, 并且在这两个数之间). 如果 A 中有最大数, 将此数放入 B 中, 则它是 B 的最小数, 这时 A 就没有最大数. 否则, 根据有理数在有理数中的稠密性, 在 A 的最大数与 B 的最小数之间必有一有理数, 这个有理数在分割中就被漏掉了, 这与分割的定义矛盾.

按照我们的设想, 数轴上的点对应于有理数的分割, 有下面的定义.

定义 1.4.2 有理数的 Dedekind 分割称为**实数**, 其全体表示为 $\mathbb{R}'$, 即

$$\mathbb{R}' = \left\{ (A \mid B) \middle| (A \mid B)\text{是有理数的 Dedekind 分割} \right\}.$$

由此利用有理数的 Dedekind 分割, 我们从空集存在开始, 就具体构造出表示实数的集合 $\mathbb{R}'$, 其中每一个元素, 或者说实际构造的实数, 就是有理数的一个 Dedekind 分割. 下面需要在这个实际构造出来的集合 $\mathbb{R}'$ 上定义三个基本关系: 加法关系、乘法关系和序关系, 并验证这些关系满足实数公理中的结合律、交换律和分配律等. 当然还必须验证 $\mathbb{R}'$ 满足实数公理中最重要的确界原理.

下面用 $x, y, z, \cdots$ 表示实数, 即表示有理数的 Dedekind 分割, 用 $a, b, c, \cdots$ 表示有理数. 为了书写方便, 我们用 A_x 表示实数 $x = (A \mid B)$ 的下类, B_x 表示实数 $x = (A \mid B)$ 的上类, 用 B_x^0 表示 B_x 中去掉了最小数后的集合.

先来看两个 Dedekind 分割的例子.

例 1 设 a 是一给定的有理数, 令

$$A = \{x \mid x \in \mathbb{Q}, x < a\}, \quad B = \mathbb{Q} - A,$$

容易看出 $(A \mid B)$ 构成有理数的一个分割, 这时上类 B 中有最小数 a.

例 2 令 $A=\{x\in\mathbb{Q}\mid x\leqslant 0$ 或 $x>0$, 但 $x^2<2\}$, $B=\{b\in\mathbb{Q}\mid b>0, b^2>2\}$. 显然 A 和 B 满足不空、不乱. 而如果存在有理数 $\dfrac{p}{q}$, 使得 $\left(\dfrac{p}{q}\right)^2=2$, 其中 p,q 都是自然数, 没有公因子, 则 $p^2=2q^2$, 因而 p 必须是偶数. 设 $p=2n$, 则 $q^2=2n^2$, q 也必须是偶数. 这与 p,q 没有公因子矛盾. 所以不存在有理数, 其平方等于 2 (即 $\sqrt{2}$ 是无理数), $(A \mid B)$ 满足 Dedekind 分割中的不漏条件.

下面证 A 中无最大数. 设 $a>0, a^2<2$, 要证存在有理数 $r>0$, 使 $(a+r)^2<2$. 即要证 $a^2+2ar+r^2<2$, 或 $r<\dfrac{2-a^2}{2a+1}$. 所以取有理数 r 满足 $0<r<\dfrac{2-a^2}{2a+1}$, 就有 $(a+r)^2<2$. 故 A 中无最大数. 因此 $(A \mid B)$ 是有理数的一个分割.

事实上, 对于这个分割, 上类 B 中没有最小数. 设 $b\in B$, 即 $b>0$, 且 $b^2>2$, 要证存在有理数 $b>r>0$, 使得 $(b-r)^2>2$, 只需取有理数 r 满足 $0<r<\dfrac{b^2-2}{2b}$. 根据有理数的稠密性, r 存在. B 中无最小数.

通过上面两例我们看到, 有理数的 Dedekind 分割可以分为两类: 第一类是上类 B 中有最小数, 我们称这类分割为有理分割; 第二类是上类 B 中没有最小数, 我们称这类分割为无理分割, 或者称为无理数. 将有理分割与给出这个分割的有理数对应起来, 或者说将有理分割与分割中上类的最小数对应起来, 则全体有理分割构成的集合可以看成 $\mathbb{R}'$ 中的有理数域.

接下来我们在 $\mathbb{R}'$ 上定义 $<,=,>$ 的序关系.

定义 1.4.3 对于任意两个实数 $x,y\in\mathbb{R}'$, 若集合 $A_x=A_y$, 则称 $x=y$; 若 $A_x\subset A_y$, 但 $A_x\neq A_y$, 则称 x **小于** y, 或 y **大于** x, 记为 $x<y$ 或 $y>x$.

引理 1.4.1 $\forall x,y\in\mathbb{R}'$, 在 $<,=,>$ 这三个关系中有且仅有一个成立.

证明 若下类 $A_x=A_y$, 由定义知 $x=y$, 其他两个关系不成立. 若 $A_x\subset A_y$, 但 $A_x\neq A_y$, 则 x 小于 y, 其他两个关系不成立. 若 A_x 不包含在 A_y 中, 必有 $a\in A_x$, 但 $a\notin A_y$, 由此得 $a\in B_y$, 这时必有 $A_y\subset A_x$, 即 $x>y$. ■

当 x 和 y 都是有理分割时, 在 Dedekind 分割上定义的序关系与将 x 和 y 看成有理数时的相等和大小关系是一致的. 与有理数 0 对应的有理分割仍记为 0; 若 $x>0$, 称 x 为正数; 若 $x<0$, 称 x 为负数.

利用序关系, 首先来验证模型 $\mathbb{R}'$ 满足实数公理中最重要的确界原理.

定理 1.4.4 (确界原理) $\mathbb{R}'$ 中任意一个非空有上界的集合必有上确界.

证明 设 $S\subset\mathbb{R}'$ 是一非空有上界的集合. 利用 S 定义集合 A' 和 B' 分别为

$$A'=\{a\mid \exists(A|B)\in S,\text{s.t. } a\in A\}=\bigcup_{x\in S}A_x,\quad B'=\mathbb{Q}-A'.$$

由于 S 不是空集, 所以 $A'\neq\varnothing$, 而 S 有上界, 因而 $B'\neq\varnothing$. 如果 $a\in A'$, 则存在 $(A|B)\in S$, 使得 $a\in A$, 但 A 中无最大, 而 $A\subset A'$, 得 A' 中没有最大, $(A'|B')$ 是有理数的分割, 因而其确定一实数, 记为 c. 显然 c 是 S 的上界. 如果 $d=(\widetilde{A}|\widetilde{B})$ 也是 S 的上界, 则必须 $\forall x=(A_x|B_x)\in S$, 成立 $A_x\subset\widetilde{A}$, 因而 $A'\subset\widetilde{A}$, 我们得到 $c\leqslant d$. c 是 S 的最小上界, 即 S 的上确界. ■

进一步我们需要在 $\mathbb{R}'$ 上定义加法和乘法, 并验证实数公理中关于加法、乘法和序的结论都成立. 由于这部分推导比较烦琐, 读者可以跳过这些内容.

为了定义加法我们需要下面的引理.

引理 1.4.2 设 $x=(A_x\mid B_x),y=(A_y\mid B_y)$ 为任意实数, 令

$$A_{x+y}=\{a+b\mid a\in A_x,b\in A_y\},\quad B_{x+y}=\mathbb{Q}-A_{x+y},$$

则 $(A_{x+y}\mid B_{x+y})$ 是有理数的分割.

证明 $(A_{x+y}\mid B_{x+y})$ 满足分割不漏的条件是显然的, 集合 A_{x+y} 无最大元素也是明显的, 只要证 $(A_{x+y}\mid B_{x+y})$ 满足分割的不空和不乱条件即可. 先证 A_{x+y} 和 B_{x+y} 不空. A_{x+y} 不空是显然的, 只需证 B_{x+y} 不空. 因集合 B_x 和 B_y 不空, 取 $b_1\in B_x$, $b_2\in B_y$, 下面证 $b_1+b_2\in B_{x+y}$. 假设不然, 即 $b_1+b_2\in A_{x+y}$, 由 A_{x+y} 的定义, $\exists a_1\in A_x,a_2\in A_y$, s.t. $b_1+b_2=a_1+a_2$, 而由分割 A_x,A_y 的不乱条件得 $a_1<b_1,a_2<b_2$, 因而 $a_1+a_2<b_1+b_2$, 矛盾, 所以 $b_1+b_2\in B_{x+y}$.

再证不乱. 设 $a\in A_{x+y},b\in B_{x+y}$, 需要证 $a<b$. 假设不然, 设 $a\geqslant b$, 由 A_{x+y} 的定义, $\exists a_1\in A_x,a_2\in A_y$, s.t. $a_1+a_2=a\geqslant b$, $a_2\geqslant b-a_1$. 而由分割 $(A_y\mid B_y)$ 的不乱条件得 $b-a_1\in A_y$, 即 $b=a_1+(b-a_1)\in A_{x+y}$, 矛盾, 所以 $(A_{x+y}\mid B_{x+y})$ 是有理数的分割. ■

定义 1.4.4 设 $x=(A_x\mid B_x),y=(A_y\mid B_y)$ 为任意实数, 令

$$A_{x+y}=\{a+b\mid a\in A_x,b\in A_y\},\quad B_{x+y}=\mathbb{Q}-A_{x+y},$$

称实数 $(A_{x+y}\mid B_{x+y})$ 为实数 $x=(A_x\mid B_x)$ 与 $y=(A_y\mid B_y)$ 的**和**, 记作 $x+y$.

当 x 与 y 都是有理分割时, 其和 $x+y=(A_{x+y}\mid B_{x+y})$ 也是有理分割, 且其与将 x 和 y 看成有理数时和的定义是一致的.

对于实数的乘法关系, 下面我们只叙述定义, 而略去证明. 先从负数的定义开始.

定义 1.4.5 给定实数 $x=(A_x \mid B_x)$, 令

$$A_{-x}=\{-a \mid a\in B_x^0\},\quad B_{-x}=\mathbb{Q}-A_{-x},$$

则 $-x=(A_{-x}\mid B_{-x})$ 是有理数的分割. 由 $-x$ 的定义容易证明下列性质:

(1) 若 $x<0$, 则 $-x>0$;

(2) 若 $x=y$, 则 $-x=-y$;

(3) $-(-x)=x$;

(4) $-(x+y)=(-x)+(-y)$.

我们称 $-x$ 为实数 x 的**负数**.

为了定义实数的乘法, 需要先定义实数的绝对值. 令

$$|x|=\begin{cases}x, & x>0,\\ 0, & x=0,\\ -x, & x<0,\end{cases}$$

$|x|$ 称为实数 x 的**绝对值**.

定义 1.4.6 设实数 $x=(A_x\mid B_x)>0$, $y=(A_y\mid B_y)>0$, 令

$$A_{xy}=\{ab \mid 0<a\in A_x, 0<b\in A_y\}\bigcup\{a\mid a\in\mathbb{Q}, a\leqslant 0\},\quad B_{xy}=\mathbb{Q}-A,$$

则 $(A_{xy}\mid B_{xy})$ 是有理数的一个分割, 实数 $(A_{xy}\mid B_{xy})$ 称为实数 x 与 y 的**乘积**, 记为 xy.

对于一般的情形, 则按照下面方法定义实数乘积:

$$xy=\begin{cases}|x||y|, & \text{若 } x \text{ 与 } y \text{ 同号},\\ 0, & \text{若 } x=0 \text{ 或 } y=0,\\ -|x||y|, & \text{若 } x \text{ 与 } y \text{ 异号}.\end{cases}$$

由定义 1.4.6 显然成立 $|xy|=|x||y|$.

下面需要验证 $\mathbb{R}'$ 在定义了加法、乘法和序这三个基本关系后, 满足实数公理的条件. 我们从加法和乘法开始验证.

定理 1.4.5 $\mathbb{R}'$ 对于上面定义的加法和乘法满足实数公理中的交换律、结合律、分配律、负元素和逆元素等条件, 因而构成一个域.

证明 需要验证 $\mathbb{R}'$ 对于上面定义的加法和乘法运算, 满足:

(1) 交换律: $\forall x,y\in\mathbb{R}'$, $x+y=y+x, xy=yx$;

(2) 结合律: $\forall x,y,z\in\mathbb{R}'$, $(x+y)+z=x+(y+z),(xy)z=x(yz)$;

(3) $\forall x\in\mathbb{R}'$, $x+0=x, x+(-x)=0$, $x1=x$, $xx^{-1}=1, x\neq 0$;

(4) 分配律: $\forall x,y,z\in\mathbb{R}'$, $z(x+y)=zx+zy$.

其中, 记号 $0,1$ 分别表示由有理数 0 和 1 所确定的有理分割.

下面仅以 (3) 中 $x+(-x)=0$ 为例, 给出证明的范例.

证明 $x+(-x)=0$ 的困难在于, 需要证明每一个负有理数都是集合 A_x 中的元素与集合 A_{-x} 中的元素的和, 或者说是集合 A_x 中的元素减去集合 B_x^0 中的元素, 为此我们需要下面的引理.

引理 1.4.3 给定实数 $x=(A_x\mid B_x)>0$, 则对于任意给定的有理数 $\varepsilon>0$, 都存在 $a\in A_x, b\in B_x^0$, 使得 $b-a=\varepsilon$.

证明 由分割的不空性, 可取 $a_0\in A_x$, $b_0\in B_x^0$, 根据 Archimedes 原理, 存在自然数 n, 使得 $n\varepsilon>b_0-a_0$, 考察 $a_0+\varepsilon, a_0+2\varepsilon,\cdots,a_0+n\varepsilon>b_0$. 在这有限个数中, 总存在一个是这些数里位于 A_x 中的最大的数, 记作 $a=a_0+k\varepsilon(k<n)$. 若 $b=a_0+(k+1)\varepsilon$ 不是上类 B_x 的最小数, 则 a,b 即为所求. 若 b 是上类 B_x 的最小数, 则只需取 $a=a_0+\left(k+\dfrac{1}{2}\varepsilon\right), b=a_0+\left(k+\dfrac{3}{2}\varepsilon\right)$. ■

下面来证 $x+(-x)=0$, 即要证 $A_{x+(-x)}=A_0$.

设 $a\in A_{x+(-x)}$, 即 $a=a_1+a_2, a_1\in A_x, a_2\in A_{-x}$. 由负数定义知 $-a_2\in B_x^0$, 所以 $-a_2>a_1$, 得 $a=a_1+a_2<0$, 即 $a\in A_0$, 因此 $A_{x+(-x)}\subset A_0$.

反之, 若 $a\in A_0$, 有 $-a>0$, 根据引理 1.4.3, 存在 $a_1\in A_x, a_2\in B_x^0$, 且 $-a=a_2-a_1$, 由负数定义, $-a_2\in A_{-x}$, 再由加法定义, 得到

$$a=a_1+(-a_2)\in A_{x+(-x)},$$

因此 $A_0\subset A_{x+(-x)}$.

综上可得 $A_0=A_{x+(-x)}$, 即 $x+(-x)=0$. ■

下面我们来验证所有序关系的公理对 $\mathbb{R}'$ 也是成立的.

定理 1.4.6 在 $\mathbb{R}'$ 上序关系 $<,=,>$ 满足:

(1) $\forall x,y\in\mathbb{R}'$, 下列三式有且仅有一个成立: $x=y, x<y, x>y$(序的唯一性);

(2) 若 $x<y, y<z$, 则 $x<z$ (序的传递性);

(3) 若 $x<y$, 则 $\forall z\in\mathbb{R}'$, 成立 $x+z<y+z$;

(4) 若 $x<y$, 则 $\forall z\in\mathbb{R}, z>0$ 成立 $xz<yz$.

证明 (1) 已在引理 1.4.1 中证明.

(2) 由条件得 $A_x \subset A_y, A_y \subset A_z$, 因此 $A_x \subset A_z$, 即 $x < z$.

(3) 由 $x < y$, 推出存在 $c \in A_y$, 而 $c \notin A_x$, 因而 $c \in B_x$. 由 A_y 无最大数, 推出 $\exists c' \in A_y$, 使 $c < c'$. 令 $\varepsilon = c' - c > 0$, 由引理 1.4.3, $\exists a \in A_x, b \in B_x$, 且 $\varepsilon = b - a$. 由此得 $c' + a \in A_{y+z}$, $c' + a = b + c \in B_{x+z}$, 所以 $x + z < y + z$.

(4) 因 $y + (-x) > 0$, 由分割的乘法定义知 $z(y + (-x)) = zy + z(-x) > 0$, 利用 $x + (-x) = 0$, 得 $-zx = z(-x)$, 即 $zy > zx$. ■

至此我们完成了实数模型 $\mathbb{R}'$ 的构造. 利用这一模型得到下面的定理.

定理 1.4.7 实数公理是相容的.

利用有理数在实数中的唯一性和稠密性不难证明实数模型在同构的意义下实际上是唯一的. 关于这一点这里就不再详细讨论了, 读者可以自己试一试.

实数模型验证了实数公理的相容性, 进一步的问题是实数的公理之间是否独立? 利用 0 和 1 构造的有理数域 $\mathbb{Q}$ 显然满足实数公理中的加法、乘法和序公理, 同时也满足 Archimedes 原理和有理数在有理数中的稠密性. 上面的例 2 则表明有理数域 $\mathbb{Q}$ 不满足确界原理. 所以如果将有理数域 $\mathbb{Q}$ 作为一个实际模型, 我们得到确界原理独立于实数公理中的加法、乘法和序公理, 即确界原理不能由实数公理中的加法、乘法和序公理推出. 而利用整数 $\mathbb{Z} = \{0, \pm 1, \pm 2, \cdots\}$ 及其上面的加法、乘法和序关系, 不难看出 $\mathbb{Z}$ 满足实数公理中关于加法和序的公理及确界原理, 但不满足关于乘法中逆元素存在的公理. 而如果令 $\mathbb{R}^+ = \{x \mid x \in \mathbb{R}, x \geqslant 0\}$, 同样利用实数 $\mathbb{R}$ 的加法、乘法和序关系, 容易得到 $\mathbb{R}^+$ 满足实数公理中关于乘法和序的公理及确界原理, 但不满足加法中关于负元素存在的公理. 现令

$$\mathbb{C} = \{x + \mathrm{i}y | x, y \in \mathbb{R}, \mathrm{i}^2 = -1\}$$

为复数域 $\mathbb{C}$, 则 $\mathbb{C}$ 上有加法和乘法, 且满足实数中关于加法和乘法的公理. 但 $\mathbb{C}$ 上没有序关系, 因而也没有相应的确界原理. 但后面我们将证明 $\mathbb{C}$ 满足与确界原理等价的其他一些性质, 因而利用 $\mathbb{C}$ 可以说明序关系独立于实数的其他公理.

在后面的讨论中, 由于我们并不需要使用实数的实际模型, 或者说不需要使用 Dedekind 分割, 因而下面将用 $\mathbb{R}$ 表示实数, 即满足实数公理的空间, 而不再用到 Dedekind 分割具体构造出来的实数. 另外, 在下一章的极限理论中, 我们将利用区间套原理给出实数的无穷小数表示, 回到传统的关于实数的认识, 有理数可以表示为无限循环小数, 无理数则是无限不循环小数.

在结束实数理论的讨论之前, 作为确界原理的应用, 我们来回答下面一个问题: 在利用实数公理或者实数模型得到的实数域 $\mathbb{R}$ 上, 我们熟知的如 $\sqrt{2}, \sqrt[3]{5}$ 这样一些无理数是不是也已包含在其中了? 对此成立下面的定理.

定理 1.4.8 设 $b>0$ 是任意给定的实数, $n>0$ 是给定的自然数, 则存在唯一的实数 $a>0$, 使得 $a^n=b$.

证明 在本书 3.5 节定理 3.5.1 关于连续函数介值定理的讨论中, 我们将给这一定理一个更为简单的证明. 这里仅以 $n=2$ 为例, 其他情况的证明与之基本相同. 令 $S=\{x \mid x>0, x^2 \leqslant b\}$. $S \neq \varnothing$, 且 S 有上界. 由确界原理知, S 有上确界, 设为 a, 希望证明 $a^2=b$.

如果 $a^2<b$, 取自然数 n, 使得 $n>\dfrac{2a}{b-a^2}$, 则 $\left(a+\dfrac{1}{n}\right)^2<b$, 因而 $\left(a+\dfrac{1}{n}\right)\in S$, 这与 a 为 S 的上确界矛盾.

如果 $a^2>b$, 取自然数 n, 使得 $n>\dfrac{2a}{a^2-b}$, 则 $\left(a-\dfrac{1}{n}\right)^2>b$, 因而 $a-\dfrac{1}{n}$ 是 S 的上界, 同样与 a 为 S 的上确界矛盾.

因此必须 $a^2=b$. ■

在定理 1.4.8 中, 将 a 记为 $a=\sqrt[n]{b}=b^{\frac{1}{n}}$, 这表明在实数 $\mathbb{R}$ 上是可以进行根号运算的.

习　　题

1. 设 $y=x^2$, 利用无穷小方法求这一函数曲线的切线.

2. 试利用 Newton-Leibniz 公式求函数 $y=x^2$ 在 $x\in[0,1]$ 时定义的曲边梯形的面积.

3. 设 $x=x(t), y=y(t), t\in[a,b]$ 是平面上的一条曲线, 利用无穷小方法证明曲线的长度为
$$\int_a^b \sqrt{(\mathrm{d}x)^2+(\mathrm{d}y)^2}=\int_a^b \sqrt{(x'(t))^2+(y'(t))^2}\mathrm{d}t.$$

4. 利用逻辑符号 $\forall$ 和 $\exists$ 来表示极限的 ε-N 和 ε-δ 语言.

5. 证明: 如果实数中的非空集合 S 有下界, 则 S 有下确界.

6. 用确界原理证明: $\forall\varepsilon>0, \exists N$, s.t. 只要自然数 $n>N$, 就成立 $\dfrac{1}{2^n}<\varepsilon$, 即序列 $\left\{\dfrac{1}{2^n}\right\}$ 是无穷小.

7. 试用 $\forall$ 和 $\exists$ 表述实数中集合的上确界和下确界的定义.

8. 使用无穷小方法和 Newton-Leibniz 公式, 利用圆周长公式给出圆的面积公式、球的体积公式和球面的面积公式.

9. 证明: $\sqrt{2}$, $\sqrt[3]{4}$ 是无理数.

10. 证明: 对于自然数 $n = 1, 2, \cdots$, $\sqrt{n(n+2)}$ 都是无理数.

11. 构造一个有理数的分割 $(A|B)$, 使得 A 中无最大, B 中无最小.

12. 给出 $\sqrt{2} + \sqrt{3}$ 的 Dedekind 分割.

13. 利用实数公理证明: 实数公理中每一个数的负数和逆都是唯一的.

14. 利用实数公理证明: 如果实数 $a < b$, 而 $c < 0$, 则 $ac > bc$.

15. 证明: 利用 0 和 1 构造的有理数域 $\mathbb{Q}$ 满足 Archimedes 原理.

16. 利用负数的定义证明: $-(-x) = x$.

17. 证明: $|xy| = |x||y|$.

18. 试定义实数的 Dedekind 分割, 并证明: 分割的上类必有最小数, 因而利用实数的 Dedekind 分割不能在实数基础上产生新的数.

19. 证明: 在 Dedekind 实数模型中定义的加法和乘法满足分配律.

20. 证明: 对于任意实数 $a > 0$, 存在唯一的实数 b, 使得 $b^3 = a$.

21. 利用确界原理证明 Archimedes 原理: 设 $a > 0, b > 0$ 是给定的实数, 则存在自然数 n, 使得 $na > b$.

22. 利用 Archimedes 原理证明: 对于任意两个实数 $a < b$, 存在有理数 r, 使得 $a < r < b$.

23. 完成定理 1.4.7 的证明.

24. 证明实数模型的唯一性. 即, 如果 $\mathbb{R}$ 和 $\mathbb{R}'$ 都满足实数公理, 则存在映射 $F : \mathbb{R} \to \mathbb{R}'$, F 是单射和满射, 同时对于任意 $a, b \in \mathbb{R}, F(a+b) = F(a) + F(b); F(ab) = F(a)F(b); a < b$, 则 $F(a) < F(b)$.

25. 设重力加速度 $g = 9.8\ \mathrm{m/s^2}$, 给出自由落体的运动方程.

26. 利用空集存在说明含任意有限个元素的集合存在.

第二章 极限理论

如果说实数理论是数学分析的基础, 极限则是数学分析的基本语言和工具. 数学分析的微分、积分等都是利用极限来定义和研究的. 有了坚实的实数理论之后, 就可以用它来完善和强化极限理论. 本章将以上一章给出的确界原理为基础, 讨论极限的基本方法和性质. 利用极限将确界原理扩充为描述实数空间完备性的七大定理: 确界原理、单调有界收敛定理、区间套原理、开覆盖定理、聚点原理、Bolzano 定理和 Cauchy 准则. 正是这些定理构成了极限理论的核心, 为后面的讨论提供了坚实的理论基础和有力的研究工具.

这里需要再一次说明, 这些定理都比较复杂、抽象. 之所以放在这里, 一方面是后面课程的需要, 另一方面是对于数学分析的重点和难点, 采用反复强调、多次重复和尽可能多的应用的原则来加深理解. 放在前面讲, 就有可能在后面的学习中有更多机会回过来看一看、用一用这些定理.

从另一个角度, 极限也是数学多个领域里最基本的方法, 在这些领域进行讨论时通常都需要将实数空间作为典型的例子, 以数学分析作为基本工具, 将数学分析中的技巧和结论作为讨论和推广的对象, 因此都需要用七大定理中的某些定理作为公理代替确界原理来推广实数空间的性质, 建立极限理论. 所以掌握这些定理对今后的学习很重要. 此外, 在讨论这些定理的同时, 我们还将给出一些有意义的应用.

2.1 序列极限的定义

极限是数学分析的基本语言和工具. 数学分析就是通过极限, 利用简单、可以计算的对象逼近复杂的目标, 利用规则的逼近不规则的, 利用直线段逼近弯曲的曲线等这样一些方法建立起来的. 序列极限是极限理论的基础, 其他极限都是这一极限的推广.

在上一章的定理 1.4.1 中, 利用确界原理我们证明了 Archimedes 原理: 设 $a>0, b>0$ 是两个任意给定的实数, 则存在自然数 N, 使得只要自然数 $n>N$, 就成立 $na>b$. Archimedes 原理表明集合

$$\mathbb{N}^0=\{n \mid n=1,2,\cdots\}$$

中元素按照大小的序关系排成了一个序列, 这一序列在 n 越来越大时大于任意给定的数. 用极限语言, $\mathbb{N}^0$ 中变量 n 按大小顺序, 排列成一个趋于正无穷的序列, 表示为 $n\to+\infty$. 将序列 $\{1,2,\cdots\}$ 和 $n\to+\infty$ 作为极限的一个基本序列, 取为自变量, 其他序列的极限都以此为基础. 对此我们有下面的定义.

定义 2.1.1 设 $f:\mathbb{N}^0\to\mathbb{R}, n\to f(n)=: a_n$ 是集合 $\mathbb{N}^0$ 上的函数, 将 f 的像按 n 的大小顺序排成一列 $\{a_1,a_2,\cdots\}$, 称为**序列**, 记为 $\{a_n\}$.

例 1 序列 $\left\{1,\dfrac{1}{2},\dfrac{1}{3},\cdots\right\}=\left\{\dfrac{1}{n}\right\}$; 偶数序列 $\{a_n=2n\}$, 奇数序列 $\{a_n=2n-1\}$.

例 2 等比序列 $\{a_n=ac^n\}$; 等差序列 $\{a_n=a+nc\}$.

例 3 (递归序列) 设 $f(x)$ 是定义在实轴 $\mathbb{R}$ 上的函数, 利用 $f(x)$ 和归纳法, 可以定义一个递归序列: 取定 $a_0\in\mathbb{R}$, 令 $a_1=f(a_0), a_2=f(a_1)$, 设已经得到 a_{n-1}, 则定义 $a_n=f(a_{n-1})$, 就得到了一个序列 $\{a_n\}$.

例 4 在允许重复的条件下, 可以按照下面的方法将区间 $[0,1]$ 中的所有有理数排成一个序列:

$$\left\{0,1,\frac{1}{2},\frac{1}{3},\frac{2}{3},\frac{1}{4},\frac{2}{4},\frac{3}{4},\cdots,\frac{1}{n},\frac{2}{n},\cdots,\frac{n-1}{n},\frac{1}{n+1},\frac{2}{n+1},\cdots\right\}.$$

如果消去其中的重复项, 则可将 $[0,1]$ 区间中的所有有理数排成一个序列 $\{a_n\}$, 使得每一个有理数在 $\{a_n\}$ 中出现且仅出现一次. 利用类似的方法, 也可以将有理数域 $\mathbb{Q}$ 中的所有有理数排成一个序列. 这称为有理数的可数性.

在上一章 "数学分析简史" 一节里我们曾提到, Cauchy 和 Weierstrass 等人当年用序列 $\{a_n\}$ 这样一个随着自变量 $n\to+\infty$ 变化的过程, 讨论因变量 $\{a_n\}$ 的变化趋势, 创造了极限的概念, 希望用来代替 Newton 和 Leibniz 的无穷小, 为此他们发明了一套 ε-N 语言, 给出了下面的定义.

定义 2.1.2 设 $\{a_n\}$ 是给定的序列, $A\in\mathbb{R}$ 称为序列 $\{a_n\}$ 在 n 趋于正无穷时的**极限**, 如果对于任意给定的 $\varepsilon>0$, 存在 N, 使得只要 $n>N$, 就成立 $|a_n-A|<\varepsilon$, 记为 $\lim\limits_{n\to+\infty}a_n=A$, 也表示为 $a_n\to A$. 如果 $A=0$, 则 $\{a_n\}$ 称为**无穷小**.

ε-N 语言是数学分析训练中, 需要熟练掌握的基本逻辑语言. ε 在数学中通常用来表示很小很小, 希望有多小就可以取多小的给定的正数. 生活中, 我们可以用 ε 和 n 做一对反义词, 表达很小和很大的意思. 例如: A 认为张三比李四好 n 倍, B 不同意: "张三与李四只差一个 ε." 又比如: A 认为离目标还有 n 远, B 反驳: "只差一个 ε 而已."

也可用几何的语言来描述极限. 通常将开区间 $U(A,\varepsilon)=(A-\varepsilon,A+\varepsilon)$ 称为点 A 的 ε 邻域. A 是序列 $\{a_n\}$ 的极限当且仅当对于 A 的任意一个 ε 邻域 $U(A,\varepsilon)$, 序列 $\{a_n\}$ 在这个邻域外都仅有有限项. 或者说, 随着 n 越来越大, a_n 都聚集于 A 的任意小邻域内, 即收敛到 A.

例 5 利用 Archimedes 原理, 我们得到序列 $\dfrac{1}{n}\to0$, 即序列 $\left\{\dfrac{1}{n}\right\}$ 是无穷小.

如果序列 $\{a_n\}$ 有极限 $A\in\mathbb{R}$, 则称 $\{a_n\}$ 为**收敛序列**, 或者说 $\{a_n\}$ 在 n 趋于无穷时收敛于 A. 反之, 如果 $\{a_n\}$ 在 $\mathbb{R}$ 中没有极限, 则称 $\{a_n\}$ 为**发散序列**.

如果 $\{a_n\}$ 是发散序列, 但对于任意给定的实数 $R>0$, 都存在 N, 使得只要 $n>N$, 就成立 $a_n>R$, 则称序列 $\{a_n\}$ 在 n 趋于无穷时趋于正无穷, 记为 $\lim\limits_{n\to+\infty}a_n=+\infty$. 需要强调, 虽然 $\lim\limits_{n\to+\infty}a_n=+\infty$ 使用了极限的记号, 但 $\{a_n\}$ 不是收敛序列. 同样可以定义 $\lim\limits_{n\to+\infty}a_n=\infty$, $\lim\limits_{n\to+\infty}a_n=-\infty$.

例 6 利用 Archimedes 原理我们得到 $\lim\limits_{n\to+\infty}-n^2=-\infty$, $\lim\limits_{n\to+\infty}(-1)^nn=\infty$. 现设 $b>1$ 是给定的实数, 令 $a_n=b^n$. 如果将 b 记为 $b=1+h$, 则 $h>0$, 因而 $a_n=(1+h)^n>nh$, 所以 $\lim\limits_{n\to+\infty}a_n=+\infty$.

下面将直接利用序列极限的定义, 讨论极限的一些简单性质. 这些性质都仅与极限定义有关, 与实数的确界原理无关.

定理 2.1.1 任意改变一个序列 $\{a_n\}$ 的有限多项, 不影响 $\{a_n\}$ 是否有极限, 而在 $\{a_n\}$ 有极限时, 也不改变 $\{a_n\}$ 的极限值.

定理 2.1.1 说明极限是在无限的、不断变化的过程中实现的, 描述的是一种趋势, 因而其中的任意有限步在取极限过程中都没有作用.

定理 2.1.2 (淹没定理) 设 $\lim\limits_{n\to+\infty}a_n=A$, 而 $B<A$ 是另一给定的实数, 则存在 N, 使得只要 $n>N$, 就成立 $a_n>B$.

定理 2.1.3 如果序列 $\{a_n\}$ 收敛, 则集合 $S=\{a_n \mid n=1,2,\cdots\}$ 有界, 即存在一个常数 M, 使得 $\forall n$, 成立 $|a_n|\leqslant M$.

定理 2.1.4 如果序列 $\{a_n\}$ 有极限, 则极限唯一.

定理 2.1.5 如果序列 $\{a_n\}$ 和 $\{b_n\}$ 都收敛, 而 r_1, r_2 是任意给定的实数, 则序列 $\{r_1a_n+r_2b_n\}$ 和序列 $\{a_nb_n\}$ 也收敛, 并且成立

$$\lim_{n\to+\infty}(r_1a_n+r_2b_n)=r_1\lim_{n\to+\infty}a_n+r_2\lim_{n\to+\infty}b_n,$$
$$\lim_{n\to+\infty}(a_nb_n)=\left(\lim_{n\to+\infty}a_n\right)\left(\lim_{n\to+\infty}b_n\right).$$

定理 2.1.6 设序列 $\{a_n\}$ 和 $\{b_n\}$ 都收敛, 假定 $\forall n, b_n\neq 0$, 且 $\lim\limits_{n\to+\infty}b_n\neq 0$, 则序列 $\left\{\dfrac{a_n}{b_n}\right\}$ 也收敛, 并且成立 $\lim\limits_{n\to+\infty}\dfrac{a_n}{b_n}=\dfrac{\lim\limits_{n\to+\infty}a_n}{\lim\limits_{n\to+\infty}b_n}$.

下面我们将给出定理 2.1.6 的证明, 其余定理的证明留给读者作为练习.

定理 2.1.6 的证明 不妨设 $\lim\limits_{n\to+\infty}a_n=A$, $\lim\limits_{n\to+\infty}b_n=B>0$, $\{a_n\}$ 和 $\{b_n\}$ 都收敛, 因而有界, 即存在 M, 使得对任意的 n, 有 $|a_n|<M, |b_n|<M$. 由定理 2.1.3 知存在 N_1, 使得当 $n>N_1$ 时, $b_n>\dfrac{B}{2}$. 因而当 $n>N_1$ 时, 有

$$\begin{aligned}\left|\frac{a_n}{b_n}-\frac{A}{B}\right|&=\left|\frac{Ba_n-Ab_n}{Bb_n}\right|=\left|\frac{b_n(a_n-A)-a_n(b_n-B)}{Bb_n}\right|\\&\leqslant\frac{|b_n||a_n-A|+|a_n||b_n-B|}{|Bb_n|}\leqslant\frac{2M}{B^2}(|a_n-A|+|b_n-B|).\end{aligned}$$

已知 $\lim\limits_{n\to+\infty}a_n=A$, $\lim\limits_{n\to+\infty}b_n=B$, 由定义得 $\forall\varepsilon>0, \exists N_2$, s.t. 当 $n>N_2$ 时, 有

$$|a_n-A|<\frac{B^2}{4M}\varepsilon,\quad |b_n-B|<\frac{B^2}{4M}\varepsilon.$$

因此当 $n>\max\{N_1,N_2\}$ 时, $\left|\dfrac{a_n}{b_n}-\dfrac{A}{B}\right|<\varepsilon$, 因而 $\lim\limits_{n\to+\infty}\dfrac{a_n}{b_n}=\dfrac{A}{B}$. ■

上面几个定理说明对于收敛的序列, 取极限的过程与我们传统的加、减、乘、除这些运算都可以交换顺序, 即先做这些运算再取极限与取了极限后再做这些运算结果相同. 这句话也可解释为数学分析中引入的极限与传统数学中的加、减、乘、除等运算是相容的, 或者说是不矛盾的. 这显然为极限的计算带来了许多方便.

下面我们再次以确界原理为基础, 利用极限重新讨论关于实数可以开方的问题, 希望借此帮助读者了解极限的特点和意义.

例 7 设 $b>0$ 是给定的实数, $m>0$ 是给定的自然数, 证明: 存在唯一的实数 $c>0$, 使得 $c^m=b$.

证明 令 $S=\{x|x\in\mathbb{R},x>0,x^m\leqslant b\}$, 则 S 不空, 并且有上界. 利用实数的确界原理, S 有上确界, 设为 c. 如果 $c^m<b$, 令 $a_n=\left(c+\dfrac{1}{n}\right)^m$, 我们得到一个序列 $\{a_n\}$. 而利用极限与加、减、乘、除这些运算可以交换顺序, 成立

$$\lim_{n\to+\infty}a_n=\lim_{n\to+\infty}\left(c+\frac{1}{n}\right)^m=\left(\lim_{n\to+\infty}\left(c+\frac{1}{n}\right)\right)^m=c^m<b.$$

应用定理 2.1.4, 存在 N, 使得当 $n>N$ 时, $\left(c+\dfrac{1}{n}\right)^m<b$, 因此 $\left(c+\dfrac{1}{n}\right)^m\in S$. 这与 c 是 S 的上确界矛盾. 同样的推导容易得到 $c^m>b$ 也不能成立. 所以必须 $c^m=b$. 我们得到 c 的存在性. 而利用因式分解, 唯一性显然. ■

在实数中除了加、减、乘、除运算以外, 还有比较大小的序关系、绝对值和开根号运算等, 而极限与这些关系和运算也是相容的.

定理 2.1.7 (保序性) 设序列 $\{a_n\}$ 和 $\{b_n\}$ 都有极限, 且 $\forall n,a_n\leqslant b_n$, 则

$$\lim_{n\to+\infty}a_n\leqslant\lim_{n\to+\infty}b_n.$$

定理 2.1.7 的证明利用定义不难得到. 需要注意的是极限仅保持 $\leqslant$ 的关系, 不保持严格不等式 $<$ 的关系. 例如 $-\dfrac{1}{n}<\dfrac{1}{n}$, 但 $\lim\limits_{n\to+\infty}\left(-\dfrac{1}{n}\right)=\lim\limits_{n\to+\infty}\dfrac{1}{n}$.

定理 2.1.8 如果 $\{a_n\}$ 收敛, 则 $\{|a_n|\}$ 也收敛, 且 $\lim\limits_{n\to+\infty}|a_n|=\left|\lim\limits_{n\to+\infty}a_n\right|$.

证明 设 $\lim\limits_{n\to+\infty}a_n=A$, 利用不等式 $||a_n|-|A||\leqslant|a_n-A|$ 可得定理. ■

定理 2.1.8 的逆不成立, 例如序列 $\{|(-1)^n|\equiv1\}$ 收敛, 但 $\{(-1)^n\}$ 不收敛.

定理 2.1.9 设序列 $\{a_n\}$ 收敛, 且 $\forall n,a_n>0$, k 是一给定的自然数, 则序列 $\{\sqrt[k]{a_n}\}$ 也收敛, 并且 $\lim\limits_{n\to+\infty}\sqrt[k]{a_n}=\sqrt[k]{\lim\limits_{n\to+\infty}a_n}$.

证明 以 $k=2$ 为例. 先设 $\lim\limits_{n\to+\infty}a_n=A\neq0$. 取 N_1, 使得当 $n>N_1$ 时, $a_n>\dfrac{A}{2^2}$, 因而 $\sqrt{a_n}>\dfrac{\sqrt{A}}{2}$. 由 $|\sqrt{a_n}-\sqrt{A}|=\dfrac{|a_n-A|}{|\sqrt{a_n}+\sqrt{A}|}\leqslant\dfrac{2}{3\sqrt{A}}|a_n-A|$. $\forall\varepsilon>0,\exists N_2$, s.t. 当 $n>N_2$ 时, $|a_n-\sqrt{A}|<\dfrac{3\sqrt{A}}{2}\varepsilon$, 我们得到当 $n>\max\{N_1,N_2\}$ 时, $|\sqrt{a_n}-\sqrt{A}|<\varepsilon$.

如果 $\lim\limits_{n\to+\infty}a_n=0$, 则$\forall\varepsilon>0,\exists N$, s.t. 当 $n>N$ 时, $|a_n|<\varepsilon^2$, 因而 $|\sqrt{a_n}|<\varepsilon$, 即 $\lim\limits_{n\to+\infty}\sqrt{a_n}=0$. ■

定理 2.1.10 (夹逼定理)　设 $\{a_n\}$, $\{b_n\}$ 和 $\{c_n\}$ 满足 $\forall n, a_n \leqslant c_n \leqslant b_n$, 如果 $\lim\limits_{n\to+\infty} a_n = \lim\limits_{n\to+\infty} b_n = A$, 则 $\lim\limits_{n\to+\infty} c_n = A$.

证明　由定义, $\forall \varepsilon > 0, \exists N$, s.t. 当 $n > N$ 时, $|a_n - A| < \varepsilon, |b_n - A| < \varepsilon$. 我们得到当 $n > N$ 时, $-\varepsilon < a_n - A \leqslant c_n - A \leqslant b_n - A < \varepsilon$, 因此 $\lim\limits_{n\to+\infty} c_n = A$. ■

例 8　证明: $\lim\limits_{n\to+\infty} \sqrt[n]{n} = 1$.

证明　令 $h_n = \sqrt[n]{n} - 1$, 则 $h_n > 0$, 而

$$n = (1+h_n)^n = 1 + nh_n + \frac{n(n-1)}{2}h_n^2 + \cdots + h_n^n > \frac{n(n-1)}{2}h_n^2,$$

因而 $0 < h_n < \sqrt{\dfrac{2}{(n-1)}}$. 而 $\lim\limits_{n\to+\infty}\sqrt{\dfrac{2}{(n-1)}} = 0$, 由夹逼定理得

$$0 \leqslant \lim_{n\to+\infty} \sqrt[n]{n} - 1 = \lim_{n\to+\infty} h_n \leqslant \lim_{n\to+\infty}\sqrt{\frac{2}{(n-1)}} = 0.$$

因此 $\lim\limits_{n\to+\infty}(\sqrt[n]{n} - 1) = 0$. ■

例 9　设 $b > 0$ 是给定的实数, 证明: $\lim\limits_{n\to+\infty} \sqrt[n]{b} = 1$.

证明　先设 $b > 1$, 取 n 充分大, 则成立 $1 < \sqrt[n]{b} < \sqrt[n]{n}$. 而 $\lim\limits_{n\to+\infty} \sqrt[n]{n} = 1$, 因而 $\lim\limits_{n\to+\infty} \sqrt[n]{b} = 1$. 如果 $b < 1$, 利用 $\dfrac{1}{\sqrt[n]{b}} = \sqrt[n]{\dfrac{1}{b}}$, 结论也是显然的. ■

下面例题是 ε-N 语言的一个典型应用, 留给读者作为练习.

例 10　设 $\lim\limits_{n\to+\infty} a_n = A$, 证明: $\lim\limits_{n\to+\infty} \dfrac{a_1 + a_2 + \cdots + a_n}{n} = A$.

2.2　单调有界收敛定理

上一节除了在例题里用到了实数的确界原理外, 其他定理都是极限定义的直接推论, 与确界原理无关. 换句话说, 如果将极限仅仅定义在有理数域上, 这些定理也是成立的. 下面几节在极限定义的基础上, 将结合实数理论来进行讨论. 我们的问题是怎样将实数的确界原理用极限的形式来表示, 使得我们有更加坚实的基础和更为多样的方法来处理后面的问题. 我们从怎样通过一个序列 $\{a_n\}$ 自身的性质来判断这一序列是否收敛这一关于极限的关键问题开始.

在极限 ε-N 语言的定义里, 对于序列 $\{a_n\}$, 如果存在 $A \in \mathbb{R}$, 使得 $\{a_n - A\}$ 是无穷小, 则称 $\{a_n\}$ 收敛, A 是 $\{a_n\}$ 的极限值. 在这个过程中, 对于序列 $\{a_n\}$ 而言,

我们必须事先知道它的极限值 A, 才能判断其是否收敛到 A. 而这显然不合理. 极限是在简单到复杂、规则到不规则的逼近过程中实现的. 大多数情况下, 我们不可能事先知道需要逼近对象的具体数值, 否则逼近过程就没有意义. 因此, 对于序列 $\{a_n\}$, 重要的是要对 $\{a_n\}$ 给出一个条件, 使得只要 $\{a_n\}$ 满足这一条件, 就能保证 $\{a_n\}$ 收敛. 至于能不能具体求出极限值 A 并不重要, 因为 n 充分大时, a_n 与 A 任意接近, 用 a_n 来近似替代 A 即可.

怎样通过序列 $\{a_n\}$ 自身的性质来判断这一序列是否收敛呢? 为此我们先给出下面的定义.

定义 2.2.1 序列 $\{a_n\}$ 称为**单调上升的序列**, 如果 $\forall n$, 成立 $a_n \leqslant a_{n+1}$.

一般用 $a_n \nearrow$ 表示序列 $\{a_n\}$ 单调上升. 同理可定义单调下降序列, 并表示为 $a_n \searrow$. 下面的单调有界收敛定理是实数理论的基本定理之一, 这一定理给出的关于极限收敛的判别方法将在后面讨论各种极限的存在问题里被反复用到.

定理 2.2.1(单调有界收敛定理) 单调序列 $\{a_n\}$ 收敛的充要条件是 $\{a_n\}$ 为有界序列.

证明 以单调上升序列为例. 首先收敛序列都是有界序列, 因而必要性显然.

下证充分性. 设 $\{a_n\}$ 是单调上升的有界序列, 令 $S = \{a_n \mid n = 1, 2, \cdots\}$, 则集合 S 有上界, 利用确界原理得 S 有上确界, 设为 A, 则 $\forall \varepsilon > 0$, 由于 A 是 S 的最小上界, 因而 $A - \varepsilon$ 不是 S 的上界. 由上界定义, 存在 $a_N \in S$, s.t. $A - \varepsilon < a_N$, 我们得到当 $n > N$ 时, $A - \varepsilon < a_N \leqslant a_n \leqslant A < A + \varepsilon$, 因而 $\lim\limits_{n \to +\infty} a_n = A$. ■

如果对一个无上界的集合 S, 定义其上确界为 $+\infty$. 而对一个无下界的集合 S, 定义其下确界为 $-\infty$, 则上面定理的证明表明任意单调序列都有极限. 当 $\{a_n\}$ 单调上升时, $\lim\limits_{n \to +\infty} a_n = \sup\{a_n \mid n = 1, 2, \cdots\}$; 当 $\{a_n\}$ 单调下降时, $\lim\limits_{n \to +\infty} a_n = \inf\{a_n \mid n = 1, 2, \cdots\}$. 当然, 极限值为无穷时, $\{a_n\}$ 不是收敛序列.

下面我们先给出与单调有界收敛定理相关的几个例子和应用.

例 1 设 $c > 0$ 是任意给定的实数, 令 $a_1 = \sqrt{c}$, $a_2 = \sqrt{c + a_1}$, 归纳定义 $a_{n+1} = \sqrt{c + a_n}$. 证明序列 $\{a_n\}$ 收敛并求其极限.

证明 先考察序列 $\{a_n\}$ 的单调性, 有

$$a_{n+1} - a_n = \sqrt{c + a_n} - a_n = \frac{c + a_n - a_n^2}{\sqrt{c + a_n} + a_n} = \frac{c + \dfrac{1}{4} - \left(\dfrac{1}{2} - a_n\right)^2}{\sqrt{c + a_n} + a_n}.$$

如果 $\{a_n\}$ 单调上升, 则需要证 $a_n \leqslant \dfrac{1}{2} + \sqrt{c + \dfrac{1}{4}}$. 用归纳法, $k = 1$ 时直接验证不

等式成立. 现设 $k=n$ 时不等式成立. 而 $k=n+1$ 时,

$$
\begin{aligned}
a_{n+1}=\sqrt{c+a_n}&\leqslant\sqrt{c+\frac{1}{2}+\sqrt{c+\frac{1}{4}}}\\
&=\sqrt{\left(\sqrt{c+\frac{1}{4}}\right)^2+\sqrt{c+\frac{1}{4}}+\frac{1}{4}}=\frac{1}{2}+\sqrt{c+\frac{1}{4}}.
\end{aligned}
$$

归纳假设成立, $\{a_n\}$ 单调上升, 同时 $\frac{1}{2}+\sqrt{c+\frac{1}{4}}$ 是 $\{a_n\}$ 的上界. 因而 $\{a_n\}$ 收敛. 现假设 $\lim\limits_{n\to+\infty}a_n=A$, 在等式 $a_{n+1}=\sqrt{c+a_n}$ 两边取极限, 由于极限与开方等运算可交换顺序, 所以得 $A=\sqrt{c+A}$, 但 $A\geqslant 0$, 因而 $A=\frac{1+\sqrt{4c+1}}{2}$. ■

自然界有一些特别的常数. 例如, 由于任意两个圆都相似, 因而圆周长与直径的比与具体的圆无关, 比值是一常数, 就是常用的 π. 另一个重要的常数是数 e, e 是自然对数 $y=\ln x$ 的底. 数 e 的定义有赖于单调有界收敛定理.

例 2 (数 e 的定义) 令

$$
a_n=\left(1+\frac{1}{n}\right)^n,\quad b_n=\left(1+\frac{1}{n}\right)^{n+1},
$$

希望利用单调有界收敛定理证明 $\{a_n\}$ 和 $\{b_n\}$ 都收敛. 为此先证一个不等式.

引理 2.2.1 对于任意实数 $x>-1$, 以及自然数 $n=1,2,\cdots$, 成立不等式

$$
(1+x)^n\geqslant 1+nx.
$$

证明 用归纳法. $n=1$ 时成立等式. 设 $n-1$ 时, 成立

$$
(1+x)^{n-1}\geqslant 1+(n-1)x,
$$

而

$$
\begin{aligned}
(1+x)^n=(1+x)^{n-1}(1+x)&\geqslant[1+(n-1)x](1+x)\\
&=1+nx+(n-1)x^2\geqslant 1+nx,
\end{aligned}
$$

不等式对 n 也成立. ■

现在我们来讨论序列 $\{a_n\}$ 和 $\{b_n\}$ 的单调性. 利用引理 2.2.1,

$$
\frac{a_{n+1}}{a_n}=\frac{\left(1+\frac{1}{n+1}\right)^{n+1}}{\left(1+\frac{1}{n}\right)^n}=\frac{\frac{(n+2)^{n+1}}{(n+1)^{n+1}}}{\frac{(n+1)^n}{n^n}}=\left[\frac{n^2+2n}{(n+1)^2}\right]^{n+1}\frac{n+1}{n}
$$

$$=\left[1-\frac{1}{(n+1)^2}\right]^{n+1}\frac{n+1}{n}\geqslant\left[1+(n+1)\frac{-1}{(n+1)^2}\right]\left(\frac{n+1}{n}\right)=1.$$

因此 $\{a_n\}$ 单调上升. 同理,

$$\begin{aligned}\frac{b_n}{b_{n+1}}&=\left(\frac{n+1}{n}\right)^{n+1}\left(\frac{n+1}{n+2}\right)^{n+2}=\left(1+\frac{1}{n^2+2n}\right)^{n+1}\left(\frac{n+1}{n+2}\right)\\&\geqslant\left[1+(n+1)\frac{1}{n^2+2n}\right]\left(\frac{n+1}{n+2}\right)=\frac{n^3+4n^2+4n+1}{n^3+4n^2+4n}>1,\end{aligned}$$

因此, $\{b_n\}$ 单调下降. 而 $a_1<a_n<b_n<b_1$, $b_n=a_n\left(1+\dfrac{1}{n}\right)$, 所以两个序列都收敛, 并且其极限值相等. 令

$$\mathrm{e}=\lim_{n\to+\infty}\left(1+\frac{1}{n}\right)^n.$$

已知 $\mathrm{e}\approx 2.7182818\cdots$ 是一无理数. 以 e 为底的对数 $\ln x=\log_{\mathrm{e}}x$ 称为自然对数, 我们后面将对其做进一步的讨论.

单调有界收敛定理部分解决了利用序列 $\{a_n\}$ 自身的性质来判断该序列是否收敛这一极限理论的基本问题, 但单调有界只是序列收敛的一个充分条件, 如序列 $\left\{(-1)^n\dfrac{1}{n}\right\}$ 收敛, 但并不是单调的. 因而还需要建立对于一般序列收敛问题也能够应用的其他判别方法. 从另一个角度, 后面我们将在平面 $\mathbb{R}^2$、空间 $\mathbb{R}^3$ 上推广极限理论, 而确界原理和单调有界收敛定理都依赖于实数的序关系, 即实数的大小关系, 但序关系在平面等其他空间上是没有的, 因而需要对确界原理和单调有界收敛定理进一步加以改造, 建立一些与之等价的、可以推广到平面等其他空间上的定理.

2.3 区间套原理

上一节在数 e 的定义中, 我们构造了两个单调序列 $\{a_n\}$ 和 $\{b_n\}$. $\{a_n\}$ 单调上升, $\{b_n\}$ 单调下降, 并且 $b_n>a_n$, 而 $b_n-a_n\to 0$. 利用这两个序列得到了它们存在共同的极限, 并用此极限定义了特别的数 e. 将这一方法进一步推广, 这一节我们将利用单调有界收敛定理来建立一个在数学分析里广泛应用的定理 —— 区间套原理, 并证明这一原理与确界原理等价.

定理 2.3.1 设序列 $\{a_n\}$ 单调上升, $\{b_n\}$ 单调下降, 并且 $\forall n$, 成立 $a_n<b_n$, 如果 $\lim\limits_{n\to+\infty}(b_n-a_n)=0$, 则 $\{a_n\}$ 和 $\{b_n\}$ 都收敛, 同时 $\lim\limits_{n\to+\infty}a_n=\lim\limits_{n\to+\infty}b_n$.

定理 2.3.1 虽然简单, 但其几何化的表述形式非常重要, 对此有下面的定义.

定义 2.3.1 实数轴 $\mathbb{R}$ 中的一列闭区间 $\{[a_n, b_n]\}_{n=1,2,\cdots}$ 称为一个**区间套**, 如果其满足:

(1) $\forall n, [a_{n+1}, b_{n+1}] \subset [a_n, b_n]$; (2) $\lim\limits_{n\to+\infty}(b_n - a_n) = 0$.

若 $\{[a_n, b_n]\}$ 是一区间套, 则区间套中由闭区间的左端点构成的序列 $\{a_n\}$ 单调上升, 而右端点构成的序列 $\{b_n\}$ 单调下降, 并且 $\forall n, a_n < b_n$, 而 $\lim\limits_{n\to+\infty}(b_n - a_n) = 0$. 将定理 2.3.1 几何化, 就得到下面的定理.

定理 2.3.2 (区间套原理) 如果 $\{[a_n, b_n]\}$ 是一区间套, 则存在唯一的一个点 $c \in \mathbb{R}$, 使得 $c \in \bigcap\limits_{n=1}^{+\infty}[a_n, b_n]$.

证明 考虑序列 $\{a_n\}, \{b_n\}$, 由区间套的条件 $\forall n, [a_{n+1}, b_{n+1}] \subset [a_n, b_n]$, 得序列 $\{a_n\}$ 单调上升, 而序列 $\{b_n\}$ 单调下降, 并且 $\forall n, a_n < b_n$. 利用单调有界收敛定理我们得到 $\{a_n\}, \{b_n\}$ 都收敛. 设 $\lim\limits_{n\to+\infty} a_n = A$, $\lim\limits_{n\to+\infty} b_n = B$, 则 $0 \leqslant B - A \leqslant b_n - a_n$, 令 $n \to +\infty$, 得 $A = B$. 唯一性显然. ■

在上面的定理中, 闭区间的条件是不能少的. 例如, $\left\{\left(0, \dfrac{1}{n}\right] \middle| n = 1, 2, \cdots\right\}$ 是一列半开区间, 但 $\bigcap\limits_{n=1}^{+\infty}\left(0, \dfrac{1}{n}\right] = \varnothing$.

区间套原理是数学分析里一个非常有用的工具, 它经常被用来寻找数轴上的一些特殊点. 下面我们希望通过例 1 和定理 2.3.3 向读者说明这一点. 同时也给出区间套原理的一些应用. 首先讨论这一原理与确界原理的关系.

例 1 假定区间套原理成立, 利用这一原理来证明确界原理也必然成立.

证明 设 $S \subset \mathbb{R}, S \neq \varnothing$ 是一任意给定的集合, 满足 S 有上界. 我们希望通过区间套原理找到 S 的上确界这样一个特殊的点. 为此需要构造一个区间套, 利用这一区间套套出 S 的上确界.

由 $S \neq \varnothing$, 因而可取一个点 $a_1 \in S$, S 有上界, 因而可取另一个点 b_1 为 S 的上界, 得到一个闭区间 $[a_1, b_1]$. 现在考虑 $\dfrac{a_1 + b_1}{2}$. 如果 $\dfrac{a_1 + b_1}{2}$ 是 S 的上界, 则 S 的上确界如果存在, 就应该在区间 $\left[a_1, \dfrac{a_1 + b_1}{2}\right]$ 内, 因而令 $a_2 = a_1, b_2 = \dfrac{a_1 + b_1}{2}$. 如果 $\dfrac{a_1 + b_1}{2}$ 不是 S 的上界, 则 S 的上确界如果存在, 应该在区间 $\left[\dfrac{a_1 + b_1}{2}, b_1\right]$ 内, 因而令 $a_2 = \dfrac{a_1 + b_1}{2}, b_2 = b_1$. 由此得到第二个闭区间 $[a_2, b_2]$. 归纳假设, 设已经得

到第 n 个闭区间 $[a_n,b_n]$, 满足 $[a_n,b_n]\subset[a_{n-1},b_{n-1}]$, $b_n-a_n=\dfrac{b_{n-1}-a_{n-1}}{2}$, 而 a_n 不是 S 的上界, b_n 是 S 的上界. 进一步考虑 $\dfrac{a_n+b_n}{2}$. 如果 $\dfrac{a_n+b_n}{2}$ 不是 S 的上界, 令 $a_{n+1}=\dfrac{a_n+b_n}{2}, b_{n+1}=b_n$; 如果 $\dfrac{a_n+b_n}{2}$ 是 S 的上界, 令 $a_{n+1}=a_n, b_{n+1}=\dfrac{a_n+b_n}{2}$. 由此得到第 $n+1$ 个闭区间 $[a_{n+1},b_{n+1}]$, 其满足归纳假设. 利用归纳法, 得一区间套 $\{[a_n,b_n]\}$.

由区间套原理得到一个点 $c\in\bigcap\limits_{n=1}^{+\infty}[a_n,b_n]$, 希望证明 c 就是 S 的最小上界.

如果 c 不是 S 的上界, 则存在 $a\in S$, 使得 $c<a$. 但 $\lim\limits_{n\to+\infty}b_n=c$, 因而 n 充分大后 $b_n<a$, 与 b_n 是 S 的上界矛盾. 因此 c 必须是 S 的上界.

如果 c 不是 S 的最小上界, 则存在 $b<c$, b 也是 S 的上界. 而 $\lim\limits_{n\to+\infty}a_n=c$, 因而 n 充分大后 $b<a_n$, 这与 a_n 不是 S 的上界矛盾, 所以 c 必须是 S 的最小上界, S 有上确界. ■

形式上看, 例 1 表明我们可以以区间套原理作为假设, 来证明实数的确界原理. 但区间套原理本身又是利用单调有界收敛定理得到的, 而单调有界收敛定理则是确界原理的推论. 因此上面这三个定理有循环互证关系, 所以是相互等价的. 单调有界收敛定理和区间套原理都可以取代确界原理, 用来作为实数公理中的基本假设.

但在上面的证明中, 我们用到了 $\lim\limits_{n\to+\infty}\dfrac{1}{2^n}=0$, 而这是利用 Archimedes 原理得到的. 因而如果在实数公理中用区间套原理代替确界原理, 则需要将 Archimedes 原理也作为公理之一. 当然, 如果不是用公理化的方法, 而是直接从实数模型出发建立数学分析, 这时 Archimedes 原理自动成立, 因而确界原理、单调有界收敛定理和区间套原理就有互推关系, 是相互等价的定理. 需要强调, 区间套原理可以推广到平面等一般的空间上, 而确界原理和单调有界收敛定理依赖于实数的序关系, 因而不能推广.

在继续讨论之前, 还是回到实数空间, 我们希望利用区间套原理这一寻找数轴上特殊点的方法来建立实数的无穷小数表示, 同时证明所有无理数不能排成一个序列, 因而无理数远远多于有理数, 从而证明无理数在数轴上也是处处稠密的.

在传统数学中, 实数通常用无穷小数来表示, 其中循环小数是有理数, 而不循环的小数则表示无理数. 怎样从实数公理或者实数模型得到这样的表示呢? 区间套原理为此提供了一个很好的解决方法, 这一方法同时也证明了实数可以用任意 n 进制数来表示. 下面我们以区间 $[0,1]$ 中的实数为例.

首先设 $0<\dfrac{p}{q}<1$ 是一给定的有理数, 利用带余除法可以将这一有理数化为小数, 由于 p 用 q 除的余数在 0 与 $q-1$ 之间, 因此最多经过 $q-1$ 次带余相除, 一定会出现两个相同的余数, 继续相除, 就只能产生循环. 通过 $\dfrac{p}{q}$ 我们得到一个循环小数. 反之, 给定了一个无限循环小数, 例如 $c=0.123123123\cdots$, 则 $1000c-c=123$, 因而 $c=\dfrac{123}{999}$ 是一有理数. 循环小数可以利用有理数得到.

现设 $c=0.n_1n_2\cdots n_k\cdots$ 是一给定的无穷小数, 其中 $0\leqslant n_k\leqslant 9$. 利用这一无穷小数, 我们构造 $[0,1]$ 区间内的一个区间套: 将 $[0,1]$ 十等分, 取其中第 n_1 个区间作为 $[a_1,b_1]$. 再将 $[a_1,b_1]$ 十等分, 取其中第 n_2 个区间为 $[a_2,b_2]$. 以此类推, 利用每次十等分就得到一个区间套 $\{[a_n,b_n]\}$. 由区间套原理, 其确定了 $[0,1]$ 区间中唯一的一个实数 c', 我们令 $c'=c=0.n_1n_2\cdots n_k\cdots$, 一个无穷小数就代表了一个实数.

反之, 设 $c\in[0,1]$ 是一给定的实数, 将 $[0,1]$ 十等分, 如果 c 在第 n_1 个区间, 则再将这一区间十等分, 并将 c 所在的区间记为 n_2, 以此类推, 就得到一个无穷小数. 这样利用区间套原理, 我们就建立了实数的无穷小数表示, 或者说得到了实数与无穷小数的一一对应.

这里需要说明的是如果一个点在分割区间的端点, 则总是将其记入左边区间. 特别地, 在这个表示中我们得到 $0.999\cdots=1$.

另一方面, 设 $\{[a_k,b_k]\}$ 是 $[0,1]$ 区间中利用无穷小数 $c=0.n_1n_2\cdots n_k\cdots$ 得到的区间套, 则对于 $k=1,2,\cdots$, $a_k=0.n_1n_2\cdots n_k$ 是区间套的左端点. 在区间套原理中, 区间套套出的点是其左端点构成的序列的极限. 因此, 对于上面利用无穷小数来表示的实数 $c=0.n_1n_2\cdots n_k\cdots$, 成立

$$c=0.n_1n_2\cdots n_k\cdots=\lim_{k\to+\infty}a_k=\lim_{k\to+\infty}0.n_1n_2\cdots n_k.$$

无穷小数 $c=0.n_1n_2\cdots n_k\cdots$ 也可以利用由其得到的有限小数的有理数序列 $\{a_k=0.n_1n_2\cdots n_k\}$ 取极限来表示.

同样的方法, 如果将 $[0,1]$ 区间每次 n 等分, 并且规定端点记入左边, 则我们得到: 任意一个实数可以唯一地表示成一个 n 进制的小数. 例如, 在上面的例 1 中, 采用的是二进制小数的方法, 而在下面的定理 2.3.3 中, 采用的则是三进制小数的方法.

在下面一个例子中, 我们希望通过对有理数与无理数个数多少的比较, 帮助大家进一步理解实数空间的复杂性, 理解为什么实数轴上有理数之外仍然留下许许多多的空隙, 需要利用确界原理, 补充远远多于有理数的无理数.

对于一个只包含有限个元素的集合, 我们用自然数来表示集合所含元素的个数, 用自然数的大小来比较两个集合所含元素个数的多少, 用自然数的加法来表示集合的并的元素个数. 一个自然的问题是对于包含无穷多个元素的集合, 怎样表示其所含元素的个数呢? 对于两个包含无穷多个元素的集合, 怎样比较其所含元素个数的多少呢? 为此, 我们首先给出集合的势的定义. 设 $F: A \to B$ 是集合 A 到集合 B 的一个映射, 如果对于任意 $x_1, x_2 \in A$, $x_1 \neq x_2$, 都成立 $F(x_1) \neq F(x_2)$, 则称 F 为单射; 如果 $F(A) = B$, 则称 F 为满射. 如果映射 $F: A \to B$ 同时是单射和满射, 则称 F 是集合 A 到 B 的一个一一对应. 这时 F 有逆映射 $F^{-1}: B \to A$, 集合 A 与集合 B 所含的元素个数相同. 所以, 如果两个集合之间存在一个一一对应, 则称这两个集合有相同的**势**.

如果集合 A 与集合 B 中的一个子集一一对应, 但不能与 B 一一对应, 则称 A 的势小于 B 的势. 势是用以比较两个集合中所含元素个数多少的一个标志. 当一个集合仅包含有限个元素时, 这一集合的势就是集合中所含元素的个数, 即我们通常使用的自然数. 因此势是自然数对于无穷集合的推广. 势与自然数有许多相同的性质. 例如, 任何两个集合的势在大于、等于和小于这三个关系中成立且仅成立其中一个, 而势的大小关系满足传递性: 如果集合 A 的势小于集合 B 的势, 而 B 的势小于集合 C 的势, 则集合 A 的势小于集合 C 的势.

由自然数 $\mathbb{N}$ 构成的集合的势称为**可数无穷**. 一个集合如果能与 $\mathbb{N}$ 一一对应, 则称这一集合为可数集. 这时集合中的元素可以按照自然数的顺序关系排成一列. 例如我们在 2.1 节的例 4 中将区间 $[0,1]$ 里的所有有理数排成了一个序列, 因而 $[0,1]$ 中所有有理数是一可数集. 由于任意一个无穷集合至少包含一个可数集, 因而可数无穷是无穷集合中势最小的一个.

对于有限集合, 集合的并对应于自然数的加法, 一个有限集的真子集, 其元素个数一定少于集合本身的元素个数, 但对于无穷集合的势而言, 同样的关系并不成立. 例如, 偶数集与自然数集的元素个数相同. 而可数集与可数集的并仍然是可数集. 事实上, 可数多个可数集的并仍然是可数集. 对于这一点, 只需设对于 $i = 0, 1, 2, \cdots$, $S_i = \{a_{i,k}\}_{k\in\mathbb{N}}$ 是可数集, 因此, $\{S_i\}_{i\in\mathbb{N}}$ 是一列可数集, 将这列可数多个可数集的并 $S = \bigcup\limits_{i\in\mathbb{N}} S_i = \bigcup\limits_{i,k\in\mathbb{N}} a_{i,k}$ 中的元素排为

$$a_{0,0}, a_{1,0}, a_{0,1}, a_{2,0}, a_{1,1}, a_{0,2}, a_{3,0}, a_{2,1}, a_{1,2}, a_{0,3}, \cdots, a_{n,0}, a_{n-1,1}, \cdots, a_{0,n}, \cdots,$$

我们得到 S 中元素可以排成一列, 因而 S 是一可数集.

利用区间套原理, 关于实数集合中元素个数的问题, 我们有下面的定理.

定理 2.3.3 区间 $[0,1]$ 中所有实数构成的集合不是可数集.

证明 用反证法. 设 $[0,1]$ 是可数集, 即可以将 $[0,1]$ 中的所有实数排成一个序列 $\{x_n\}$. 而为了说明这个假设不对, 需要寻找 $[0,1]$ 中的一个点, 使得其不在这个序列内. 为此需要构造一个区间套.

将 $[0,1]$ 三等分, 则其中至少有一个区间不含 x_1, 取其为 $[a_1,b_1]$. 将 $[a_1,b_1]$ 再三等分, 则其中至少有一个区间不含 x_2, 取其为 $[a_2,b_2]$. 利用归纳法, 设已经得到区间 $[a_n,b_n]$, 满足

$$x_n \notin [a_n,b_n], \quad [a_n,b_n] \subset [a_{n-1},b_{n-1}], \quad b_n - a_n = \frac{1}{3}(b_{n-1}-a_{n-1}).$$

将区间 $[a_n,b_n]$ 三等分, 则其中至少有一个区间不含 x_{n+1}, 取其为 $[a_{n+1},b_{n+1}]$, 则 $[a_{n+1},b_{n+1}]$ 满足归纳假设.

利用归纳法得一区间套 $\{[a_n,b_n]\}$. 利用区间套原理, 存在点 c 包含在所有的这些闭区间中. 但按照这些区间的选取, 对于任意 n, 都成立 $c \neq x_n$. 这与开始时的假设: 可以将 $[0,1]$ 中所有实数排成一个序列 $\{x_n\}$ 矛盾. 所以这一假设不成立, $[0,1]$ 中所有实数不能排成一个序列, $[0,1]$ 不是可数集. ■

在数学中我们将区间 $[0,1]$ 里所有元素构成的集合的势称为 c **势无穷**, 定理 2.3.3 表明 c 势无穷大于可数无穷. 容易证明集合 $[0,1]$ 中去掉有理数后, 剩下的无理数全体仍然构成一 c 势无穷的集合, 因此, 无理数的个数要远远多于有理数. 我们知道有理数在实数中是处处稠密的, 而如果在上面讨论中用任意闭区间 $[a,b]$ 代替 $[0,1]$ 区间, 对于无理数, 就得到下面的定理.

定理 2.3.4 无理数在数轴上是处处稠密的.

下面一个例子利用了有理数的稠密性.

例 2 前面第一章中我们曾提到实数模型是唯一的. 确切地讲, 这句话的意思是, 如果 $\mathbb{R}_1, \mathbb{R}_2$ 都是满足实数公理的实数模型, 则存在 $\mathbb{R}_1$ 到 $\mathbb{R}_2$ 的一个一一对应 $f: \mathbb{R}_1 \to \mathbb{R}_2$, 满足对于任意 $x_1, x_2 \in \mathbb{R}_1$,

$$f(x_1+x_2) = f(x_1)+f(x_2), \quad f(x_1x_2) = f(x_1)f(x_2),$$

如果 $x_1 < x_2$, 则 $f(x_1) < f(x_2)$. 一一对应 f 就称为 $\mathbb{R}_1$ 到 $\mathbb{R}_2$ 的同构.

***代数数与超越数** 为了说明无理数的复杂性, 帮助读者理解大部分实数都没有有限形式的表示, 只能利用有理数通过极限得到, 下面对代数数和超越数做一点简单介绍. 如果一个实数 r 能够成为一个以整数 $a_i \in \mathbb{Z}$ 为系数的多项式方程

$a_0x^n + a_1x^{n-1} + \cdots + a_n = 0$ 的根, 则称 r 为**代数数**. 反之, 称 r 为**超越数**. 有理数当然都是代数数, 而 $\sqrt[n]{5}$ 是整系数多项式方程 $x^n - 5 = 0$ 的解, 因而也是代数数. 可以证明 π 和 e 都是超越数.

设 $c = \sqrt{\sqrt[3]{5} + \sqrt{2}} + 1$, 则 $(c-1)^2 = \sqrt[3]{5} + \sqrt{2}$, 整理得

$$[(c-1)^2 - \sqrt{2}]^3 = 5,$$

即

$$(c-1)^6 - 3(c-1)^4\sqrt{2} + 3(c-1)^2 2 - 2\sqrt{2} - 5 = 0,$$

由此得到

$$[3(c-1)^4 - 2]^2 2 - [5 - (c-1)^6 - 6(c-1)^2]^2 = 0.$$

因此, $c = \sqrt{\sqrt[3]{5} + \sqrt{2}} + 1$ 是整系数多项式方程

$$[3(x-1)^4 - 2]^2 2 - [5 - (x-1)^6 - 6(x-1)^2]^2 = 0$$

的解, 因而是代数数. 同样方法可以证明, 自然数经过有限次加、减、乘、除和开方运算后得到的数都是代数数.

另一方面, 对于任意自然数 n, 当 n 固定时, 所有 n 次整系数多项式构成一可数集. 例如, 所有整系数一次多项式可以表示为 $a_0 + a_1x$, 其中 $a_0 \in \mathbb{Z}, a_1 \in \mathbb{Z}$. 而集合 $\{(a_0, a_1) | a_0 \in \mathbb{Z}, a_1 \in \mathbb{Z}\} = \mathbb{Z} \times \mathbb{Z}$ 是可数多个可数集的并, 因而仍然可数. 所以所有整系数一次多项式构成一可数集. 同理, 所有整系数 n 次多项式也是可数集. 而对 $n = 1, 2, \cdots$, 再一次应用可数多个可数集的并仍然是可数集这一结论, 就得到所有整系数多项式构成的集合是一可数集. 而每一个整系数多项式方程仅有有限个根, 因而所有代数数构成的集合是可数集. 我们得到 $[0,1]$ 区间中所有超越数构成一 c 势无穷的集合. 超越数的个数要远远多于代数数. 或者说, 大部分无理数都不能用自然数通过有限次加、减、乘、除和开方运算, 利用有限形式表示出来, 更谈不上精确的数值计算了. 超越数只能通过极限来讨论, 这也是极限理论之所以重要的原因之一. 从另一个角度, 设 $\{a_n\}$ 是一有理数序列, 趋于一个超越数 c, 由于 c 没有数值表示, 用 ε-N 的极限定义来讨论 $\{a_n - c\}$ 显然无法进行. 这也是为什么我们需要通过序列 $\{a_n\}$ 自身的性质来判断其是否收敛的原因之一. 例如, 我们不能直接讨论 $\left\{\left(1+\frac{1}{n}\right)^n - \mathrm{e}\right\}$, 因为 e 没有精确的数值表示.

2.4 开覆盖定理

本节我们继续讨论关于实数完备性的另一个定理 —— 开覆盖定理. 这一定理经常被用来作为工具, 将一些局部性质推广到整体, 将无穷多个需要考虑的对象化简为有限个来讨论.

定义 2.4.1 设 $S \subset \mathbb{R}$ 是一给定的集合, 一族以 $\mathbb{R}$ 中开区间为元素组成的集合 $\mathbb{K} = \{(a_k, b_k)\}_{k\in A}$ 称为集合 S 的**开覆盖**, 如果 $S \subset \bigcup\limits_{k\in A}(a_k, b_k)$.

在上面的定义中, 集合 $\mathbb{K}$ 里的元素 (a_k, b_k) 是一个以 a_k 和 b_k 为端点的开区间, A 是集合 $\mathbb{K}$ 的指标集, A 可以是一个有限集, 也可以是可数无穷集或者不可数无穷集. $\mathbb{K} = \{(a_k, b_k)\}_{k\in A}$ 是 S 的开覆盖等价于 $\forall x \in S, \exists k \in A$, s.t. $x \in (a_k, b_k)$.

例 1 $\mathbb{K} = \{(-\infty, +\infty)\}$ 是实轴上任意集合的开覆盖, 只有一个元素. 设 (a,b) 是一给定的开区间, 令 $\mathbb{K} = \{(x-1, x+1)\}_{x\in(a,b)}$, 则 $\mathbb{K}$ 是 (a,b) 的开覆盖, 而集合 (a,b) 就是这一覆盖的指标集, 是不可数集.

例 2 设 $\{x_n\}_{n=0,1,\cdots}$ 是由 $[0,1]$ 中所有的有理数排成的序列, $\varepsilon > 0$ 是任意给定的常数. 对于任意 n, 取长度为 $\dfrac{\varepsilon}{2^{n+1}}$ 的开区间 (a_n, b_n), 满足 $x_n \in (a_n, b_n)$, 则 $\mathbb{K} = \{(a_n, b_n)\}_{n\in\mathbb{N}}$ 是 $[0,1]$ 中所有有理数构成的集合的一个开覆盖. 由于这一覆盖中任意有限个开区间的长度和小于 ε, 故可以认为这一覆盖中所有开区间的长度和小于 ε. 而 $\varepsilon > 0$ 可以任意小, 因而可以认为 $[0,1]$ 中所有有理数构成的集合的长度为 0. 这再一次说明无理数要远远多于有理数.

定义 2.4.2 集合 $S \subset \mathbb{R}$ 称为**紧集**, 如果对于 S 的任意一个开覆盖 $\mathbb{K}$, 都存在 $\mathbb{K}$ 中的有限个开区间也覆盖 S.

需要强调上面定义中开覆盖的任意性. S 是紧集, 必须对 S 的每一个开覆盖 $\mathbb{K} = \{(a_k, b_k)\}_{k\in A}$, 都能够从 $\{(a_k, b_k)\}_{k\in A}$ 中选出有限个元素也覆盖 S.

例 3 对于半开区间 $(a,b]$, $\mathbb{K} = \{(a, b+1)\}$ 是 $(a,b]$ 的开覆盖, 仅有一个元素. 而如果令 $\mathbb{K} = \left\{\left(a + \dfrac{1}{n}, b+1\right)\right\}_{n\in\mathbb{N}^0}$, 则 $\mathbb{K}$ 也是 $(a,b]$ 的开覆盖, 但不能从其中选出有限个元素也覆盖 $(a,b]$. 因此 $(a,b]$ 不是紧集.

有限点集当然都是紧集了, 而紧集则可以看成有限点集的推广. 下面的开覆盖定理表明 $\mathbb{R}$ 中的闭区间都是紧集. 而在下一章函数性质的讨论中我们将看到, 有限点集上函数的一些性质可以推广到定义在闭区间上的许多函数上.

定理 2.4.1 (开覆盖定理) $\mathbb{R}$ 中的闭区间都是紧集.

证明 用反证法. 设定理不成立, 则存在 $\mathbb{R}$ 中闭区间 $[a,b]$, 以及 $[a,b]$ 的某一个开覆盖 $\mathbb{K}=\{(a_k,b_k)\}_{k\in A}$, 使得不存在 $\mathbb{K}$ 中有限个元素也覆盖 $[a,b]$.

利用区间套原理, 令 $a_1=a, b_1=b$, 我们得一闭区间 $[a_1,b_1]$. 将区间 $[a_1,b_1]$ 二等分, 得区间 $\left[a_1,\dfrac{a_1+b_1}{2}\right]$, $\left[\dfrac{a_1+b_1}{2},b_1\right]$, 按照假设, 其中至少有一个不能被 $\mathbb{K}$ 中有限个元素覆盖, 令其为 $[a_2,b_2]$.

再将 $[a_2,b_2]$ 二等分, 则其中至少有一个不能被 $\mathbb{K}$ 中有限个元素覆盖, 令其为 $[a_3,b_3]$. 以此类推, 我们得到一个区间套 $\{[a_n,b_n]\}$, 其中每一个 $[a_n,b_n]$ 都不能被 $\mathbb{K}$ 中有限个元素覆盖. 而由区间套原理, 存在点 c 在这些闭区间的交之中. 但由 $c\in[a_1,b_1]=[a,b]$, 而 $\mathbb{K}$ 是 $[a,b]$ 的开覆盖, 因而存在开区间 $(a',b')\in\mathbb{K}$, 使得 $c\in(a',b')$. 这时成立严格不等式 $a'<c<b'$, 而区间套原理表明 $\lim\limits_{n\to+\infty}a_n=\lim\limits_{n\to+\infty}b_n=c$. 由极限性质, 我们知道存在 N, 当 $n>N$ 时, $a'<a_n<b_n<b'$, 或者说 $[a_n,b_n]\subset(a',b')$, 区间 $[a_n,b_n]$ 被 $\mathbb{K}$ 中的一个元素 (a',b') 覆盖. 这与 $[a_n,b_n]$ 不能被 $\mathbb{K}$ 中有限个元素覆盖的假设矛盾. 而矛盾的产生是因为我们开始时假定了开覆盖定理对 $[a,b]$ 不成立, 假设不对, 开覆盖定理必须成立. ■

定理 2.4.1 中的闭区间不能改为开区间, 例如 $\mathbb{K}=\{(x,2)\}_{x\in(0,2)}$ 是半开区间 $(0,1]$ 的开覆盖, 但不能从其中选出有限个元素也覆盖 $(0,1]$. 同样开覆盖定理中的覆盖由开区间组成的条件也不能改为半开区间. 例如

$$\mathbb{K}=\left\{\left(a-1,\frac{a+b}{2}\right],\left(\frac{a+b}{2}+\frac{1}{n},b\right]\right\}_{n\in\mathbb{N}^0}$$

是以半开区间为元素、闭区间 $[a,b]$ 的覆盖, 但不能从其中选出有限个元素也覆盖 $[a,b]$. 读者应该从定理 2.4.1 的证明中找一找上面反例成立的原因.

开覆盖定理使得我们有可能将无穷多个需要讨论的对象化为有限个.

例 4 利用开覆盖定理证明确界原理.

证明 用反证法. 设确界原理不成立, 则存在一非空有上界的集合 $S\subset\mathbb{R}$, 但 S 没有上确界. $S\neq\varnothing$, 可取 $a\in S$. S 有上界, 可取 b 为 S 的上界, 得一闭区间 $[a,b]$. 对于任意 $x\in[a,b]$, 如果 x 不是 S 的上界, 则存在 $c\in S$, 使得 $x<c$, 这时令 $\varepsilon_x=c-x$; 如果 x 是 S 的上界, 由于假设了 S 没有上确界, 因而存在 $e<x$, e 也是 S 的上界, 这时令 $\varepsilon_x=x-e$. 现在令 $\mathbb{K}=\{(x-\varepsilon_x,x+\varepsilon_x)\}_{x\in[a,b]}$, 则 $\mathbb{K}$ 显然是 $[a,b]$ 的一个开覆盖, 由无穷多个元素组成. 但由开覆盖定理, 存在 $\mathbb{K}$ 中有限个元素

也覆盖 $[a,b]$, 设这有限个元素为 $\{(a_1,b_1),(a_2,b_2),\cdots,(a_n,b_n)\}$. 如果 $a\in(a_1,b_1)$, 由上面开区间的选取知 (a_1,b_1) 中元素都不是 S 的上界, 因而 b_1 也不是 S 的上界, 否则 b_1 必须是 S 的上确界. 这时 $b_1<b$, 因而存在上面集合中的元素 (a_i,b_i), 使得 $b_1\in(a_i,b_i)$, 同理, b_i 不是 S 的上界, 而 $b>b_i>b_1$. 存在上面集合中的元素 (a_j,b_j), 使得 $b_i\in(a_j,b_j)$. 以此类推, 可以不断进行下去, 而每一次得到的区间都与前面所取区间不同. 但另一方面, 上面集合中只有有限个开区间, 所以, 经过有限次后能够取得一个区间包含 b, b 不是 S 的上界, 矛盾. S 没有上确界的假设不成立, S 有上确界. ■

开覆盖定理也经常被用来将某一种局部性质推广为整体性质, 下面两个例子是这方面的典型应用.

例 5 一个函数 $y=f(x)$ 称为**局部有界**, 如果对于任意 x, 都存在一个邻域 $(x-\varepsilon,x+\varepsilon)$, 使得 $f(x)$ 在 $(x-\varepsilon,x+\varepsilon)$ 上有界. 证明: 闭区间上局部有界的函数一定整体有界.

证明 设 $f(x)$ 是定义在闭区间 $[a,b]$ 上的局部有界函数, 则 $\forall x\in[a,b]$, $\exists\varepsilon_x>0$, s.t.$f(x)$ 在 $(x-\varepsilon_x,x+\varepsilon_x)\cap[a,b]$ 上有界. 而 $\mathbb{K}=\{(x-\varepsilon_x,x+\varepsilon_x)\}_{x\in[a,b]}$ 是 $[a,b]$ 的开覆盖, 因而其中有限个元素也覆盖 $[a,b]$, $f(x)$ 在每一个元素上有界, 所以在 $[a,b]$ 上也有界. ■

例 6 集合 $S\subset\mathbb{R}$ 称为**局部有限**, 如果 $\forall x\in\mathbb{R},\exists\varepsilon_x>0$, s.t. S 在 $(x-\varepsilon_x,x+\varepsilon_x)$ 中没有或者仅有有限个元素. 利用与例 5 相似的讨论可以证明局部有限的有界集合必须是有限集合.

2.5 聚点原理与 Bolzano 定理

本节作为开覆盖定理的应用, 我们希望将 2.4 节例 6 的结论反过来, 给出关于实数完备性的另外两个定理 —— 聚点原理和 Bolzano 定理. 利用这两个定理, 我们将研究发散的序列, 定义和讨论发散序列的上极限和下极限.

定义 2.5.1 设 $S\subset\mathbb{R}$ 是一给定的集合, $x\in\mathbb{R}$ 称为集合 S 的**聚点**, 如果对于任意 $\varepsilon>0$, x 的 ε 邻域 $U(x,\varepsilon)=(x-\varepsilon,x+\varepsilon)$ 内都包含 S 中的无穷多个点.

通常以 S' 表示由集合 S 的所有聚点构成的集合, S' 称为 S 的**导集**.

例 1 如果 $S=\mathbb{Q}$ 是所有有理数的集合, 则利用有理数的稠密性得 $S'=\mathbb{R}$; 如

果 $S=(a,b)$, 则 $S'=[a,b]$; 如果 $S=\left\{\frac{1}{n}\middle|n=1,2,\cdots\right\}$, 则 $S'=\{0\}$; 如果 $S=\mathbb{Z}$ 是所有整数组成的集合, 则 $S'=\varnothing$.

对于集合 S, 如果一个点 $p\in\mathbb{R}$ 不是 S 的聚点, 且不在 S 中, 则 p 称为 S 的**外点**. 如果一个点 $p\in S$, 但不是 S 的聚点, 则 p 称为 S 的**孤立点**. 聚点是集合 S 中的元素作为变量可以去任意接近的点, 或者说可以在 S 上取极限的点.

例 2 如果 p 是集合 S 的聚点, $f:S\to\mathbb{R}$ 是定义在 S 上的函数, 则可以考虑自变量 $x\in S$ 趋于 p 时, 因变量 $y=f(x)$ 的极限. 例如, 如果存在 $A\in\mathbb{R}$, 使得对于任意 $\varepsilon>0$, 都存在 $\delta>0$, 只要 $x\in S$, 且 $0<|x-p|<\delta$, 就成立 $|f(x)-A|<\varepsilon$, 则称 $x\in S, x\to p$ 时, $f(x)\to A$, 记为 $\lim\limits_{x\in S,x\to p}f(x)=A$. 这样, 利用聚点, 就可以将序列极限推广到函数上.

如果 $S\subset\mathbb{R}$ 是一有限点集, 显然 S 没有聚点, 所有 S 中的点都是孤立点. 如果 $S\subset\mathbb{R}$ 是无穷集合, 但 S 无界, 则 S 可能有聚点, 也可能没有聚点. 而对于有界的无穷集合, 成立下面的聚点原理.

定理 2.5.1 (聚点原理) $\mathbb{R}$ 中任意有界无穷集合必有聚点.

证明 用反证法. 设 $S\subset\mathbb{R}$ 是一有界无穷集合, 但没有聚点.

取 a 为 S 的一个下界, b 为 S 的一个上界, 得一个闭区间 $[a,b]$. 对于任意 $x\in[a,b]$, 由于 x 不是 S 的聚点, 由定义, 存在 x 的邻域 $(x-\varepsilon_x, x+\varepsilon_x)$, 使得其中没有或者仅有 S 中的有限个点. 令 $\mathbb{K}=\{(x-\varepsilon_x,x+\varepsilon_x)\}_{x\in[a,b]}$, 则 $\mathbb{K}$ 显然是 $[a,b]$ 的一个开覆盖. 根据开覆盖定理, 存在 $\mathbb{K}$ 中有限个元素也覆盖 $[a,b]$. 但这有限个元素中每一个又最多包含 S 的有限个点, 因而 S 是有限集, 与 $S\subset[a,b]$ 为无穷集合的条件矛盾. ■

设 $\{a_n\}$ 是一收敛序列, $\lim\limits_{n\to+\infty}a_n=A$. 用 $S=\{a_n\mid n=1,2,\cdots\}$ 表示由 $\{a_n\}$ 中的点构成的集合. 如果 S 是一有限点集, 则 $\{a_n\}$ 除有限项外是一常数序列. 如果 S 是一无穷集合, 则 A 是 S 的唯一聚点. 反过来, 对于一个有界序列 $\{a_n\}$, 如果假定 $\{a_n\}$ 中不含无穷多项为同一常数, 则 $\{a_n\}$ 收敛等价于集合 S 有唯一聚点. 因此如果 $\{a_n\}$ 是一有界但发散的序列, 且 $\{a_n\}$ 中不含无穷多项为同一常数, 则集合 $S=\{a_n\mid n=1,2,\cdots\}$ 是有界无穷点集, 根据聚点原理, S 有多个聚点. 为了利用这一性质来描述收敛或者发散的序列, 考虑到一个序列可能含无穷多项为同一常数, 因而相对于聚点, 我们给出下面的定义.

定义 2.5.2 设 $\{a_n\}$ 是一给定的序列, 点 x 称为 $\{a_n\}$ 的**极限点**, 如果 x 的任意邻域内都含序列 $\{a_n\}$ 的无穷多项.

说明　这里定义的极限点与定义 2.5.1 中的聚点不同. 例如对于序列 $\{a_n=(-1)^n\}$, 集合 $S=\{a_n \mid n=1,2,\cdots\}=\{1,-1\}$ 是有限集, 没有聚点. 但 1 和 -1 都是 $\{a_n\}$ 的极限点. 所以, 对于一个序列 $\{a_n\}$, 集合 $S=\{a_n \mid n=1,2,\cdots\}$ 的聚点当然是序列 $\{a_n\}$ 的极限点, 但反过来不一定成立.

设 $\{a_n\}$ 有界. 以 $\widetilde{S}$ 表示由 $\{a_n\}$ 的所有极限点构成的集合. 如果 $\{a_n\}$ 中有无穷多项是同一常数, 则 $\widetilde{S}$ 包含这一常数. 而如果 $\{a_n\}$ 不含无穷多项为同一常数, 则 $S=\{a_n \mid n=1,2,\cdots\}$ 是一有界无穷集, 而 $\widetilde{S}=S'$, 聚点就是极限点. 利用聚点原理, S 有聚点, 所有 $\{a_n\}$ 有极限点. 我们得到下面的定理.

定理 2.5.2　对于任意有界序列 $\{a_n\}$, 其极限点的集合 $\widetilde{S}$ 都不是空集.

上面的讨论表明, 有界序列 $\{a_n\}$ 收敛当且仅当 $\widetilde{S}$ 只含唯一的点, 而有界序列 $\{a_n\}$ 发散等价于 $\widetilde{S}$ 中至少含两个点. 对于怎样描述 $\widetilde{S}$ 中的点有下面的定义.

定义 2.5.3　设 $\{a_n\}$ 是一给定的序列, 从 $\{a_n\}$ 中取出无穷多项 $\{a_{n_k}\}_{k\in\mathbb{N}^0}$ 按照其在 $\{a_n\}$ 原来的顺序排成一个新序列

$$\{a_{n_k}\}=\{a_{n_1},a_{n_2},a_{n_3},\cdots,a_{n_k},\cdots\},$$

序列 $\{a_{n_k}\}$ 称为序列 $\{a_n\}$ 的**子序列**.

这里按照其在 $\{a_n\}$ 原来的顺序排成新序列 $\{a_{n_1},a_{n_2},a_{n_3},\cdots,a_{n_k},\cdots\}$ 表明序列 $\{a_{n_k}\}$ 的下标 n_k 需要满足 $n_1<n_2<\cdots<n_k<n_{k+1}\cdots$.

引理 2.5.1　对于一个序列 $\{a_n\}$, $x\in\mathbb{R}$ 为 $\{a_n\}$ 的极限点的充要条件是存在 $\{a_n\}$ 的子序列 $\{a_{n_k}\}$, 使得 $\lim\limits_{k\to+\infty}a_{n_k}=x$.

证明　如果存在 $\{a_n\}$ 的子序列 $\{a_{n_k}\}$, 使得 $\lim\limits_{k\to+\infty}a_{n_k}=x$, 显然 x 是 $\{a_n\}$ 的极限点. 充分性得证, 下面证必要性. 现设 x 是 $\{a_n\}$ 的极限点. 对于 $k=1$, 在 x 的邻域 $(x-1,x+1)$ 内有 $\{a_n\}$ 的无穷多项, 任取一个为 a_{n_1}; 同理, 对于 $k=2$, 在 x 的邻域 $\left(x-\dfrac{1}{2},x+\dfrac{1}{2}\right)$ 内有 $\{a_n\}$ 的无穷多项, 因而可取 $n_2>n_1$, 使得 a_{n_2} 在 x 的邻域 $\left(x-\dfrac{1}{2},x+\dfrac{1}{2}\right)$ 内. 归纳假设, 设已经取到 a_{n_k}, 使得 $n_k>n_{k-1}$, 而 a_{n_k} 在 x 的邻域 $\left(x-\dfrac{1}{k},x+\dfrac{1}{k}\right)$ 内, 则由极限点的定义, 在 x 的邻域 $\left(x-\dfrac{1}{k+1},x+\dfrac{1}{k+1}\right)$ 内有 $\{a_n\}$ 的无穷多项, 因而可取 $n_{k+1}>n_k$, 使得 $a_{n_{k+1}}$ 在 x 的邻域 $\left(x-\dfrac{1}{k+1},x+\dfrac{1}{k+1}\right)$ 内. 利用归纳法, 我们得到 $\{a_n\}$ 的一个子序列

$\{a_{n_k}\}$, 满足 $\forall k, |a_{n_k} - x| < \frac{1}{k}$, 因而 $\lim\limits_{k\to+\infty} a_{n_k} = x$. ∎

对于有界序列 $\{a_n\}$, 定理 2.5.2 表明 $\{a_n\}$ 的极限点一定存在, 再利用引理 2.5.1, 我们得到下面的 Bolzano 定理.

定理 2.5.3 (Bolzano 定理) 任意有界序列必有收敛子列.

发散序列的上极限和下极限: 对于有界序列 $\{a_n\}$, 其极限点集 $\widetilde{S}$ 显然也有界. 设 $A = \sup \widetilde{S}$, 如果 $A \notin \widetilde{S}$, 则对于任意 $\varepsilon > 0$, 存在 $x \in \widetilde{S}$, 使得 $A - \varepsilon < x < A$. 这时在 x 的邻域 $(x - (x - (A - \varepsilon)), x + (x - (A - \varepsilon))) \subset (A - \varepsilon, A + \varepsilon)$ 内包含 $\{a_n\}$ 的无穷多项, 因而 A 的邻域 $(A - \varepsilon, A + \varepsilon)$ 内包含了 $\{a_n\}$ 的无穷多项, 由定义可知 A 是 $\{a_n\}$ 的极限点, 矛盾, 必有 $A \in \widetilde{S}$. 同理, 如果 $B = \inf \widetilde{S}$, 则必有 $B \in \widetilde{S}$. 我们得到一个有界序列的极限点集内一定含有最大点和最小点.

定义 2.5.4 设 $\{a_n\}$ 是一有界序列, 其极限点集 $\widetilde{S}$ 中的最大值和最小值分别称为序列 $\{a_n\}$ 的**上极限**和**下极限**, 表示为

$$\overline{\lim_{n\to+\infty}} a_n = \max \widetilde{S}, \quad \underline{\lim_{n\to+\infty}} a_n = \min \widetilde{S}.$$

直观地讲, 序列的上极限就是能够成为其子序列的极限中最大的一个极限, 而下极限则是能够成为其子序列的极限中最小的一个极限. 如果类比于序列极限利用 ε-N 语言给出的定义, 上、下极限也可以用下面定理来表示.

定理 2.5.4 设 $\{a_n\}$ 是一有界序列, 则 A, B 为其上极限和下极限的充要条件是 $\forall \varepsilon > 0, \exists N$, s.t. 只要 $n > N$, 就成立 $a_n \in (B-\varepsilon, A+\varepsilon)$, 而 $\forall N, \exists n_1 > N, n_2 > N$, s.t. $a_{n_1} > A - \varepsilon, a_{n_2} < B + \varepsilon$.

定理 2.5.4 表明 A, B 为 $\{a_n\}$ 的上极限和下极限等价于 $\forall \varepsilon > 0$, 在 $(B-\varepsilon, A+\varepsilon)$ 外都只含序列的有限项, 而在 $(B + \varepsilon, A - \varepsilon)$ 的左右两侧都含序列的无穷多项.

如果一个序列没有上界 (下界), 则定义其上极限 (下极限) 为 $+\infty(-\infty)$.

前面我们曾说明收敛序列取极限的过程与传统的加、减、乘、除、序和开方等运算可以交换顺序, 或者说相互不矛盾. 但上、下极限就没有这些性质了. 尽管如此, 上、下极限与加、减、乘、除和序等运算之间仍然满足一些不等式的关系.

定理 2.5.5 设 $\{a_n\}$ 和 $\{b_n\}$ 都是有界序列, 则其上、下极限与加、减、乘、除和序等运算满足下面的关系.

(1) 上、下极限的保序性: 如果 $\forall n, a_n \leqslant b_n$, 则

$$\overline{\lim_{n\to+\infty}} a_n \leqslant \overline{\lim_{n\to+\infty}} b_n, \quad \underline{\lim_{n\to+\infty}} a_n \leqslant \underline{\lim_{n\to+\infty}} b_n.$$

(2) 上、下极限与加法的关系:

$$\varliminf_{n\to+\infty} a_n + \varliminf_{n\to+\infty} b_n \leqslant \varliminf_{n\to+\infty}(a_n+b_n) \leqslant \varlimsup_{n\to+\infty}(a_n+b_n) \leqslant \varlimsup_{n\to+\infty} a_n + \varlimsup_{n\to+\infty} b_n.$$

(3) 上、下极限与乘法的关系: 设 $a_n>0, b_n>0$, 则

$$\left(\varliminf_{n\to+\infty} a_n\right)\left(\varliminf_{n\to+\infty} b_n\right) \leqslant \varliminf_{n\to+\infty}(a_nb_n) \leqslant \varlimsup_{n\to+\infty}(a_nb_n) \leqslant \left(\varlimsup_{n\to+\infty} a_n\right)\left(\varlimsup_{n\to+\infty} b_n\right).$$

(4) 上、下极限与除法的关系: 设 $a_n>0$, 则

$$\varlimsup_{n\to+\infty}\frac{1}{a_n}=\frac{1}{\varliminf\limits_{n\to+\infty} a_n},\quad \varliminf_{n\to+\infty}\frac{1}{a_n}=\frac{1}{\varlimsup\limits_{n\to+\infty} a_n}.$$

证明 以 $\varliminf\limits_{n\to+\infty} a_n + \varliminf\limits_{n\to+\infty} b_n \leqslant \varliminf\limits_{n\to+\infty}(a_n+b_n)$ 的证明为例.

取 $\{a_n+b_n\}$ 的子序列 $\{a_{n_k}+b_{n_k}\}$, 使得

$$\lim_{k\to+\infty}(a_{n_k}+b_{n_k})=\varliminf_{n\to+\infty}(a_n+b_n).$$

由于 $\{a_{n_k}\}$ 有界, 因而有收敛子列. 为符号简单, 不妨设 $\{a_{n_k}\}$ 收敛, 而已知 $\{a_{n_k}+b_{n_k}\}$ 收敛, 所以 $\{b_{n_k}\}$ 也收敛. 而收敛序列的极限与加法可交换顺序, 得

$$\lim_{n\to+\infty}(a_{n_k}+b_{n_k})=\lim_{n\to+\infty} a_{n_k}+\lim_{n\to+\infty} b_{n_k}\geqslant \varliminf_{n\to+\infty} a_n+\varliminf_{n\to+\infty} b_n.$$ ■

思考题: 对于有界序列 $\{a_n\}$, 如果定义

$$\widetilde{\lim_{n\to+\infty}}\, a_n=\frac{\varliminf\limits_{n\to+\infty} a_n+\varlimsup\limits_{n\to+\infty} a_n}{2},$$

则当 $\{a_n\}$ 收敛时, $\widetilde{\lim\limits_{n\to+\infty}}\, a_n=\lim\limits_{n\to+\infty} a_n$. 因而 $\widetilde{\lim}$ 可以看成 lim 对任意有界序列的推广. 问 $\widetilde{\lim}$ 与 lim 或者序列的上、下极限有哪些性质不同? 试构造一个例子说明你的观点.

2.6 Cauchy 准则

本节我们将进一步回答怎样通过序列自身的性质来判断其是否收敛这一极限理论的基本问题.

在 2.5 节中我们证明了一个有界序列收敛当且仅当这个序列仅有一个极限点. 或者说一个序列收敛等价于存在数轴上的一个点, 使得序列的点逐步聚集在这个

点的任意小的邻域内. 而收敛序列中的点在接近其唯一极限点的同时, 这些点相互之间也必然越来越接近. 而将相互之间越来越接近这一性质用极限的逻辑语言 ε-N 来表述, 我们有下面的定义.

定义 2.6.1 序列 $\{a_n\}$ 称为 **Cauchy 列**, 如果 $\forall\varepsilon>0, \exists N$, s.t. 只要 $n_1, n_2>N$, 就成立 $|a_{n_1}-a_{n_2}|<\varepsilon$.

利用 Cauchy 列, 成立下面通过序列自身性质判断其是否收敛的基本定理.

定理 2.6.1 (序列极限的 Cauchy 准则) 序列 $\{a_n\}$ 收敛的充要条件是 $\{a_n\}$ 为 Cauchy 列.

证明 必要性. 设序列 $\{a_n\}$ 收敛, $\lim\limits_{n\to+\infty} a_n=A$, 由定义, $\forall\varepsilon>0, \exists N$, s.t. 只要 $n>N$, 就成立 $|a_n-A|<\dfrac{\varepsilon}{2}$. 因而当 $n_1, n_2>N$ 时,

$$|a_{n_1}-a_{n_2}|\leqslant|a_{n_1}-A|+|a_{n_2}-A|<\frac{\varepsilon}{2}+\frac{\varepsilon}{2}=\varepsilon,$$

$\{a_n\}$ 为 Cauchy 列.

充分性. 设 $\{a_n\}$ 为 Cauchy 列, 取 $\varepsilon=1$, 则存在 N, 只要 $n_1, n_2>N$, 则 $|a_{n_1}-a_{n_2}|<1$. 特别地, 只要 $n>N$, 就成立 $|a_n-a_{N+1}|<1$, 即当 $n>N$ 时, a_n 都在区间 $(a_{N+1}-1, a_{N+1}+1)$ 内, 因而有界. 而在这个区间之外, 序列仅有有限项, 所以 $\{a_n\}$ 是一有界序列. 利用 Bolzano 定理, $\{a_n\}$ 中有收敛子列, 设为 $\{a_{n_k}\}$, 且有 $\lim\limits_{k\to+\infty} a_{n_k}=A$.

现在希望证明 $\lim\limits_{n\to+\infty} a_n=A$. 首先由定义, $\forall\varepsilon>0, \exists N'$, s.t. 只要 $k>N'$, 则 $|a_{n_k}-A|<\varepsilon$. 而另一方面, $\{a_n\}$ 为 Cauchy 列, 所以对 ε, $\exists N$, s.t. 只要 $n_1, n_2>N$, 则 $|a_{n_1}-a_{n_2}|<\varepsilon$. 现取定一 n_k, 使得 $k>N'$, 而 $n_k>N$, 则当 $n>N$ 时,

$$|a_n-A|\leqslant|a_n-a_{n_k}|+|a_{n_k}-A|<2\varepsilon,$$

因此 $\lim\limits_{n\to+\infty} a_n=A$. ■

Cauchy 准则实现了通过序列自身的性质来判断其是否收敛这一对于极限理论的基本要求, 说明利用确界原理, 有理数经过添加无理数的扩张得到实数后, 在实数域上能够建立好的极限理论. 由于 Cauchy 准则的这一重要性质, 在以后的多个数学分支中都将这一准则推广, 作为判断一个空间是否能建立好的极限理论的标准. 当然, 对于实数空间而言, Cauchy 准则与前面给出的关于实数完备性的其他几个定理是等价的.

下面我们将利用 Cauchy 准则来证明单调有界收敛定理, 从而完成关于实数完备性的七个定理的循环推导:

单调有界收敛定理 $\Longrightarrow$ 区间套原理 $\Longrightarrow$ 开覆盖定理 $\Longrightarrow$ 聚点原理

$\Longrightarrow$Bolzano 定理 $\Longrightarrow$Cauchy 准则 $\Longrightarrow$ 单调有界收敛定理.

单调有界收敛定理 $\Longrightarrow$ 区间套原理 $\Longrightarrow$ 确界原理 $\Longrightarrow$ 单调有界收敛定理.

由此利用这两个循环, 我们证明了关于实数完备性的这七个定理相互等价. 当然这里需要说明所谓相互等价是指以实数模型为基础来建立数学分析.

怎样用 Cauchy 准则来证明单调有界收敛定理呢? 下面我们将证明如果序列 $\{a_n\}$ 单调有界, 则 $\{a_n\}$ 必是 Cauchy 列, 因而利用 Cauchy 准则得到 $\{a_n\}$ 收敛. 为此, 需要用反证法. 假定 $\{a_n\}$ 单调有界, 但不是 Cauchy 列, 从而推出 $\{a_n\}$ 无界, 与假设矛盾. 这里我们碰到的第一个困难是 "$\{a_n\}$ 不是 Cauchy 列" 这句话不能直接用来进行逻辑推理, 也不能用来做证明. 需要先说清楚 "$\{a_n\}$ 不是 Cauchy 列" 这句话表明了 $\{a_n\}$ 的什么性质, 需要用 ε-N 语言以肯定的语气来表述 $\{a_n\}$ 满足什么条件才使得它不是 Cauchy 列. 只有在这一表述的基础上, 才能用 ε-N 语言进行进一步的逻辑推理. 而将一个 "不是……" 的否定命题用 ε-N 语言以肯定的形式来表述的过程在数学分析中称为 "以肯定的语气进行否定" . 这在数学的各种反证法里经常用到, 也是读者需要通过多次练习来熟练掌握的基本逻辑技巧之一.

我们从简单的情形开始. 设对于任意 B, 命题 A 都成立. 要否定这一结论, 即否定对于任意一个 B, A 都成立, 则只需要举一个反例, 也就是只需存在某一个 B, 使得 A 不能成立. 因此我们需要用 $\exists$(存在一个) 来否定 $\forall$(任意一个).

反过来, 要否定存在一个 B, 使得 A 成立这一命题, 则需要将使得 A 成立的 B 一个都不存在这句话用肯定的语气来表述, 即对于任意一个 B, A 都不成立, 我们需要以 $\forall$ 来否定 $\exists$.

而对 ε-N 语言中 "当 $n>N$ 时" 这句话, 则需要表示为 $\forall n>N$.

以 Cauchy 准则为例, 首先将准则中 "只要 $n_1,n_2>N$" 这个表述改写为 "$\forall n_1, n_2>N$", 则肯定与否定之间我们有下面的关系:

$$\{a_n\} \text{ 为 Cauchy 列 } \Longleftrightarrow \forall\varepsilon>0, \text{ 都 } \exists N, \text{ s.t. } \forall n_1,n_2>N, \text{ 成立 } |a_{n_1}-a_{n_2}|<\varepsilon;$$

$$\{a_n\} \text{ 不是 Cauchy 列 } \Longleftrightarrow \exists\varepsilon_0>0, \text{ s.t. } \forall N, \text{ 都 } \exists n_1,n_2>N, \text{ 成立 } |a_{n_1}-a_{n_2}|\geqslant\varepsilon_0.$$

这里肯定与否定之间, $\forall$ 对应 $\exists$, 而 $\exists$ 对应 $\forall$ 的关系是十分清楚的. 再举一例:

$$\{a_n\} \text{ 收敛} \Longleftrightarrow \exists A\in\mathbb{R}, \text{ s.t. } \forall\varepsilon>0, \text{ 都 } \exists N, \text{ 满足 } \forall n>N, \text{ 成立 } |a_n-A|<\varepsilon;$$

$$\{a_n\} \text{ 发散} \Longleftrightarrow \forall A\in\mathbb{R}, \text{ 都 } \exists\varepsilon_0>0, \text{ s.t. } \forall N, \text{ 都 } \exists n>N, \text{ 成立 } |a_n-A|\geqslant\varepsilon_0.$$

有了上面的准备, 现在我们利用 Cauchy 准则来证明单调有界收敛定理.

证明 (Cauchy 准则 ⇒ 单调有界收敛定理) 用反证法. 设存在一个序列 $\{a_n\}$, 单调上升, 有上界 M, 但 $\{a_n\}$ 不收敛, 因而 $\{a_n\}$ 不是 Cauchy 列.

用肯定的语气来表述 $\{a_n\}$ 不是 Cauchy 列, 可以表述为 $\exists\varepsilon_0>0$, s.t. $\forall N$, 都 $\exists n_1,n_2>N$, 成立 $|a_{n_1}-a_{n_2}|\geqslant\varepsilon_0$.

令 $N=1$, 则存在 $n_2>n_1\geqslant 1$, 使得 $a_{n_2}-a_{n_1}>\varepsilon_0$. 再令 $N=n_2$, 则存在 $n_4>n_3>n_2$, 使得 $a_{n_4}-a_{n_3}>\varepsilon_0$. 以此类推, 利用归纳法, 得到 $\{a_n\}$ 的一个子列 $\{a_{n_k}\}$, 使得 $\forall k, a_{n_{2k}}-a_{n_{2k-1}}>\varepsilon_0$. 这时由于 $\{a_n\}$ 单调上升, 因而

$$
\begin{aligned}
a_{n_{2k}}&=(a_{n_{2k}}-a_{n_{2k-1}})+(a_{n_{2k-1}}-a_{n_{2k-2}})+\cdots+(a_{n_2}-a_{n_1})+a_{n_1}\\
&\geqslant(a_{n_{2k}}-a_{n_{2k-1}})+(a_{n_{2k-2}}-a_{n_{2k-3}})+\cdots+(a_{n_2}-a_{n_1})+a_{n_1}\\
&>k\varepsilon_0+a_{n_1}.
\end{aligned}
$$

而其中 k 可以任取, $\{a_n\}$ 无界, 矛盾, $\{a_n\}$ 是 Cauchy 列, 因而收敛. ■

习 题

1. 证明定理 2.1.2 ~ 定理 2.1.5.

2. 设 $\lim\limits_{n\to+\infty}a_n=A$, 证明: $\lim\limits_{n\to+\infty}\dfrac{a_1+\cdots+a_n}{n}=A$. 问在 $A=+\infty, A=\infty$ 时结论是否成立?

3. 设 $f(x)$ 和 $g(x)$ 都是区间 (a,b) 上的有界函数, 证明:

$$
\begin{aligned}
\inf_{x\in(a,b)}f(x)+\inf_{x\in(a,b)}g(x)\leqslant\inf_{x\in(a,b)}[f(x)+g(x)]&\leqslant\sup_{x\in(a,b)}[f(x)+g(x)]\\
&\leqslant\sup_{x\in(a,b)}f(x)+\sup_{x\in(a,b)}g(x).
\end{aligned}
$$

4. 用单调有界收敛定理证明 Archimedes 原理.

5. 求下列序列的极限:

(1) $\sqrt{2},\sqrt{2\sqrt{2}},\sqrt{2\sqrt{2\sqrt{2}}},\cdots$; (2) $\sqrt{2},\sqrt{2+\sqrt{2}},\sqrt{2+\sqrt{2+\sqrt{2}}},\cdots$.

6. 设 $0<a_1<b_1$, 对于 $n=1,2,3,\cdots$, 令 $a_{n+1}=\sqrt{a_nb_n}, b_{n+1}=\dfrac{a_n+b_n}{2}$, 证明: 序列 $\{a_n\}$ 和 $\{b_n\}$ 收敛且极限相等.

7. 设 $A>0$ 是一给定常数, 任取 $x_1\in\left(0,\dfrac{1}{A}\right)$, 对于 $n=1,2,3,\cdots$, 令 $x_{n+1}=x_n(2-Ax_n)$, 证明: 序列 $\{x_n\}$ 收敛, 并求其极限.

8. 在区间套原理中如果去掉 $\lim\limits_{n\to+\infty}(b_n-a_n)=0$ 的条件, 应该将定理改为什么形式? 表述并证明你的结论.

9. 试用区间套原理证明聚点原理.

*10. 将区间 $[0,1]$ 中的实数用三进制小数表示. 证明: 其中含有 1 的数所在区间的长度和的极限为 1. 设 S 是其中去除了含有 1 的数后剩下的数组成的集合, 利用 $[0,1]$ 中的实数用二进制小数表示证明存在 S 与 $[0,1]$ 的一一对应, 因而 S 是一 c 势无穷的集合.

11. 设函数 $f(x)$ 在有界区间 (a,b) 上无界, 证明: 存在一个点 x_0, 使得 $f(x)$ 在 x_0 的任意邻域与 (a,b) 的交上无界.

12. 设 S 是实数中一个无穷集合, 但 S 没有聚点, 证明: 可将 S 中的点排成一趋于无穷的序列.

13. 利用开覆盖定理直接证明单调有界收敛定理.

14. 设 $f(x)$ 是区间 (a,b) 上的函数, 如果对于任意 $x\in(a,b)$, 存在 $\varepsilon>0$, 使得 $f(x)$ 在 $(x-\varepsilon,x+\varepsilon)$ 上为常数, 则称 $f(x)$ 是局部为常数的函数. 证明: 局部为常数的函数必须在 (a,b) 上为常数.

15. 集合 S 称为**闭集**, 如果导集 $S'\subset S$. 证明: 对于 $\mathbb{R}$ 中的任意集合 S, 其导集 S' 都是闭集.

16. 设 $\{x_n\}$ 为一给定的序列, 问 $\{x_n\}$ 的极限点集 $\widetilde{S}$ 是不是闭集?

17. (1) 设 $\{x_n\}$ 为一给定的序列, 试构造另一个序列 $\{a_n\}$, 使得 $\{x_n\}$ 中的点都包含在 $\{a_n\}$ 的极限点集中.

(2) 假定 x_0 是序列 $\{x_n\}$ 的极限点, 问 x_0 是否是序列 $\{a_n\}$ 的极限点?

18. 利用 Bolzano 定理证明单调有界收敛定理.

19. 试举一例, 使得 $\varliminf\limits_{n\to+\infty}a_n+\varliminf\limits_{n\to+\infty}b_n<\varliminf\limits_{n\to+\infty}(a_n+b_n)$.

20. 设序列 $\{x_n\}$ 满足 $\lim\limits_{n\to+\infty}(x_{n+1}-x_n)=0$, $\forall A\in\left[\varliminf\limits_{n\to+\infty}x_n,\varlimsup\limits_{n\to+\infty}x_n\right]$, 证明: 存在 $\{x_n\}$ 的子序列 $\{x_{n_k}\}$, 满足 $\lim\limits_{k\to+\infty}x_{n_k}=A$.

21. 试举一例说明 2.5 节思考题中定义的极限与加法没有交换关系.

22. 以肯定的语气表述序列 $\{a_n\}$ 是一无界序列, 并以肯定的语气表述 A 不是序列 $\{a_n\}$ 的极限.

23. 以肯定的语气表述函数 $f(x)$ 在区间 (a,b) 上无界.

24. 以肯定的语气表述 $\lim\limits_{n\to+\infty}a_n\neq+\infty$.

25. 证明: 序列 $\left\{a_n=1+\dfrac{1}{2}+\dfrac{1}{3}+\cdots+\dfrac{1}{n}\right\}$ 是发散序列.

26. 称函数 $f(x)$ 在 x 趋于 x_0 时满足 Cauchy 准则, 如果 $\forall\varepsilon>0$, 都 $\exists\delta>0$, s.t. 只要 $0<|x_1-x_0|<\delta, 0<|x_2-x_0|<\delta$, 就成立 $|f(x_1)-f(x_2)|<\varepsilon$. 以肯定的语气表述 x 趋于 x_0 时, $f(x)$ 不满足 Cauchy 准则.

27. 设函数 $f(x)$ 定义在区间 $[a,b]$ 上, 满足 $\forall x,y\in[a,b], x\neq y$,

$$|f(x)-f(y)|<\frac{1}{2}|x-y|,\quad \text{且}\quad a\leqslant f(x)\leqslant b.$$

任取 $x_1\in[a,b]$, 对于 $n=1,2,\cdots$, 令 $x_{n+1}=f(x_n)$, 证明: $\{x_n\}$ 收敛.

28. 令 $a_n=\sum\limits_{k=1}^{n}\dfrac{1}{k^2}$, 证明: $\{a_n\}$ 收敛.

29. 对于任意给定的集合 $A\neq\varnothing$, 令 S 为以 A 的所有子集作为元素构成的集合, 证明: 集合 S 的势大于集合 A 的势.

30. 设 S_1, S_2 都是 $\mathbb{R}$ 中的子集, 问 $(S_1 \bigcup S_2)' = S_1' \bigcup S_2'$ 是否成立? 如果 $\{S_i \mid i = 1, 2, \cdots\}$ 是 $\mathbb{R}$ 中的一列子集, 问 $\left(\bigcup\limits_{i=1}^{+\infty} S_i\right)' = \bigcup\limits_{i=1}^{+\infty} S_i'$ 是否成立?

31. 证明: 所有代数数构成的集合可数.

32. 证明: $\sqrt{2} + \sqrt{3}$ 是代数数.

33. 证明: $[0, 1]$ 区间中的所有无理数构成一 c 势无穷的集合.

34. 设 S' 是集合 S 的导集, 证明: $(S')' \subset S'$, 即导集的导集是导集的子集.

35. 设 S 是一由可数无穷多个数构成的集合, 如果有一个方法将 S 中的数排成一个序列 $\{a_n\}$, 使得 $\lim\limits_{n \to +\infty} a_n = A$, 证明: 不论用什么方法将 S 中的数排成序列, 其极限都是 A.

第三章　函数极限与连续函数

科学研究的目的是探寻自然规律, 研究自然界中各种现象产生和变化的原因, 以及在什么情况下会发生什么样的事件, 在什么条件下会产生什么结果. 这里所谓自然规律, 一般来讲, 就是因果关系. 因是自变量, 果是因变量, 而规律就是联结自变量与因变量之间的映射.

数学分析不是去直接研究自然界的因果关系, 而是假定这些关系都已经被其他学科通过数字化方法表示为实数到实数的映射, 或者说表示为函数的形式后, 将函数作为它的主要研究对象. 数学分析这门学科为讨论函数的表示, 给出函数各种性质的描述提供研究方法和工具. 极限是数学分析的基本语言, 数学分析将通过极限来研究函数的连续性、定义函数的微分和积分, 通过简单的函数利用极限来逼近或者表示复杂的函数, 从而用简单函数的性质和数值计算得到复杂函数的性质和数值计算.

本章我们将定义函数的极限和连续函数等概念, 并利用第二章得到的关于实数完备性的几个定理来给出闭区间上连续函数的三大定理. 这三大定理将实数空间的确界原理等价地转换为连续函数的性质, 为后面讨论函数微分和积分的整体性质奠定了基础. 可以说实数理论正是通过连续函数的这三大定理, 实现了其在数学分析中的基石作用.

3.1　函　　数

以 $H[a,b]$ 表示定义在区间 $[a,b]$ 上的函数全体. 利用实数的加法和乘法, $H[a,b]$

中的函数有加法和乘法运算. 而如果 $g(x) \in H[a,b]$, 满足 $\forall x, g(x) \neq 0$, 则对于任意 $f(x) \in H[a,b]$, 可以定义 $[a,b]$ 上函数的除法 $\dfrac{f(x)}{g(x)}$. 此外, 如果 $u = f(x) \in H[a,b]$, 其值域 $f([a,b]) \subset [c,d]$, 则对任意定义在 $[c,d]$ 上的函数 $y = g(u)$, 可以定义 $[a,b]$ 上的函数 $y = g(f(x))$, 称为 $f(x)$ 与 $g(u)$ 的**复合函数**. 例如: $\sqrt{\ln x}$ 是函数 $u = \ln x$ 与 $y = \sqrt{u}$ 的复合, 其中要求 $x \geqslant 1$.

下面是关于函数的另外一些基本概念.

对于函数 $f(x)$, 如果存在 $c \neq 0$, 使得对于任意 x, 都成立 $f(x+c) = f(x)$, 则 $f(x)$ 称为**周期函数**, c 是 $f(x)$ 的一个周期. 例如, 2π 是函数 $\sin x$ 的周期.

例 1 Dirichlet 函数:

$$D(x) = \begin{cases} 1, & \text{如果 } x \in (-\infty, +\infty) \text{ 是有理数}, \\ 0, & \text{如果 } x \in (-\infty, +\infty) \text{ 是无理数}. \end{cases}$$

这里任意一个有理数都是 Dirichlet 函数的周期, 因而 Dirichlet 函数没有非零的最小正周期.

如果函数 $f(x)$ 满足 $f(-x) = -f(x)$, 则称为**奇函数**. 例如, $\sin x$ 和 x^3 都是奇函数.

如果函数 $f(x)$ 满足 $f(-x) = f(x)$, 则称为**偶函数**. 例如, $\cos x$ 和 $|x|$ 都是偶函数.

在中学数学中已经讨论过了下面这些函数.

(1) **常数函数**: $f(x) \equiv c$.

(2) **多项式函数**: $f(x) = a_n x^n + \cdots + a_1 x + a_0$.

(3) **有理函数**: $f(x) = \dfrac{a_n x^n + \cdots + a_1 x + a_0}{b_m x^m + \cdots + b_1 x + b_0}$.

(4) **三角函数**: $\sin x, \cos x, \tan x, \cdots$. 这里的 x 表示弧度.

(5) **反三角函数**: $\arcsin x, \arccos x, \arctan x, \cdots$.

(6) **幂函数**: $y = x^a$, 其中 $x \in (0, +\infty)$, 而 $a \in \mathbb{R}$ 是给定的常数.

(7) **指数函数**: $y = a^x$, 其中 $a > 0$ 是给定的常数, $x \in (-\infty, +\infty)$.

(8) **对数函数**: $y = \log_a x$, 其中 $a > 0$ 是给定的常数, $x \in (0, +\infty)$.

上面这八类函数称为**基本初等函数**, 而这些基本初等函数经过有限次加、减、乘、除和复合运算后产生出来的函数则称为**初等函数**.

初等函数是数学分析能够给出具体表示式, 并且可以实际计算的基本函数. 其他大多数函数都需要通过初等函数, 利用极限来表示, 它们的性质研究和实际计算则同样需要通过初等函数利用极限来得到. 因而深刻理解初等函数的性质、熟练掌握初等函数的各种运算是讨论其他函数的基础.

在基本初等函数中, 三角函数是通过直角三角形相关边的比得到的. 三角函数的初等性质在中学数学中已有详细的讨论. 而对于幂函数、指数函数和对数函数的严格定义和基本性质, 我们将在本章证明了连续函数的介值定理之后, 利用介值定理再来做详细讨论.

除了初等函数之外, 在数学分析中也常用一些其他的函数, 例如 Dirichlet 函数. 下面我们用例题的形式给出初等函数以外的一些典型的函数.

例 2　分段函数:

$$f(x)=\begin{cases}x^2+1, & x>0,\\ x-2, & -1\leqslant x\leqslant 0,\\ -x, & x<-1.\end{cases}$$

例 3　$y=\sqrt[3]{x}$, $x\in(-\infty,+\infty)$. 当 $x\in(0,+\infty)$ 时, $y=x^{\frac{1}{3}}$ 是幂函数. 但幂函数 $y=x^a$ 的定义域是 $(0,+\infty)$, 所以当 $x\in(-\infty,0]$ 时, $\sqrt[3]{x}$ 不再是初等函数.

例 4　绝对值函数: $y=|x|, x\in(-\infty,+\infty)$.

例 5　符号函数:

$$\operatorname{sgn}(x)=\begin{cases}1, & x>0,\\ 0, & x=0,\\ -1, & x<0.\end{cases}$$

例 6　取整函数: 对于任意实数 x, 将 x 表示为整数与 $(0,1)$ 中小数的和, 定义 $[x]$ 为 x 的整数部分, 即 $[x]$ 是小于等于 x 的最大整数. 例如, $[-1.32]=-2$, $[1.32]=1$. $[x]$ 称为取整函数.

例 1 中的 Dirichlet 函数和下面的 Riemann 函数在数学分析发展的过程中都曾起到过重要的作用.

例 7　Riemann 函数:

$$R(x)=\begin{cases}1, & \text{如果 } x=0,1,\\ \dfrac{1}{q}, & \text{如果 } x=\dfrac{p}{q}\in(0,1) \text{ 是有理数, 其中 } p,q \text{ 无公因子},\\ 0, & \text{如果 } x\in[0,1] \text{ 是无理数}.\end{cases}$$

$R(x)$ 定义在区间 $[0,1]$ 上, 称为 Riemann 函数.

3.2 函 数 极 限

本节我们希望将序列极限推广到函数上去, 定义函数的极限. 这里我们从数学分析发展过程中的一个重要例子开始.

在本书 "数学分析简史" 一节里我们曾提到 17 世纪中叶数学家面临的一个基本问题是怎样定义一条函数曲线的切线, 或者说怎样定义一个运动的瞬时速度. 对此, Newton 和 Leibniz 提出了无穷小的方法. Newton 以函数 $y=x^3$ 为例. 设 (x_0,y_0) 是函数 $y=x^3$ 的曲线上的一点, 希望求此曲线在这一点的切线. 为此, 给自变量 x 增加一个希望有多小就可以有多小的无穷小量 $\mathrm{d}x$, 则因变量 y 也产生了一个无穷小变化 $\mathrm{d}y$, 成立关系式

$$y_0+\mathrm{d}y=(x_0+\mathrm{d}x)^3=x_0^3+3x_0^2\mathrm{d}x+3x_0(\mathrm{d}x)^2+(\mathrm{d}x)^3.$$

将 $y_0=x_0^3$ 从等式两边消去, 两边再分别除 $\mathrm{d}x$, 我们得到

$$\frac{\mathrm{d}y}{\mathrm{d}x}=3x_0^2+3x_0\mathrm{d}x+(\mathrm{d}x)^2.$$

由于 $\mathrm{d}x$ 是无穷小, 因此 $3x_0\mathrm{d}x+(\mathrm{d}x)^2$ 也是无穷小, 从而可以忽略不计, 由此可得 $\dfrac{\mathrm{d}y}{\mathrm{d}x}=3x_0^2$, 则函数 $y=x^3$ 的曲线在点 (x_0,y_0) 处的切线方程为

$$y-y_0=3x_0^2(x-x_0).$$

Newton 和 Leibniz 的无穷小方法在 18 世纪受到了多方面的质疑, 其中影响最大的是 Berkeley 提出的 Berkeley 悖论. Berkeley 认为在上面 Newton 的方法中, 除式 $\dfrac{\mathrm{d}y}{\mathrm{d}x}$ 里的 $\mathrm{d}x$ 不能为 0 (0 不能放在分母上), 而在等式 $\dfrac{\mathrm{d}y}{\mathrm{d}x}=3x_0^2$ 中, 必须让 $\mathrm{d}x=0$, 这显然矛盾, 是在 0 与非 0 之间偷换了概念, 犯了逻辑上的错误.

19 世纪初, Cauchy 和 Weierstrass 等人提出了极限的概念, 希望用极限代替无穷小, 重新建立微积分. Cauchy 和 Weierstrass 等人的做法是: 考察

$$y-y_0=x^3-x_0^3=(x-x_0)(x^2+xx_0+x_0^2),$$

其中要求 $x\neq x_0$, 因而 $\mathrm{d}x=x-x_0\neq 0$. 现在令 $\mathrm{d}y=y-y_0$, 再在等式两边同除 $\mathrm{d}x=x-x_0$, 得到

$$\frac{\mathrm{d}y}{\mathrm{d}x}=\frac{y-y_0}{x-x_0}=x^2+xx_0+x_0^2,$$

这里的 $\dfrac{y-y_0}{x-x_0}$ 是函数 $y=x^3$ 的曲线上的点 (x,y) 与点 (x_0,y_0) 联结直线的斜率. 在 $x\neq x_0$ 的条件下令 x 趋于 x_0, 这时 (x,y) 也趋于 (x_0,y_0), (x,y) 与 (x_0,y_0) 联结直线的极限就是函数曲线在 (x_0,y_0) 处的切线. 而 x 趋于 x_0 时, $\dfrac{\mathrm{d}y}{\mathrm{d}x}=x^2+xx_0+x_0^2$ 趋于 $3x_0^2$, 因此 $3x_0^2$ 就是函数曲线在 (x_0,y_0) 处切线的斜率. 曲线在点 (x_0,y_0) 处的切线方程确实就是 $y-y_0=3x_0^2(x-x_0)$. 这一方法解决了 Berkeley 的质疑.

如果从物理的角度, $\dfrac{y-y_0}{x-x_0}$ 是运动的平均速度, 而 $x\to x_0$ 时, 平均速度 $\dfrac{y-y_0}{x-x_0}$ 的极限就是运动在 x_0 这一时刻的瞬时速度.

Cauchy 和 Weierstrass 等人用 $x\neq x_0$, 而 x 在变化过程中趋于 x_0 时, $\dfrac{\mathrm{d}y}{\mathrm{d}x}=\dfrac{y-y_0}{x-x_0}$ 趋于 $3x_0^2$ 的极限过程代替 Newton 和 Leibniz 所用的, 时而为 0, 时而不为 0 的无穷小 $\mathrm{d}x$, 成功地回答了 Berkeley 提出的质疑. 为了利用逻辑严谨、能够进行推理的数学语言来表述上面 “趋于” 的极限过程, Cauchy 和 Weierstrass 等人特别发明了 ε-δ 语言, 给出了我们现在使用的函数极限的定义.

定义 3.2.1 设函数 $f(x)$ 定义在集合 $(x_0-r,x_0+r)-\{x_0\}$ 上, 如果存在 $A\in\mathbb{R}$, 使得对于任意 $\varepsilon>0$, 都存在 $\delta>0,\delta<r$, 使得只要 x 满足 $0<|x-x_0|<\delta$, 就成立 $|f(x)-A|<\varepsilon$, 则称 x **趋于** x_0 **时**, $f(x)$ **趋于** A, 记为 $\lim\limits_{x\to x_0}f(x)=A$.

如果 x 趋于 x_0 时, $f(x)$ 趋于 $A\in\mathbb{R}$, 则称函数 $f(x)$ 在 x 趋于 x_0 时**收敛**. 反之则称函数 $f(x)$ 在 x 趋于 x_0 时**发散**.

在定义 3.2.1 中, 集合 $(x_0-r,x_0+r)-\{x_0\}$ 称为点 x_0 的空心 r 邻域, 记为 $U_0(x_0,r)$, 而 x_0 的 r 邻域 $(x-r,x+r)$ 则记为 $U(x_0,r)$. 利用邻域的语言, 极限定义也可表述为: 如果对于 A 的任意 ε 邻域 $U(A,\varepsilon)$, 存在 x_0 的空心 δ 邻域 $U_0(x_0,\delta)$, 使得 $f(U_0(x_0,\delta))\subset U(A,\varepsilon)$. 直观地讲, $\lim\limits_{x\to x_0}f(x)=A$ 表明只要 x 与 x_0 充分接近 $(0<|x-x_0|<\delta)$, 则 $f(x)$ 与 A 任意接近 $(|f(x)-A|<\varepsilon)$. $\varepsilon>0$ 是任意给定的, 而 $\delta>0$ 是在 ε 给定后, 由 ε 确定存在的某一个常数, 由于其显然不是唯一的, 因而这里的重点是存在即可.

在函数极限的定义中, 函数 $f(x)$ 在点 x_0 处可以有定义, 也可以没有定义. 在讨论 x 趋于 x_0, $f(x)$ 的极限时, 点 x_0 是不能够考虑的. 或者说就如本节开始时提到的, 取极限时, $\mathrm{d}x=x-x_0$ 不能为 0. 这一点通过下面的定理也容易理解.

定理 3.2.1 任意改变函数 $f(x)$ 在 x_0 的空心 r 邻域 $U_0(x_0,r)$ 内有限个点的函数值, 不改变 x 趋于 x_0 时, $f(x)$ 的极限存在与否, 极限存在时, 也不改变 $f(x)$ 的极限值.

定理 3.2.1 说明极限是在自变量的变化过程中实现的, 其中任意有限多个点在极限过程里都没有作用. 如果将 x_0 也考虑在极限的定义中, 则关于函数极限的这一特性就不再成立了. 例如: 令 $f(x) = |\text{sgn}(x)|$, 如果不考虑 $x_0 = 0$, 则 $\lim\limits_{x\to 0} f(x) = 1$, 极限收敛. 而如果将 $x_0 = 0$ 也放在极限 $x \to 0$ 的讨论中, 则 $\lim\limits_{x\to 0} f(x)$ 就不存在了. 极限的存在与否因函数在一个点的值的改变而改变, 这显然与极限的概念不符. 当然, 对于函数本身, 极限 $\lim\limits_{x\to x_0} f(x)$ 与函数值 $f(x_0)$ 的关系也是需要考虑的, 这一点我们将在下一节连续函数里做详细讨论.

与序列极限相同, 如果函数 $f(x)$ 在 x 趋于 x_0 时极限存在, 则极限必是唯一的. 同样地, 如果 x 趋于 x_0 时, 函数 $f(x)$ 收敛, 则存在 x_0 的一个空心邻域, 使得 $f(x)$ 在这个邻域上有界. 而函数极限也满足极限的淹没定理.

定理 3.2.2 (淹没定理) 设 $\lim\limits_{x\to x_0} f(x) = A$, 则对于任意 $B < A$, 存在 x_0 的空心邻域 $U_0(x_0, r)$, 使得对于任意 $x \in U_0(x_0, r)$, 成立 $f(x) > B$.

另一方面, 同样类比于序列极限, 容易证明函数极限与函数的加、减、乘、除 (分母不为 0) 等运算可交换顺序, 或者说函数极限与函数原有的这些运算不矛盾. 同样地, 函数极限与函数之间的大小关系相容, 成立关于函数极限的夹逼定理. 这里需要注意的是, 一般地, 函数极限与函数的复合运算不一定能够交换顺序, 需要加上一定的条件. 相关的讨论留给读者自己来表述和证明.

例 1 显然 $\lim\limits_{x\to x_0} x = x_0$. 利用收敛的函数极限与函数的加、减、乘、除等运算的顺序交换关系, 我们得到对于任意多项式 $f(x) = a_n x^n + \cdots + a_1 x + a_0$, 以及任意 $x_0 \in \mathbb{R}$, 都成立 $\lim\limits_{x\to x_0} (a_n x^n + \cdots + a_1 x + a_0) = a_n x_0^n + \cdots + a_1 x_0 + a_0$. 而对于任意有理函数 $f(x) = \dfrac{a_n x^n + \cdots + a_1 x + a_0}{b_m x^m + \cdots + b_1 x + b_0}$, 成立

$$\lim_{x\to x_0} \frac{a_n x^n + \cdots + a_1 x + a_0}{b_m x^m + \cdots + b_1 x + b_0} = \frac{a_n x_0^n + \cdots + a_1 x_0 + a_0}{b_m x_0^m + \cdots + b_1 x_0 + b_0}.$$

当然, 这里要求 $b_m x_0^m + \cdots + b_1 x_0 + b_0 \neq 0$.

上一章我们定义了集合的聚点: $x_0 \in \mathbb{R}$ 称为集合 $S \subset \mathbb{R}$ 的聚点, 如果 x_0 的任意邻域内都含有 S 的无穷多个点. 聚点是当一个集合作为自变量的定义域时, 自变量可以取极限的点.

定义 3.2.2 设 x_0 是集合 S 的聚点, $f: S \to \mathbb{R}$ 是一定义在 S 上的函数, 如果 $\exists A \in \mathbb{R}$, s.t. $\forall \varepsilon > 0, \exists \delta > 0$, 满足 $\forall x \in S, 0 < |x - x_0| < \delta$, 都成立 $|f(x) - A| < \varepsilon$. 则称 $x \in S$, x **趋于** x_0 **时**, $f(x)$ **收敛到** A, 记为 $\lim\limits_{x\in S, x\to x_0} f(x) = A$.

例 2　如果 $S=\mathbb{N}$ 为自然数集, 将 $+\infty$ 看作 $\mathbb{N}$ 的聚点, 则集合 $S=\mathbb{N}$ 上函数的极限就是上一章我们讨论的序列极限.

如果 $S=(a,b)$ 为开区间, 则 a 和 b 都是 S 的聚点, 因而在 (a,b) 上, 自变量 x 可以从右边和左边分别对 a 和 b 取极限. 或者更一般地, $x_0\in(a,b)$ 时, 自变量 x 可以只从左边趋于 x_0, 也可以只从右边趋于 x_0, 这样的极限称为单侧极限. 通常将 x 从左边趋于 x_0 记为 $x\to x_0^-$, 将 x 从右边趋于 x_0 记为 $x\to x_0^+$. 下面以左极限为例, 我们用 ε-δ 语言给出相关的定义.

定义 3.2.3　设函数 $f(x)$ 定义在 (x_0-r,x_0) 上, 如果 $\exists A\in\mathbb{R}$, s.t. $\forall\varepsilon>0$, $\exists\delta>0,\delta<r$, 满足 $\forall x\in(x_0-\delta,x_0)$, 都成立 $|f(x)-A|<\varepsilon$, 则称 x 从左边趋于 x_0 时, $f(x)$ 有**单侧极限** A, 记为 $\lim\limits_{x\to x_0^-}f(x)=A$. 同时称 $f(x)$ **在 x 趋于 x_0^- 时收敛**.

例 3　对于符号函数 $\operatorname{sgn}(x)$, 在 $x=0$ 处, $\lim\limits_{x\to0^-}\operatorname{sgn}(x)=-1$, $\lim\limits_{x\to0^+}\operatorname{sgn}(x)=1$. 而对于取整函数 $[x]$, 当 $x=n$ 为整数时, $\lim\limits_{x\to n^-}[x]=n-1$, $\lim\limits_{x\to n^+}[x]=n$.

除了左、右极限外, 函数极限中还需要考虑自变量和因变量趋于正无穷、负无穷和无穷时的极限. 下面以自变量趋于无穷为例, 给出相关定义.

定义 3.2.4　设函数 $f(x)$ 定义在 $(-\infty,+\infty)$ 上, 如果 $\exists A\in\mathbb{R}$, s.t. $\forall\varepsilon>0$, 都 $\exists M>0$, 满足只要 $|x|>M$, 就成立 $|f(x)-A|<\varepsilon$, 则称 **x 趋于 ∞ 时, $f(x)$ 有极限** A, 记为 $\lim\limits_{x\to\infty}f(x)=A$, 同时称 $f(x)$ **在 x 趋于 ∞ 时收敛**.

例 4　设 $f(x)=\dfrac{1}{x^2}$, 则 $\lim\limits_{x\to\infty}f(x)=\lim\limits_{x\to+\infty}f(x)=\lim\limits_{x\to-\infty}f(x)=0$.

当然, 这里需要注意, 与序列极限相同, 因变量的极限为无穷时, 这一函数不能称为收敛函数. 例如, 例 4 中 $x\to0$ 时, $\lim\limits_{x\to0}f(x)=+\infty$, 其表示为 $x\to0$ 时, $f(x)$ 发散到 $+\infty$.

下面的极限是数学分析里的两个重要极限之一, 称为基本极限.

例 5　在 2.2 节的例 2 中, 利用单调有界收敛定理, 我们用极限 $\lim\limits_{n\to+\infty}\left(1+\dfrac{1}{n}\right)^n=\mathrm{e}$ 定义了实数 e, 现在我们希望将自然数的离散变量 n 推广为连续变量 $x\in\mathbb{R}$. 我们从 $x\to+\infty$ 开始.

当 $x>1$ 时, 利用取整函数 $[x]$, 成立不等式

$$1+\frac{1}{[x]+1}\leqslant1+\frac{1}{x}\leqslant1+\frac{1}{[x]},$$

因此

$$\left(1+\frac{1}{[x]+1}\right)^x \leqslant \left(1+\frac{1}{x}\right)^x \leqslant \left(1+\frac{1}{[x]}\right)^x,$$

$$\left(1+\frac{1}{[x]+1}\right)^{[x]} \leqslant \left(1+\frac{1}{x}\right)^x \leqslant \left(1+\frac{1}{[x]}\right)^{[x]+1},$$

令 $x \to +\infty$, 上面不等式的左右两侧都趋于 e, 利用极限的夹逼定理, 我们得到 $\lim\limits_{x\to+\infty}\left(1+\dfrac{1}{x}\right)^x = \mathrm{e}$. 而对于 $x\to-\infty$, 由

$$\left(1+\frac{1}{x}\right)^x = \left(1-\frac{1}{-x}\right)^x = \left(\frac{-x-1}{-x}\right)^x = \left(1+\frac{1}{-x-1}\right)^{-x},$$

上式中令 $-x\to+\infty$, 取极限得 $\lim\limits_{x\to-\infty}\left(1+\dfrac{1}{x}\right)^x = \mathrm{e}$. 将这两个极限结合, 我们得到 $\lim\limits_{x\to\infty}\left(1+\dfrac{1}{x}\right)^x = \mathrm{e}$. 当然, 这一极限也可以等价地表示为 $\lim\limits_{x\to 0}(1+x)^{\frac{1}{x}} = \mathrm{e}$.

例 6 求极限 $\lim\limits_{x\to 0}\sqrt[x]{1-2x}$.

解 $\lim\limits_{x\to 0}\sqrt[x]{1-2x} = \lim\limits_{x\to 0}(1-2x)^{\frac{1}{x}} = \lim\limits_{x\to 0}[(1-2x)^{\frac{1}{-2x}}]^{-2} = \mathrm{e}^{-2}$.

例 7 (函数曲线的渐近线) 设 C 是平面上一条无界的曲线, 如果存在直线 L, 使得当曲线 C 上的点趋于无穷时 (即这点到原点的距离趋于正无穷), 点到直线 L 的距离趋于 0, 则称直线 L 为曲线 C 的**渐近线**.

下面假定曲线 C 由函数 $y=f(x)$ 给出, 我们希望应用上面关于函数极限的讨论来得到曲线 C 的渐近线.

水平渐近线 如果 $\lim\limits_{x\to+\infty} f(x) = A$, 则 $y=f(x)$ 的曲线上的点 $(x, f(x))$ 到水平直线 $y=A$ 的距离 $|f(x)-A|$ 趋于 0, 因此直线 $y=A$ 是曲线在 $x\to+\infty$ 时的水平渐近线. 同理, 如果 $\lim\limits_{x\to-\infty} f(x) = A$, 则 $y=A$ 是曲线在 $x\to-\infty$ 时的水平渐近线. 见图 3.1.

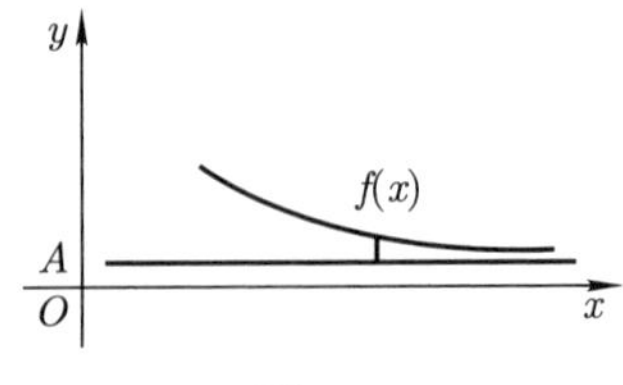

图 3.1

垂直渐近线 如果 $\lim\limits_{x\to x_0^+} f(x) = +\infty$, 则 $y=f(x)$ 的曲线上的点 $(x, f(x))$ 到直线 $x=x_0$ 的距离 $|x-x_0|$ 趋于 0, 因此直线 $x=x_0$ 是曲线在 $x\to x_0^+$, 而 $y\to+\infty$

时的垂直渐近线. 同理, 如果 $\lim\limits_{x\to x_0^-} f(x) = -\infty$, 则 $x = x_0$ 是曲线在 $x \to x_0^-$, 而 $y \to -\infty$ 时的垂直渐近线. 见图 3.2.

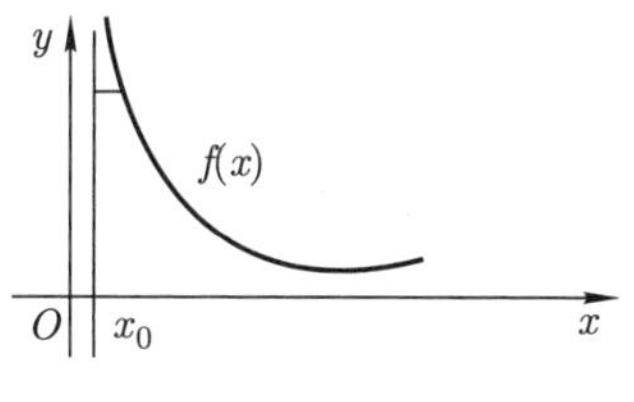

图 3.2

斜渐近线 设直线 $y = ax + b$ 是由 $y = f(x)$ 给出的曲线在 $x \to +\infty$ 时的渐近线, 其中 $a \neq 0$. 这时曲线上的点 $(x, f(x))$ 到直线 $y = ax + b$ 的距离与这点到直线 $y = ax + b$ 的垂直距离 $|f(x) - (ax + b)|$ 的比是不为 0 的常数 (图 3.3), 因此直线 $y = ax + b$ 是渐近线当且仅当 $x \to +\infty$ 时, $|f(x) - (ax + b)| \to 0$. 这时必须 $\lim\limits_{x\to+\infty}(f(x) - ax) = b$, 而 $\lim\limits_{x\to+\infty}\dfrac{f(x)}{x} = a$. 而将上面的过程反过来, 同样的结论也成立. 因此, 函数 $y = f(x)$ 给出的曲线在 $x \to +\infty$ 时有斜渐近线的充要条件是 $\lim\limits_{x\to+\infty}\dfrac{f(x)}{x} = a$, 同时 $\lim\limits_{x\to+\infty}(f(x) - ax) = b$. 这时 $y = ax + b$ 是斜渐近线.

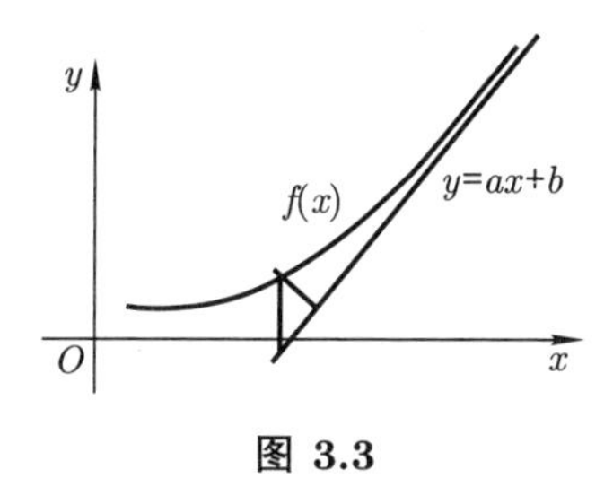

图 3.3

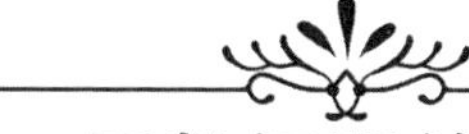

3.3 函数极限的存在问题

在函数极限的定义中, 我们的做法是将函数 $f(x)$ 与一个给定的数 A 进行比较, $\lim\limits_{x\to x_0} f(x) = A$ 当且仅当 $x \to x_0$ 时 $f(x) - A$ 为无穷小. 虽然这一定义将极限用可以进行严格逻辑推理的 ε-δ 语言给出, 克服了 Newton 和 Leibniz 使用的无穷小存在的概念不清等问题, 但从另一个角度, 这里事先知道的极限值 A 又显然没有意义. A 是希望通过极限过程来逼近的对象, 一般不能事先给定. 例如, 用极限求一个函数曲线的切线时, 怎么可能事先知道切线的斜率呢?

因此, 与序列极限的讨论相同, 对于函数极限, 重要的是需要给出一些法则, 使得我们能够通过这些法则, 利用函数自身的性质来判断当自变量 x 取极限时, 因变量 $y=f(x)$ 是否收敛. 而这就必须依靠实数理论了. 我们需要用实数空间的好的性质来保证极限也能够有好的性质.

在序列极限中, 基于实数的确界原理, 我们给出了判断极限是否收敛的单调有界收敛定理和 Cauchy 准则, 这里希望将这两个判断方法都推广到函数极限上.

定义 3.3.1 区间 (a,b) 上的函数 $f(x)$ 称为**单调上升 (下降) 函数**, 如果对于任意 $x_1,x_2\in(a,b)$, 当 $x_1<x_2$ 时, 成立 $f(x_1)\leqslant f(x_2)(f(x_1)\geqslant f(x_2))$.

定理 3.3.1 (单调有界收敛定理) 如果 $f(x)$ 是区间 (a,b) 上的单调函数, 则对任意 $x_0\in(a,b)$, 单侧极限 $\lim\limits_{x\to x_0^+}f(x)$ 和 $\lim\limits_{x\to x_0^-}f(x)$ 都收敛.

证明 不妨设 $f(x)$ 单调上升, 以 $\lim\limits_{x\to x_0^+}f(x)$ 为例.

令 $S=\{f(x)\mid x>x_0\}$. 由于 $f(x)$ 单调上升, 因而对于任意 $x>x_0$, 成立 $f(x)\geqslant f(x_0)$, $f(x_0)$ 是集合 S 的下界. 利用实数的确界原理, S 有最大下界, 即下确界 A. 这时, $\forall\varepsilon>0$, 由于 $A+\varepsilon$ 不是 S 的下界, 因而存在 $x_1>x_0$, 使得 $f(x_1)<A+\varepsilon$. 而由于 $f(x)$ 单调上升, 因此当 x 满足 $x_0<x<x_1$ 时, 成立

$$A\leqslant f(x)\leqslant f(x_1)<A+\varepsilon,$$

因而

$$\lim_{x\to x_0^+}f(x)=A=\inf\{f(x)\mid x>x_0\}.$$

同理成立 $\lim\limits_{x\to x_0^-}f(x)=\sup\{f(x)\mid x<x_0\}$. ■

对于区间 (a,b) 上单调上升的函数 $f(x)$, 虽然在任意点 $x_0\in(a,b)$ 处, $f(x)$ 的左、右极限都收敛, 并且成立

$$\lim_{x\to x_0^-}f(x)=\sup\{f(x)\mid x<x_0\}\leqslant f(x_0)\leqslant\inf\{f(x)\mid x>x_0\}=\lim_{x\to x_0^+}f(x),$$

但其左、右极限并不一定相等, 因而 x 趋于 x_0 的函数极限不一定存在. 例如取整函数 $[x]$ 在 $(-\infty,+\infty)$ 上单调上升, 但其在任意整数点处的左、右极限都不相等.

函数的单调有界收敛定理只适用于单调函数, 因而仅仅构成了判别函数单侧极限是否收敛的一个充分条件, 只是部分解决了利用函数自身性质来判断函数极限是否收敛的问题. 对于其他的函数, 类比于序列极限收敛的 Cauchy 准则, 我们有关于函数极限收敛的 Cauchy 准则.

定理 3.3.2 (Cauchy 准则) $U_0(x_0,r)$ 上的函数 $f(x)$ 在 x 趋于 x_0 时收敛的充要条件是, $\forall\varepsilon>0$, $\exists\delta>0$, s.t. 只要 $x_1,x_2\in U_0(x_0,r)$, 满足 $0<|x_1-x_0|<\delta$, $0<|x_2-x_0|<\delta$, 就成立 $|f(x_1)-f(x_2)|<\varepsilon$.

证明 必要性. 如果 $\lim\limits_{x\to x_0}f(x)=A$, 由定义, $\forall\varepsilon>0$, $\exists\delta>0$, s.t. 只要 $x_1,x_2\in U_0(x_0,r)$, 满足 $0<|x_1-x_0|<\delta, 0<|x_2-x_0|<\delta$, 就有

$$|f(x_1)-A|<\frac{\varepsilon}{2},\quad |f(x_2)-A|<\frac{\varepsilon}{2}.$$

因此, 当 $x_1,x_2\in U_0(x_0,r)$, 满足 $0<|x_1-x_0|<\delta, 0<|x_2-x_0|<\delta$ 时,

$$|f(x_1)-f(x_2)|\leqslant|f(x_1)-A|+|f(x_2)-A|<\varepsilon.$$

充分性. 在 $U_0(x_0,r)$ 中任取一个序列 $\{x_n\}$, 满足 $\lim\limits_{n\to+\infty}x_n=x_0$. 由定理的条件 $\forall\varepsilon>0$, $\exists\delta>0$, s.t. 只要 $x_1,x_2\in U_0(x_0,r)$, 满足 $0<|x_1-x_0|<\delta, 0<|x_2-x_0|<\delta$, 就成立 $|f(x_1)-f(x_2)|<\varepsilon$, 同时由于 $\lim\limits_{n\to+\infty}x_n=x_0$, 因而对这个给定的 $\delta>0$, 存在 N, 使得 $n>N$ 时, $0<|x_n-x_0|<\delta$, 所以只要 $n_1>N, n_2>N$, 就有 $|f(x_{n_1})-f(x_{n_2})|<\varepsilon$, 因此序列 $\{f(x_n)\}$ 是 Cauchy 列. 利用序列极限的 Cauchy 准则, $\{f(x_n)\}$ 收敛. 设 $\lim\limits_{n\to+\infty}f(x_n)=A$.

现在希望证明 $\lim\limits_{x\to x_0}f(x)=A$. 事实上, 由条件 $\forall\varepsilon>0$, $\exists\delta>0$, s.t. 只要 $x_1,x_2\in U_0(x_0,r)$, 满足 $0<|x_1-x_0|<\delta, 0<|x_2-x_0|<\delta$, 就成立 $|f(x_1)-f(x_2)|<\varepsilon$, 而 $\lim\limits_{n\to+\infty}x_n=x_0$, $\lim\limits_{n\to+\infty}f(x_n)=A$, 因此可选取 x_n, 使得 $0<|x_n-x_0|<\delta$, 而 $|f(x_n)-A|<\varepsilon$. 将 x_n 固定, 则当 $0<|x-x_0|<\delta$ 时,

$$|f(x)-A|\leqslant|f(x)-f(x_n)|+|f(x_n)-A|<2\varepsilon.$$

因此 $\lim\limits_{n\to+\infty}f(x)=A$. ■

在函数极限中, 我们还需要考虑函数的单侧极限, 以及函数在自变量趋于无穷或者趋于正、负无穷时的极限. 对于这里每一个极限是否收敛的判断, 我们都有相应的单调有界收敛定理和 Cauchy 准则. 下面我们以自变量趋于正无穷时, 函数极限收敛的 Cauchy 准则为例, 给出定理的表述.

定理 3.3.3 设 $f(x)$ 是定义在 $(a,+\infty)$ 上的函数, 则 x 趋于 $+\infty$ 时, $f(x)$ 收敛的充要条件是 $\forall\varepsilon>0$, $\exists M>a$, s.t. 只要 $x_1,x_2>M$, 就成立 $|f(x_1)-f(x_2)|<\varepsilon$.

如果 x 趋于 x_0 时, $f(x)$ 没有极限或者极限为无穷, 则称 x 趋于 x_0 时, $f(x)$ 发散. 现在的问题是怎样描述 x 趋于 x_0 时, $f(x)$ 发散.

函数发散就是不收敛, 或者等价地说就是函数不满足极限收敛的 Cauchy 准则. 将函数不满足收敛的 Cauchy 准则这句话用肯定的语气进行否定, 则可表述为: x 趋于 x_0 时, 函数 $f(x)$ 发散的充要条件是 $\exists\varepsilon_0>0$, s.t. $\forall\delta>0$, 都 $\exists x_1,x_2$, s.t. x_1,x_2 满足 $0<|x_1-x_0|<\delta, 0<|x_2-x_0|<\delta$, 但 $|f(x_1)-f(x_2)|\geqslant\varepsilon_0$.

由于 δ 是任意的, 特别地, 对于 $n=1,2,\cdots$, 令 $\delta=\dfrac{1}{n}$, 得两个序列 $\{x_n'\}$ 和 $\{x_n''\}$, 满足 $0<|x_n'-x_0|<\dfrac{1}{n}, 0<|x_n''-x_0|<\dfrac{1}{n}$, 而 $|f(x_n')-f(x_n'')|\geqslant\varepsilon_0$. 现在假定 $f(x)$ 有界, 利用 Bolzano 定理, 有界序列 $\{f(x_n')\}$ 和 $\{f(x_n'')\}$ 中都有收敛子列. 为符号简单, 可以假定序列 $\{f(x_n')\}$ 和 $\{f(x_n'')\}$ 都收敛. 由 $|f(x_n')-f(x_n'')|\geqslant\varepsilon_0$, 这两个序列的极限不相等, 由此得下面的定理.

定理 3.3.4 x_0 的空心邻域 $U_0(x_0,r)$ 上的有界函数 $f(x)$ 在 x 趋于 x_0 时发散的充要条件是, 存在 $U_0(x_0,r)$ 中的两个序列 $x_n'\to x_0$, $x_n''\to x_0$, 使得 $\{f(x_n')\}$ 和 $\{f(x_n'')\}$ 收敛到不同的极限.

例 1 令 $f(x)=\sin\dfrac{1}{x}$, 取 $\left\{x_n'=\dfrac{1}{2n\pi+\dfrac{\pi}{2}}\right\}$, $\left\{x_n''=\dfrac{1}{2n\pi+\dfrac{3\pi}{2}}\right\}$, 则 $x_n'\to 0$, $x_n''\to 0$ 时, $f(x_n')\equiv 1$, $f(x_n'')\equiv -1$, 因而 $x\to 0$ 时, $f(x)=\sin\dfrac{1}{x}$ 发散.

如果在定理 3.3.4 中, 利用序列 $x_n'\to x_0$, $x_n''\to x_0$, 定义一个新的序列 $\{x_n\}$ 为: 令 $x_{2n}=x_n'$, 而 $x_{2n-1}=x_n'', n=1,2,\cdots$, 则 $x_n\to x_0$, 而 $\{f(x_n)\}$ 发散. 另一方面, 在定理 3.3.2 的证明中, 我们得到如果 x 趋于 x_0 时, $f(x)$ 收敛, 则其满足 Cauchy 准则, 因而对于函数定义域内的任意序列 $x_n\to x_0$, 序列 $\{f(x_n)\}$ 都满足 Cauchy 准则, 所以必须都收敛. 由此得到下面的定理.

定理 3.3.5 x_0 的空心邻域 $U_0(x_0,r)$ 上的函数 $f(x)$ 在 x 趋于 x_0 时收敛的充要条件是, 对于 $U_0(x_0,r)$ 中的任意序列 $x_n\to x_0$, 序列 $\{f(x_n)\}$ 都收敛.

定理 3.3.5 通常被称为序列极限与函数极限的关系, 这一关系将对于连续变量 x 的函数极限化为对于离散变量 n 的序列极限.

下面讨论函数的上、下极限. 类比于序列极限, 上、下极限也可推广到函数极限.

设 $f(x)$ 定义在 x_0 的空心邻域 $U_0(x_0,r)$ 上, 类比于序列的极限点, 令

$$\widetilde{S}(f,x_0)=\{c\in\mathbb{R}\,|\,\text{存在}U_0(x_0,r)\text{中的序列}x_n\to x_0,\text{使得}\lim_{n\to+\infty}f(x_n)=c\},$$

则函数 $f(x)$ 在 x 趋于 x_0 时收敛, 当且仅当 $\widetilde{S}(f,x_0)$ 中仅包含一个点. 而对于函数

$f(x)=\sin\dfrac{1}{x}$, $\widetilde{S}(f,0)=[-1,1]$. 对于 $f(x)=\operatorname{sgn}(x)$, $\widetilde{S}(f,0)=\{-1,1\}$.

与第二章序列极限的讨论相同, 对于一个有界函数 $f(x)$, 不难证明集合 $\widetilde{S}(f,x_0)$ 中一定有最大值和最小值. 我们将 $\widetilde{S}(f,x_0)$ 中的最大值和最小值分别定义为 x 趋于 x_0 时, $f(x)$ 的上、下极限, 记为 $\overline{\lim\limits_{x\to x_0}}f(x)$ 和 $\underline{\lim\limits_{x\to x_0}}f(x)$, 即

$$\overline{\lim_{x\to x_0}}f(x)=\max\widetilde{S}(f,x_0),\quad \underline{\lim_{x\to x_0}}f(x)=\min\widetilde{S}(f,x_0).$$

如果函数 $f(x)$ 在 x_0 的任意邻域上都无上界, 则定义 $\overline{\lim\limits_{x\to x_0}}f(x)=+\infty$; 如果函数 $f(x)$ 在 x_0 的任意邻域上都无下界, 则定义 $\underline{\lim\limits_{x\to x_0}}f(x)=-\infty$.

第二章定理 2.5.3 中给出的序列上、下极限的性质, 以及上、下极限与实数的加、减、乘、除和序的各种关系, 对于函数的上、下极限同样成立, 这里就不再一一表述了.

3.4 连续函数

在本书第一章中“数学分析简史”一节里, 我们曾提到对于一个给定的函数 $y=f(x)$, Newton 和 Leibniz 认为给自变量 x 一个无穷小增量 $\mathrm{d}x$ 后, 因变量 y 也会产生一个无穷小增量 $\mathrm{d}y$, 因而成立关系式 $y+\mathrm{d}y=f(x+\mathrm{d}x)$. 现在当我们用极限理论取代无穷小后, 则需要考虑怎样用极限来重新讨论这一等式.

设 $f(x)$ 定义在区间 (a,b) 上, $x_0\in(a,b)$ 是一给定的点, $y_0=f(x_0)$, 这时 $x=x_0+(x-x_0)$, 而 $f(x)=f(x_0)+(f(x)-f(x_0))=y_0+(y-y_0)$. 令 $\Delta x=x-x_0,\Delta y=y-y_0$, 则成立等式 $f(x_0)+\Delta y=f(x_0+\Delta x)$. x 趋于 x_0 时, Δx 是无穷小, 对此自然希望 Δy 也是无穷小了. 但这里需要特别强调, 与 Newton 和 Leibniz 对于函数的理解不同, 在 Cauchy 等人的极限理论中, 函数极限本身有收敛与不收敛的问题, Δx 为无穷小时, Δy 是否是无穷小只能作为一个条件, 不是对任意函数都成立的. 因而需要将这一条件转换为定义.

定义 3.4.1 设 $f(x)$ 是定义在区间 (a,b) 上的函数, $x_0\in(a,b)$ 是一给定的点, 如果在等式 $f(x_0)+\Delta y=f(x_0+\Delta x)$ 中, 当 Δx 为无穷小时, Δy 也是无穷小, 则称 $f(x)$ **在点** x_0 **处连续**. 如果函数 $f(x)$ 在 (a,b) 中的每一点都连续, 则称 $f(x)$ 为区间 (a,b) 上的**连续函数**.

如果直接用极限的语言, $f(x)$ 在点 x_0 处连续的充要条件是, $f(x)$ 满足: (1)

$\lim\limits_{x \to x_0} f(x)$ 收敛, (2) $\lim\limits_{x \to x_0} f(x) = f(x_0)$. 条件 (2) 也可以表示为

$$\lim_{x \to x_0} y = \lim_{x \to x_0} f(x) = f(\lim_{x \to x_0} x) = f(x_0),$$

即函数连续表示的是极限运算与函数给出的映射之间可以交换顺序, 或者说对因变量取极限可以转换为对自变量取极限. 例如, 我们前面曾经证明了极限与绝对值、极限与开方运算可以交换顺序. 这句话也可以表示为函数 $y = |x|$ 和函数 $y = \sqrt{x}$ 在其定义域内都是连续函数.

当然并不是每一个函数都连续. 例如: 符号函数 $\operatorname{sgn}(x)$ 在 $x = 0$ 处就不连续. 而如果定义函数

$$f(x) = \begin{cases} \sin \dfrac{1}{x}, & x \neq 0, \\ 0, & x = 0, \end{cases}$$

则 $f(x)$ 在 $x = 0$ 处也不连续. Newton 和 Leibniz 关于自变量产生一个无穷小变化时, 因变量也会产生一个无穷小变化的想法对且仅对连续函数才成立. 而事实上, 连续函数也是所有函数中数学分析能够讨论的主要对象.

如果用 ε-δ 语言, 以肯定的语气表述连续和不连续, 则有下面的关系:

$f(x)$ 在 x_0 连续 $\Leftrightarrow \forall \varepsilon > 0$, 都 $\exists \delta > 0$, s.t. $\forall x \in U(x_0, \delta)$, 成立 $|f(x) - f(x_0)| < \varepsilon$;

$f(x)$ 在 x_0 不连续 $\Leftrightarrow \exists \varepsilon_0 > 0$, s.t. $\forall \delta > 0$, 都 $\exists x \in U(x_0, \delta)$, 但 $|f(x) - f(x_0)| \geqslant \varepsilon_0$.

在上面的表述中, 肯定与否定之间, $\forall$ 与 $\exists$ 的对应关系是十分清楚的.

通过上面表述我们看到, 如果函数 $f(x)$ 在点 x_0 处不连续, 则不论自变量的误差多么小 (小于任意的 $\delta > 0$), 因变量的误差都有可能非常大 (大于某一个常数 ε_0). 显然, 当函数不连续时, 希望通过自变量的近似来得到因变量的近似就不能够成立. 或者说自变量非常小的波动都可能造成因变量的巨大波动. 函数在其不连续点处不稳定, 性质不好. 例如, 如果 $f(x)$ 在点 x_0 处不连续, 同时 x_0 是一超越数, 由于 x_0 没有有限形式的表示, 要计算 $f(x_0)$ 只能用有理数来近似 x_0, 但 $f(x)$ 在点 x_0 处不连续, 这样的近似实际没有意义.

由于极限与函数的加、减、乘、除等运算可以交换顺序, 因而连续函数经过函数的加、减、乘、除 (分母不为 0) 后仍然是连续函数. 而另一方面, 我们在考虑极限时, 由于必须限制自变量只能取在空心邻域中, 所以极限与函数的复合运算一般不能交换顺序, 两个收敛的函数经过函数的复合后有可能不收敛. 但对于函数的连续性而言, 由于自变量和因变量用的都是实心邻域, 因而极限与连续函数的复合运算可交换顺序. 对此, 我们有下面的定理.

定理 3.4.1 连续函数的复合函数仍然连续.

证明 设 $y=f(x)$ 在 x_0 连续, 而 $z=g(y)$ 在 $y_0=f(x_0)$ 连续, 希望证明 $z=g(f(x))$ 在 x_0 连续.

$z=g(y)$ 在 $y_0=f(x_0)$ 连续, 由定义, $\forall\varepsilon>0$, $\exists\delta>0$, s.t. 只要 y 满足 $|y-y_0|<\delta$, 就成立 $|g(y)-g(y_0)|<\varepsilon$. 而 $\delta>0$ 确定后, 由 $y=f(x)$ 在 x_0 连续, 因而 $\exists\delta'>0$, s.t. 只要 $|x-x_0|<\delta'$, 就有 $|f(x)-f(x_0)|=|y-y_0|<\delta$, 即只要 $|x-x_0|<\delta'$, 就成立 $|g(f(x))-g(f(x_0))|<\varepsilon$. 因此 $g(f(x))$ 在 x_0 连续. ■

直观地讲, 连续表示自变量与因变量的极限过程可以交换顺序, 即

$$\lim_{x\to x_0} g(f(x))=g(\lim_{x\to x_0} f(x))=g(f(\lim_{x\to x_0} x))=g(f(x_0)),$$

因而连续函数经过函数的复合运算后当然连续.

由 $y=x$ 连续, 我们得到所有多项式和有理函数都是其定义域上的连续函数.

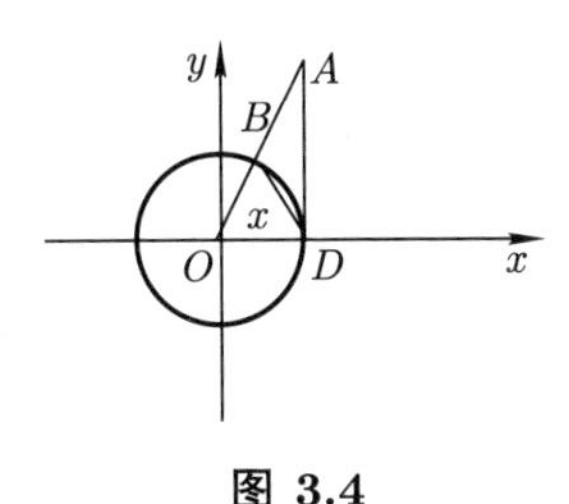

图 3.4

对于 $\sin x$, 参考图 3.4, 其中圆半径为 1. 由于这里我们总是用弧度 x 表示角度, 而当 $0<x<\dfrac{\pi}{2}$ 时, 图中 $\dfrac{\sin x}{2}$ 对应的是 ΔOBD 的面积, 而 $\dfrac{x}{2}$ 对应的是扇形 OBD 的面积, 因而 $\sin x\leqslant x$. 当 $x\geqslant\dfrac{\pi}{2}$ 时, 同样的不等式显然也成立. 而另一方面, $\sin x$ 是奇函数, $|\sin(-x)|=|\sin x|$, 因而对于任意 $x\in\mathbb{R}$, 成立不等式 $|\sin x|\leqslant|x|$. 现设 $x_0\in\mathbb{R}$ 是任意给定的点, 由三角函数的和差化积公式, 我们得到

$$|\sin x-\sin x_0|=2\left|\sin\frac{x-x_0}{2}\cos\frac{x+x_0}{2}\right|\leqslant|x-x_0|.$$

因此 $\lim\limits_{x\to x_0}\sin x=\sin x_0$, $\sin x$ 在数轴 $\mathbb{R}$ 上的每一点都连续, 或者说处处连续.

而由 $\cos x=\sin\left(\dfrac{\pi}{2}-x\right)$, 所以 $\cos x$ 也在 $\mathbb{R}$ 上连续. 同样地, $\tan x=\dfrac{\sin x}{\cos x}$, $\cot x=\dfrac{\cos x}{\sin x}$ 在其定义域内也是连续函数.

在本章下一节中, 利用连续函数的介值定理我们将证明如果连续函数有反函数, 则其反函数也必须连续. 由此得到所有三角函数和反三角函数在其定义域内都是连续函数.

同样在下一节利用连续函数的介值定理, 我们将严格定义指数函数、对数函数和幂函数, 并证明指数函数、对数函数和幂函数都是连续函数.

另一方面, 我们知道多项式、有理函数、三角函数、反三角函数、指数函数、对数函数和幂函数共同构成了基本初等函数, 而基本初等函数经过有限次加、减、乘、除和复合运算后得到的函数则称为初等函数. 由此, 我们得到下面的定理.

定理 3.4.2 所有初等函数在其定义域内都是连续函数.

上面对应于函数极限, 我们定义了函数的连续性. 同样地, 对应函数的单侧极限, 可以讨论函数的单侧连续性.

定义 3.4.2 设 $f(x)$ 在 x_0 的单侧邻域 $[x_0, x_0+r)$ 上有定义, 如果右侧极限 $\lim\limits_{x\to x_0^+} f(x)$ 收敛, 且 $\lim\limits_{x\to x_0^+} f(x) = f(x_0)$, 则称 $f(x)$ 在 x_0 **右连续**; 设 $f(x)$ 在 x_0 的单侧邻域 $(x_0-r, x_0]$ 上有定义, 如果左侧极限 $\lim\limits_{x\to x_0^-} f(x)$ 收敛, 且 $\lim\limits_{x\to x_0^-} f(x) = f(x_0)$, 则称 $f(x)$ 在 x_0 **左连续**.

利用单侧连续, 对于闭区间 $[a,b]$ 上的函数, 在端点处仅考虑函数的单侧连续性. 例如, 称 $f(x)$ 在闭区间 $[a,b]$ 上连续, 如果 $f(x)$ 在开区间 (a,b) 内连续, 并且同时在 a 点右连续, 在 b 点左连续.

例 1 我们知道取整函数 $[x]=$ 小于等于 x 的最大整数, 因而 $[x]$ 在整数点处右连续, 左边不连续. 而如果将 $\sqrt{x}$ 定义在 $[0,+\infty)$ 上, 则其处处连续.

间断点的分类 如果函数 $f(x)$ 定义在点 x_0 的邻域上, 但在 x_0 不连续, 则 x_0 称为 $f(x)$ 的**间断点**. 利用定义, 函数的间断点可以分为下面三类:

(1) **可去间断点**: 如果 $\lim\limits_{x\to x_0} f(x)$ 收敛, 但 $\lim\limits_{x\to x_0} f(x) \neq f(x_0)$, 或者 $f(x)$ 在 x_0 处没有定义, 则称 x_0 为 $f(x)$ 的**可去间断点**.

例如, $x=0$ 是函数 $|\operatorname{sgn}(x)|$ 的可去间断点, 这时 $\lim\limits_{x\to 0}|\operatorname{sgn}(x)|=1$, 而 $|\operatorname{sgn}(0)|=0$. 同样地, $\lim\limits_{x\to 0} x\sin\dfrac{1}{x}=0$, 但 $x\sin\dfrac{1}{x}$ 在 $x=0$ 处没有定义, 所以 $x=0$ 是 $x\sin\dfrac{1}{x}$ 的可去间断点.

如果 $x=x_0$ 是函数 $f(x)$ 的可去间断点, 则只需修改或者补充 $f(x)$ 在 $x=x_0$ 处这一个点的函数值, 就可使间断点消失, 函数变为连续.

(2) **第一类间断点**: 如果函数 $f(x)$ 在 x_0 处左、右单侧极限都收敛, 但不相等,

则 x_0 称为 $f(x)$ 的**第一类间断点**.

例如, 整数点都是取整函数 $[x]$ 的第一类间断点, $x=0$ 是符号函数 $\operatorname{sgn}(x)$ 的第一类间断点. 事实上, 如果 $f(x)$ 是 (a,b) 上单调上升的函数, 则在 (a,b) 内任意一点 x_0, $f(x)$ 的左、右极限都是收敛的, 并且成立

$$\lim_{x\to x_0^-} f(x)=\sup\{f(x)|x<x_0\}\leqslant f(x_0)\leqslant \inf\{f(x)|x_0<x\}=\lim_{x\to x_0^+} f(x).$$

因此, 对于单调函数, 其所有间断点都是第一类间断点.

经过适当修改函数在第一类间断点的函数值后可以使函数在该点左连续或者右连续, 但不能连续.

(3) **第二类间断点**: 如果函数 $f(x)$ 在 x_0 处的左、右单侧极限里至少有一个不收敛, 则 x_0 称为 $f(x)$ 的**第二类间断点**.

例如, $x=0$ 是 $\sin\dfrac{1}{x}$ 的第二类间断点, $x=\dfrac{\pi}{2}$ 是 $\tan x$ 的第二类间断点.

例 2　设 $D(x)$ 是 Dirichlet 函数. 对于任意 x_0, 由于有理数和无理数在实数中都是稠密的, 因而可以选取有理数序列 $a_n\to x_0$, 也可以选取无理数序列 $b_n\to x_0$. 这时 $D(a_n)\equiv 1$, $D(b_n)\equiv 0$. 因此, $x\to x_0$ 时, $D(x)$ 发散, x_0 是 $D(x)$ 的第二类间断点, 或者说 $D(x)$ 处处不连续.

例 3　设 $R(x)$ 是 Riemann 函数, 这时对于任意 $x_0\in(0,1)$, $\varepsilon>0$ 给定. 由于仅存在有限个自然数 $n\neq 0$, 使得 $n\leqslant\dfrac{1}{\varepsilon}$, 而 $(0,1)$ 中以这有限个自然数为分母的有理数仅有有限个, 所以 $(0,1)$ 中仅有有限个点满足 $R(x)\geqslant\varepsilon$. 取 $\delta>0$ 充分小, 使得这有限个点都不在 x_0 的 δ 空心邻域 $U_0(x_0,\delta)$ 内, 则 $x\in U_0(x_0,\delta)$ 时, $R(x)<\varepsilon$, 即 $\lim\limits_{x\to x_0} R(x)=0$. 由此得到如果 $x_0\in(0,1)$ 是无理数, 则 $R(x)$ 在 x_0 连续, 如果 $x_0\in(0,1)$ 是有理数, 则 x_0 是 $R(x)$ 的可去间断点. 同理, $\lim\limits_{x\to 0^+} R(x)=0$, $\lim\limits_{x\to 1^-} R(x)=0$, 0 和 1 都是 $R(x)$ 的单侧可去间断点.

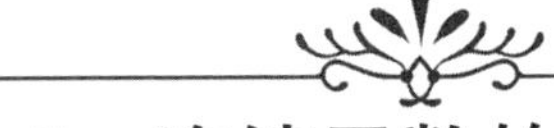

3.5　连续函数的介值定理

上一节我们直接利用连续的定义, 在一个点的邻域上讨论了连续函数的性质, 证明了连续函数经过加、减、乘、除和复合运算后仍然是连续函数.

而另一方面, 函数在一个点是否连续仅与函数在这一点任意小邻域上的取值有关, 是函数的一个局部性质. 现在的问题是假定函数在其定义区间内的每一点都连

续, 在定义区间的端点上单侧连续, 问从整体上看, 函数有什么性质? 要讨论这一问题, 仅仅依靠连续的定义是不够的, 必须要结合实数理论. 这一点也可以这样理解, 如果我们仅仅在有理数域上讨论函数, 则上面关于连续的定义, 以及连续函数经过加、减、乘、除和复合运算后仍然是连续函数等结论都是成立的. 但是, 如果我们希望更进一步在整体上得到连续函数的好的性质就不可能了. 因为这时函数定义的空间, 有理数域本身就有许多空隙, 或者说有许多间断点 (参见定理 3.5.2). 而实数理论保证了实数轴是好的空间, 因而上面的连续函数就有整体的好的性质. 从这节起, 我们将逐步向读者展示这些性质.

从几何的角度, 设函数 $y=f(x)$ 在闭区间 $[a,b]$ 上每一点都连续, 则这一函数将直线段 $[a,b]$ 映射为平面上的一条连续曲线 $L=\{(x,f(x))|x\in[a,b]\}$. 我们需要知道 $[a,b]$ 线段的性质通过 $y=f(x)$ 的连续映射后是怎样表现在曲线 L 上的. 对此, 我们将利用实数理论给出闭区间上连续函数的三大定理: 介值定理, 最大、最小值定理和一致连续定理. 这些定理一方面是连续函数本身最重要的整体, 或者说大范围的性质, 另一方面则是后面将要讨论的微分和积分的基础. 实数理论正是通过这三大定理实现了其在数学分析中的基石作用.

我们先从连续函数的介值定理开始.

通过实数的确界原理, 我们知道, 在对有理数做增加无理数的扩张后, 数轴上没有留下任何空隙. 实数的这一性质通过连续函数将数轴上的区间映射为平面上的连续曲线后不变, 这就是下面给出的连续函数的介值定理.

定理 3.5.1 (连续函数的介值定理) 设 $f(x)$ 是区间 $[a,b]$ 上的连续函数, 则对介于 $f(a)$ 和 $f(b)$ 之间的任意数 c, 都存在 $x_0\in[a,b]$, 使得 $f(x_0)=c$.

证明 我们用实数的区间套原理来证明这一定理.

不失一般性, 假设 $f(a)<f(b)$. 令 $a_1=a,b_1=b$, 得区间 $[a_1,b_1]$. 这时如果 $f\left(\dfrac{a_1+b_1}{2}\right)=c$, 则令 $x_0=\dfrac{a_1+b_1}{2}$; 如果 $f\left(\dfrac{a_1+b_1}{2}\right)>c$, 则令 $a_2=a_1,b_2=\dfrac{a_1+b_1}{2}$; 如果 $f\left(\dfrac{a_1+b_1}{2}\right)<c$, 则令 $a_2=\dfrac{a_1+b_1}{2},b_2=b_1$. 由此得区间 $[a_2,b_2]$.

归纳假设, 设已得区间 $[a_n,b_n]$, 满足 $f(a_n)<c<f(b_n)$, 而 $b_n-a_n=\dfrac{b_{n-1}-a_{n-1}}{2}$. 考察 $f\left(\dfrac{a_n+b_n}{2}\right)$. 如果 $f\left(\dfrac{a_n+b_n}{2}\right)=c$, 则令 $x_0=\dfrac{a_n+b_n}{2}$; 如果 $f\left(\dfrac{a_n+b_n}{2}\right)>c$, 则令 $a_{n+1}=a_n,b_{n+1}=\dfrac{a_n+b_n}{2}$; 如果 $f\left(\dfrac{a_n+b_n}{2}\right)<c$, 则令 $a_{n+1}=\dfrac{a_n+b_n}{2}$, $b_{n+1}=b_n$. 由此可得区间 $[a_{n+1},b_{n+1}]$, 且 $[a_{n+1},b_{n+1}]$ 满足归纳假设.

如果存在 n, 使得 $f\left(\frac{a_n+b_n}{2}\right)=c$, 则定理得证. 如果不存在, 则得一区间套 $\{[a_n,b_n]\}$. 利用区间套原理, 存在唯一的 x_0, 满足 $\lim\limits_{n\to+\infty}a_n=\lim\limits_{n\to+\infty}b_n=x_0$. 由函数的连续性, 我们得到 $\lim\limits_{n\to+\infty}f(a_n)=\lim\limits_{n\to+\infty}f(b_n)=f(x_0)$.

但另一方面, $f(a_n)<c<f(b_n)$, 令 $n\to+\infty$, 由极限的保序性, 我们得到 $f(x_0)\leqslant c\leqslant f(x_0)$, 因此必须有 $f(x_0)=c$. ■

下面的推论更能从几何角度直观地反映连续曲线上没有空隙这一特点.

推论 3.5.1 设 $f(x)$ 和 $g(x)$ 都是区间 $[a,b]$ 上的连续函数, 如果 $f(a)<g(a)$, 而 $f(b)>g(b)$, 则存在 $x_0\in[a,b]$, 使得 $f(x_0)=g(x_0)$.

例 1 设 $p(x)=x^{2n+1}+a_{2n}x^{2n}+\cdots+a_0$ 是一奇数次多项式, 则由

$$\lim_{x\to+\infty}p(x)=+\infty,\quad \lim_{x\to-\infty}p(x)=-\infty$$

可知, 奇数次多项式方程 $p(x)=x^{2n+1}+a_{2n}x^{2n}+\cdots+a_0=0$ 至少有一个实根.

例 2 (不动点原理) 设 $f(x)$ 是区间 $[a,b]$ 上的连续函数, 满足 $f([a,b])\subset[a,b]$, 证明存在 $x\in[a,b]$, 使得 $f(x)=x$.

证明 令 $g(x)=x-f(x)$, 则由条件 $f([a,b])\subset[a,b]$, 因而 $g(a)=a-f(a)\leqslant 0$, $g(b)=b-f(b)\geqslant 0$. 利用连续函数的介值定理, 在 $[a,b]$ 上存在点 x, 使得 $g(x)=0$, 即 $f(x)=x$. ■

介值定理表明的连续曲线上没有空隙这一事实与实数的完备性中表现的数轴上没有空隙实际上是同一回事.

定理 3.5.2 连续函数的介值定理与实数的确界原理等价.

证明 介值定理是利用区间套原理得到的, 而区间套原理则是确界原理的推论. 因此, 只需假定介值定理成立, 然后由此来证明确界原理必须也成立.

用反证法. 设实数的确界原理不成立, 以肯定的语气来表述: 存在集合 $S\subset\mathbb{R}$, S 不空且有上界, 但 S 没有最小上界. 取 $a\in S, b$ 为 S 的上界, 得一闭区间 $[a,b]$. 在 $[a,b]$ 上定义一个函数 $f(x)$ 为

$$f(x)=\begin{cases}0, & \text{如果 } x \text{ 不是 } S \text{ 的上界},\\ 1, & \text{如果 } x \text{ 是 } S \text{ 的上界}.\end{cases}$$

对于任意 $x\in[a,b]$, 如果 x 不是 S 的上界, 则存在 $a'\in S$, $x<a'$. 这时 $f(x)$ 在 $[a,a')$ 上恒为 0, 特别地, $f(x)$ 在 x 处连续. 如果 x 是 S 的上界, 由于假设了 S 没有最小上界, 因而存在 $b'<x$, b' 也是 S 的上界. 这时 $f(x)$ 在 $[b',b]$ 上恒为 1, 特

别地, $f(x)$ 在 x 处连续. 由此得到 $f(x)$ 在 $[a,b]$ 上处处连续. 但 $f(x)$ 显然不满足连续函数的介值定理. 这与介值定理成立的假设矛盾. 而矛盾产生的原因是因为我们假设了确界原理不成立, 假设不对, 确界原理必须成立. ■

需要说明满足介值定理的函数不一定是连续函数. 例如: 令

$$f(x)=\begin{cases}\sin\dfrac{1}{x}, & x\neq 0,\\ 0, & x=0,\end{cases}$$

则 $f(x)$ 处处满足介值定理, 但其在点 $x=0$ 不连续.

另一方面, 如果 $f(x)$ 是 $[a,b]$ 上单调上升的函数, $x_0\in(a,b)$ 是 $f(x)$ 的间断点, 利用函数极限的单调有界收敛定理, x_0 必须是第一类间断点, 这时成立

$$c=\sup\{f(x)|x<x_0\}<\inf\{f(x)|x>x_0\}=d.$$

因此, 区间 (c,d) 中最多只包含函数 $f(x)$ 的一个像点 $f(x_0)$, $f(x)$ 不满足介值定理. 同样的讨论对于端点 a,b 也成立. 由此我们得到下面的定理.

定理 3.5.3 单调函数为连续函数的充要条件是其满足介值定理.

作为介值定理的应用, 我们下面来考察连续函数的反函数. 设 $S\subset\mathbb{R}$, $f(x)$ 是 S 上的函数, 如果对于任意 $x_1,x_2\in S$, $x_1\neq x_2$ 时成立 $f(x_1)\neq f(x_2)$, 则 $f:S\to f(S)$ 是单射, 因而有反函数 $f^{-1}:f(S)\to S$. 例如, 如果 $x_1<x_2$ 时, 成立 $f(x_1)<f(x_2)(f(x_1)>f(x_2))$, 则称 $f(x)$ 是 S 上**严格单调上升 (下降) 的函数**. 显然严格单调的函数有反函数. 而对于定义在区间上的连续函数, 严格单调也是有反函数的必要条件. 对此, 我们有下面的定理.

定理 3.5.4 区间 $[a,b]$ 上的连续函数 $f(x)$ 有反函数的充要条件是 $f(x)$ 为严格单调的函数.

证明 假定 $f(x)$ 连续, 并且有反函数, 但不严格单调. 不失一般性, 不妨设 $f(a)<f(b)$. $f(x)$ 不是严格单调上升, 则存在 $x_1<x_2$, 但 $f(x_1)>f(x_2)$. 这时, 如果 $f(a)<f(x_2)$, 由介值定理, 存在 $x_0\in[a,x_1]$, 使得 $f(x_0)=f(x_2)$, 与 $f(x)$ 为单射矛盾. 而如果 $f(a)>f(x_2)$, 已知 $f(b)>f(a)>f(x_2)$, 同样由介值定理, 存在 $x_0\in[x_2,b]$, 使得 $f(x_0)=f(a)$, 这也与 $f(x)$ 为单射矛盾. ■

如果 $f(x)$ 是区间 $[a,b]$ 上的严格单调上升的连续函数, 则 $f([a,b])=[f(a),f(b)]$. 这时 $f(x)$ 的反函数 $f^{-1}:[f(a),f(b)]\to[a,b]$ 的值域就是区间 $[a,b]$, 因而反函数 f^{-1} 满足介值定理. 而单调函数的反函数当然也是单调函数, 结合定理 3.5.3, 我们得到下面的定理.

定理 3.5.5 连续函数如果有反函数, 则其反函数也是连续函数.

下面我们利用介值定理来严格定义和讨论指数函数、对数函数和幂函数.

首先设 $n>1$ 是一给定的自然数, 函数 $f(x)=x^n$ 显然是区间 $[0,+\infty)$ 上严格单调上升的连续函数, 而 $f(0)=0$, $\lim\limits_{x\to+\infty}f(x)=+\infty$. 利用连续函数的介值定理, 我们得到下面的定理.

定理 3.5.6 设 $n>1$ 是一给定的自然数, 则对于任意实数 $a>0$, 存在唯一的实数 $b>0$, 使得 $b^n=a$.

将定理 3.5.6 中的 b 表示为 $b=\sqrt[n]{a}=a^{\frac{1}{n}}$, 我们再次证明确界原理保证了实数上可以做开方运算.

现设 $a>1$ 是一给定的实数, 现在来严格定义指数函数 $y=a^x$, 并证明其是严格单调的连续函数. 特别地, 其反函数, 即对数函数 $\log_a x$ 也是连续函数.

首先, 如果 $x=\dfrac{p}{q}>0$ 是有理数, 则令 $a^{\frac{p}{q}}=(a^{\frac{1}{q}})^p$, $a^0=1$; 如果 $x=\dfrac{p}{q}<0$, 则令 $a^{\frac{p}{q}}=\dfrac{1}{a^{-\frac{p}{q}}}$. 容易看出, 对于有理数 x, a^x 是严格单调上升的函数. 如果 x 是无理数, 则利用实数的确界原理, 定义

$$a^x=\sup\left\{a^{\frac{p}{q}}\,\middle|\,\frac{p}{q}\text{为有理数且 }\frac{p}{q}<x\right\}.$$

由此就将指数函数 $y=a^x$ 定义在了整个数轴上. 利用有理数的稠密性, 以及 a^x 对有理数严格单调上升, 容易得到 a^x 对所有实数也是严格单调上升的.

另一方面, 如果 $r_1=\dfrac{p_1}{q_1}, r_2=\dfrac{p_2}{q_2}$ 是有理数, 则

$$(a^{r_1+r_2})^{q_1q_2}=a^{p_1q_2+p_2q_1}=a^{p_1q_2}a^{p_2q_1}=(a^{\frac{p_1}{q_1}}a^{\frac{p_2}{q_2}})^{q_1q_2}=(a^{r_1}a^{r_2})^{q_1q_2},$$

我们得到 $a^{r_1+r_2}=a^{r_1}a^{r_2}$. 如果 x,y 是无理数, 取两个单调上升的有理数序列 $r_n'\to x, r_n''\to y$, 则

$$\lim_{n\to+\infty}a^{r_n'}=a^x,\quad \lim_{n\to+\infty}a^{r_n''}=a^y,$$

而 $\lim\limits_{n\to+\infty}a^{r_n'+r_n''}=a^{x+y}$. 但 $a^{r_n'+r_n''}=a^{r_n'}a^{r_n''}$, 取极限就得 $a^{x+y}=a^xa^y$.

利用我们在 2.1 节例 9 中的结论: $\lim\limits_{n\to+\infty}\sqrt[n]{a}=1$, 而 $x>0$ 时, $1<a^{\frac{1}{x}}<a^{\frac{1}{[x]}}$, 令 $x\to+\infty$, 利用极限的夹逼定理, 我们得到 $\lim\limits_{x\to+\infty}a^{\frac{1}{x}}=1$. 因此 $\lim\limits_{x\to0^+}a^x=1$. 而

$$\lim_{x\to0^-}a^x=\frac{1}{\lim\limits_{x\to0^-}a^{-x}}=1.$$

现设 $x_0 \in (-\infty, +\infty)$ 是任意给定的点, 则

$$a^x - a^{x_0} = a^{x_0}(a^{x-x_0} - 1),$$

因而 $x \to x_0$ 时, $a^x \to a^{x_0}$. 由此得指数函数 $y = a^x$ 是连续函数. 另外, 由

$$\lim_{x \to +\infty} a^x = +\infty, \quad \lim_{x \to -\infty} a^x = 0$$

知 $y = a^x$ 的反函数, 即对数函数 $\log_a x$ 定义在 $(0, +\infty)$ 上, 也是连续函数.

如果 $0 < a < 1$, 利用 $a' = \dfrac{1}{a}$, 上面的讨论对于函数 $y = a^x$ 同样成立. 而幂函数 $y = x^a$ 可以表示为 $y = x^a = \mathrm{e}^{a \ln x}$, 因而也是连续函数.

至此我们完成了指数函数、对数函数和幂函数的定义, 证明了其都是连续函数.

3.6 闭区间上连续函数的最大、最小值定理

一个定义在有限点集上的函数当然是有界的, 并且函数值中有最大值和最小值. 而前面在关于闭区间上开覆盖定理的讨论中, 我们曾提到从开覆盖定理的角度来看, 闭区间是有限点集的推广, 有限点集上函数的许多性质可以推广到定义在闭区间的连续函数上, 下面的定理就是其中的一个.

定理 3.6.1 (连续函数的最大、最小值定理) 设 $f(x)$ 是闭区间 $[a, b]$ 上的连续函数, 则 $f(x)$ 在 $[a, b]$ 上有界, 并且函数值中有最大值和最小值.

证明 实数和极限理论中的区间套原理、Bolzano 定理等都可以用来证明这一定理. 下面我们采用开覆盖定理来给出证明.

$\forall x \in [a, b]$, f 在 x 处连续, 因而存在一个充分小的邻域 $(x - \varepsilon_x, x + \varepsilon_x)$, 使得 f 在 $(x - \varepsilon_x, x + \varepsilon_x) \cap [a, b]$ 上有界. 令 $\mathbb{K} = \{(x - \varepsilon_x, x + \varepsilon_x)\}_{x \in [a, b]}$, 则 $\mathbb{K}$ 是 $[a, b]$ 的一个开覆盖. 利用开覆盖定理, 可以从 $\mathbb{K}$ 中选取有限个区间也覆盖 $[a, b]$. $f(x)$ 在其中每一个区间上有界, 因而 $f(x)$ 在 $[a, b]$ 上有界.

设 $A = \sup\{f(x) | x \in [a, b]\}$. 如果不存在 $x_0 \in [a, b]$, 使得 $f(x_0) = A$, 则令

$$g(x) = \frac{1}{A - f(x)}.$$

由于 $A - f(x)$ 在 $[a, b]$ 上处处不为 0, 因而 $g(x)$ 是 $[a, b]$ 上的连续函数. 上面的讨论表明 $g(x)$ 在 $[a, b]$ 上有界. 但另一方面, 对于任意 $M > 0$, $A - \dfrac{1}{M}$ 不是集合

$\{f(x)|x\in[a,b]\}$ 的上界, 因而存在 $x'\in[a,b]$, 使得 $f(x')>A-\dfrac{1}{M}$, 这时 $g(x')>M$. 这与 $g(x)$ 有界矛盾. 所以存在 $x_0\in[a,b]$, 使得 $f(x_0)=A$, $f(x)$ 在 $[a,b]$ 上有最大值. 同理 $f(x)$ 在 $[a,b]$ 上有最小值. ■

将一个点视为闭区间, 则最大、最小值定理结合介值定理得到下面的定理.

定理 3.6.2 连续函数将闭区间映为闭区间.

从实数理论的角度来看, 确界原理保证了实数中非空有界的集合有最大下界和最小上界, 而闭区间则是含最大和最小点的区间. 连续函数的最大、最小值定理表明闭区间上连续函数能够取到最大和最小值, 或者说连续曲线 $L=\{(x,f(x))|x\in[a,b]\}$ 上有最高和最低的点. 事实上, 确界原理与连续函数的最大、最小值定理表达的是同一件事.

定理 3.6.3 实数的确界原理与闭区间上连续函数的最大、最小值定理等价.

证明 闭区间上连续函数的最大、最小值定理是利用与确界原理等价的开覆盖定理证明的, 因此, 我们只需假定闭区间上连续函数的最大、最小值定理成立, 由此来证明确界原理必须也成立.

设确界原理不成立, 则存在 $S\subset\mathbb{R}$, S 不空且有上界, 但 S 没有最小上界. 取 $a\in S, b$ 为 S 的上界, 得闭区间 $[a,b]$. 在 $[a,b]$ 上定义一个函数 $f(x)$ 为

$$f(x)=\begin{cases}x-a, & \text{如果 } x \text{ 不是 } S \text{ 的上界},\\ x-b, & \text{如果 } x \text{ 是 } S \text{ 的上界}.\end{cases}$$

对于任意 $x_0\in[a,b]$, 如果 x_0 不是 S 的上界, 则存在 $a'\in S$, $x_0<a'$. 这时在区间 $[a,a')$ 上 $f(x)=x-a$, 特别地, $f(x)$ 在 x_0 连续, 同时 $f(x_0)$ 不是 $f(x)$ 的最大值. 如果 x_0 是 S 的上界, 由于假设了 S 没有最小上界, 因而存在 $b'<x_0$ 也是 S 的上界. 这时 $f(x)$ 在 $[b',b]$ 上为 $x-b$, 特别地, $f(x)$ 在 x_0 连续, 而 $f(x_0)$ 不是 $f(x)$ 的最小值. $f(x)$ 在 $[a,b]$ 上处处连续.

通过 $f(x)$ 连续性的证明容易看出, 不论 $x_0\in[a,b]$ 是或者不是 S 的上界, $f(x_0)$ 都不是 $f(x)$ 在 $[a,b]$ 上的最大值和最小值, 即 $f(x)$ 在 $[a,b]$ 上取不到最大值和最小值, 这与连续函数的最大、最小值定理矛盾. 因而确界原理不成立的假设不对. ■

3.7 闭区间上连续函数的一致连续定理

设 $f(x)$ 是其定义域上的连续函数, $\varepsilon>0$ 是任意给定的常数, 由函数连续的定

义, 这时对于 $f(x)$ 定义域内的任意点 x_0, 存在 $\delta > 0$, 使得只要 $|x - x_0| < \delta$, 且 x 在 $f(x)$ 的定义域内, 就成立 $|f(x) - f(x_0)| < \varepsilon$. 这里, $\delta > 0$ 的选取依赖于点 x_0, 不同的点, δ 可能不同. 对此我们关心的是在所有这些 δ 中, 是否存在最小的一个, 即对于同一个 $\varepsilon > 0$, 能不能找到 $\delta > 0$, 使得这一个 δ 对于 $f(x)$ 定义域内的所有点同时适用. 如果能够找到, 我们则称 $f(x)$ 在所有点有一致连续性, 或者说 $f(x)$ 在其定义域上均匀连续.

定义 3.7.1 设 $f(x)$ 是定义在集合 $S \subset \mathbb{R}$ 上的函数, 如果对于任意 $\varepsilon > 0$, 都存在 $\delta > 0$, 使得只要 $x_1, x_2 \in S$, 满足 $|x_1 - x_2| < \delta$, 就成立 $|f(x_1) - f(x_2)| < \varepsilon$, 则称 $f(x)$ 在 S 上**一致连续**

下面对一致连续做形象的理解. 例如, 将 x 作为时间, $f(x)$ 是某个运动的速度, $f(x)$ 一致连续则表明在比较小的时间范围内, 速度不会产生大的波动, 或者说, 运动状态比较平稳. 而如果将 x 看作一个生产过程中原材料的质量, $f(x)$ 是产品质量, 则 $f(x)$ 一致连续表明, 只要控制好原材料质量的波动, 就能保证产品质量的稳定. 也就是说, 原料质量波动越小, 产品质量越稳定, 生产的流程设计是合理的.

如果 $f(x)$ 在 S 上不一致连续, 以肯定的语气可等价地表述为: $\exists \varepsilon_0 > 0$, s.t. $\forall \delta > 0$, 都 $\exists x_1, x_2 \in S$, 满足 $|x_1 - x_2| < \delta$, 但 $|f(x_1) - f(x_2)| \geqslant \varepsilon_0$.

或者说, 不一致连续时自变量任意小的波动, 都可能造成因变量的巨大变化.

一致连续的函数当然是连续的, 但反过来不一定成立. 先看几个例子.

例 1 在 3.1 节关于函数 $\sin x$ 连续性的讨论中, 我们曾得到不等式 $|\sin x - \sin x_0| \leqslant |x - x_0|$ 对于任意 $x, x_0 \in (-\infty, +\infty)$ 都成立, 因此 $\sin x$ 在 $(-\infty, +\infty)$ 上一致连续. 同理, $\cos x$ 在 $(-\infty, +\infty)$ 上也是一致连续的.

例 2 对于 $f(x) = x^2$, $|f(x_1) - f(x_2)| = |x_1 + x_2||x_1 - x_2|$, 因此, 不论 $|x_1 - x_2| \neq 0$ 怎样小, 只要 $|x_1 + x_2|$ 足够大, $|f(x_1) - f(x_2)|$ 就可以任意大. 因此函数 $f(x) = x^2$ 在 $(-\infty, +\infty)$ 上不是一致连续的.

另外, 读者可以自己验证函数 $y = \dfrac{1}{x}$ 在 $(0, 1]$ 上也不是一致连续的.

现在如果将本节开始的问题加强一下条件, 不是考虑函数定义域内的所有点, 而是仅仅讨论有限多个点, 由于函数在每一个点都连续, 对于任意给定的 $\varepsilon > 0$, 适用于这有限个点的公共的 $\delta > 0$ 显然是存在的. 而在开覆盖定理的讨论中我们曾说明, 从开覆盖定理的角度, 紧集是有限点集的推广, 而闭区间都是紧集. 因此, 我们自然希望将上面有限点集上函数的性质推广到定义在闭区间的连续函数上. 对此有下面的定理.

定理 3.7.1 (闭区间上连续函数的一致连续定理) 闭区间上的连续函数都是一致连续的.

证明 我们用关于实数的 Bolzano 定理来给出证明.

用反证法. 设 $f(x)$ 在 $[a,b]$ 上连续, 但不一致连续. 用肯定的语气来表述不一致连续, 则有: $\exists\varepsilon_0>0$, s.t. $\forall\delta>0$, 都 $\exists x_1,x_2\in[a,b]$, 满足 $|x_1-x_2|<\delta$, 但 $|f(x_1)-f(x_2)|\geqslant\varepsilon_0$. 由于其中 $\delta>0$ 是任意的, 特别地, 对于 $n=1,2,\cdots$, 令 $\delta=\dfrac{1}{n}$, 我们得到 $[a,b]$ 中的两个序列 $\{x_n'\},\{x_n''\}$, 满足 $|x_n'-x_n''|<\dfrac{1}{n}$, 但 $|f(x_n')-f(x_n'')|\geqslant\varepsilon_0$.

$\{x_n'\}$ 是有界序列, 利用 Bolzano 定理, 我们知道 $\{x_n'\}$ 中有收敛子列. 不妨设 $\lim\limits_{n\to+\infty}x_n'=x_0$, 则必须有 $x_0\in[a,b]$. 另一方面, 由

$$|x_n''-x_0|\leqslant|x_n'-x_0|+|x_n''-x_n'|<|x_n'-x_0|+\frac{1}{n},$$

令 $n\to+\infty$, 我们得到 $\lim\limits_{n\to+\infty}x_n''=x_0$.

而由假设, $f(x)$ 在 $[a,b]$ 上连续, 特别在 x_0 连续, 因而

$$\lim_{n\to+\infty}f(x_n')=\lim_{n\to+\infty}f(x_n'')=f(x_0).$$

这与对于任意 n, $|f(x_n')-f(x_n'')|\geqslant\varepsilon_0$ 矛盾, $f(x)$ 在 $[a,b]$ 上不一致连续的假设不成立. ■

对于有界区间上的连续函数, 定理 3.7.1 中闭区间这一条件实际是一致连续的一个充要条件.

定理 3.7.2 设 $f(x)$ 是有界开区间 (a,b) 上的连续函数, 则 $f(x)$ 在 (a,b) 上一致连续的充要条件是 a 和 b 都是 $f(x)$ 的可去间断点. 也就是, 通过补充 $f(x)$ 在点 a 和 b 的函数值, 可使得 $f(x)$ 延拓成为闭区间 $[a,b]$ 上的连续函数.

证明 如果 $f(x)$ 能够延拓成 $[a,b]$ 上的连续函数, 由于延拓后的函数在 $[a,b]$ 上一致连续, 因而 $f(x)$ 在 (a,b) 上也是一致连续的.

反过来, 如果 $f(x)$ 在 (a,b) 上一致连续, 按照定义, $\forall\varepsilon>0$, 存在 $\delta>0$, 使得只要 $x_1,x_2\in(a,b)$, 满足 $|x_1-x_2|<\delta$, 就成立 $|f(x_1)-f(x_2)|<\varepsilon$. 特别地, 只要 $x_1,x_2\in(a,b)$, 满足 $0<b-x_1<\delta$, $0<b-x_2<\delta$, 则 $|x_1-x_2|<\delta$, 因而成立 $|f(x_1)-f(x_2)|<\varepsilon$. 比较定理 3.3.2 给出的函数极限收敛的 Cauchy 准则, 可得 $x\to b^-$ 时, $f(x)$ 满足 Cauchy 准则, 所以 $\lim\limits_{x\to b^-}f(x)$ 收敛. 同理可证, $\lim\limits_{x\to a^+}f(x)$ 也收敛, 因此 a 和 b 都是 $f(x)$ 的可去间断点. ■

同样的结论对于无界区间是不成立的. 例如, 如果 $f(x)$ 在 $[0,+\infty)$ 上连续, 并且极限 $\lim\limits_{x\to+\infty} f(x)$ 收敛, 则不难证明 $f(x)$ 在 $[0,+\infty)$ 上一致连续. 但反过来, $f(x)$ 在 $[0,+\infty)$ 上一致连续时不能保证极限 $\lim\limits_{x\to+\infty} f(x)$ 收敛. 例如, $f(x)=\sin x$. 这里的差别在于, $x\to+\infty$ 时 $f(x)$ 收敛的 Cauchy 准则为: $\forall\varepsilon>0, \exists M>0$, s.t. $\forall x_1>M, x_2>M$, 成立 $|f(x_1)-f(x_2)|<\varepsilon$. 这一条件强于一致连续的要求.

习　题

1. 证明函数极限的唯一性.

2. 如果 $x\to x_0$ 时 $f(x)$ 收敛, 证明: 存在 x_0 的空心邻域 $U_0(x_0,r)$, 使得 $f(x)$ 在 $U_0(x_0,r)$ 上有界.

3. 表述并证明函数极限与乘法和除法的顺序交换关系.

4. 试举一例来证明函数极限与函数的复合运算不一定能够交换顺序.

5. 表述并证明函数极限的夹逼定理.

6. 给出极限 $\lim\limits_{x\to x_0^-} f(x)=+\infty$ 的定义.

7. 给出极限 $\lim\limits_{x\to-\infty} f(x)=A$ 的定义.

8. 设 $a>1, k>0$, 证明: $\lim\limits_{x\to+\infty}\dfrac{x^k}{a^x}=0$.

9. 计算下列极限:

(1) $\lim\limits_{x\to+\infty}\sqrt[x]{1-2x}$;　　(2) $\lim\limits_{x\to+\infty}\left(1+\dfrac{2}{x}\right)^{-x}$;

(3) $\lim\limits_{x\to\frac{\pi}{2}}(\sin x)^{\tan x}$;　　(4) $\lim\limits_{x\to+\infty}\left(\sin\dfrac{1}{x}+\cos\dfrac{1}{x}\right)^{x}$.

10. 求下列函数的渐近线:

(1) $f(x)=\dfrac{2x^2+4x+3}{x-1}$;　　(2) $f(x)=\sqrt{\dfrac{x^3}{x+1}}$.

11. 设 $f(x)$ 是 $(0,+\infty)$ 上严格单调的函数, $\{x_n\}$ 是 $(0,+\infty)$ 中的序列, 如果 $\lim\limits_{n\to+\infty} f(x_n)=\lim\limits_{x\to+\infty} f(x)$, 证明: 当 $n\to\infty$ 时, $x_n\to+\infty$.

12. 设函数 $f(x)$ 在 $(0,+\infty)$ 上单调, 如果在点 $x_0\in(0,+\infty)$ 处, $f(x)$ 的左、右极限相等, 证明: $\lim\limits_{x\to x_0} f(x)=f(x_0)$.

13. 设 $f(x)$ 在 $(0,+\infty)$ 上单调, 证明: 最多存在 $(0,+\infty)$ 中可数多个点, 使得 $f(x)$ 在这些点上不收敛.

14. 设函数 $f(x)$ 在 $(0,+\infty)$ 上满足 $f(2x)=f(x)$, 且 $\lim\limits_{x\to+\infty} f(x)=A$, 证明: $f(x)\equiv A$ 是常数函数.

15. 表述并证明 $x\to+\infty$ 时函数极限的单调有界收敛定理.

16. 表述并证明 $x\to\infty$ 时函数极限收敛的 Cauchy 准则.

17. 表述并证明 $x\to x_0^-$ 时函数极限收敛的 Cauchy 准则.

18. 利用定义证明: $x \to 0$ 时, $f(x) = \dfrac{1}{x}$ 不满足函数极限收敛的 Cauchy 准则.

19. 设 $\widetilde{S}(f, x_0)$ 是 3.3 节中定义的函数 $f(x)$ 在 x_0 处的极限点集, 假定 $f(x)$ 在 x_0 邻域上有界, 证明: 集合 $\widetilde{S}(f, x_0)$ 中有最大值和最小值.

20. 表述并证明函数的上、下极限与函数加法的交换关系.

21. 令

$$f(x) = \begin{cases} \sin\dfrac{1}{x}, & x < 0, \\ x - 1, & x \in [0, 1], \\ 3, & x = 1, \\ x^2, & x > 1. \end{cases}$$

问哪些点是 $f(x)$ 的间断点? 是什么类型的间断点?

22. 设 $f(x)$ 连续, $g(x)$ 不连续, 问 $f(x) + g(x)$ 和 $f(x)g(x)$ 是否连续?

23. 如果 $f(x)$ 和 $g(x)$ 都是区间 $[a, b]$ 上的连续函数, 证明: $\max\{f(x), g(x)\}$ 也是 $[a, b]$ 上的连续函数.

24. 试构造一个单调函数, 使得其在区间 $[a, b]$ 上有无穷多个间断点.

25. 设 $f(x)$ 在 $(0, +\infty)$ 上连续, $f(x^2) = f(x)$, 证明: $f(x)$ 是常数函数.

26. 设 $f(x)$ 在 $(-\infty, +\infty)$ 上连续, 并且满足对于任意 $x, y \in (-\infty, +\infty)$, 成立 $f(x+y) = f(x) + f(y)$, 证明: $f(x) = cx$, 其中 c 是常数.

27. 分别利用确界原理和开覆盖定理证明连续函数的介值定理.

28. 设 $p > 0$, 证明: 方程 $x^3 + px + q = 0$ 有且仅有一个实根.

29. 设 $f(x)$ 在 $[a, b]$ 上连续, 证明: $|f(x)|$ 在 $[a, b]$ 上也连续, 并且如果 $|f(x)|$ 在 $[a, b]$ 上单调, 则 $f(x)$ 在 $[a, b]$ 上也单调.

30. 设 $f(x)$ 在 $(-\infty, +\infty)$ 上连续, 并且满足 $\forall x, y \in (-\infty, +\infty)$,

$$|f(x) - f(y)| \leqslant k|x - y|,$$

其中 $0 < k < 1$ 是一常数, 证明: $kx - f(x)$ 单调上升, 而方程 $f(x) = x$ 有解.

31. 设 $a > 1$ 是常数, 利用指数函数的定义, 证明: a^x 是严格单调上升的函数.

32. 分别利用区间套原理和 Bolzano 定理证明连续函数的最大、最小值定理.

33. 设 $f(x)$ 是 $[a, b]$ 上没有第二类间断点的函数, 问连续函数的最大、最小值定理中哪些结论对 $f(x)$ 成立?

34. 设 $f(x)$ 在 $[0, +\infty)$ 上连续, $\lim\limits_{x \to +\infty} f(x)$ 收敛, 令 $f(+\infty) = \lim\limits_{x \to +\infty} f(x)$, 证明: $f(x)$ 在 $[0, +\infty]$ 上有界, 并且能够取到最大值和最小值.

35. 设 $f(x)$ 在 $[0, +\infty)$ 上连续并且有界, 对于任意 $t \in [0, +\infty)$, 令

$$g(t) = \sup\{f(x) | x \in [t, +\infty)\},$$

证明: $g(t)$ 在 $[0, +\infty)$ 上连续, 并且 $\lim\limits_{t \to +\infty} g(t) = \varlimsup\limits_{x \to +\infty} f(x)$.

36. 将习题 35 中 $g(t)$ 的定义以及其与 $f(x)$ 的上极限的关系推广到一般的有界函数及其上、下极限上.

37. 设 $f(x)$ 在 $[0, +\infty)$ 上连续且有界, 如果对于任意实数 a, 方程 $f(x) = a$ 无解或者仅有有限个解, 证明: $\lim\limits_{x \to +\infty} f(x)$ 收敛.

38. 设 (a,b) 是有界开区间, 证明: (a,b) 上的函数 $f(x)$ 一致连续等价于 $f(x)$ 可以延拓为闭区间 $[a,b]$ 上的连续函数.

39. 证明: 函数 $y=\dfrac{1}{x}$ 在区间 $(0,1]$ 上不是一致连续的.

40. 如果 $f(x)$ 在 $[0,+\infty)$ 上连续, 且 $\lim\limits_{x\to+\infty}f(x)$ 收敛, 证明: $f(x)$ 在 $[0,+\infty)$ 上一致连续. 问这一结论反过来是否成立?

41. 设 $f(x)$ 在 $[0,1)$ 上有界并且连续, 但不一致连续, 证明: 存在一个开区间 (a,b), 使得对于任意 $c\in(a,b)$, 存在 $[0,1)$ 中的序列 $x_n\to1$, 使得 $f(x_n)=c$ 对所有 n 成立.

42. 能否将习题 41 改为: 存在一个闭区间 $[a,b]$, 使得对于任意 $c\in[a,b]$, 存在 $[0,1)$ 中的序列 $x_n\to1$, 使得 $f(x_n)\to c$; 而对于任意 $c\notin[a,b]$, 都不存在 $[0,1)$ 中的序列 $x_n\to1$, 而 $f(x_n)\to c$.

43. 证明: 连续的周期函数一致连续. 问 $\sin^2x+\sin x^2$ 是否是周期函数?

44. 一致连续的函数复合一致连续的函数是否仍然一致连续?

45. 设 $f(x)$ 和 $g(x)$ 都是定义在 $[0,+\infty)$ 上, 满足 $g(0)=1$, $\lim\limits_{x\to+\infty}g(x)=+\infty$, 并且 $g(x)$ 严格单调上升. 如果存在 $A\in\mathbb{R}$, 使得对于任意 $\varepsilon>0$, 存在 N, 满足只要 $x_1>N,x_2>N$, 就成立 $\left|\dfrac{f(x_1)-f(x_2)}{g(x_1)-g(x_2)}-A\right|<\varepsilon$, 证明: $\lim\limits_{x\to+\infty}\dfrac{f(x)}{g(x)}=A$.

46. 设 $f(x)$ 和 $f_n(x),n=1,2,\cdots$ 都是定义在 x_0 邻域 (x_0-r,x_0+r) 上的函数, 且 $f_n(x),n=1,2,\cdots$ 在 x_0 连续. 如果对于任意 $\varepsilon>0$, 存在 N, 使得只要 $n>N$, 对任意 $x\in(x_0-r,x_0+r)$, 都成立 $|f_n(x)-f(x)|<\varepsilon$, 证明: $f(x)$ 在 x_0 也连续.

47. 设 $f(x)$ 在 $[a,b]$ 上连续, $L=\{(x,f(x))|x\in[a,b]\}$ 是由 $f(x)$ 在平面上定义的连续曲线, 如果 $\mathbb{K}$ 是平面上一族将 L 覆盖的圆盘, 问 $\mathbb{K}$ 中是否存在有限个圆盘也覆盖 L?

48. 假定 Archimedes 原理成立, 证明: 闭区间上的连续函数的一致连续定理与实数的确界原理等价.

49. 区间 $[a,b]$ 上的函数 $f(x)$ 称为在点 $x_0\in[a,b]$ **下半连续**, 如果 $\forall\varepsilon>0$, $\exists\delta>0$, s.t. 只要 $x\in[a,b]$ 满足 $|x-x_0|<\delta$, 就成立 $f(x)>f(x_0)-\varepsilon$. 设 $f(x)$ 在闭区间 $[a,b]$ 的每一点都下半连续, 证明: $f(x)$ 在 $[a,b]$ 上有下界, 并且取到其在 $[a,b]$ 上的下确界.

第四章　一元函数微分学

本章将讨论一个变元函数的导数和微分, 研究导数和微分的性质, 并给出初等函数的求导公式. 然后, 我们以上一章中连续函数的最大、最小值定理为基础, 给出连接函数与其导函数关系的重要公式 —— Lagrange 微分中值定理, 并通过这个定理, 得到利用导函数来研究函数的各种工具和方法. 例如, 求极限的 L'Hospital 法则、函数的 Taylor 展开、函数的极值问题以及函数的单调性和凸凹性等. 最后, 将利用这些成果来说明函数曲线手工作图的基本方法.

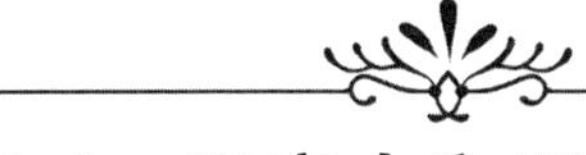

4.1　无穷小和无穷大的阶

首先, 为了后面说清楚导数和微分的意义, 以及什么是曲线的切线, 切线与过曲线上同一点的其他直线之间有什么不同, 这一节我们考虑极限理论中的这样一个问题: 设 $x \to x_0$ 时, 函数 $f(x) \to A$, $g(x) \to B$, 问这两个极限有什么不一样的地方? 或者说, 同是极限, 相互之间有什么差别?

我们知道 $f(x) \to A$ 等价于 $f(x) - A$ 是无穷小, 因而我们的问题又可以表示为: 无穷小与无穷小之间怎样进行比较? 以函数 $y = x^4$ 和 $y = x^2$ 为例, 当 $x \to 0$ 时, x^4 趋于 0 的速度显然比 x^2 趋于 0 的速度快许多. 类比于此, 收敛极限之间的差别是收敛速度的问题. 对此, 我们有下面的定义.

定义 4.1.1　设 $x \to x_0$ 时, $f(x)$ 和 $g(x)$ 都是无穷小, 且 $\forall x, g(x) \neq 0$.

(1) 如果 $\lim\limits_{x \to x_0} \dfrac{f(x)}{g(x)} = 0$, 则称 $x \to x_0$ 时, $f(x)$ 是比 $g(x)$ **高阶的无穷小**, 记为

$f(x)=o(g(x))$(读作 "小 $o(g(x))$");

(2) 如果 $\lim\limits_{x\to x_0}\dfrac{f(x)}{g(x)}=c\neq 0$, 则称 $x\to x_0$ 时, $f(x)$ 与 $g(x)$ 是**同阶无穷小**;

(3) 如果 $\lim\limits_{x\to x_0}\dfrac{f(x)}{g(x)}=1$, 则称 $x\to x_0$ 时, $f(x)$ 与 $g(x)$ 是**等价无穷小**.

同样的定义也适用于序列极限中的无穷小, 这里就不再一一表述了.

无穷小的阶表示的是收敛的速度, 阶越高, 表示收敛的速度越快.

例 1　$x\to 0$ 时, $x^3=o(x^2)=o(x)$. 当然, 在这一等式中, 两个小 o 代表不同的无穷小.

例 2　设 $a>1$ 是给定的常数, 则 $n\to+\infty$ 时, 序列 $\left\{\dfrac{1}{n!}\right\}$ 是比序列 $\left\{\dfrac{1}{a^n}\right\}$ 高阶的无穷小. 而序列 $\left\{\dfrac{1}{n^n}\right\}$ 是比 $\left\{\dfrac{1}{n!}\right\}$ 高阶的无穷小, 即 $\left\{\dfrac{1}{n^n}\right\}=o\left\{\dfrac{1}{n!}\right\}$.

当然, 并不是任意两个无穷小之间都能够进行阶的比较. 例如: 令 $f(x)=x\sin\dfrac{1}{x}$, $g(x)=x$, 当 $x\to 0$ 时 $\dfrac{f(x)}{g(x)}=\sin\dfrac{1}{x}$ 没有极限. 针对这样的情况, 有下面的定义.

定义 4.1.2　设 $x\to x_0$ 时, $f(x)$ 和 $g(x)$ 都是无穷小, 如果存在常数 $C\neq 0$, 使得在 x_0 充分小的空心邻域上, 成立 $|f(x)|\leqslant C|g(x)|$, 则记为 $f(x)=O(g(x))$ (读作 "大 $O(g(x))$").

例如, $x\sin\dfrac{1}{x}=O(x)$. 对于等价无穷小, 我们有下面的定理.

定理 4.1.1　设 $x\to x_0$ 时, $f(x)$ 与 $g(x)$ 都是无穷小, 则 $f(x)$ 与 $g(x)$ 为等价无穷小的充要条件是 $f(x)-g(x)=o(g(x))$.

证明　如果 $f(x)$ 与 $g(x)$ 是等价无穷小, 令 $h(x)=\dfrac{f(x)}{g(x)}-1$, 则由定义, $x\to x_0$ 时, $h(x)$ 是无穷小, 因而 $f(x)-g(x)=h(x)g(x)=o(g(x))$.

反过来, 如果 $f(x)-g(x)=o(g(x))$, 令 $f(x)-g(x)=h(x)g(x)$, 则 $h(x)=\dfrac{f(x)}{g(x)}-1$, 由定义, $x\to x_0$ 时, $h(x)$ 是无穷小, 因而 $\lim\limits_{x\to x_0}\dfrac{f(x)}{g(x)}=1$, $f(x)$ 与 $g(x)$ 是等价无穷小. ■

定理 4.1.1 表明, 如果忽略高阶无穷小, 则等价无穷小之间可以相互替代.

如果 $x\to x_0$ 时, $f(x)\to\infty$, 则称 $f(x)$ 为无穷大, 或者说 $f(x)$ 在 $x\to x_0$ 时发散到无穷. 无穷大与无穷大之间也有趋于无穷的快慢问题, 称为无穷大的阶.

定义 4.1.3　设 $x\to x_0$ 时, $f(x)$ 和 $g(x)$ 都是无穷大.

(1) 如果 $\lim\limits_{x\to x_0}\dfrac{f(x)}{g(x)}=0$, 则称 $x\to x_0$ 时, $g(x)$ 是比 $f(x)$ **高阶的无穷大**.

(2) 如果 $\lim\limits_{x\to x_0}\dfrac{f(x)}{g(x)}=c\neq 0$, 则称 $x\to x_0$ 时, $f(x)$ 与 $g(x)$ 是**同阶无穷大**.

(3) 如果 $\lim\limits_{x\to x_0}\dfrac{f(x)}{g(x)}=1$, 则称 $x\to x_0$ 时, $f(x)$ 与 $g(x)$ 是**等价无穷大**.

如果 $x\to x_0$ 时, $f(x)$ 是无穷大, 则 $\dfrac{1}{f(x)}$ 是无穷小, 而 $g(x)$ 是比 $f(x)$ 高阶的无穷大当且仅当 $\dfrac{1}{g(x)}$ 是比 $\dfrac{1}{f(x)}$ 高阶的无穷小. 这样的关系对于同阶无穷大或者等价无穷大同样成立. 因而无穷大的讨论可以转换为无穷小的讨论.

例 3 设 $a>1$ 是给定的常数, k 是自然数, 则 $n\to+\infty$ 时, 序列 $\{\ln^k n\}$ 是比 $\{n\}$ 低阶的无穷大, 而 $\{n^k\}$ 是比 $\{a^n\}$ 低阶的无穷大. 或者说 $n\to+\infty$ 时, 对数型增长 $\ln^k n$ 低于多项式型增长 n^k, 而多项式型增长 n^k 低于指数型增长 a^n.

同样地, 不难证明 $n\to+\infty$ 时, $\{n!\}$ 是比 $\{a^n\}$ 高阶的无穷大, 而序列 $\{n^n\}$ 是比 $\{n!\}$ 高阶的无穷大. 后面我们将证明 $x\to+\infty$ 时, a^x 是比 x^n 高阶的无穷大, 其中 $n\geqslant 1$ 是任意自然数.

4.2 导数和微分

17 世纪, 数学家面临的一个基本问题是怎样定义一条曲线的切线, 或者说怎样定义运动的瞬时速度. 对此, Newton 和 Leibniz 提出了无穷小的方法. 对于函数 $y=f(x)$, 设 (x_0,y_0) 是函数曲线上的一点. 这时给自变量 x 一个无穷小增量 $\mathrm{d}x$ 后, 因变量也会产生一个无穷小增量 $\mathrm{d}y$, 因而成立 $y_0+\mathrm{d}y=f(x_0+\mathrm{d}x)$. Newton 和 Leibniz 称无穷小的商 $\dfrac{\mathrm{d}y}{\mathrm{d}x}$ 为 $y=f(x)$ 在 x_0 处的导数, 也称为微商, 即运动的瞬时速度. 而 $y-y_0=\dfrac{\mathrm{d}y}{\mathrm{d}x}(x-x_0)$ 则是函数曲线在点 (x_0,y_0) 处的切线.

19 世纪, Cauchy 和 Weierstrass 等人用极限理论取代无穷小后, 自然的问题就是需要用极限理论来严格定义函数的导数, 进而重新得到函数曲线的切线. 设 (x_0,y_0) 是函数曲线上给定的点, 将 $y=f(x)$ 表示为

$$f(x)=y_0+(f(x)-f(x_0))=f(x_0+(x-x_0)).$$

用 $x-x_0$ 代替 $\mathrm{d}x$, $f(x)-f(x_0)$ 代替 $\mathrm{d}y$. 对比 Newton 和 Leibniz 提出的无穷小的商 $\dfrac{\mathrm{d}y}{\mathrm{d}x}$, Cauchy 等人利用极限 $\lim\limits_{x\to x_0}\dfrac{f(x)-f(x_0)}{x-x_0}$ 给出了下面的定义.

定义 4.2.1 设 $y=f(x)$ 是定义在区间 (a,b) 上的函数, $x_0\in(a,b)$ 是给定的点, 如果 $x\to x_0$ 时, 极限

$$\lim_{x\to x_0}\frac{f(x)-f(x_0)}{x-x_0}=A\in\mathbb{R}$$

收敛, 则称 $y=f(x)$ 在 x_0 处**可导**, 称 A 为 $f(x)$ 在 x_0 处的**导数**, 记为 $f'(x_0)$.

另外, 在数学分析中也同时使用 Leibniz 的符号, 用 $\frac{\mathrm{d}y}{\mathrm{d}x}$ 或者 $\frac{\mathrm{d}f}{\mathrm{d}x}$ 来表示 $y=f(x)$ 的导数. 用极限的语言, 令 $\Delta x=x-x_0,\Delta y=y-y_0=f(x)-f(x_0)$, 则

$$f'(x_0)=\frac{\mathrm{d}y}{\mathrm{d}x}=\lim_{x\to x_0}\frac{\Delta y}{\Delta x}.$$

导数本质上就是两个无穷小的商.

与此同时, 也可以用 Newton 的符号 y'_x 记变量 y 对于 x 的导数.

从几何的角度, $\frac{f(x)-f(x_0)}{x-x_0}$ 是联结函数曲线上点 $(x_0,f(x_0))$ 和 $(x,f(x))$ 的直线的斜率, 而导数 $f'(x_0)$ 是曲线上的点 $(x,f(x))$ 趋于点 $(x_0,f(x_0))$ 时, 这些直线斜率的极限. 如果设想这些直线的极限就是函数曲线在 $(x_0,f(x_0))$ 处的切线, 则 $f'(x_0)$ 就是这一直线的斜率. 因此, 函数曲线在 $(x_0,f(x_0))$ 处的切线为

$$(y-y_0)=f'(x_0)(x-x_0).$$

下面我们将利用无穷小的阶的比较来证明, 在平面上所有过点 $(x_0,f(x_0))$ 的直线里, $(y-y_0)=f'(x_0)(x-x_0)$ 确实是其中唯一的一条与函数曲线最贴近的直线, 因而在这个意义上称这一直线为函数曲线的切线.

如果从物理的角度, 以 x 表示时间, $f(x)$ 表示运动的路程, 则 x 到 x_0 这一时间段运动的平均速度为 $\frac{f(x)-f(x_0)}{x-x_0}$, 而 $\lim\limits_{x\to x_0}\frac{f(x)-f(x_0)}{x-x_0}=f'(x_0)$ 则是运动平均速度的极限, 因而是运动在 x_0 的瞬时速度.

如果极限 $\lim\limits_{x\to x_0}\frac{f(x)-f(x_0)}{x-x_0}$ 不收敛, 则称 $f(x)$ 在 x_0 处不可导, 这时极限收敛的 Cauchy 准则不成立. 以肯定的语气来表述这一点: $f(x)$ 在 x_0 处不可导等价于 $\exists\varepsilon_0>0$, s.t. $\forall\delta>0$, 都存在 $x_1,x_2\in(x_0-\delta,x_0+\delta)-\{x_0\}$, 但

$$\left|\frac{f(x_1)-f(x_0)}{x_1-x_0}-\frac{f(x_2)-f(x_0)}{x_2-x_0}\right|\geqslant\varepsilon_0.$$

由此我们看到, 如果一个运动在 x_0 的瞬时速度不存在, 则平均速度会因为点的不同选取产生很大误差, 因而没有意义. 或者说曲线在 $(x_0,f(x_0))$ 处没有切线.

导数可以解释为函数的因变量对于自变量的变化率, 我们通过平均变化率得到瞬时变化率, 这是导数最早引入的原因.

早期导数的概念是由 Fermat 提出的. Fermat 当时考虑的问题是, 怎样求一个函数的极大值和极小值. 为了说明 Fermat 的方法, 我们先给出下面的定义.

定义 4.2.2 设 $f(x)$ 定义在 (a,b) 上, $x_0 \in (a,b)$ 称为 $f(x)$ 的**极大 (极小) 值点**, 如果 $\exists \varepsilon > 0$, s.t. $\forall x \in (x_0-\varepsilon, x_0+\varepsilon)$, 成立 $f(x) \leqslant f(x_0)(f(x) \geqslant f(x_0))$.

对于怎样找到函数的极值点的问题, Fermat 认为当一个函数从单调上升通过极大值点变为单调下降, 或者从单调下降通过极小值点变为单调上升时, 函数的变化率从正变到负, 或者从负变到正, 因而在极值点处, 函数的变化率必须为 0, 即函数曲线在极值点的切线都是水平的直线 (参考图 4.1).

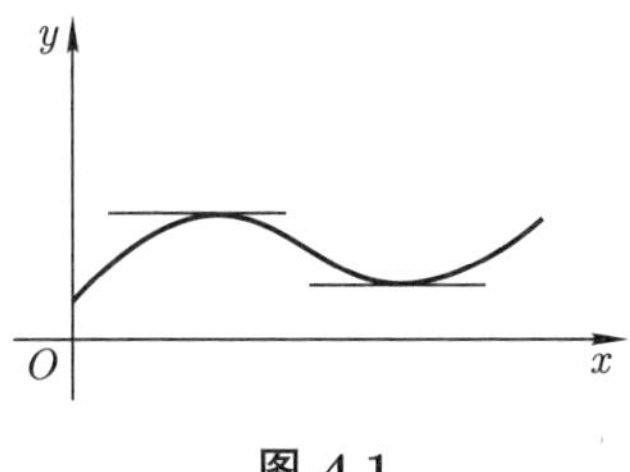

图 4.1

Fermat 的想法可以归结为下面的定理.

定理 4.2.1 (Fermat 定理) 如果 $x_0 \in (a,b)$ 是函数 $f(x)$ 的极大 (极小) 值点, 同时 $f(x)$ 在 x_0 可导, 则 $f'(x_0)=0$.

证明 设 x_0 是 $f(x)$ 的极大值点, 则 $\exists \varepsilon > 0$, s.t. $\forall x \in (x_0-\varepsilon, x_0+\varepsilon)$, 成立 $f(x) \leqslant f(x_0)$. 这时, $0 < x - x_0 < \varepsilon$ 时, $\dfrac{f(x)-f(x_0)}{x-x_0} \leqslant 0$. 令 $x \to x_0$, 得 $f'(x_0) \leqslant 0$. 而 $0 < x_0 - x < \varepsilon$ 时, $\dfrac{f(x)-f(x_0)}{x-x_0} \geqslant 0$. 令 $x \to x_0$, 得 $f'(x_0) \geqslant 0$. 因此, 必有 $f'(x_0)=0$. ■

与 Newton 和 Leibniz 利用无穷小的商定义的导数不同, 上面用极限定义的导数要求极限 $\lim\limits_{x\to x_0} \dfrac{f(x)-f(x_0)}{x-x_0}$ 收敛, 因而不是任意函数都是可导的. 首先, 如果 $y=f(x)$ 在 x_0 处可导, 则 $\Delta x = x - x_0$ 为无穷小时, $\Delta y = f(x) - f(x_0)$ 必须是 Δx 的同阶或者高阶无穷小, 因而 $y=f(x)$ 必须在 x_0 处连续.

定理 4.2.2 如果 $f(x)$ 在 x_0 可导, 则 $f(x)$ 在 x_0 连续.

当然连续仅仅是可导的必要条件. 例如 $y = x\mathrm{sgn}(x) = |x|$ 和 $y = x\sin\dfrac{1}{x}$ 都处

处连续, 但在 $x=0$ 处不可导. 在这两个例子中, $x=0$ 是函数 $\mathrm{sgn}(x)$ 和 $\sin\dfrac{1}{x}$ 的间断点, 但当 $x\to 0$ 时, 在这两个函数中, 无穷小 x 将 $\mathrm{sgn}(x)$ 和 $\sin\dfrac{1}{x}$ 的间断点掩盖了. 而求导过程则是利用无穷小 $x-x_0$ 来放大无穷小 $f(x)-f(x_0)$, 函数原来被无穷小掩盖的瑕疵就有可能暴露出来.

对于绝对值函数 $f(x)=x\mathrm{sgn}(x)=|x|$, 其在 $x=0$ 处成立

$$\lim_{x\to 0^+}\frac{f(x)-f(0)}{x-0}=1,\quad \lim_{x\to 0^-}\frac{f(x)-f(0)}{x-0}=-1,$$

因此, $|x|$ 在 $x=0$ 处不可导, 或者说由于 $f(x)=|x|$ 的曲线在 $x=0$ 处有一个尖点, 不够光滑, 因而没有切线. 尽管如此, 我们称 $f(x)=|x|$ 是单侧可导的, 称 1 为 $f(x)$ 在 $x=0$ 的右导数, 记为 $f'_+(0)$, 而 -1 为 $f(x)$ 在 $x=0$ 的左导数, 记为 $f'_-(0)$. 同理, 对于定义在闭区间上的函数, 我们在区间端点处仅讨论函数的单侧导数.

当然, 函数单侧可导, 而单侧导数不相等时, 说明函数曲线仅有单侧切线, 曲线上出现了一个尖点, 不够光滑 (见图 4.2).

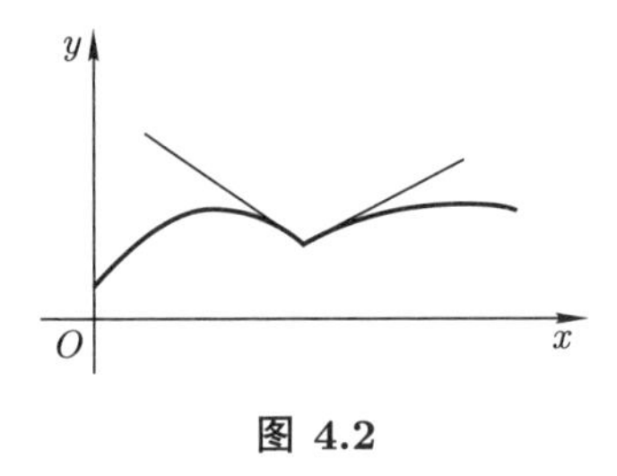

图 4.2

总之, 可导函数的函数曲线比连续函数的函数曲线光滑一些, 或者说可导函数比连续函数光滑, 性质更好一些.

下面我们直接利用导数的定义来给出导数的性质和求导的一些基本法则.

定理 4.2.3 设 $f(x)$ 和 $g(x)$ 都在 x_0 可导, 则下列关系成立:

(1) (线性性) 对于任意常数 a 和 b, 函数 $af(x)+bg(x)$ 在 x_0 可导, 并且

$$(af+bg)'(x_0)=af'(x_0)+bg'(x_0);$$

(2) (Leibniz 法则) 函数 $f(x)g(x)$ 在 x_0 可导, 并且

$$(fg)'(x_0)=f'(x_0)g(x_0)+f(x_0)g'(x_0);$$

(3) 如果 $g(x_0)\neq 0$, 则 $\dfrac{f(x)}{g(x)}$ 在 x_0 可导, 并且

$$\left(\frac{f}{g}\right)'(x_0)=\frac{f'(x_0)g(x_0)-f(x_0)g'(x_0)}{g^2(x_0)}.$$

证明 只证明 (2) 和 (3).

(2) $$\frac{f(x)g(x)-f(x_0)g(x_0)}{x-x_0}=\frac{f(x)-f(x_0)}{x-x_0}g(x)+f(x_0)\frac{g(x)-g(x_0)}{x-x_0},$$

令 $x\to x_0$, 取极限后上式右边趋于 $f'(x_0)g(x_0)+f(x_0)g'(x_0)$, 得 Leibniz 法则.

(3) $$\frac{f(x)}{g(x)}-\frac{f(x_0)}{g(x_0)}=\frac{f(x)g(x_0)-f(x_0)g(x)}{g(x)g(x_0)}$$

$$=\frac{(f(x)-f(x_0))g(x_0)-f(x_0)(g(x)-g(x_0))}{g(x)g(x_0)},$$

上式两边同除以 $x-x_0$, 并令 $x\to x_0$, 就得到 (3). ■

定理 4.2.2 表明函数的可导性在函数的加、减、乘、除等运算下不变. 另外, 可导性对于函数的复合运算也不变.

定理 4.2.4 (链法则) 设 $y=f(x)$ 在 x_0 可导, 而 $z=g(y)$ 在 $y_0=f(x_0)$ 可导, 则 $z=g(f(x))$ 在 x_0 可导, 并且成立

$$(g(f))'(x_0)=g'(f(x_0))f'(x_0).$$

证明 令 $h(y)=\dfrac{g(y)-g(y_0)}{y-y_0}-g'(y_0), y\neq y_0, h(y_0)=0$. 则 $y\to y_0$ 时, $h(y)\to 0$. 而 $g(y)-g(y_0)=g'(y_0)(y-y_0)+h(y)(y-y_0)$. 这时

$$\frac{g(f(x))-g(f(x_0))}{x-x_0}=g'(y_0)\frac{f(x)-f(x_0)}{x-x_0}+h(f(x))\frac{f(x)-f(x_0)}{x-x_0}.$$

令 $x\to x_0$, 由于 $f(x)$ 在 x_0 连续, 因而 $f(x)\to f(x_0)=y_0$, 由此得 $h(f(x))\to 0$. 上式右边趋于 $g'(f(x_0))f'(x_0)$. 因此 $g(f(x))$ 在 x_0 可导, 且导数满足链法则. ■

如果使用 Leibniz 关于导数的符号, 设 $y=f(x), z=g(y), w=h(z)$ 都可导, 则 $w=h(g(f(x)))$ 可导, 并且 $\dfrac{\mathrm{d}w}{\mathrm{d}x}=\dfrac{\mathrm{d}w}{\mathrm{d}z}\cdot\dfrac{\mathrm{d}z}{\mathrm{d}y}\cdot\dfrac{\mathrm{d}y}{\mathrm{d}x}$, 前一个导数的分母与后一个导数的分子相同, 形成一个链, 变量之间在求导过程中用这样的链关系连接, 因而数学分析中将这一求导的法则称为链法则.

上一章我们证明了如果连续函数有反函数, 则反函数也连续. 而函数的可导性对于反函数, 则需要加上导数不为 0 的条件, 对此成立下面的定理.

定理 4.2.5 设 $y=f(x)$ 在区间 (a,b) 上连续, 有反函数. 如果 $y=f(x)$ 在 $x_0\in(a,b)$ 可导, 且 $f'(x_0)\neq 0$, 则其反函数 f^{-1} 在 $y_0=f(x_0)$ 可导, 并成立

$$(f^{-1})'(y_0)=\frac{1}{f'(x_0)}.$$

证明 由 $y=f(x)$ 连续, 因而其反函数 $x=f^{-1}(y)$ 也连续. 这时 $x\to x_0$ 等价于 $y\to y_0$. 因此

$$(f^{-1})'(y_0)=\lim_{y\to y_0}\frac{x-x_0}{y-y_0}=\frac{1}{\lim\limits_{x\to x_0}\dfrac{x-x_0}{y-y_0}}=\frac{1}{f'(x_0)}.$$ ■

这里需要说明在定理 4.2.5 中, 如果 $f'(x_0)=0$, 则 $\lim\limits_{y\to y_0}\dfrac{x-x_0}{y-y_0}=\infty$, $x=f^{-1}(y)$ 在 $y_0=f(x_0)$ 不可导. 但是如果从几何的角度, $f'(x_0)=0$ 表示函数 $y=f(x)$ 的曲线在点 (x_0,y_0) 处有水平切线 $y=y_0$. 这时其反函数 $x=f^{-1}(y)$ 的曲线在点 (y_0,x_0) 处有垂直切线 $x=x_0$. 而导数作为切线的斜率, 有垂直切线, 就应该有相应的导数. 因此, 对于函数 $y=f(x)$, 如果 $\lim\limits_{x\to x_0}\dfrac{f(x)-f(x_0)}{x-x_0}=\infty$, 称 $y=f(x)$ 在 x_0 广义可导, 这时函数曲线有垂直切线 (见图 4.3).

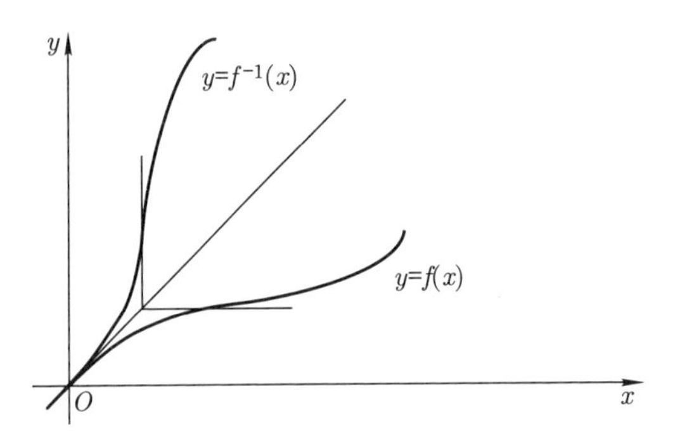

图 4.3

回到函数曲线的切线上. 上面我们用函数的导数作为斜率得到了函数曲线在一点的切线. 现在我们利用无穷小的阶的比较来考虑这样的问题: 在过函数曲线上同一点的所有直线中, 切线与其他直线有什么不同?

设 $f(x)$ 在 x_0 处连续, 对于任意 $A\in\mathbb{R}$, $L:y-f(x_0)=A(x-x_0)$ 都是过函数曲线上的点 $(x_0,f(x_0))$ 的直线. 这时曲线上的点 $(x,f(x))$ 到直线 L 的距离与这点沿 y 轴方向到 L 的垂直距离 $\left|f(x)-(f(x_0)+A(x-x_0))\right|$ 成正比. 由于函数连续, 当 $x\to x_0$ 时, $\left|f(x)-(f(x_0)+A(x-x_0))\right|\to 0$, 即对于所有过点 $(x_0,f(x_0))$ 的直线, 曲线上的点 $(x,f(x))$ 到这些直线的距离在 $x\to x_0$ 时都是无穷小. 现在问题变为在所有这些无穷小中是否有最小的一个? 对此, 设 $f(x)$ 在 x_0 可导, 如果用无穷小 $x-x_0$ 来除这些无穷小 (或者放大这些无穷小), 则当 $A\neq f'(x_0)$ 时, 极限为

$$\lim_{x\to x_0}\left|\frac{f(x)-(f(x_0)+A(x-x_0))}{x-x_0}\right|=|f'(x_0)-A|\neq 0.$$

这些无穷小与 $x-x_0$ 是同阶无穷小, 而当且仅当 $A=f'(x_0)$ 时,

$$\lim_{x\to x_0}\left|\frac{f(x)-(f(x_0)+f'(x_0)(x-x_0))}{x-x_0}\right|=0,$$

即 $x\to x_0$ 时, $|f(x)-(f(x_0)+f'(x_0)(x-x_0))|$ 是唯一的一个比 $x-x_0$ 高阶的无穷小. 或者说曲线上的点 $(x,f(x))\to(x_0,f(x_0))$ 时, 点 $(x,f(x))$ 到切线的距离是比此点到过 $(x_0,f(x_0))$ 的所有其他直线的距离都高阶的无穷小. 因而在这个意义下, 切线 $(y-y_0)=f'(x_0)(x-x_0)$ 是所有过点 $(x_0,f(x_0))$ 的直线中唯一的一条与函数曲线最贴近的直线.

将上面关于切线的几何解释表示为: 设 $f(x)$ 在 x_0 处连续, 令

$$S=\{f(x)-f(x_0)-A(x-x_0)|A\in\mathbb{R}\}.$$

问在无穷小集合 S 中, 是否存在阶最高的一个? 如果存在, 是否唯一? 当存在时, 按照微积分的发展历史, 称 $f(x)$ 在 x_0 处可微, 并称阶最高的线性无穷小为 $f(x)$ 在 x_0 处的微分. 其表示函数在 x_0 处可以用这个线性无穷小来近似.

定义 4.2.3 设 $y=f(x)$ 是定义在区间 (a,b) 上的函数, $x_0\in(a,b)$ 是一给定的点. 如果存在一个线性函数 $y=C(x-x_0)$, 使得 $x\to x_0$ 时, $f(x)-f(x_0)-C(x-x_0)$ 是比 $x-x_0$ 高阶的无穷小, 则称 $f(x)$ 在 x_0 处**可微**, 并称线性无穷小 $C(x-x_0)$ 为 $f(x)$ 在 x_0 处的**微分**, 记为 $\mathrm{d}f(x_0)$.

由于在定义 4.2.3 中, 无穷小 $C(x-x_0)$ 里的 $(x-x_0)$ 表示的是 $x\to x_0$ 时, 标准无穷小 $(x-x_0)$, 所以通常按照 Leibniz 的方法, 将这一无穷小表示为 $\mathrm{d}x$, 即 $f(x)$ 在 x_0 处的微分记为 $\mathrm{d}y=\mathrm{d}f(x_0)=C\mathrm{d}x$. 按照定义 4.2.3, $f(x)$ 在 x_0 处可微等价于成立极限关系

$$\lim_{x\to x_0}\frac{f(x)-f(x_0)-C(x-x_0)}{x-x_0}=\lim_{x\to x_0}\left(\frac{f(x)-f(x_0)}{x-x_0}-C\right)=0,$$

我们得到下面的定理.

定理 4.2.6 $f(x)$ 在 x_0 处可微的充要条件是 $f(x)$ 在 x_0 处可导. 可导时, 成立 $\mathrm{d}f(x_0)=f'(x_0)\mathrm{d}x$. 特别地, 如果 $f(x)$ 可微, 则其微分是唯一的.

微分中如果用 $y-f(x_0)$ 代替 $\mathrm{d}y$, 用 $x-x_0$ 代替 $\mathrm{d}x$, 将无穷小 $\mathrm{d}y$ 和 $\mathrm{d}x$ 放大, 或者说将微分放大, 就得到了函数曲线在 $(x_0,f(x_0))$ 处的切线 $y-f(x_0)=f'(x_0)(x-x_0)$. 因此, 微分在几何上可以理解为切线在切点处的无穷小部分, 或者说局部希望用微分代表的直线代替弯曲的曲线. 求切线就是求微分.

如果函数 $f(x)$ 在 x_0 处可微, 则 x 充分接近 x_0 时, 成立

$$\Delta f(x)=f(x)-f(x_0)=\mathrm{d}f(x_0)+o(x-x_0)\approx \mathrm{d}f(x_0)=f'(x_0)(x-x_0).$$

微分 $\mathrm{d}f(x_0)$ 是 $\Delta f(x)=f(x)-f(x_0)$ 最好的线性近似. 这与 Newton 和 Leibniz 利用无穷小给出的等式 $\mathrm{d}y=\Delta f(x)$ 有本质差异. $\mathrm{d}y\approx\Delta f(x)$ 只是近似关系.

微分是 Newton 和 Leibniz 当年使用无穷小创建微积分时留下的遗产. 以后在"微分流形"等其他后续课程中, 将给出关于微分更加严格并且完全不依赖于无穷小的定义. 尽管如此, 由于微分具有许多很好的性质, 所以在现代数学和物理学中仍然被广泛应用. 首先利用求导与微分的关系容易得到下面的定理.

定理 4.2.7 设函数 $f(x)$ 和 $g(x)$ 在 x_0 可微, 则下列关系成立:

(1) (线性性) 对于任意常数 a,b, $af(x)+bg(x)$ 在 x_0 可微, 并且成立

$$\mathrm{d}(af+bg)(x_0)=a\mathrm{d}f(x_0)+b\mathrm{d}g(x_0);$$

(2) (Leibniz 法则) 函数 $f(x)g(x)$ 在 x_0 可微, 并且

$$\mathrm{d}(fg)(x_0)=\mathrm{d}f(x_0)g(x_0)+f(x_0)\mathrm{d}g(x_0);$$

(3) 如果 $g(x_0)\neq 0$, 则 $\dfrac{f(x)}{g(x)}$ 在 x_0 可微, 并且

$$\mathrm{d}\left(\frac{f}{g}\right)(x_0)=\frac{\mathrm{d}f(x_0)g(x_0)-f(x_0)\mathrm{d}g(x_0)}{g^2(x_0)}.$$

将复合函数求导的链法则转换到微分, 称为"一阶微分的形式不变性".

定理 4.2.8(一阶微分的形式不变性) 设 $y=f(x)$ 在 x_0 可微, 而 $x=g(t)$ 在 t_0 处可微, 并且 $x_0=g(t_0)$, 则复合函数 $z=f(g(t))$ 在 t_0 可微, 并成立

$$\mathrm{d}(f(g))(t_0)=f'(g(t_0))g'(t_0)\mathrm{d}t=f'(x_0)\mathrm{d}x=\mathrm{d}f(x_0).$$

直接引用求导的链法则, 定理 4.2.8 的证明是显然的. 需要说明的是定理 4.2.8 给出的"一阶微分的形式不变性"是微分非常重要的性质, 它表明微分的表示形式 $\mathrm{d}f=f'(x)\mathrm{d}x$ 不论 x 是自变量, 或者 $x=g(t)$ 是其他变量的函数, 公式都是相同的、不变的. 当然, 这里面还是有一些差别的. 当 x 是自变量时, $\mathrm{d}x=\Delta x=x-x_0$. 这是一个严格的等式关系. 而如果 $x=g(t)$, 则 $\mathrm{d}x=g'(t_0)\mathrm{d}t\approx\Delta x=g(t)-g(t_0)$, $\mathrm{d}x$ 与 Δx 之间仅仅是一个近似关系.

怎样理解"一阶微分的形式不变性"呢? 换一个角度, 导数在物理中代表的是运动速度, 速度必须依赖于观察运动的参照系. 同一个运动在不同的参照系下观测,

得到的速度不一样. 或者说, 将 x 以及 $x = g(t)$ 中的 t 都作为区间 (a,b) 的坐标, 则对同一个函数 f, $f(x)$ 对 x 求出的导数与 $f(x(t))$ 对 t 求出的导数可以不等. 微分就不同, 利用 Leibniz 的符号, 对于 x, 成立 $\mathrm{d}f = \dfrac{\mathrm{d}f}{\mathrm{d}x}\mathrm{d}x$, 而对于 t, 同样成立 $\mathrm{d}f = \dfrac{\mathrm{d}f}{\mathrm{d}t}\mathrm{d}t$, 微分的计算形式不因为使用的坐标不同而改变. 这与数学或者物理中得到的各种结论和关系往往都需要与使用的坐标或者参照系无关这一点正好相符, 微分也因此成为现代数学和物理中的重要工具.

另外, 利用关系式 $\Delta f(x) = f(x) - f(x_0) \approx \mathrm{d}f(x_0) = f'(x_0)(x - x_0)$, 微分也可以用来做一些简单的近似计算.

例 1 计算 $\sqrt[3]{27.1}$.

解 令 $f(x) = \sqrt[3]{x}$, 则 $x > 0$ 时, $f'(x) = \dfrac{1}{3(\sqrt[3]{x})^2}$, 因此 $f(x) \approx f(x_0) + f'(x_0)\mathrm{d}x$. 而当 $x_0 = 27 = 3^3$, $\mathrm{d}x = 0.1$ 时, 成立

$$\sqrt[3]{27.1} \approx \sqrt[3]{3^3} + \frac{1}{3(\sqrt[3]{3^3})^2} \times 0.1 = 3 + \frac{1}{27} \times 0.1 \approx 3.00366.$$

如果利用计算器, 我们得到 $\sqrt[3]{27.1} \approx 3.00369914$, 近似的效果还是比较好的.

4.3 初等函数求导

这一节我们将证明初等函数都是可导的, 并且给出初等函数的求导方法. 先从基本初等函数求导开始.

对于 $f(x) = x^n$, 设 $x_0 \in (-\infty, +\infty)$, 利用因式分解, 我们得到

$$\frac{x^n - x_0^n}{x - x_0} = \frac{(x - x_0)(x^{n-1} + x^{n-2}x_0 + \cdots + x_0^{n-1})}{x - x_0} = x^{n-1} + x^{n-2}x_0 + \cdots + x_0^{n-1},$$

令 $x \to x_0$, 得 $(x^n)' = nx^{n-1}$. 利用求导法则, 可求出多项式和有理函数的导数.

设 $y = \ln x$ 是以 e 为底的自然对数, $x_0 \in (0, +\infty)$, 令 $\Delta x = x - x_0$, 则

$$\frac{\ln(x_0 + \Delta x) - \ln x_0}{\Delta x} = \frac{\ln\left(1 + \dfrac{\Delta x}{x_0}\right)^{\frac{x_0}{\Delta x}}}{x_0}.$$

利用基本极限 $\lim\limits_{x \to 0}(1 + x)^{\frac{1}{x}} = \mathrm{e}$ 和 $\ln x$ 的连续性, 令 $\Delta x \to 0$, 得 $(\ln x)' = \dfrac{1}{x}$.

而对于一般的对数函数 $\log_a x$, 利用换底公式 $\log_a x = \dfrac{\ln x}{\ln a}$, 就得到公式

$$(\log_a x)' = \left(\frac{\ln x}{\ln a}\right)' = \frac{1}{x \ln a}.$$

对于指数函数 $y=\mathrm{e}^x$, 利用反函数求导公式得

$$(\mathrm{e}^x)'=\frac{1}{(\ln y)'}=y=\mathrm{e}^x.$$

对于一般的指数函数 $y=a^x$, 同样利用换底公式 $y=a^x=\mathrm{e}^{x\ln a}$, 得

$$(a^x)'=(\mathrm{e}^{x\ln a})'=\mathrm{e}^{x\ln a}(x\ln a)'=\mathrm{e}^{x\ln a}\ln a=a^x\ln a.$$

对于幂函数 $y=x^a$, 其中 $x>0$, 而 $a\in(-\infty,+\infty)$ 是常数. 利用公式 $y=x^a=\mathrm{e}^{a\ln x}$, 我们得到

$$(x^a)'=(\mathrm{e}^{a\ln x})'=\mathrm{e}^{a\ln x}(a\ln x)'=\mathrm{e}^{a\ln x}\frac{a}{x}=ax^a\frac{1}{x}=ax^{a-1}.$$

对于三角函数和反三角函数, 需要先证明数学分析里的另一个基本极限.

定理 4.3.1 $\lim\limits_{x\to0}\dfrac{\sin x}{x}=1.$

证明 如图 4.4 所示. 当弧角 x 满足 $0<x<\dfrac{\pi}{2}$ 时,

$$\Delta ODB\text{ 的面积 }<\text{ 扇形 }ODB\text{ 的面积 }<\Delta ODA\text{ 的面积},$$

得 $0<\sin x<x<\tan x$, 因而 $\cos x<\dfrac{\sin x}{x}<1$. 令 $x\to0^+$, 利用 $\lim\limits_{x\to0^+}\cos x=1$, 得 $\lim\limits_{x\to0^+}\dfrac{\sin x}{x}=1$. 而 $\dfrac{\sin x}{x}$ 是偶函数, 极限在 $x\to0^-$ 时同样成立. ■

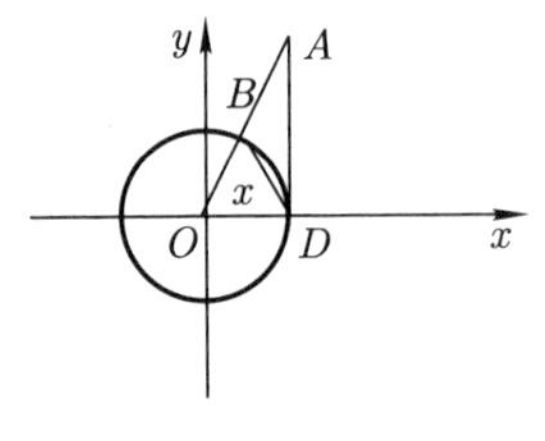

图 4.4

对于 $y=\sin x$. 设 $x_0\in(-\infty,+\infty)$, 则

$$\frac{\sin x-\sin x_0}{x-x_0}=\frac{1}{x-x_0}2\sin\frac{x-x_0}{2}\cos\frac{x+x_0}{2}.$$

令 $x\to x_0$, 由上面的基本极限和 $\cos x$ 的连续性, 得 $\sin x$ 处处可导, 且 $(\sin x)'=\cos x$. 而

$$(\cos x)'=\left(\sin\left(\frac{\pi}{2}-x\right)\right)'=-\cos\left(\frac{\pi}{2}-x\right)=-\sin x.$$

对于反三角函数 $y=\arcsin x$, 利用反函数求导公式, 我们得到

$$(\arcsin x)'=\frac{1}{(\sin y)'}=\frac{1}{\cos y}=\frac{1}{\sqrt{1-\sin^2 y}}=\frac{1}{\sqrt{1-x^2}}.$$

而对 $y=\arccos x=\dfrac{\pi}{2}-\arcsin x$, 我们得到

$$(\arccos x)'=\left(\frac{\pi}{2}-\arcsin x\right)'=-\frac{1}{\sqrt{1-x^2}}.$$

至此我们证明了所有基本初等函数在其定义域内都是可导的, 并给出了求导公式. 通过这些公式, 我们看到基本初等函数求导后得到的仍然是初等函数.

而另一方面, 我们知道初等函数是基本初等函数经过有限次加、减、乘、除和复合运算得到的函数, 而加、减、乘、除和复合运算不改变函数的可导性, 并且求导过程也只含函数的加、减、乘、除和复合运算. 由此, 我们得到下面的定理.

定理 4.3.2 所有初等函数在其定义域内都是可导的, 并且初等函数通过求导得到的函数仍然是初等函数, 因而都可以求出.

例 1 求 $\tan x$ 的导数.

解 $\tan x=\dfrac{\sin x}{\cos x}$, 因而

$$(\tan x)'=\left(\frac{\sin x}{\cos x}\right)'=\frac{(\sin x)'\cos x-\sin x(\cos x)'}{\cos^2 x}=\frac{\cos^2 x+\sin^2 x}{\cos^2 x}=\frac{1}{\cos^2 x}.$$

例 2 求 $y=\arctan x$ 的导数.

解 利用反函数求导公式得

$$(\arctan x)'=\frac{1}{(\tan y)'}=\cos^2 y=\frac{\cos^2 y}{\cos^2 y+\sin^2 y}=\frac{1}{1+\tan^2 y}=\frac{1}{1+x^2}.$$

在数学分析里除了考虑显式表达式给出的函数外, 还需要考虑利用参变量给出的函数以及隐函数等其他形式的函数. 下面来讨论相关概念和求导方法.

1. 参变量函数

设 $x=x(t), y=y(t)$ 都是变量 t 的函数, 如果其中 $x=x(t)$ 有反函数 $t=t(x)$, 则 $y=y(t(x))$ 是 x 的函数. 变量 x 和 y 通过中间变量 t 联结的函数关系称为**参变量函数**, t 称为**参变量**.

在参变量函数 $x=x(t), y=y(t)$ 中, 如果 $x(t)$ 和 $y(t)$ 都连续, 由于连续函数的反函数也连续, 因此我们得到 y 是 x 的连续函数.

现在假定 $x=x(t), y=y(t)$ 都可导, 并且 $x'(t)$ 处处不为 0, 则 $t=t(x)$ 也可导, 因而 $y=y(t(x))$ 可导. 利用求导的链法则和反函数求导公式, 得

$$\frac{\mathrm{d}y}{\mathrm{d}x}=\frac{\mathrm{d}y}{\mathrm{d}t}\cdot\frac{\mathrm{d}t}{\mathrm{d}x}=\frac{\dfrac{\mathrm{d}y}{\mathrm{d}t}}{\dfrac{\mathrm{d}x}{\mathrm{d}t}}=\frac{y'_t}{x'_t}.$$

例 3 (极坐标) 在平面上除了用直角坐标 (x,y) 外, 数学中也经常使用极坐标 (r,θ), 其中 $r\in[0,+\infty)$ 是平面上原点到点 (x,y) 的直线段的长度, 而 $\theta\in[0,2\pi)$ 是联结原点和点 (x,y) 的射线与 x 轴正向的夹角. 如图 4.5 所示.

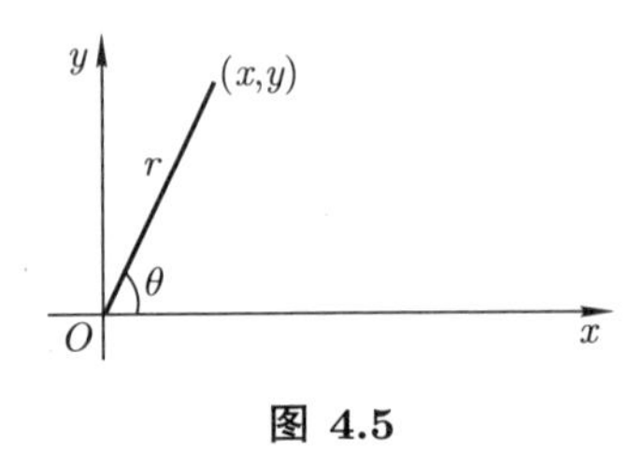

图 4.5

直角坐标 (x,y) 与极坐标 (r,θ) 之间成立下面的变换关系:

$$\begin{cases} x=r\cos\theta, \\ y=r\sin\theta, \end{cases}\qquad \begin{cases} r=\sqrt{x^2+y^2}, \\ \theta=\arctan\dfrac{y}{x}. \end{cases}$$

如果平面上的一条曲线利用极坐标表示为 $r=r(\theta)$, 要求出这条曲线的切线, 则必须求曲线上变量 y 对于变量 x 的变化率, 即 y 对于 x 的导数. 这时

$$\begin{cases} x=r(\theta)\cos\theta, \\ y=r(\theta)\sin\theta, \end{cases}$$

我们得到了参变量函数, 而

$$\frac{\mathrm{d}y}{\mathrm{d}x}=\frac{y_\theta}{x_\theta}=\frac{r'(\theta)\sin\theta+r(\theta)\cos\theta}{r'(\theta)\cos\theta-r(\theta)\sin\theta}.$$

2. 隐函数求导

设 $F(x,y)=0$ 是一方程, 如果 $y=f(x)$ 满足 $F(x,f(x))\equiv 0$, 则称 $y=f(x)$ 是由方程 $F(x,y)=0$ 确定的**隐函数**. 一个方程 $F(x,y)=0$ 在什么条件下可确定隐函数, 以及隐函数是否可导等一般的理论, 将在多个变元函数微分学里做详细的讨论. 这里仅用一些简单的例子来做一点说明.

例 4 求椭圆 $\dfrac{x^2}{a^2}+\dfrac{y^2}{b^2}=1$ 在点 (x_0,y_0) 的切线, 其中 $x_0\neq\pm a$.

解 法一 在 (x_0,y_0) 邻域上, 将 y 看作 $y=f(x)$, 利用求导公式在等式 $\dfrac{x^2}{a^2}+\dfrac{(f(x))^2}{b^2}=1$ 两边求导, 我们得到 $\dfrac{2x}{a^2}+\dfrac{2f(x)f'(x)}{b^2}=0$, 因而

$$f'(x)=-\frac{\dfrac{2x}{a^2}}{\dfrac{2f(x)}{b^2}}=-\frac{b^2x}{a^2f(x)}.$$

将 $x = x_0, f(x_0) = y_0$ 代入上式, 得 $f'(x_0) = -\dfrac{b^2x_0}{a^2y_0}$, 因而, 椭圆在点 (x_0, y_0) 处的切线方程为

$$y - y_0 = -\frac{b^2x_0}{a^2y_0}(x - x_0).$$

等式两边同乘 $\dfrac{y_0}{b^2}$, 化简并将 $\dfrac{x_0^2}{a^2} + \dfrac{y_0^2}{b^2} = 1$ 代入, 我们得到椭圆在 (x_0, y_0) 处的切线方程为

$$\frac{xx_0}{a^2} + \frac{yy_0}{b^2} = 1.$$

法二　利用一阶微分的形式不变性, 不论 x, 或者 y 是自变量还是因变量, 微分的方法都是一样的. 因此对等式 $\dfrac{x^2}{a^2} + \dfrac{y^2}{b^2} = 1$ 直接微分, 代入 $x = x_0, y = y_0$, 得

$$\frac{2x_0\mathrm{d}x}{a^2} + \frac{2y_0\mathrm{d}y}{b^2} = 0.$$

而微分是切线的无穷小部分, 故将 $\mathrm{d}x = x - x_0, \mathrm{d}y = y - y_0$ 代入, 就得到切线方程

$$\frac{x_0(x - x_0)}{a^2} + \frac{y_0(y - y_0)}{b^2} = 0,$$

整理后得切线方程为 $\dfrac{xx_0}{a^2} + \dfrac{yy_0}{b^2} = 1$. 这一方法不需要 $x_0 \neq \pm a$ 的条件.

例 5 (对数求导法)　计算 $y = x^x$ 的导数.

解　在 $y = x^x$ 两边取对数, 我们得到

$$\ln y = x\ln x.$$

两边对 x 求导, 得

$$\frac{y'}{y} = \ln x + 1,$$

因而

$$y' = y(1 + \ln x) = x^x(1 + \ln x).$$

4.4　高阶导数和高阶微分

设 $f(x)$ 是区间 (a, b) 上的函数, 在 (a, b) 的每一点都可导, 这时 $f(x)$ 在每一点 x 的导数 $f'(x)$ 作为与 x 对应的值也是 (a, b) 上的函数, 称为 $f(x)$ 的**导函数**.

如果 $f'(x)$ 在 $x_0 \in (a, b)$ 可导, 则称原来的函数 $f(x)$ 在 x_0 **二阶可导**, 称 $f'(x)$ 在 x_0 的导数为 $f(x)$ 在 x_0 的**二阶导数**, 记为 $f''(x_0)$. 用 Leibniz 的符号, 也记为

$\dfrac{\mathrm{d}^2 y}{\mathrm{d}x^2} = \dfrac{\mathrm{d}^2 f}{\mathrm{d}x^2}$. 或者用 Newton 的符号, 记为 y''_x. 同样地, 如果 $f(x)$ 在 (a,b) 上处处二阶可导, 而二阶导函数 $f''(x)$ 在 x_0 可导, 则称 $f(x)$ 在 x_0 **三阶可导**, 称 $f''(x)$ 在 x_0 的导数为 $f(x)$ 在 x_0 的**三阶导数**, 记为 $f^{(3)}(x_0)$, 也记作 $\dfrac{\mathrm{d}^3 y}{\mathrm{d}x^3} = \dfrac{\mathrm{d}^3 f}{\mathrm{d}x^3}$, 或者记作 $y_x^{(3)}$. 同理, 可以定义 $f(x)$ 在 (a,b) 上的 n 阶导函数 $f^{(n)}(x) = (f^{(n-1)})'(x)$. n 阶导数也可以表示为 $\dfrac{\mathrm{d}^n y}{\mathrm{d}x^n} = \dfrac{\mathrm{d}^n f}{\mathrm{d}x^n}$, 或者 $y_x^{(n)}$.

如果函数 $f(x)$ 定义在闭区间 $[a,b]$ 上, 则在区间的端点, 我们可以定义高阶的单侧导数 $f_+^{(n)}(a)$ 和 $f_-^{(n)}(b)$.

例 1 令

$$f(x) = \begin{cases} x\sin\dfrac{1}{x}, & x \neq 0, \\ 0, & x = 0. \end{cases}$$

$f(x)$ 连续, 但在 $x=0$ 不可导. 而如果考虑 $xf(x)$, 则其处处可导, $x \neq 0$ 时,

$$(xf(x))' = \left(x^2 \sin\frac{1}{x}\right)' = 2x\sin\frac{1}{x} + x^2\left(\cos\frac{1}{x}\right)\left(-\frac{1}{x^2}\right) = 2x\sin\frac{1}{x} - \cos\frac{1}{x},$$

而 $(xf)'(0) = 0$. 由于 $x \to 0$ 时, $\cos\dfrac{1}{x}$ 发散, 我们得到 $xf(x)$ 处处可导, 但其导函数在 $x=0$ 不连续.

而如果改为考虑函数 $x^3 f(x)$, 利用上面同样的计算容易看出 $x^3 f(x)$ 处处可导, 且导函数连续, 但在 $x=0$ 不是二阶可导的. 如果更进一步, 考虑 $x^5 f(x)$, 则 $x^5 f(x)$ 二阶可导, 且导函数连续, 但在 $x=0$ 不是三阶可导的.

通过上例我们看到 $\sin\dfrac{1}{x}$ 在 $x=0$ 处的间断点在函数 $f(x)$ 中被无穷小 x 掩盖了, 需要通过求导才能看出来. 而在 $x^3 f(x)$ 和 $x^5 f(x)$ 中, $\sin\dfrac{1}{x}$ 在 $x=0$ 处的瑕疵分别被高阶无穷小 x^4 和 x^6 所掩盖, 这时这一瑕疵必须通过二阶导数或者三阶导数才能暴露出来. 这是数学中分析学的一个特点. 在数学分析里, 需要用导数来讨论函数的性质. 比较函数之间的差异, 我们往往先看函数的一阶导数, 再比较二阶导数、三阶导数 …… 使用的导数阶越高, 对函数的分析就越充分, 因而能够得到的结论就越强.

利用例 1, 我们定义函数

$$g(x) = xf(x) = \begin{cases} x^2\sin\dfrac{1}{x}, & x \neq 0, \\ 0, & x = 0. \end{cases}$$

这一函数在数学分析里经常被用来当作反例. 这里 $g(x)$ 处处可导, 但导函数 $g'(x)$

在 $x=0$ 处不连续. 另外, 这个函数在 $(0,0)$ 处的切线 $y=0$ 也与一般曲线的切线不同, 这里的函数曲线在切线的两边来回振荡.

从另外一个角度, 函数的可导性越高, 表明函数曲线越光滑, 或者说函数的性质越好. 对此, 有下面的定义.

定义 4.4.1　如果 $f(x)$ 在 (a,b) 上 r 阶可导, 且 $f^{(r)}(x)$ 在 (a,b) 上连续, 则称 $f(x)$ 为 r **阶光滑函数**. (a,b) 上任意阶可导的函数称为**光滑函数**.

r 阶光滑的函数也称为 C^r 函数, 而光滑函数则称为 C^∞ 函数. 通常用 $C^r(a,b)$ 和 $C^\infty(a,b)$ 分别表示 (a,b) 上 C^r 函数和 C^∞ 函数全体组成的集合. 当然, 利用高阶的单侧导数, 也可以定义闭区间 $[a,b]$ 上的 C^r 函数和 C^∞ 函数. 而利用定义容易看出, 函数的高阶可导性在函数的加、减、乘、除和复合运算下不变. 特别地, $C^r(a,b)$ 和 $C^\infty(a,b)$ 都是线性空间.

上一节我们证明了初等函数在其定义域内处处可导, 且导函数仍然是初等函数. 由此我们得到下面的定理.

定理 4.4.1　初等函数在定义域内都是光滑函数.

从物理的角度, 一阶导数表示一个运动的瞬时速度, 而二阶导数是一阶导数的变化率, 即运动速度的变化率, 因而代表运动的瞬时加速度.

为了说明高阶导数的意义和应用高阶导数研究函数, 我们先给出下面的定义.

定义 4.4.2　设函数 $f(x)$ 和 $g(x)$ 都在点 $x=x_0$ 处 n 阶可导, 并且成立

$$f(x_0)=g(x_0),\quad f'(x_0)=g'(x_0),\quad \cdots,\quad f^{(n)}(x_0)=g^{(n)}(x_0),$$

则称 $f(x)$ 与 $g(x)$ 在点 $x=x_0$ 处 n **阶相切**.

两个函数在一个点相切的阶数越高, 函数的曲线在这一点就越贴近. 例如, 一个函数曲线的切线则是与这个函数在给定点一阶相切的线性函数表示的直线. 而切线是所有过这个给定点的直线中与函数曲线最贴近的一条直线.

类比于切线, 自然的问题是能否做一些标准曲线, 使得其与需要讨论的函数曲线在给定点高阶相切? 如果用圆代替直线来作为这样的标准曲线, 则有下面的定理.

定理 4.4.2　设函数 $f(x)$ 在 $x=x_0$ 处二阶可导, 并且 $f''(x_0)\neq 0$, 则存在唯一的一个圆, 使得这个圆表示的隐函数与 $f(x)$ 在 $x=x_0$ 处二阶相切.

证明　用待定系数法. 设圆方程为 $(x-a)^2+(y-b)^2=R^2$, 其中 a,b 和 R 都是待定系数. 将方程中的 y 看作 x 的函数, 利用隐函数求导的方法, 分别将 0 阶相

切、一阶相切和二阶相切的条件代入, 我们得到下面的方程组:

$$\begin{cases}(x_0-a)^2+(f(x_0)-b)^2=R^2, & ①\\ 2(x_0-a)+2(f(x_0)-b)f'(x_0)=0, & ②\\ 1+(f'(x_0))^2+(f(x_0)-b)f''(x_0)=0. & ③\end{cases}$$

利用 ③ 式, 解得

$$b=f(x_0)+\frac{1+(f'(x_0))^2}{f''(x_0)}.$$

将 b 代入 ② 式, 解得

$$a=x_0-f'(x_0)\frac{1+(f'(x_0))^2}{f''(x_0)}.$$

再将 a,b 代入 ① 式, 解得

$$R=\frac{(1+(f'(x_0))^2)^{\frac{3}{2}}}{|f''(x_0)|}.$$

我们得到解存在并且唯一. ■

定理 4.4.2 中的圆称为函数 $f(x)$ 的曲线在点 $(x_0,f(x_0))$ 处的切圆. 切圆比切线更贴近曲线. 切圆的半径 R 代表曲线的弯曲程度, 半径越大, 表明相同弧长的圆弧弯曲的角度越小, 因此几何中将 $K=\dfrac{1}{R}$ 定义为函数曲线在 $(x_0,f(x_0))$ 处的曲率 (见图 4.6).

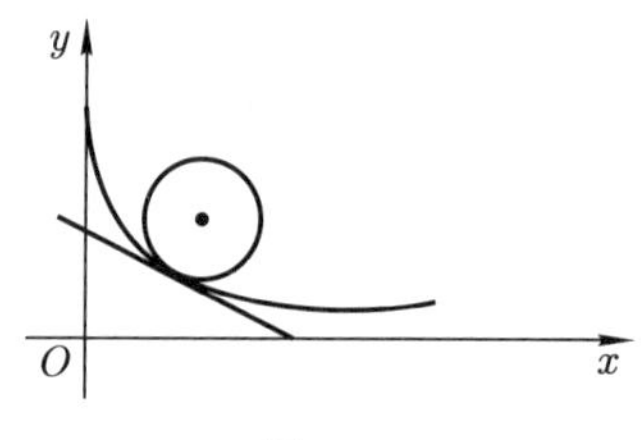

图 4.6

在定理 4.4.2 中, 如果 $f''(x_0)=0$, 则函数的切线已经与曲线二阶相切了, 切线同时也是函数曲线的切圆. 而直线则可以看成半径为无穷的圆, 这时定义函数曲线在这点的曲率为 0.

对于三阶或者更高阶的相切关系, 由于在几何中缺少类似于直线或者圆这样一些标准曲线来与其他曲线进行比较, 得到高阶的相切, 因此不能够再推广切线和切圆了. 但是从函数的角度, 将多项式作为标准函数, 这样高阶相切的关系还是可以推广的. 这一点将在下面的 Taylor 多项式中进一步讨论.

设 $f(x)$ 在 x_0 处可导, 则成立

$$f(x)=f(x_0)+f'(x_0)(x-x_0)+o(x-x_0).$$

由于其中 $x-x_0$ 是无穷小, 用微分 $\mathrm{d}x$ 代替 $x-x_0$, 上式可以表示为

$$f(x)=f(x_0)+\mathrm{d}f(x_0)+o(x-x_0)\approx f(x_0)+\mathrm{d}f(x_0).$$

我们希望将这一函数的近似关系推广到高阶, 为此, 我们首先定义高阶微分.

设 $f(x)$ 在 (a,b) 的每一点可微, 这时将微分 $\mathrm{d}f=f'(x)\mathrm{d}x$ 里的无穷小 $\mathrm{d}x$ 看作是自变量的标准无穷小, 与变量 x 相互独立, 则当 x 在 (a,b) 上变化时, $\mathrm{d}x$ 可以看成常数, 因而微分 $\mathrm{d}f=f'(x)\mathrm{d}x$ 也是 (a,b) 上的函数. 如果对于 $x_0\in(a,b)$, $\mathrm{d}f=f'(x)\mathrm{d}x$ 在 x_0 可微, 则称 $f(x)$ 在 x_0 **二阶可微**, 称 $f'(x)\mathrm{d}x$ 在 x_0 的微分为 $f(x)$ 在 x_0 的**二阶微分**, 记为 $\mathrm{d}^2f(x_0)$. 而通过定理 4.2.6, $f(x)$ 在 x_0 二阶可微等价于 $f(x)$ 在 x_0 二阶可导, 这时 $\mathrm{d}^2f(x_0)=\mathrm{d}(f')(x_0)\mathrm{d}x=f''(x_0)\mathrm{d}x^2$.

同理, 可以归纳地定义 $f(x)$ 在 (a,b) 上的 n 阶微分 $\mathrm{d}^nf(x)=\mathrm{d}(\mathrm{d}^{(n-1)}f)(x)$.

利用 4.2 节的定理 4.2.6, 我们得到下面的定理.

定理 4.4.3　函数 $f(x)$ 在 $x_0\in(a,b)$ 处 n 阶可微的充要条件是 $f(x)$ 在 x_0 处 n 阶可导. $f(x)$ 在 x_0 处 n 阶可微时, $\mathrm{d}^nf(x_0)=f^{(n)}(x_0)\mathrm{d}x^n$.

由于函数的高阶可导性在函数的加、减、乘、除和复合运算下不变, 利用定理 4.4.3, 我们得到函数的高阶可微性在函数的加、减、乘、除和复合运算下也不变. 特别地, 初等函数在其定义域内任意阶可微.

与一阶微分的形式不变性不同, 二阶乃至高阶微分都没有形式不变性. 事实上, 设 $f(x)$ 是 (a,b) 上二阶可微的函数, 而 $x=x(t)$ 也是二阶可微函数, 则 $f(x(t))$ 二阶可微, 但作为变量 t 的函数,

$$\begin{aligned}\mathrm{d}^2f(x(t))&=\mathrm{d}(\mathrm{d}f(x(t)))=\mathrm{d}(f'(x(t))x'(t)\mathrm{d}t)=(f'(x(t))x'(t))'\mathrm{d}t^2\\&=[f''(x(t))(x'(t))^2+f'(x(t))x''(t)]\mathrm{d}t^2\\&=f''(x)\mathrm{d}x^2+f'(x(t))\mathrm{d}^2x.\end{aligned}$$

与 x 是自变量时 $\mathrm{d}^2f(x)=f''(x)\mathrm{d}x^2$ 形式并不相同, 高阶微分没有形式不变性.

由于二阶及二阶以上的微分都没有形式不变性, 因而高阶微分的重要性远远不如一阶微分. 尽管如此, 一阶微分对于函数的线性近似关系对于高阶微分仍然成立, 在 4.6 节中, 我们将证明下面的定理.

定理 4.4.4　如果函数 $f(x)$ 在 x_0 处 n 阶可微, 则 $x\to x_0$ 时, 成立

$$f(x)=f(x_0)+\mathrm{d}f(x_0)+\frac{\mathrm{d}^2f(x_0)}{2!}+\cdots+\frac{\mathrm{d}^nf(x_0)}{n!}+o(x-x_0)^n.$$

例 2 设参变量函数 $x=x(t), y=y(t)$ 二阶可导, 计算 y''_x.

解 已知 $y'_x=\dfrac{y'_t(t)}{x'_t(t)}$, 将其中的 t 看作 x 的函数, 利用复合函数求导的链法则, 我们得到

$$y''_x=\frac{y''_t(t)t'_x x'_t(t)-y'_t(t)x''_t(t)t'_x}{(x'_t(t))^2}.$$

而 $t'_x(t)=\dfrac{1}{x'_t(t)}$, 代入上式整理就得到

$$y''_x=\frac{y''_t(t)x'_t(t)-y'_t(t)x''_t(t)}{(x'_t(t))^3}.$$

同理可以计算参变量函数的高阶导数.

4.5 Lagrange 微分中值定理

上面几节利用导数和微分的定义, 我们在一个给定点 x_0 处讨论了函数的导数和微分的性质、求导和求微分的法则, 以及 $x\to x_0$ 时导数和微分对于函数的近似关系. 这些都只是函数在点 x_0 任意小邻域上的局部性质, 仅与导数和微分的定义有关, 与实数理论没有关系. 这一节将利用基于实数理论得到的闭区间上连续函数的最大、最小值定理, 来讨论导数与函数之间的整体关系. 我们的问题是, 如果函数在一个区间的每一点都可导, 则函数的性质怎样通过导函数来反映? 对此将首先给出数学分析中非常重要的 Lagrange 微分中值定理. 这一定理将函数的平均变化率与瞬时变化率联系起来, 是整体分析 (也称大范围分析) 中的一个经典成果. 同时, 这一定理与实数的确界原理等价. 后面还将讨论这一定理的各种称之为微分中值定理的推广, 并在以后几节给出这些定理的应用.

定理 4.5.1 (Lagrange 微分中值定理) 设 $f(x)$ 在闭区间 $[a,b]$ 上连续, 在开区间 (a,b) 上可导, 则存在 $c\in(a,b)$, 使得

$$\frac{f(b)-f(a)}{b-a}=f'(c).$$

证明 作辅助函数

$$F(x)=f(x)-f(a)-\frac{f(b)-f(a)}{b-a}(x-a),$$

则 $F(x)$ 在 $[a,b]$ 上连续, 满足 $F(b)=F(a)=0$. 利用闭区间上连续函数的最大、最小值定理, $F(x)$ 在 $[a,b]$ 上能够取到最大值和最小值. 但 $F(b)=F(a)$, $F(x)$ 取到最

大值和最小值的点中至少有一个在开区间 (a,b) 内, 设为 c. 而 $F(x)$ 在 (a,b) 上可导, 利用 Fermat 定理, 必须 $F'(c)=0$, 因而 $\dfrac{f(b)-f(a)}{b-a}=f'(c)$. ■

Lagrange 中值定理可以直观地解释为: 一个运动在某一个时间段的平均速度等于这个运动在这一时间段内某一点的瞬时速度, 见图 4.7. 图中的 c 和 c' 都满足 Lagrange 微分中值定理.

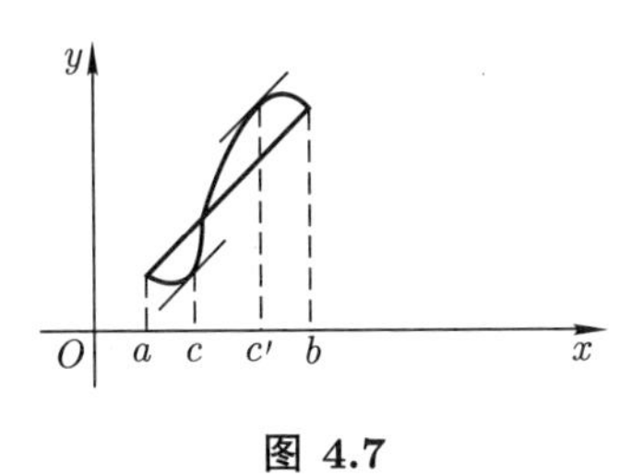

图 4.7

这里需要强调, Lagrange 中值定理与实数的确界原理是等价的. 对此, 读者可以参考前面关于连续函数介值定理的相关讨论, 自己来表述和证明.

在 Lagrange 中值定理中没有假定 $f(x)$ 在 (a,b) 上的导函数 $f'(x)$ 连续, 而上一节我们看到导函数实际可以有许多不连续点, 因而不能利用连续函数的介值定理. 尽管如此, 导函数实际也成立自己的介值定理.

定理 4.5.2 (Darboux 中值定理) 设 $f(x)$ 在闭区间 $[a,b]$ 上可导, A 是介于 $f'_-(b)$ 和 $f'_+(a)$ 之间的任一给定的数, 则存在 $c\in(a,b)$, 使得 $f'(c)=A$.

证明 作辅助函数

$$F(x)=f(x)-Ax,$$

则 $F(x)$ 在 $[a,b]$ 上可导, 并且由条件知, A 介于 $f'_-(b)$ 和 $f'_+(a)$ 之间, 因而必须 $F'_-(b)F'_+(a)<0$. 不妨设 $F'_-(b)<0$, 则 $F'_+(a)>0$. 由于 $0>F'_-(b)=\lim\limits_{x\to b^-}\dfrac{F(x)-F(b)}{x-b}$, x 充分接近 b^- 时, $F(x)>F(b)$, $F(x)$ 不能在 b 点取到其在 $[a,b]$ 上的最大值. 同理, 由于 $F'_+(a)>0$, 因而 $F(x)$ 也不能在 a 点取到其在 $[a,b]$ 上的最大值. 但 $F(x)$ 在 $[a,b]$ 上连续, 利用闭区间上连续函数的最大、最小值定理, 这时 $F(x)$ 在 (a,b) 中的某点 c 取到最大值, 由 Fermat 定理, 必须 $F'(c)=0$, 得 $f'(c)=A$. ■

需要强调, 虽然 Darbour 中值定理与连续函数的介值定理在表述上相同, 但由于导函数可以有许多间断点, 所以这一定理不是连续函数的介值定理的推论.

下面我们先给出 Lagrange 中值定理的两个比较直接的推论.

定理 4.5.3 设 $f(x)$ 在闭区间 $[a,b]$ 上连续, 在开区间 (a,b) 上可导, 如果

$f'(x) \equiv 0$, 则 $f(x) \equiv c$ 是常数函数.

证明 任取 $x \in (a,b)$, 利用 Lagrange 中值定理, 存在 $x_0 \in (a,x)$, 使得

$$f(x) - f(a) = f'(x_0)(x-a) = 0,$$

因此 $f(x) = f(a)$. ■

通过这个定理我们看到, 如果两个函数有相同的导函数, 则这两个函数之间只差一常数. 这一点也可以表示为: 如果不计常数, 一个函数由其导函数唯一确定. 函数的性质都能够通过其导函数反映出来.

定理 4.5.4 设 $f(x)$ 在闭区间 $[a,b]$ 上连续, 在开区间 (a,b) 上可导, 则 $f(x)$ 单调上升 (单调下降) 的充要条件是 $f'(x) \geqslant 0 (f'(x) \leqslant 0)$ 在 (a,b) 上处处成立. 而 $f(x)$ 为严格单调上升函数 (严格单调下降函数) 的充要条件是在 (a,b) 上, $f'(x) \geqslant 0 (f'(x) \leqslant 0)$, 并且 $f'(x)$ 在 (a,b) 中的任意一个区间上都不恒为 0.

在实际应用中, 通常也将 Lagrange 中值定理表示为下面的形式.

定理 4.5.1′ 设 $f(x)$ 在 $[a,b]$ 上连续, 在 (a,b) 上可导, $x_0 \in [a,b]$ 是给定的点, 则对于任意点 $x \in [a,b]$, 存在 $\theta \in (0,1)$, 使得

$$f(x) - f(x_0) = f'(x_0 + \theta(x - x_0))(x - x_0).$$

证明 在区间 $[x_0, x]$ 上应用 Lagrange 中值定理, 并将定理中的 $c \in (x_0, x)$ 的条件表示为 $c = x_0 + \theta(x - x_0)$, 由于 $c \in (x_0, x)$, 因而 $\theta \in (0,1)$. ■

将定理 4.5.1′ 中的表示式

$$f(x) - f(x_0) = f'(x_0 + \theta(x - x_0))(x - x_0)$$

与 $f(x)$ 在 x_0 处的微分关系式

$$f(x) - f(x_0) = f'(x_0)(x - x_0) + o(x - x_0) \approx f'(x_0)(x - x_0) = \mathrm{d}f(x_0)$$

进行比较. 后一个要求 x 与 x_0 充分接近, 并且仅仅是一个近似关系. 而前一个对函数可导区间内任意一个 x 都有意义, 因而是一个大范围的精确等式. 但 Lagrange 中值定理中的 θ 是未知的, 甚至有可能不唯一. 后面我们将推广这两个关系式. 这里作为 Darboux 中值定理的推论, 成立下面的定理.

定理 4.5.5 一个函数的导函数没有可去间断点和第一类间断点.

证明 以可去间断点为例, 用反证法. 设 $x_0 \in (a,b)$ 是 $f'(x)$ 的可去间断点. 按照定义, $\lim\limits_{x\to x_0} f'(x) = A$, 但 $A \neq f'(x_0)$. 不妨设 $A < f'(x_0)$, 由极限性质知存在 $\varepsilon > 0$, 使得在 $[x_0-\varepsilon, x_0+\varepsilon] - \{x_0\}$ 上, $f'(x) < A + \dfrac{f'(x_0) - A}{2}$. $f'(x)$ 在区间 $[x_0-\varepsilon, x_0+\varepsilon]$ 上不满足导函数的介值定理, 矛盾. ■

在下一章关于积分的讨论中, 我们将考虑求导的逆问题: 给定函数 $f(x)$ 后, 求另一个函数 $F(x)$, 使得 $F'(x) = f(x)$ 对于定义域内的任意 x 都成立. $F(x)$ 称为 $f(x)$ 的原函数. 而定理 4.5.5 表明, 如果 $f(x)$ 有原函数, 则 $f(x)$ 只可能有第二类间断点. 特别地, 如果 $f(x)$ 单调, 且有间断点, 则 $f(x)$ 没有原函数.

如果在 Lagrange 中值定理中将 $\dfrac{f(b)-f(a)}{b-a}$ 里的分母 $b-a$ 看作 $g(x) = x$ 在区间端点处函数值的差, 则问题是用其他函数代替 $g(x) = x$ 后, 定理是否仍然成立. 对此, 成立下面 Lagrange 中值定理的推广 —— Cauchy 中值定理.

定理 4.5.6 (Cauchy 中值定理) 设 $f(x)$ 和 $g(x)$ 都在闭区间 $[a,b]$ 上连续, 开区间 (a,b) 上可导, 并且 $g'(x)$ 在 (a,b) 上处处不为 0, 则存在 $c \in (a,b)$, 使得

$$\frac{f(b)-f(a)}{g(b)-g(a)} = \frac{f'(c)}{g'(c)}.$$

证明 首先由于 $g'(x)$ 处处不为 0, 利用 Darbour 中值定理, 在 (a,b) 上, $g'(x)$ 或者恒大于 0, 或者恒小于 0, 因而 $g(x)$ 在 $[a,b]$ 上严格单调, 特别地, $g(b)-g(a) \neq 0$. 作辅助函数

$$F(x) = f(x) - f(a) - \frac{f(b)-f(a)}{g(b)-g(a)}(g(x)-g(a)),$$

则 $F(x)$ 在 $[a,b]$ 上连续, 在 (a,b) 上可导, 并且满足 $F(b) = F(a) = 0$. 利用闭区间上连续函数的最大、最小值定理, 这时 $F(x)$ 在 $[a,b]$ 上能够取到最大值和最小值. 由条件 $F(b) = F(a) = 0$, $F(x)$ 取到最大值和最小值的点中至少有一个在开区间 (a,b) 内, 设为 c. $F(x)$ 在 (a,b) 上可导, 由 Fermat 定理, 必须有 $F'(c) = 0$. 但

$$F'(x) = f'(x) - \frac{f(b)-f(a)}{g(b)-g(a)} g'(x),$$

得 $\dfrac{f(b)-f(a)}{g(b)-g(a)} = \dfrac{f'(c)}{g'(c)}$. ■

下面我们将应用上面这些中值定理, 利用导函数来给出研究函数的各种方法.

4.6 不定式与 L'Hospital 法则

在极限性质的讨论中我们曾提到收敛的序列或函数取极限时, 极限与数学中传统的加、减、乘、除等运算可以交换顺序, 或者说是相容的. 当然这里面讨论除法时, 要求分母的极限不为 0. 这一节作为 Cauchy 中值定理的应用, 我们要考虑的问题是对于函数的除法运算, 如果分母的极限为 0, 应该怎样进行讨论.

首先, 在极限 $\lim\limits_{x\to 0}\dfrac{f(x)}{g(x)}$ 中, 如果 $\lim\limits_{x\to 0}f(x)\neq 0$, 而 $\lim\limits_{x\to 0}g(x)=0$, 则 $\dfrac{f(x)}{g(x)}$ 的极限为无穷, 在这种情况下可以认为极限与除法还是可以交换顺序的. 但当分子和分母的极限都为 0 时, 情况就不一样了. 先来看几个例子.

例 1 (1) $\lim\limits_{x\to 0}\sin x=0, \lim\limits_{x\to 0}x=0$, 而 $\lim\limits_{x\to 0}\dfrac{\sin x}{x}=1$.

(2) $\lim\limits_{x\to 0}x\sin\dfrac{1}{x}=0, \lim\limits_{x\to 0}\sin x=0$, 而 $\lim\limits_{x\to 0}\dfrac{x\sin\dfrac{1}{x}}{\sin x}$ 发散.

(3) $\lim\limits_{x\to 0}\sin x=0, \lim\limits_{x\to 0}x^2=0$, 而 $\lim\limits_{x\to 0}\dfrac{\sin x}{x^2}=\infty$.

通过上面几个例子我们看到, 当分子和分母的极限都为 0 时, 商的极限可能出现多种情况, 不能由分子和分母的极限得到, 是不确定的. 对此, 我们将除法中分子和分母的极限都为 0 时的情形称为 $\dfrac{0}{0}$ **型的不定式**. 类似的不定式还有

$$\frac{\infty}{\infty},\quad 0\cdot\infty,\quad \infty-\infty,\quad 0^0,\quad 1^\infty,\quad \infty^0.$$

以其中的 1^∞ 为例, 如果 $\lim\limits_{x\to x_0}f(x)=1$, 而 $\lim\limits_{x\to x_0}g(x)=\infty$, 则 $(f(x))^{g(x)}$ 在 $x\to x_0$ 时, 极限性质是不确定的, 可能收敛, 也可能不收敛, 而收敛时, 极限值也会因函数 $f(x)$ 和 $g(x)$ 的不同选取而不同.

怎样讨论不定式的极限呢? Cauchy 中值定理为此提供了一个很好的解决方法, 称为 L'Hospital 法则.

定理 4.6.1 (L'Hospital 法则) 设函数 $f(x)$ 和 $g(x)$ 都在点 x_0 的空心邻域 $U_0(x_0,r)$ 上可导, 且 $g'(x)$ 处处不为 0, 如果 $\lim\limits_{x\to x_0}f(x)=0$, $\lim\limits_{x\to x_0}g(x)=0$, 而 $\lim\limits_{x\to x_0}\dfrac{f'(x)}{g'(x)}=A$, 则 $\lim\limits_{x\to x_0}\dfrac{f(x)}{g(x)}=A$.

证明 补充定义 $f(x_0)=g(x_0)=0$, 则 $f(x)$ 和 $g(x)$ 都在 (x_0-r,x_0+r) 上连

续. 对于任意 $x \in U_0(x_0, r)$, 应用 Cauchy 中值定理, 存在 $c \in (x_0, x)$, 使得

$$\frac{f(x)}{g(x)} = \frac{f(x) - f(x_0)}{g(x) - g(x_0)} = \frac{f'(c)}{g'(c)}.$$

$x \to x_0$ 时 $c \to x_0$, 由定理条件, 上式右边趋于 A, 因而 $\lim\limits_{x \to x_0} \dfrac{f(x)}{g(x)} = A$. ■

只需要适当改变函数的定义域和相关条件, L'Hospital 法则对于单侧极限 $x \to x_0^+, x \to x_0^-$ 也是成立的. 下面先来看几个例子.

例 2 应用 L'Hospital 法则, 我们首先给出下面几个常用的极限:

$$\lim_{x \to 0} \frac{\log_a(1+x)}{x} = \lim_{x \to 0} \frac{\dfrac{\log_a \mathrm{e}}{1+x}}{1} = \log_a \mathrm{e},$$

$$\lim_{x \to 0} \frac{a^x - 1}{x} = \lim_{x \to 0} \frac{a^x \ln a}{1} = \ln a,$$

$$\lim_{x \to 0} \frac{(1+x)^a - 1}{x} = \lim_{x \to 0} \frac{a(1+x)^{a-1}}{1} = a.$$

例 3 求 $\lim\limits_{x \to 0} \dfrac{x - \sin x}{x^2 \sin x}$.

解 应用 L'Hospital 法则,

$$\lim_{x \to 0} \frac{x - \sin x}{x^2 \sin x} = \lim_{x \to 0} \frac{1 - \cos x}{2x \sin x + x^2 \cos x}.$$

这时, 等式右边的极限仍然是不定式, 因此需要再一次应用 L'Hospital 法则, 得

$$\lim_{x \to 0} \frac{1 - \cos x}{2x \sin x + x^2 \cos x} = \lim_{x \to 0} \frac{\sin x}{2 \sin x + 2x \cos x + 2x \cos x - x^2 \sin x}.$$

但这仍然是不定式, 再一次应用 L'Hospital 法则, 上面极限为

$$\lim_{x \to 0} \frac{\cos x}{2 \cos x + 2 \cos x - 2x \sin x + 2 \cos x - 2x \sin x - 2x \sin x - x^2 \cos x} = \frac{1}{6}.$$

最后得 $\lim\limits_{x \to 0} \dfrac{x - \sin x}{x^2 \sin x} = \dfrac{1}{6}$.

需要注意, 若极限不是不定式, 则不能应用 L'Hospital 法则. 例如, $\lim\limits_{x \to 0} \dfrac{x}{\cos x} = 0$, 而应用 L'Hospital 法则, 则得 $\lim\limits_{x \to 0} \dfrac{x}{\cos x} = \lim\limits_{x \to 0} \dfrac{1}{\sin x} = \infty$.

在 L'Hospital 法则中, 如果已知 $\lim\limits_{x \to x_0} \dfrac{f'(x)}{g'(x)}$ 无极限, 不能得出 $\lim\limits_{x \to x_0} \dfrac{f(x)}{g(x)}$ 也没有极限的结论, 即 L'Hospital 法则的逆一般不成立. 看下面的例子.

例 4 已知

$$\lim_{x \to 0} \frac{x^2 \sin \dfrac{1}{x}}{\sin x} = \lim_{x \to 0} \frac{x}{\sin x} x \sin \frac{1}{x} = 0.$$

如果应用 L'Hospital 法则, 对分子和分母分别求导, 得 $\dfrac{2x\sin\dfrac{1}{x}-\cos\dfrac{1}{x}}{\cos x}$, 当 $x\to 0$ 时, 没有极限.

这里, 我们将 L'Hospital 法则的逆不成立的原因留给读者作为思考题.

对于自变量趋于无穷的 $\dfrac{0}{0}$ 型不定式, L'Hospital 法则仍然成立.

设 $\lim\limits_{x\to+\infty} f(x)=0$, $\lim\limits_{x\to+\infty} g(x)=0$, 做变量代换 $x=\dfrac{1}{t}$, 利用求导的链法则得

$$\frac{f'(x)}{g'(x)}=\frac{f'\left(\dfrac{1}{t}\right)\dfrac{-1}{t^2}}{g'\left(\dfrac{1}{t}\right)\dfrac{-1}{t^2}}=\frac{f'\left(\dfrac{1}{t}\right)}{g'\left(\dfrac{1}{t}\right)}.$$

所以如果 $\lim\limits_{x\to+\infty}\dfrac{f'(x)}{g'(x)}=A$, 则

$$\lim_{x\to+\infty}\frac{f(x)}{g(x)}=\lim_{t\to0^+}\frac{f\left(\dfrac{1}{t}\right)}{g\left(\dfrac{1}{t}\right)}=\lim_{t\to0^+}\frac{f'\left(\dfrac{1}{t}\right)}{g'\left(\dfrac{1}{t}\right)}=\lim_{x\to+\infty}\frac{f'(x)}{g'(x)}=A.$$

例 5 计算 $\lim\limits_{x\to+\infty} x\left(\dfrac{\pi}{2}-\arctan x\right)$.

解 极限为 $0\cdot\infty$ 形式的不定式, 化为 $\dfrac{0}{0}$ 型的不定式, 再用 L'Hospital 法得

$$\begin{aligned}\lim_{x\to+\infty} x\left(\frac{\pi}{2}-\arctan x\right)&=\lim_{x\to+\infty}\frac{\left(\dfrac{\pi}{2}-\arctan x\right)}{\dfrac{1}{x}}\\&=\lim_{x\to+\infty}\frac{\dfrac{-1}{1+x^2}}{\dfrac{-1}{x^2}}=\lim_{x\to+\infty}\frac{x^2}{1+x^2}=1.\end{aligned}$$

如果 $\lim\limits_{x\to x_0} f(x)=\infty$, $\lim\limits_{x\to x_0} g(x)=\infty$, 则极限 $\lim\limits_{x\to x_0}\dfrac{f(x)}{g(x)}$ 是 $\dfrac{\infty}{\infty}$ 型的不定式. 对于这样的不定式, L'Hospital 法则仍然是成立的. 不过由于在 ∞ 处没有 Cauchy 中值定理, 因而需另给一个证明. 下面以单侧极限为例.

定理 4.6.2 ($\dfrac{\infty}{\infty}$ 型的 L'Hospital 法则) 设 $f(x)$ 和 $g(x)$ 都在 x_0 的单侧邻域 (x_0,x_0+r) 上可导, 且 $g'(x)$ 处处不为 0. 如果 $\lim\limits_{x\to x_0^+} f(x)=\infty$, $\lim\limits_{x\to x_0^+} g(x)=\infty$, 而 $\lim\limits_{x\to x_0^+}\dfrac{f'(x)}{g'(x)}=A$, 则成立 $\lim\limits_{x\to x_0^+}\dfrac{f(x)}{g(x)}=A$.

证明 下面给出的证明是极限理论中 ε-δ 语言应用的一个经典范例.

设 $\varepsilon > 0$ 给定, 由 $\lim\limits_{x \to x_0^+} \dfrac{f'(x)}{g'(x)} = A$, 存在 $\delta > 0$, 使得 $x \in (x_0, x_0 + \delta)$ 时, $\left|\dfrac{f'(x)}{g'(x)} - A\right| < \dfrac{\varepsilon}{4}$. 取定一点 $x' \in (x_0, x_0 + \delta)$. 对于任意 $x \in (x_0, x')$, 在 $[x, x']$ 上应用 Cauchy 中值定理, 得 $\exists c \in [x, x']$, s.t. $\dfrac{f(x) - f(x')}{g(x) - g(x')} = \dfrac{f'(c)}{g'(c)}$. 因此, $\dfrac{f(x) - f(x')}{g(x) - g(x')} - A = \dfrac{f'(c)}{g'(c)} - A$. 我们得到

$$f(x) - Ag(x) = \left(\frac{f'(c)}{g'(c)} - A\right)\big(g(x) - g(x')\big) + \big(f(x') - Ag(x')\big).$$

等式两边同除 $g(x)$, 再应用绝对值不等式得

$$\left|\frac{f(x)}{g(x)} - A\right| \leqslant \left|\frac{f'(c)}{g'(c)} - A\right|\left|1 - \frac{g(x')}{g(x)}\right| + \left|\frac{f(x') - Ag(x')}{g(x)}\right|.$$

x' 是固定的点, 因而 $g(x')$ 和 $f(x') - Ag(x')$ 都是常数. 而 $\lim\limits_{x \to x_0^+} g(x) = \infty$, 可取 $\delta' > 0$, 使得对于任意 $x \in (x_0, x_0 + \delta')$, 成立不等式

$$\left|1 - \frac{g(x')}{g(x)}\right| < 2, \quad \left|\frac{f(x') - Ag(x')}{g(x)}\right| < \frac{\varepsilon}{2}.$$

令 $\delta'' = \min\{x' - x_0, \delta'\}$, 则 $\forall x \in (x_0, x_0 + \delta'')$,

$$\left|\frac{f(x)}{g(x)} - A\right| \leqslant 2\left|\frac{f'(c)}{g'(c)} - A\right| + \frac{\varepsilon}{2} \leqslant \frac{\varepsilon}{2} + \frac{\varepsilon}{2} = \varepsilon,$$

所以 $\lim\limits_{x \to x_0^+} \dfrac{f(x)}{g(x)} = A$. ■

例 6 计算 $\lim\limits_{x \to +\infty} \dfrac{\ln^k x}{x^\varepsilon}$, 其中 $k \in \mathbb{N}$, $\varepsilon > 0$.

解 应用 k 次 L'Hospital 法则, 得

$$\lim_{x \to +\infty} \frac{\ln^k x}{x^\varepsilon} = \lim_{x \to +\infty} \frac{k \ln^{k-1} x}{\varepsilon x^\varepsilon} = \cdots = \lim_{x \to +\infty} \frac{k!}{\varepsilon^k x^\varepsilon} = 0.$$

例 7 计算 $\lim\limits_{x \to +\infty} \dfrac{\mathrm{e}^x}{x^k}$, 其中 $k \in \mathbb{N}$.

解 应用 k 次 L'Hospital 法则, 得

$$\lim_{x \to +\infty} \frac{\mathrm{e}^x}{x^k} = \lim_{x \to +\infty} \frac{\mathrm{e}^x}{kx^{k-1}} = \cdots = \lim_{x \to +\infty} \frac{\mathrm{e}^x}{k!} = +\infty.$$

上两例表明 $x \to +\infty$ 时, 无穷大 x^ε 的阶比 $\ln^k x$ 高, 而 e^x 的阶比 x^k 高. 即对数 $\ln^k x$ 的增长速度低于多项式 x^n 的增长速度, 而多项式 x^k 的增长速度又低于指数 e^x 的增长速度.

例 8 令

$$f(x)=\begin{cases}\mathrm{e}^{-\frac{1}{x^2}}, & x\neq 0,\\ 0, & x=0.\end{cases}$$

证明 $f(x)\in C^{\infty}(-\infty,+\infty)$, 并计算 $f^{(n)}(0)$, 其中 $n=1,2,\cdots$.

证明 当 $x\neq 0$ 时, 由于 e^y 和 $y=\dfrac{1}{x^2}$ 都是 C^{∞} 函数, 因而 $f(x)$ 是 C^{∞} 的. 只需讨论 $x=0$ 时的情况, 对此则有

$$\lim_{x\to 0}\frac{f(x)-f(0)}{x-0}=\lim_{x\to 0}\frac{\mathrm{e}^{-\frac{1}{x^2}}}{x}=\lim_{x\to 0}\frac{\frac{1}{x}}{\mathrm{e}^{\frac{1}{x^2}}}.$$

令 $t=\dfrac{1}{x}$, 上面的极限化为 $\lim\limits_{t\to\infty}\dfrac{t}{\mathrm{e}^{t^2}}$. 应用 L'Hospital 法则, 得这一极限为 0, 因而 $f(x)$ 在 $x=0$ 可导, $f'(0)=0$.

归纳假设. 设 $f(x)$ 在 $x=0$ 处 n 阶可导, 且 $f'(0)=f''(0)=\cdots=f^{(n)}(0)=0$. 而 $x\neq 0$ 时,

$$f^{(n)}(x)=\mathrm{e}^{-\frac{1}{x^2}}P_n\left(\frac{1}{x}\right),$$

其中 $P_n(t)$ 是 t 的一个多项式.

首先, 利用 Leibniz 法则容易得到 $x\neq 0$ 时,

$$f^{(n+1)}(x)=\mathrm{e}^{-\frac{1}{x^2}}P_{n+1}\left(\frac{1}{x}\right).$$

而利用例 7 得 $\lim\limits_{t\to\infty}\dfrac{t^k}{\mathrm{e}^{t^2}}=0$ 对于任意 $k\in\mathbb{N}$ 成立, 因此令 $t=\dfrac{1}{x}$, 则

$$f^{(n+1)}(0)=\lim_{x\to 0}\frac{f^{(n)}(x)-f^{(n)}(0)}{x}=\lim_{x\to 0}\frac{1}{x}P_n\left(\frac{1}{x}\right)\mathrm{e}^{-\frac{1}{x^2}}=\lim_{t\to\infty}tP_n(t)\mathrm{e}^{-t^2}=0.$$

归纳假设成立, 得 $f(x)\in C^{\infty}(-\infty,+\infty)$, 而对于 $n=1,2,\cdots$, $f^{(n)}(0)=0$. ■

在以后讨论中, 例 8 中的函数经常被用来作反例. 读者应该引起重视.

上一节我们曾定义两个函数在一个点 n 阶相切的概念: 如果两个函数在某一点的函数值以及一阶到 n 阶的导数值都相同时, 称这两个函数在这点 n 阶相切. 我们曾提出这样的问题: 一个函数在一点的各阶导数在怎样的意义下确定了这个函数什么样的性质? 而例 8 告诉我们即便知道了一个函数在一个点所有阶的导数, 在这点任意小的邻域上仍然不能确定这个函数. 例 8 中的函数 $f(x)$ 与函数 $h(x)\equiv 0$ 在 $x=0$ 处任意阶相切, 但除 $x=0$ 外处处不相等.

应该说明与例 8 中的 $f(x)$ 有相同性质的函数非常多, 例如, 如果 $h(x)$ 是一 $x=0$ 邻域上的 C^{∞} 函数, 令 $F(x)=f(x)h(x)$, 应用求导的 Leibniz 法则容易得到

$F(x)$ 同样满足 $F(0)=F'(0)=\cdots=F^{(n)}(0)=\cdots=0$. 如果令

$$g(x)=\begin{cases}\mathrm{e}^{-\frac{1}{x}}, & x>0,\\ 0, & x\leqslant 0,\end{cases}$$

则与例 8 相同的方法容易证明 $g(x)$ 也是 C^∞ 函数, 对 $n=1,2,\cdots$, $g^{(n)}(0)=0$.

另外再进一步, 如果 C^∞ 函数 $f_1(x)$ 和 $f_2(x)$ 都满足

$$f_1(0)=f_1'(0)=\cdots=f_1^{(n)}(0)=\cdots=0,$$

$$f_2(0)=f_2'(0)=\cdots=f_2^{(n)}(0)=\cdots=0,$$

则对不定式 $\lim\limits_{x\to 0}\dfrac{f_1(x)}{f_2(x)}$, 不论使用多少次 L'Hospital 法则, 得到的 $\lim\limits_{x\to 0}\dfrac{f_1^{(n)}(x)}{f_2^{(n)}(x)}$ 仍然是不定式, L'Hospital 法则这时没有意义.

4.7 Taylor 展开

前面我们称两个函数在一点 n 阶相切, 如果这两个函数在这点的函数值, 以及在这点一阶到 n 阶的导数值都相同. 现在问 n 阶相切的函数在这一点充分小的邻域上有什么共同的性质? 这个问题也可以表示为: 一个函数在一个点的所有一阶到 n 阶的导数值在什么样的意义下在这点邻域上确定了这个函数? 对于这个问题, 利用 L'Hospital 法则, 下面的定理给出了明确的答案.

定理 4.7.1 设 $f(x)$ 和 $g(x)$ 都在 x_0 处 n 阶可导, 则 $f(x)$ 与 $g(x)$ 在 x_0 处 n 阶相切的充要条件是, $x\to x_0$ 时, $f(x)-g(x)=o((x-x_0)^n)$.

证明 首先设 $f(x)$ 与 $g(x)$ 在 x_0 处 n 阶相切, 即

$$f(x_0)-g(x_0)=f'(x_0)-g'(x_0)=\cdots=f^{(n)}(x_0)-g^{(n)}(x_0)=0.$$

按照定义, 需要证明 $\lim\limits_{x\to x_0}\dfrac{f(x)-g(x)}{(x-x_0)^n}=0$.

这是一个不定式. 由于假设了 $f(x)$ 和 $g(x)$ 都在点 x_0 处 n 阶可导, 因而 $f(x)$ 和 $g(x)$ 必须都在点 x_0 的充分小邻域上 $n-1$ 阶可导, 所以利用这些导数, 对于不定式 $\lim\limits_{x\to x_0}\dfrac{f(x)-g(x)}{(x-x_0)^n}$, 可以使用 $n-1$ 次 L'Hospital 法则, 得到

$$\lim_{x\to x_0}\frac{f(x)-g(x)}{(x-x_0)^n}=\lim_{x\to x_0}\frac{f'(x)-g'(x)}{n(x-x_0)^{n-1}}=\cdots=\lim_{x\to x_0}\frac{f^{(n-1)}(x)-g^{(n-1)}(x)}{n!(x-x_0)}.$$

然而, 因为我们仅仅假定 $f(x)$ 和 $g(x)$ 在 x_0 处 n 阶可导, 在 x_0 的邻域上不一定 n 阶可导, 所以对这一极限不能再使用 L'Hospital 法则了. 但是直接利用导数定义和 $f^{(n)}(x_0)=g^{(n)}(x_0)$ 的条件, 我们得到

$$\begin{aligned}
&\lim_{x\to x_0}\frac{f^{(n-1)}(x)-g^{(n-1)}(x)}{n!(x-x_0)}\\
=&\lim_{x\to x_0}\frac{f^{(n-1)}(x)-f^{(n-1)}(x_0)}{n!(x-x_0)}-\lim_{x\to x_0}\frac{g^{(n-1)}(x)-g^{(n-1)}(x_0)}{n!(x-x_0)}\\
=&\frac{1}{n!}\left(f^{(n)}(x_0)-g^{(n)}(x_0)\right)=0.
\end{aligned}$$

因此, $f(x)-g(x)=o((x-x_0)^n)$.

设 $f(x)-g(x)=o((x-x_0)^n)$, 表示为 $f(x)-g(x)=a(x)(x-x_0)^n$, 其中 $a(x)$ 是定义在 x_0 邻域上的函数, 满足 $\lim\limits_{x\to x_0}a(x)=0$. 在等式 $f(x)-g(x)=a(x)(x-x_0)^n$ 中令 $x\to x_0$, 由于 $f(x)$ 和 $g(x)$ 都连续, 因而得 $f(x_0)=g(x_0)$. 而

$$\frac{f(x)-f(x_0)}{x-x_0}-\frac{g(x)-g(x_0)}{x-x_0}=a(x)(x-x_0)^{n-1},$$

所以 $x\to x_0$ 时, $f'(x_0)=g'(x_0)$. 现归纳假设

$$f(x_0)-g(x_0)=f'(x_0)-g'(x_0)=\cdots=f^{(k)}(x_0)-g^{(k)}(x_0)=0,$$

其中 $k<n$. 对不定式 $\lim\limits_{x\to x_0}\dfrac{f(x)-g(x)}{(x-x_0)^{k+1}}$ 使用 k 次 L'Hospital 法则后, 我们得到

$$\begin{aligned}
\lim_{x\to x_0}\frac{f(x)-g(x)}{(x-x_0)^{k+1}}&=\lim_{x\to x_0}\frac{f^{(k)}(x)-g^{(k)}(x)}{(k+1)!(x-x_0)}\\
&=\lim_{x\to x_0}\frac{f^{(k)}(x)-f^{(k)}(x_0)}{(k+1)!(x-x_0)}-\lim_{x\to x_0}\frac{g^{(k)}(x)-g^{(k)}(x_0)}{(k+1)!(x-x_0)}\\
&=\frac{1}{(k+1)!}\left(f^{(k+1)}(x_0)-g^{(k+1)}(x_0)\right).
\end{aligned}$$

而另一方面,

$$\lim_{x\to x_0}\frac{f(x)-g(x)}{(x-x_0)^{k+1}}=\lim_{x\to x_0}a(x)(x-x_0)^{n-k-1}=0,$$

得 $f^{(k+1)}(x_0)=g^{(k+1)}(x_0)$. 利用归纳法, $f(x)$ 与 $g(x)$ 在 x_0 处 n 阶相切. ■

定理 4.7.1 告诉我们, 当 $x\to x_0$ 时, 如果忽略一个比 $(x-x_0)^n$ 高阶的无穷小, 则对于在 x_0 点 n 阶可导的函数, 函数在这点邻域上由其在这点的函数值以及在这点的一阶到 n 阶导数值唯一确定. 而图 4.8 则表明两个函数在 x_0 处相切的阶越高, 在 x 趋于 x_0 时, 这两个函数的曲线间的垂直距离 $|f(x)-g(x)|$ 就越小, 或者说两条曲线在相切点的邻域上就越贴近.

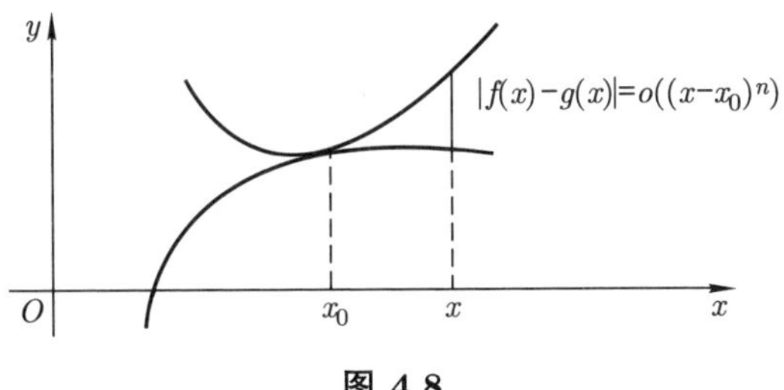

图 4.8

现在假定给了一个定义在 x_0 邻域上的函数 $f(x)$, 其在 x_0 处 n 阶可导, 问能不能构造一个简单的函数 $P(x)$, 使得 $P(x)$ 与 $f(x)$ 在 x_0 处 n 阶相切. 显然, 多项式是相对比较简单的函数. 因此自然希望构造一个多项式, 使得其与 $f(x)$ 在 x_0 处 n 阶相切. 对此成立下面的定理.

定理 4.7.2 设 $f(x)$ 在 x_0 处 n 阶可导, 令

$$T_n(f,x_0)=f(x_0)+\frac{f'(x_0)}{1!}(x-x_0)+\cdots+\frac{f^{(n)}(x_0)}{n!}(x-x_0)^n,$$

则 $T_n(f,x_0)$ 是唯一的一个在 x_0 处与 $f(x)\,n$ 阶相切的 n 阶多项式.

利用定理 4.7.1, 我们得到

$$f(x)=f(x_0)+\frac{f'(x_0)}{1!}(x-x_0)+\cdots+\frac{f^{(n)}(x_0)}{n!}(x-x_0)^n+o((x-x_0)^n).$$

定义 4.7.1 设 $f(x)$ 在 x_0 处 n 阶可导, 则 n 阶多项式

$$T_n(f,x_0)=f(x_0)+\frac{f'(x_0)}{1!}(x-x_0)+\cdots+\frac{f^{(n)}(x_0)}{n!}(x-x_0)^n$$

称为 $f(x)$ 在 x_0 处的 n **阶 Taylor 多项式**, 而关系式

$$\begin{aligned}f(x)&=f(x_0)+\frac{f'(x_0)}{1!}(x-x_0)+\cdots+\frac{f^{(n)}(x_0)}{n!}(x-x_0)^n+o((x-x_0)^n)\\&=T_n(f,x)+o((x-x_0)^n)\end{aligned}$$

称为 $f(x)$ 在 x_0 处**带 Peano 余项的** n **阶 Taylor 展开**.

通常令 $0!=1, f^{(0)}(x_0)=f(x_0)=\mathrm{d}^0f(x_0)$, 由此, $f(x)$ 在 x_0 处的 n 阶 Taylor 多项式可以表示为

$$T_n(f,x_0)=\sum_{k=0}^{n}\frac{f^{(k)}(x_0)}{k!}(x-x_0)^n.$$

由于 $f(x)$ 在 x_0 处带 Peano 余项的 n 阶 Taylor 展开只在 x 充分接近 x_0, 或者说 $x\to x_0$ 时才有意义, 因此可以将展开式中的标准无穷小 $(x-x_0)$ 表示为 $\mathrm{d}x$,

我们得到 x 充分接近 x_0 时,

$$f(x)=\mathrm{d}^0 f(x_0)+\frac{\mathrm{d}f(x_0)}{1!}+\cdots+\frac{\mathrm{d}^n f(x_0)}{n!}+o((x-x_0)^n).$$

一阶微分的近似关系 $f(x)=f(x_0)+\mathrm{d}f(x_0)+o(x-x_0)$ 就推广到了高阶微分.

函数 $f(x)$ 在 x_0 处带 Peano 余项 Taylor 展开的优点是, 仅要求 $f(x)$ 在 x_0 处 n 阶可导, 条件相对比较简单; 其缺点则是, 这一展开式仅仅是近似公式, 只有当 x 充分接近 x_0 时才有意义. 因此, 一个自然的问题是, 如果类比于函数的微分展开, 将 Lagrange 中值定理表示为

$$f(x)=f(x_0)+f'(c)(x-x_0),$$

则需要知道能不能将这一大范围成立的精确等式作为 $f(x)$ 在 x_0 处的展开式也推广到高阶. 对此, 我们有下面的定理.

定理 4.7.3 (带 Lagrange 余项的 n 阶 Taylor 展开) 设函数 $f(x)$ 在区间 $[x_0,b]$ 上 n 阶可导, 在区间 (x_0,b) 上 $n+1$ 阶可导, 则对于任意 $x\in(x_0,b]$, 存在 $c\in(x_0,x)$, 使得

$$f(x)=f(x_0)+\frac{f'(x_0)}{1!}(x-x_0)+\cdots+\frac{f^{(n)}(x_0)}{n!}(x-x_0)^n+\frac{f^{(n+1)}(c)}{(n+1)!}(x-x_0)^{n+1}.$$

证明 首先令

$$\begin{aligned}&F(x)=f(x)-\left[f(x_0)+\frac{f'(x_0)}{1!}(x-x_0)+\cdots+\frac{f^{(n)}(x_0)}{n!}(x-x_0)^n\right],\\&G(x)=(x-x_0)^{n+1},\end{aligned}$$

则 $F(x)$ 和 $G(x)$ 分别满足

$$F(x_0)=F'(x_0)=\cdots=F^{(n)}(x_0)=0,$$

$$G(x_0)=G'(x_0)=\cdots=G^{(n)}(x_0)=0.$$

再对函数 $\dfrac{F(x)}{G(x)}$ 使用 $n+1$ 次 Cauchy 中值定理, 我们得到

$$\frac{F(x)}{G(x)}=\frac{F(x)-F(x_0)}{G(x)-G(x_0)}=\frac{F'(c_1)}{G'(c_1)}=\frac{F'(c_1)-F'(x_0)}{G'(c_1)-G'(x_0)}=\cdots=\frac{F^{(n+1)}(c_{n+1})}{G^{(n+1)}(c_{n+1})}.$$

注意到 $G^{(n+1)}(c_{n+1})=(n+1)!$, 而 $F^{(n+1)}(c_{n+1})=f^{(n+1)}(c_{n+1})$. 令 $c_{n+1}=c$, 上式两边同乘 $G(x)=(x-x_0)^{n+1}$, 得到

$$F(x)=\frac{f^{n+1}(c)}{(n+1)!}(x-x_0)^{n+1}$$

然后与证明开始构造的 $F(x)$ 联立, 并将 $T_n(f,x_0)$ 移到等式右边, 我们得到

$$f(x)=T_n(f,x_0)+\frac{f^{(n+1)}(c)}{(n+1)!}(x-x_0)^{n+1}. \qquad \blacksquare$$

带 Lagrange 余项的 n 阶 Taylor 展开是 Lagrange 中值定理的高阶推广. 这一展开的优点是, 它是一个大范围的精确等式, 不论 x 与 x_0 距离多远, 只要定理条件成立, 等式就成立; 缺点是, 相对于函数带 Peano 余项的 Taylor 展开, 带 Lagrange 余项的 Taylor 展开要求的条件比较高, 并且其中的 c 是未知量, 仅仅能够保证其存在, 有可能不是唯一的.

在带 Lagrange 余项的 n 阶 Taylor 展开中, 由于 $c\in(x_0,x)$, 因而存在 $\theta\in(0,1)$, 使得 $c=x_0+\theta(x-x_0)$, 所以 Lagrange 余项又可以表示为

$$\frac{f^{(n+1)}(c)}{(n+1)!}(x-x_0)^{n+1}=\frac{f^{(n+1)}(x_0+\theta(x-x_0))}{(n+1)!}(x-x_0)^{n+1}.$$

Taylor 展开是数学分析对于实际应用的一个重要贡献, 大部分函数, 例如三角函数、对数函数等都需要通过 Taylor 展开来实现其数值化计算. 不论是函数表, 还是计算机都是通过 Taylor 展开给出函数数值的近似计算.

当然, 并不是对任意函数, Taylor 展开都有意义. 下面是一个特别的例子.

例 1　设 $f(x)$ 是 4.6 节例 8 中给出的函数, 我们知道 $f(x)$ 在 $(-\infty,+\infty)$ 上任意阶可导, 而 $f^{(n)}(0)=0$ 对于 $n=0,1,2,\cdots$ 成立, 因而对于任意 n, $f(x)$ 在 $x=0$ 处的 n 阶 Taylor 展开 $T_n(f,0)\equiv 0$. $f(x)$ 在 $x=0$ 处任意阶的 Taylor 展开都仅含有余项, 所以展开没有意义.

4.8　初等函数的 Taylor 展开

我们知道初等函数在其定义域内都是 C^∞ 函数, 问题是怎样得到初等函数的 Taylor 展开? 这些函数的 Taylor 展开有意义吗? 下面将先讨论基本初等函数的 Taylor 展开, 并研究 Taylor 展开与函数加、减、乘、除和复合运算的关系. 利用这些关系, 理论上就可以计算一般初等函数的 Taylor 展开了.

1. 多项式

例 1　设 $P(x)=1+2x+x^2+4x^4$, 求 $P(x)$ 在 $x=1$ 处的 Taylor 展开.

解　$P(1)=8, P'(1)=20, P''(1)=50, P^{(3)}(1)=96, P^{(4)}(1)=96$. 因而

$$P(x)=8+20(x-1)+25(x-1)^2+16(x-1)^3+4(x-1)^4.$$

2. 有理函数

例 2 设 $R(x) = \dfrac{x^3+2x+1}{x^2+1}$, 求 $R(x)$ 在 $x=0$ 处带 Peano 余项的 5 阶 Taylor 展开.

解 通过直接求导进行计算太复杂, 一般用待定系数法. 设

$$\frac{x^3+2x+1}{x^2+1} = a_0 + a_1x + a_2x^2 + a_3x^3 + a_4x^4 + a_5x^5 + o(x^5),$$

其中 $a_i, i=0,1,2,3,4,5$ 是待定系数. 上式两边同乘 x^2+1, 得

$$x^3+2x+1 = \big(a_0 + a_1x + a_2x^2 + a_3x^3 + a_4x^4 + a_5x^5 + o(x^5)\big)(x^2+1).$$

比较 $x^i, i=0,1,2,3,4,5$ 对应的系数, 容易得到

$$a_0 = 1, \quad a_1 = 2, \quad a_2 = -1, \quad a_3 = -1, \quad a_4 = 1, \quad a_5 = 1,$$

因此

$$\frac{x^3+2x+1}{x^2+1} = 1 + 2x - x^2 - x^3 + x^4 + x^5 + o(x^5).$$

3. 三角函数

例 3 对于函数 $y = \sin x$, 我们直接计算其高阶导数.

$$y' = \cos x = \sin\left(\frac{\pi}{2} + x\right), \quad y'' = \cos\left(\frac{\pi}{2} + x\right) = \sin\left(2\frac{\pi}{2} + x\right).$$

归纳假设, 设 $y^{(n)} = \sin\left(n\dfrac{\pi}{2} + x\right)$, 则

$$y^{(n+1)} = \cos\left(n\frac{\pi}{2} + x\right) = \sin\left((n+1)\frac{\pi}{2} + x\right),$$

归纳假设成立. 令 $x=0$, 得

$$y^{(n)}(0) = \begin{cases} 0, & \text{如果 } n = 2k \text{ 为偶数}, \\ (-1)^k, & \text{如果 } n = 2k+1 \text{ 为奇数}. \end{cases}$$

因此, $y = \sin x$ 在 $x=0$ 处带 Peano 余项的 $2n$ 阶 Taylor 展开为

$$\sin x = x - \frac{x^3}{3!} + \frac{x^5}{5!} + \cdots + (-1)^{n-1}\frac{x^{2n-1}}{(2n-1)!} + o(x^{2n}).$$

而 $y = \sin x$ 在 $x=0$ 处带 Lagrange 余项的 $2n$ 阶 Taylor 展开为

$$\sin x = x - \frac{x^3}{3!} + \frac{x^5}{5!} + \cdots + (-1)^{n-1}\frac{x^{2n-1}}{(2n-1)!} + (-1)^n\frac{\sin\left((2n+1)\frac{\pi}{2} + \theta x\right)}{(2n+1)!}x^{2n+1}.$$

上式中 $x \in (-\infty, +\infty)$ 是任意点. 此外, 也可以将展开中的 $\sin\left((2n+1)\dfrac{\pi}{2}+\theta x\right)$ 表示为 $\cos\theta x$.

同样计算, $y=\cos x$ 在 $x=0$ 处带 Peano 余项的 $2n+1$ 阶 Taylor 展开为

$$\cos x = 1-\frac{x^2}{2!}+\frac{x^4}{4!}+\cdots+(-1)^n\frac{x^{2n}}{(2n)!}+o(x^{2n+1}).$$

而 $y=\cos x$ 在 $x=0$ 处带 Lagrange 余项的 $2n+1$ 阶 Taylor 展开为

$$\cos x = 1-\frac{x^2}{2!}+\frac{x^4}{4!}+\cdots+(-1)^n\frac{x^{2n}}{(2n)!}+(-1)^{n+1}\frac{\cos\theta x}{(2(n+1))!}x^{2(n+1)}.$$

4. 反三角函数

例 4 对于函数 $y=\arcsin x$, 由于 $y'=\dfrac{1}{\sqrt{1-x^2}}$, 直接计算函数高阶导数的一般项比较困难. 这时只能用归纳法计算函数在 $x=0$ 处的高阶导数, 从而得到函数在 $x=0$ 处带 Peano 余项的 $2n$ 阶 Taylor 展开.

由 $(1-x^2)(y')^2=1$, 两边求导得 $(1-x^2)y''-xy'=0$, 再一次求导得

$$(1-x^2)y'''-3xy''-y'=0.$$

归纳假设, 设 $(1-x^2)y^{(n)}-(2n-3)xy^{(n-1)}-(n-2)^2y^{(n-2)}=0$, 求导得

$$(1-x^2)y^{(n+1)}-(2(n+1)-3)xy^{(n)}-(n+1-2)^2y^{(n-1)}=0,$$

归纳假设成立.

在等式 $(1-x^2)y^{(n)}-(2n-3)xy^{(n-1)}-(n-2)^2y^{(n-2)}=0$ 中令 $x=0$, 得

$$y^{(n)}(0)=(n-2)^2y^{(n-2)}(0).$$

而 $y'(0)=1, y''(0)=0$, 得 $y^{(2n)}(0)=0, y^{(2n+1)}(0)=[(2n-1)!!]^2$. 这里

$$(2n-1)!!=(2n-1)(2n-3)\cdots3\cdot1,\quad (2n)!!=(2n)(2n-2)\cdots4\cdot2$$

表示自然数隔项相乘, 称为双阶乘.

因此, $y=\arcsin x$ 在 $x=0$ 处带 Peano 余项的 $2n+2$ 阶 Taylor 展开为

$$\arcsin x = x+\frac{1}{3}\cdot\frac{1}{2!!}x^3+\frac{1}{5}\cdot\frac{3!!}{4!!}x^5+\cdots+\frac{1}{2n+1}\cdot\frac{(2n-1)!!}{(2n)!!}x^{2n+1}+o(x^{2n+2}).$$

5. 指数函数

例 5 对于函数 $y=\mathrm{e}^x$, 由于 $y^{(n)}=\mathrm{e}^x$, 特别地, $y^{(n)}(0)=1$. 因此, $y=\mathrm{e}^x$ 在 $x=0$ 处带 Peano 余项的 n 阶 Taylor 展开为

$$\mathrm{e}^x=1+\frac{x}{1!}+\frac{x^2}{2!}+\cdots+\frac{x^n}{n!}+o(x^n).$$

而 $y=\mathrm{e}^x$ 在 $x=0$ 处带 Lagrange 余项的 n 阶 Taylor 展开为

$$\mathrm{e}^x=1+\frac{x}{1!}+\frac{x^2}{2!}+\cdots+\frac{x^n}{n!}+\frac{\mathrm{e}^{\theta x}}{(n+1)!}x^{n+1},$$

其中 $x\in(-\infty,+\infty)$ 是任意点, 而 $\theta\in(0,1)$.

6. 对数函数

例 6 对 $\ln x$, 由于希望将函数在 $x=0$ 处展开, 改为考虑 $\ln(1+x)$, 其中 $x\in(-1,+\infty)$. 这时 $y'=\dfrac{1}{1+x}$, 而

$$y^{(n)}=(-1)^{n-1}\frac{(n-1)!}{(1+x)^n}.$$

特别地, $y^{(n)}(0)=(-1)^{n-1}(n-1)!$. 因此, $y=\ln(1+x)$ 在 $x=0$ 处带 Peano 余项的 n 阶 Taylor 展开为

$$\ln(1+x)=x-\frac{1}{2}x^2+\frac{1}{3}x^3+\cdots+\frac{(-1)^{n-1}}{n}x^n+o(x^n).$$

而 $y=\ln(1+x)$ 在 $x=0$ 处带 Lagrange 余项的 n 阶 Taylor 展开为

$$\ln(1+x)=x-\frac{1}{2}x^2+\frac{1}{3}x^3+\cdots+\frac{(-1)^{n-1}}{n}x^n+\frac{(-1)^n}{n+1}\cdot\frac{1}{(1+\theta x)^{n+1}}x^{n+1},$$

其中 $x\in(-1,+\infty)$ 是任意点, 而 $\theta\in(0,1)$.

7. 幂函数

例 7 对于幂函数 $y=x^a$, 与对数函数 $\ln x$ 相同, 由于我们希望将函数在 $x=0$ 处展开, 因此, 将幂函数改为 $y=(1+x)^a$ 的形式. 对此, 直接计算,

$$y'=a(1+x)^{a-1},\quad \cdots,\quad y^{(n)}=a(a-1)\cdots(a-n+1)(1+x)^{a-n}.$$

特别地, $y^{(n)}(0)=a(a-1)\cdots(a-n+1)$. $y=(1+x)^a$ 在 $x=0$ 处带 Peano 余项的 n 阶 Taylor 展开为

$$\begin{aligned}(1+x)^a=1+ax+\frac{a(a-1)}{2!}x^2+\frac{a(a-1)(a-2)}{3!}x^3\\+\cdots+\frac{a(a-1)\cdots(a-n+1)}{n!}x^n+o(x^n).\end{aligned}$$

而 $y=(1+x)^a$ 在 $x=0$ 处带 Lagrange 余项的 n 阶 Taylor 展开为

$$\begin{aligned}(1+x)^a=&1+ax+\frac{a(a-1)}{2!}x^2+\cdots\\&+\frac{a(a-1)\cdots(a-n+1)}{n!}x^n+\frac{a(a-1)\cdots(a-n)}{(n+1)!(1+\theta x)^{a-n-1}}x^{n+1},\end{aligned}$$

其中 $x\in(-1,+\infty)$ 是任意点, $\theta\in(0,1)$.

至此, 我们得到了所有基本初等函数的 Taylor 展开. 而初等函数是基本初等函数经过有限次加、减、乘、除和复合运算得到的. 因此, 理论上仅需要研究 Taylor 展开与函数加、减、乘、除和复合运算的关系即可.

对于函数的加、减和乘法运算, 对应到 Taylor 展开, 则是相应的多项式的加、减和乘法运算, 对此就不做详细讨论了.

8. Taylor 展开的除法

例 8 求函数 $y=\tan x$ 在 $x=0$ 处带 Peano 余项的 7 阶 Taylor 展开.

解 用待定系数法. 注意到 $\tan x$ 是奇函数, 因而 $\tan x$ 在 $x=0$ 处 Taylor 展开中仅含 x 的奇次方的项. 可设 $\tan x=a_1x+a_3x^3+a_5x^5+a_7x^7+o(x^7)$. 而

$$\sin x=x-\frac{x^3}{3!}+\frac{x^5}{5!}-\frac{x^7}{7!}+o(x^7),\quad \cos x=1-\frac{x^2}{2!}+\frac{x^4}{4!}-\frac{x^6}{6!}+o(x^7).$$

因此,

$$\frac{x-\dfrac{x^3}{3!}+\dfrac{x^5}{5!}-\dfrac{x^7}{7!}+o(x^7)}{1-\dfrac{x^2}{2!}+\dfrac{x^4}{4!}-\dfrac{x^6}{6!}+o(x^7)}=a_1x+a_3x^3+a_5x^5+a_7x^7+o(x^7).$$

我们得到

$$\begin{aligned}&x-\frac{x^3}{3!}+\frac{x^5}{5!}-\frac{x^7}{7!}+o(x^7)\\=&\left(1-\frac{x^2}{2!}+\frac{x^4}{4!}-\frac{x^6}{6!}+o(x^7)\right)\left(a_1x+a_3x^3+a_5x^5+a_7x^7+o(x^7)\right).\end{aligned}$$

等式左边相乘后与右边比较 x 对应方次的系数, 得方程组

$$\begin{cases}a_1=1,\\a_3-\dfrac{a_1}{2}=-\dfrac{1}{3!},\\\dfrac{a_1}{4!}-\dfrac{a_3}{2!}+a_5=\dfrac{1}{5!},\\-\dfrac{a_1}{6!}+\dfrac{a_3}{4!}-\dfrac{a_5}{2!}+a_7=-\dfrac{1}{7!}.\end{cases}$$

解得 $a_1=1, a_3=\dfrac{1}{3}, a_5=\dfrac{2}{15}, a_7=\dfrac{17}{315}$. 因此

$$\tan x = x+\frac{1}{3}x^3+\frac{2}{15}x^5+\frac{17}{315}x^7+o(x^7).$$

9. Taylor 展开的复合运算

例 9 求 $y=\mathrm{e}^{\sin x^2}$ 在 $x=0$ 处带 Peano 余项的 7 阶 Taylor 展开.

解 $\sin x^2 = x^2-\dfrac{1}{3!}x^6+o(x^7)$, $\mathrm{e}^x=1+\dfrac{1}{1!}x+\dfrac{1}{2!}x^2+\dfrac{1}{3!}x^3+o(x^3)$, 因而

$$\begin{aligned}\mathrm{e}^{\sin x^2} &= 1+\frac{1}{1!}\left(x^2-\frac{1}{3!}x^6+o(x^7)\right)+\frac{1}{2!}\left(x^2-\frac{1}{3!}x^6+o(x^7)\right)^2\\ &\quad+\frac{1}{3!}\left(x^2-\frac{1}{3!}x^6+o(x^7)\right)^3+o(x^3).\end{aligned}$$

不计其中 x^8 以及更高幂次的项, 我们得到

$$\mathrm{e}^{\sin x^2}=1+x^2+\frac{1}{2!}x^4+o(x^7).$$

在 Taylor 展开的复合运算中, 有一点需要注意: 对于求复合函数 $z=f(g(x))$ 在 x_0 处的 Taylor 展开, 必须将 $y=g(x)$ 在 x_0 处的 Taylor 展开代入函数 $z=f(y)$ 在 $y_0=g(x_0)$ 处的 Taylor 展开, 不能代入 $z=f(y)$ 在其他点的展开, 否则得不到展开式.

例 10 设 $f(x)=1+2(x-x_0)+3(x-x_0)^2+o((x-x_0)^2)$, 求 $f(x)$ 的反函数 $x=f^{-1}(y)$ 在 $y_0=1$ 处带 Peano 余项的二阶 Taylor 展开.

解 利用待定系数法, 设

$$x=f^{-1}(y)=x_0+a_1(y-y_0)+a_2(y-y_0)^2+o((y-y_0)^2).$$

将上式代入 $y=f(x)$ 在 x_0 处的 Taylor 展开, 我们得到

$$\begin{aligned}y &= 1+2[a_1(y-y_0)+a_2(y-y_0)^2+o((y-y_0)^2)]\\ &\quad+3[a_1(y-y_0)+a_2(y-y_0)^2+o((y-y_0)^2)]^2+o((y-y_0)^2).\end{aligned}$$

将上式等号右边的 1 移到左边, 比较 $y-y_0=y-1$ 各幂次的系数, 解得 $a_1=\dfrac{1}{2}$, $a_2=-\dfrac{3}{8}$.

同理, 如果已知 $y=f(x)$ 的高阶 Taylor 展开, 就能够得到其反函数 $x=f^{-1}(y)$ 的高阶 Taylor 展开.

除了函数的加、减、乘、除和复合运算外, 在数学分析中还定义了函数的求导运算. 求导运算也可以用来得到一部分函数的 Taylor 展开. 由于对于许多函数, 导函数往往比原来的函数简单, 而且导函数的 Taylor 展开有时会更加容易得到. 所以, 可以先求导函数的 Taylor 展开, 然后利用导函数在差一常数的意义下唯一确定原来的函数, 以及公式 $(x^n)' = nx^{n-1}$, 就不难得到原来函数的 Taylor 展开了.

例 11 求函数 $y = \arctan x$ 在 $x = 0$ 处带 Peano 余项的 $2n+1$ 阶 Taylor 展开.

解 先求导, $\arctan' x = \dfrac{1}{1+x^2}$, 利用 $\dfrac{1}{1-x} = 1 + x + x^2 \cdots + x^n + o(x^n)$, 得

$$\frac{1}{1+x^2} = \frac{1}{1-(-x^2)} = 1 - x^2 + x^4 + \cdots + (-1)^n x^{2n} + o(x^{2n}).$$

因此利用公式 $(x^n)' = nx^{n-1}$ 以及 $\arctan(0) = 0$, 我们得到

$$\arctan x = x - \frac{x^3}{3} + \frac{x^5}{5} + \cdots + (-1)^n \frac{x^{2n+1}}{2n+1} + o(x^{2n+1}).$$

同样利用求导的方法, 可得到 $y = \arcsin x, y = \ln(1+x)$ 等函数的 Taylor 展开.

下面我们给出 Taylor 展开的一些简单应用.

指数函数 $y = \mathrm{e}^x$ 在 $x = 0$ 处带 Lagrange 余项的 Taylor 展开为

$$\mathrm{e}^x = 1 + \frac{x}{1!} + \frac{x^2}{2!} + \cdots + \frac{x^n}{n!} + \frac{\mathrm{e}^{\theta x}}{(n+1)!} x^{n+1},$$

其中 $x \in (-\infty, +\infty)$ 是任意点, 而 $\theta \in (0,1)$. 现将 x 固定, 由于 $0 < \mathrm{e}^{\theta x} < \mathrm{e}^{|x|}$, 因此 $n \to +\infty$ 时, $\dfrac{\mathrm{e}^{\theta x} x^{n+1}}{(n+1)!} \to 0$, 我们得到对于任意 $x \in (-\infty, +\infty)$, 成立

$$\mathrm{e}^x = \lim_{n \to +\infty} \left(1 + \frac{x}{1!} + \frac{x^2}{2!} + \cdots + \frac{x^n}{n!} \right).$$

e^x 表示为其 Taylor 展开的极限. 通常将这一极限表示为无穷和的形式:

$$\mathrm{e}^x = 1 + \frac{x}{1!} + \frac{x^2}{2!} + \cdots + \frac{x^n}{n!} + \cdots = \sum_{n=0}^{+\infty} \frac{x^n}{n!},$$

称为在 $x = 0$ 处展开的幂级数. 后面我们将对幂级数做更为详细的讨论.

同理, 利用 $\sin x$ 和 $\cos x$ 在 $x = 0$ 处带 Lagrange 余项的 Taylor 展开, 我们得到对于任意 $x \in (-\infty, +\infty)$, 成立

$$\sin x = x - \frac{x^3}{3!} + \frac{x^5}{5!} + \cdots + (-1)^{n-1} \frac{x^{2n-1}}{(2n-1)!} + \cdots = \sum_{n=0}^{+\infty} (-1)^n \frac{x^{2n+1}}{(2n+1)!},$$

$$\cos x = 1 - \frac{x^2}{2!} + \frac{x^4}{4!} + \cdots + (-1)^n \frac{x^{2n}}{(2n)!} + \cdots = \sum_{n=0}^{+\infty} (-1)^n \frac{x^{2n}}{(2n)!}.$$

而对于对数函数 $\ln(1+x)$ 在 $x=0$ 处带 Lagrange 余项的 Taylor 展开, 我们有

$$\ln(1+x)=x-\frac{1}{2}x^2+\frac{1}{3}x^3+\cdots+\frac{(-1)^{n-1}}{n}x^n+\frac{(-1)^n}{n+1}\cdot\frac{1}{(1+\theta x)^{n+1}}x^{n+1},$$

其中的余项当 $x\in[0,1)$ 时, 满足 $\lim\limits_{n\to+\infty}\frac{(-1)^n}{n+1}\cdot\frac{1}{(1+\theta x)^{n+1}}x^{n+1}=0$. 因此得到 $x\in[0,1)$ 时,

$$\ln(1+x)=\sum_{n=1}^{+\infty}(-1)^{n-1}\frac{x^n}{n}.$$

这些无穷级数为指数函数、对数函数和三角函数的数值计算提供了很好的近似计算的工具, 由于其中的多项式仅含数值的加、减、乘、除这些简单运算, 因而在实际计算中比较容易实现. 特别地, 在计算机中, 这些函数的数值化都是通过上面无穷级数得到的. 同样的方法对于幂函数也适用.

Taylor 展开还可以用来计算某些函数在特殊点的高阶导数.

例 12 设 $R(x)=\dfrac{x^3+2x+1}{x^2+1}$, 求 $R(x)$ 在 $x=0$ 处的 5 阶导数 $R^{(5)}(0)$.

解 显然, 利用求导的法则直接计算函数的高阶导数是比较复杂的, 可以利用我们在本节例 2 中给出的有理函数的 Taylor 展开

$$\frac{x^3+2x+1}{x^2+1}=1+2x-x^2-x^3+x^4+x^5+o(x^5).$$

利用 Taylor 展开的唯一性和展开公式就得到 $R^{(5)}(0)=5!$. 同样的方法容易得到 $R(x)$ 在 $x=0$ 处更高阶的导数.

10. Lagrange 插值多项式

下面来介绍函数另一种形式的多项式逼近 —— Lagrange 插值多项式.

将 Taylor 展开看作是利用函数在一个点的各阶导数做一个多项式, 使得多项式与函数在这一点高阶相切. 类比于此, 现在的问题是能不能利用函数在多个点的导数做一个多项式, 使得其与函数在这些点同时高阶相切. 如果换一个角度, Taylor 展开要求函数高阶可导, 对于不可导的函数, 是否也有类似的展开? 例如, 假定通过试验我们知道了一个函数 $f(x)$ 在 $n+1$ 个点 $x_0,x_1,\cdots,x_n$ 的函数值 $f(x_0),f(x_1),\cdots,f(x_n)$, 问是否存在一个 n 阶多项式 $P(x)$, 使得 $P(x_i)=f(x_i)$ 对于 $i=0,1,\cdots,n$ 都成立? 答案是肯定的.

定理 4.8.1 设 $f(x)$ 是区间 $[a,b]$ 上的函数, $a\leqslant x_0<x_1<\cdots<x_n\leqslant b$ 是 $[a,b]$ 中给定的 $n+1$ 个点, 则存在唯一的一个 n 阶多项式 $P(x)$, 使得对于 $i=0,1,\cdots,n$, 成立 $P(x_i)=f(x_i)$.

证明 利用待定系数法, 设 $P(x)=a_0+a_1x+\cdots+a_nx^n$, 其中 $a_0,a_1,\cdots,a_n$ 都是待定系数. 对 $i=0,1,\cdots,n$, 成立 $P(x_i)=f(x_i)$, 代入得一线性方程组

$$\begin{cases} a_0+a_1x_0+\cdots+a_nx_0^n=f(x_0),\\ a_0+a_1x_1+\cdots+a_nx_1^n=f(x_1),\\ \cdots\cdots\cdots\cdots\\ a_0+a_1x_n+\cdots+a_nx_n^n=f(x_n). \end{cases}$$

利用线性代数中的结论, 方程组的系数行列式称为 Vandermonde 行列式, 满足

$$\begin{vmatrix} 1 & x_0 & \cdots & x_0^n\\ 1 & x_1 & \cdots & x_1^n\\ \vdots & \vdots & & \vdots\\ 1 & x_n & \cdots & x_n^n \end{vmatrix}=\prod_{1\leqslant i<j\leqslant n}(x_i-x_j)\neq 0.$$

线性方程组的解存在且唯一. ■

定理 4.8.1 中给出的多项式 $P(x)$ 称为函数 $f(x)$ 在点 $x_0,x_1,\cdots,x_n$ 的 n 阶 **Lagrange 插值多项式**. 下面我们来给出 $P(x)$ 的具体表达式. 令

$$w(x)=(x-x_0)(x-x_1)\cdots(x-x_n),$$

对 $i=0,1,\cdots,n$, 成立 $\lim\limits_{x\to x_i}\dfrac{w(x)}{x-x_i}=w'(x_i)\neq 0$, 因而 $\lim\limits_{x\to x_i}\dfrac{w(x)}{w'(x_i)(x-x_i)}=1$. 令

$$P(x)=\sum_{i=0}^{n}\frac{w(x)}{w'(x_i)(x-x_i)}f(x_i),$$

则 $P(x)$ 是一 n 阶多项式, 满足 $P(x_i)=f(x_i)$. $P(x)$ 就是定理 4.8.1 里存在且唯一的 n 阶 Lagrange 插值多项式.

如果进一步假定函数 $f(x)$ 高阶可导, 则我们可以将带 Lagrange 余项的 Taylor 展开推广到 Lagrange 插值多项式.

定理 4.8.2 设 $f(x)$ 在 $[a,b]$ 上 n 阶连续可导, 在 (a,b) 上 $n+1$ 阶可导, $a\leqslant x_0<x_1<\cdots<x_n\leqslant b$ 是 $[a,b]$ 中给定的 $n+1$ 个点, 则对于任意 $x\in[a,b]$, 存在 $c\in(a,b)$, 使得

$$f(x)=\sum_{i=0}^{n}\frac{w(x)}{w'(x_i)(x-x_i)}f(x_i)+\frac{f^{(n+1)}(c)}{(n+1)!}w(x),$$

其中 $w(x)=(x-x_0)(x-x_1)\cdots(x-x_n)$.

证明 给定 $x \in [a,b]$, 令

$$F(t) = f(t) - \sum_{i=0}^{n} \frac{w(t)}{w'(x_i)(x-x_i)} f(x_i) - Aw(t).$$

在上式中, 如果 $x \in \{x_0, x_1, \cdots, x_n\}$, 则选取 A, 使得 $F'(x) = 0$; 而如果 $x \notin \{x_0, x_1, \cdots, x_n\}$, 则选取 A, 使得 $F(x) = 0$.

如果 $x \notin \{x_0, x_1, \cdots, x_n\}$, 则 $F(t)$ 在 $[a,b]$ 中至少有 $n+2$ 个不同零点. 利用 Lagrange 中值定理, $F(t)$ 的两个不同零点之间一定存在 $F'(t)$ 的一个零点, 所以 $F'(t)$ 在 $[a,b]$ 中至少有 $n+1$ 个不同零点.

同样的道理, 如果 $x \in \{x_0, x_1, \cdots, x_n\}$, 则 $F(t)$ 至少在 $x_0, x_1, \cdots, x_n$ 上为 0, 因而在这些点之外, $F'(t)$ 在 $[a,b]$ 中有 n 个不同零点. 而由 A 的选取知 $F'(x) = 0$, 所以 $F'(t)$ 在 $[a,b]$ 中同样至少有 $n+1$ 个不同零点.

对 $F'(t)$ 再一次利用 Lagrange 中值定理, $F''(t)$ 在 $[a,b]$ 中至少有 n 个不同零点. 以此类推, 得 $F^{(n+1)}(t)$ 在 $[a,b]$ 上至少有一个零点, 设为 c. 则利用

$$\sum_{i=0}^{n} \frac{w(t)}{w'(x_i)(x-x_i)} f(x_i)$$

是 t 的 n 阶多项式, 而 $w(t)$ 是 t 的首项系数为 1 的 $n+1$ 阶多项式, 直接计算 $n+1$ 次导数, 得 $0 = F^{(n+1)}(c) = f^{(n+1)}(c) - A(n+1)!$, 因此 $A = \frac{f^{(n+1)}(c)}{(n+1)!}$. 代入 $F(x) = 0$, 我们得到

$$f(x) = \sum_{i=0}^{n} \frac{w(x)}{w'(x_i)(x-x_i)} f(x_i) + \frac{f^{(n+1)}(c)}{(n+1)!} w(x).$$ ■

4.9 函数的极值点、凸凹性和函数的拐点

在继续讨论之前, 我们先给出导函数在讨论不等式方面的一个简单应用.

例 1 证明: $x > 0$ 时, $\ln(1+x) < x$.

证明 令 $f(x) = x - \ln(1+x)$, $x = 0$ 时, $f(0) = 0$, 而 $x > 0$ 时,

$$f'(x) = 1 - \frac{1}{1+x} > 0,$$

因而 $f(x)$ 在 $x \geqslant 0$ 时严格单调上升. 特别地, $x > 0$ 时,

$$f(x) > f(0) = 0, \quad 即\ x > \ln(1+x).$$ ■

例 1 是导函数应用的一个简单例子. 而就如我们前面提到的, 数学中分析学的本质就是通过不断求导, 利用各阶导数的性质来得到研究对象的性质, 了解不同对象之间的差异. 我们前面利用一阶导数讨论了函数的单调性. 在此基础上, 现在的问题是怎样用二阶或者更高阶的导数来研究函数, 怎样通过高阶导函数的性质来得到函数自身的性质. 我们从函数的极值点开始.

前面的 Fermat 定理用一阶导函数 $y'(x_0)=0$ 给出了一个点 x_0 为函数极值点的必要条件, 但这不是充分条件. 例如: $y=x^3$ 在 $x=0$ 处满足 $y'(0)=0$, 但 $x=0$ 并不是函数的极值点. 对此, 需要应用函数的高阶导数.

定理 4.9.1 设 $f(x)$ 在点 x_0 二阶可导, $f'(x_0)=0$, $f''(x_0)\neq 0$, 则 $f''(x_0)>0$ 时, x_0 是 $f(x)$ 的极小值点, 而 $f''(x_0)<0$ 时, x_0 是 $f(x)$ 的极大值点.

证明 在 x_0 点做 $f(x)$ 带 Peano 余项的二阶 Taylor 展开

$$f(x)=f(x_0)+f'(x_0)(x-x_0)+\frac{f''(x_0)}{2}(x-x_0)^2+o(x-x_0)^2.$$

由于 $f'(x_0)=0$, 我们得到

$$f(x)-f(x_0)=\left(\frac{f''(x_0)}{2}+o\right)(x-x_0)^2,$$

其中 o 在 $x\to x_0$ 时是无穷小, 因而存在 x_0 的邻域 $(x_0-\varepsilon,x_0+\varepsilon)$, 使得在这个邻域上 $\left(\dfrac{f''(x_0)}{2}+o\right)$ 与 $f''(x_0)$ 同号. 所以, 如果 $f''(x_0)>0$, 则在这个邻域上 $f(x)-f(x_0)>0$, x_0 是 $f(x)$ 的极小值点. 同理, 如果 $f''(x_0)<0$, 则 x_0 是 $f(x)$ 的极大值点. ■

在定理 4.9.1 中如果 $f''(x_0)=0$, 则不能判断 x_0 是否是 $f(x)$ 的极值点. 对此, 就需要继续利用函数的高阶导数.

定理 4.9.2 设 $f(x)$ 在点 x_0 处 n 阶可导, 并且 $f'(x_0)=\cdots=f^{(n-1)}(x_0)=0$, 而 $f^{(n)}(x_0)\neq 0$, 则 n 为奇数时, x_0 不是 $f(x)$ 的极值点, n 为偶数时, 如果 $f^{(n)}(x_0)>0$, 则 x_0 是 $f(x)$ 的极小值点, 如果 $f^{(n)}(x_0)<0$, 则 x_0 是 $f(x)$ 的极大值点.

证明 利用 $f(x)$ 在 x_0 点带 Peano 余项的 n 阶 Taylor 展开

$$f(x)=f(x_0)+\frac{f^{(n)}(x_0)}{n!}(x-x_0)^n+o(x-x_0)^n=f(x_0)+\left(\frac{f^{(n)}(x_0)}{n!}+o\right)(x-x_0)^n.$$

由定理的条件, x 充分接近 x_0 时, $f(x)-f(x_0)$ 与 $\dfrac{f^{(n)}(x_0)}{n!}(x-x_0)^n$ 正、负号相同. 因此, 如果 n 为奇数, 则 $f(x)-f(x_0)$ 在 x_0 左、右侧正、负号相反, x_0 不是 $f(x)$ 的极值点. 如果 n 为偶数, 与定理 4.9.1 同样的讨论就得到相同的结论. ■

在 4.6 节的例 8 中, 我们在 $(-\infty,+\infty)$ 上构造了一个在点 $x=0$ 处所有阶导数都为 0 的 C^∞ 函数

$$f(x)=\begin{cases}\mathrm{e}^{-\frac{1}{x^2}}, & x\neq 0,\\ 0, & x=0.\end{cases}$$

对于这样一个函数, 利用定理 4.9.2 来判断 $x=0$ 是否是函数的极值点显然没有意义. 怎样讨论这样的情况呢? 下面的定理提供了一个可能的解决方案.

定理 4.9.3 设 $f(x)$ 在点 x_0 的邻域上连续, 在 x_0 的空心邻域上可导. 如果在 x_0 充分小的邻域上, $x<x_0$ 时, $f'(x)\geqslant 0$, 而 $x>x_0$ 时, $f'(x)\leqslant 0$, 则 x_0 是 $f(x)$ 的极大值点. 如果在 x_0 充分小的邻域上, $x<x_0$ 时, $f'(x)\leqslant 0$, 而 $x>x_0$ 时, $f'(x)\geqslant 0$, 则 x_0 是 $f(x)$ 的极小值点.

证明 在 $[x,x_0]$ 上应用 Lagrange 中值定理, 得 $f(x)-f(x_0)=f'(c)(x-x_0)$, 其中 $c\in(x,x_0)$. 因此, $x<x_0$ 时, 如果 $f'(x)\geqslant 0$, 则 $f(x)\leqslant f(x_0)$, 而 $x>x_0$ 时, 如果 $f'(x)\leqslant 0$, 则 $f(x)\leqslant f(x_0)$, x_0 是 $f(x)$ 的极大值点. ■

对于 4.6 节例 8 中的函数 $f(x)$, 当 $x\neq 0$ 时, 直接计算得 $f'(x)=2\mathrm{e}^{-\frac{1}{x^2}}\left(\dfrac{1}{x^3}\right)$. 因此 $x<0$ 时, $f'(x)<0$, 而 $x>0$ 时, $f'(x)>0$, $x=0$ 是 $f(x)$ 的极小值点.

下面我们希望利用二阶导函数来研究函数的性质. 我们知道一阶导函数能够判别函数的单调性. 在此基础上, 现在的问题是: 同为单调上升或者下降的函数, 相互之间有什么不同的地方? 例如, 图 4.9 中的三条曲线都是单调上升连续函数的曲线, 但上升方式明显不同, 怎样区别这些不同的方式呢?

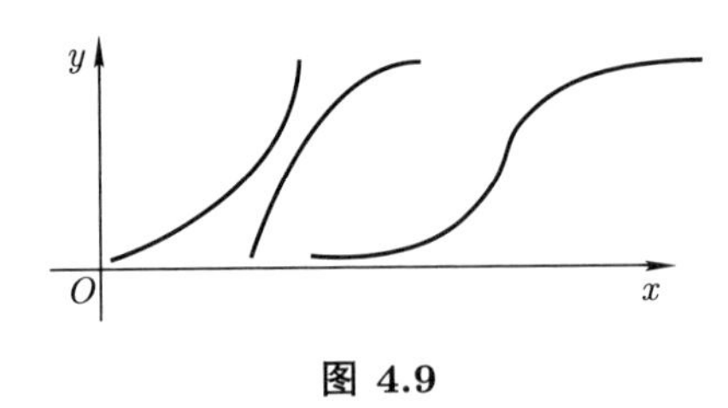

图 4.9

为了使得我们讨论的函数范围更广泛一些, 这里我们先给出下面的定义.

定义 4.9.1 平面上一条曲线称为**凸曲线**, 如果联结曲线上任意两点的直线段都在这两点间曲线段的上方. 区间 (a,b) 上的函数 $y=f(x)$ 称为**凸函数**, 如果由 $f(x)$ 定义的函数曲线是凸曲线.

如果 $y=f(x)$ 是凸函数, 则 $-f(x)$ 称为**凹函数**, 下面以讨论凸函数为主.

设 $f(x)$ 是定义在 (a,b) 上的函数, $(x_1,f(x_1)),(x_2,f(x_2))$ 是 $y=f(x)$ 的函数曲

线上的两点, 则

$$(x_2,f(x_2))+t\big[(x_1,f(x_1))-(x_2,f(x_2))\big],\quad t\in[0,1]$$

是联结点 $(x_1,f(x_1)),(x_2,f(x_2))$ 的直线段. 这一直线段在 $y=f(x)$ 的两联结点 $(x_1,f(x_1)),(x_2,f(x_2))$ 间的曲线段上方等价于对于任意 $t\in[0,1]$, 成立

$$f(x_2+t(x_1-x_2))\leqslant f(x_2)+t(f(x_1)-f(x_2)).$$

将上式中 $x_2+t(x_1-x_2)$ 表示为 $tx_1+(1-t)x_2$, 我们得到下面的定理.

定理 4.9.4 区间 (a,b) 上的函数 $f(x)$ 为凸函数的充要条件是对于任意两点 $x_1,x_2\in(a,b)$ 以及任意 $t\in[0,1]$, 成立

$$f(tx_1+(1-t)x_2)\leqslant tf(x_1)+(1-t)f(x_2).$$

如果对于任意 $x_1,x_2\in(a,b)$ 以及任意 $t\in(0,1)$, 恒成立严格不等式

$$f(tx_1+(1-t)x_2)<tf(x_1)+(1-t)f(x_2),$$

则称 $f(x)$ 为**严格凸函数**.

凸函数有什么性质? 怎样利用导函数来判别一个函数是否是凸函数呢? 对这些问题, 我们先给出下面一个表示凸函数特征的基本定理.

定理 4.9.5 (a,b) 上的函数 $f(x)$ 为凸函数的充要条件是对于任意 $a<x_1<x<x_2<b$, 下面三个不等式中有一个恒成立:

$$\frac{f(x)-f(x_1)}{x-x_1}\leqslant\frac{f(x_2)-f(x)}{x_2-x},\tag{4.1}$$

$$\frac{f(x_2)-f(x_1)}{x_2-x_1}\leqslant\frac{f(x_2)-f(x)}{x_2-x},\tag{4.2}$$

$$\frac{f(x)-f(x_1)}{x-x_1}\leqslant\frac{f(x_2)-f(x_1)}{x_2-x_1}.\tag{4.3}$$

证明 令 $x=tx_1+(1-t)x_2$, 则 $x\in(x_1,x_2)$ 等价于 $t\in(0,1)$. 这时 $t=\dfrac{x_2-x}{x_2-x_1}$, 而不等式

$$f(tx_1+(1-t)x_2)\leqslant tf(x_1)+(1-t)f(x_2)$$

等价于不等式

$$f(x)\leqslant\frac{x_2-x}{x_2-x_1}f(x_1)+\left(1-\frac{x_2-x}{x_2-x_1}\right)f(x_2)=\frac{x_2-x}{x_2-x_1}f(x_1)+\frac{x-x_1}{x_2-x_1}f(x_2).$$

由假设 $x_1 < x_2$, 上面的不等式两边同乘 $x_2 - x_1$, 则得到 $f(x)$ 为凸函数的充要条件是对于任意 $a < x_1 < x_2 < b$ 以及任意 $x \in (x_1, x_2)$, 恒成立

$$(x_2 - x_1)f(x) \leqslant (x_2 - x)f(x_1) + (x - x_1)f(x_2). \tag{4.4}$$

在不等式 (4.4) 两边同加 $-(x_2 - x_1)f(x_1)$, 则不等式 (4.4) 等价于不等式

$$(x_2 - x_1)(f(x) - f(x_1)) \leqslant (x - x_1)(f(x_2) - f(x)),$$

我们得到 $f(x)$ 为凸函数等价于定理中的不等式 (4.3) 恒成立.

在不等式 (4.4) 两边同加 $-(x_2 - x_1)f(x_2)$, 则不等式 (4.4) 等价于不等式

$$(x_2 - x)(f(x_2) - f(x_1)) \leqslant (x_2 - x_1)(f(x_2) - f(x)),$$

我们得到 $f(x)$ 为凸函数等价于定理中的不等式 (4.2) 恒成立.

在不等式 (4.4) 两边同加 $-(x - x_1)f(x) - (x_2 - x)f(x_1)$, 整理后就得不等式 (4.4) 等价于不等式

$$(x_2 - x)(f(x) - f(x_1)) \leqslant (x - x_1)(f(x_2) - f(x)),$$

我们得到 $f(x)$ 为凸函数等价于定理中的不等式 (4.1) 恒成立. ■

将定理 4.9.5 表示为图 4.10 中联结线段斜率的单调性, 对凸函数有下面的定理.

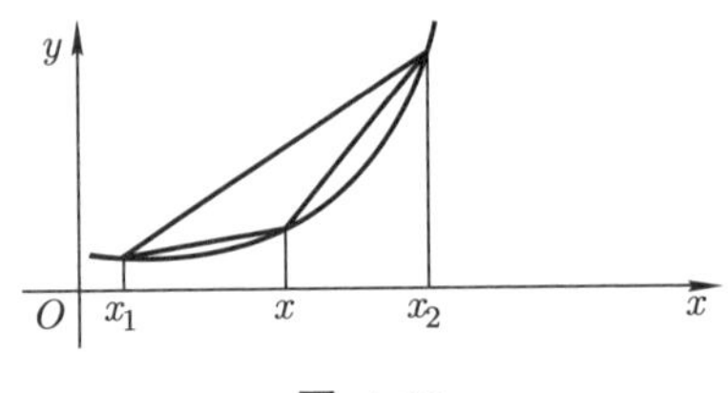

图 4.10

定理 4.9.6 设 $f(x)$ 是区间 (a, b) 上的凸函数, 则 $f(x)$ 在 (a, b) 中的任意点 x_0 都是左、右单侧可导的, 并且单侧导数满足 $f'_-(x_0) \leqslant f'_+(x_0)$.

证明 任取 $a < x_1 < x < x_0 < x_2 < b$, 由定理 4.9.5 中的 (4.1) 式和 (4.2) 式, 得

$$\frac{f(x_1) - f(x_0)}{x_1 - x_0} \leqslant \frac{f(x) - f(x_0)}{x - x_0} \leqslant \frac{f(x_2) - f(x_0)}{x_2 - x_0}.$$

前一个不等式表明 $x < x_0$ 时, $\dfrac{f(x) - f(x_0)}{x - x_0}$ 对 x 单调上升, 而后一个不等式则表明 $\dfrac{f(x_2) - f(x_0)}{x_2 - x_0}$ 是集合 $\left\{\dfrac{f(x) - f(x_0)}{x - x_0}\middle| x < x_0\right\}$ 的上界. 利用单调有界收敛定理,

$\lim\limits_{x\to x_0^-}\dfrac{f(x)-f(x_0)}{x-x_0}=f'_-(x_0)$ 收敛, $f(x)$ 在 x_0 左可导. 同理 $f(x)$ 在 x_0 右可导. 而不等式 $f'_-(x_0)\leqslant f'_+(x_0)$ 可由上面的推导过程直接得到. ■

令 $f(x)=|x|$, $f(x)$ 是凸函数, 但在 $x=0$ 处左、右导数并不相等, 因而在 $x=0$ 处不可导. 尽管如此, 由于可导强于连续, 对凸函数成立下面的定理.

定理 4.9.7　如果 $f(x)$ 是区间 (a,b) 上的凸函数, 则 $f(x)$ 在 (a,b) 上连续.

现在对函数加上可导的条件, 希望利用导函数来刻画函数的凸凹性.

定理 4.9.8　如果函数 $f(x)$ 在区间 (a,b) 上可导, 则 $f(x)$ 为区间 (a,b) 上的凸函数的充要条件是 $f'(x)$ 为区间 (a,b) 上单调上升的函数.

证明　先设导函数 $f'(x)$ 是区间 (a,b) 上单调上升的函数. 任取 $a<x_1<x<x_2<b$, 利用 Lagrange 中值定理知, 存在 $c_1\in(x_1,x), c_2\in(x,x_2)$, 使得

$$\frac{f(x)-f(x_1)}{x-x_1}=f'(c_1)\leqslant f'(c_2)=\frac{f(x_2)-f(x)}{x_2-x}.$$

因而定理 4.9.4 中的不等式 (4.1) 恒成立, $f(x)$ 为区间 (a,b) 上的凸函数.

反之, 设 $f(x)$ 为区间 (a,b) 上的凸函数, 任取 $a<x<x_1<x_2<b$, 利用定理 4.9.4 中的不等式 (4.1) 以及定理 4.9.6 中关于单侧导数存在的证明, 我们得到

$$\frac{f(x)-f(x_1)}{x-x_1}\leqslant f'_-(x_1)=f'(x_1)\leqslant\frac{f(x_2)-f(x_1)}{x_2-x_1}\leqslant f'(x_2).$$

因此, $f'(x)$ 在区间 (a,b) 上单调上升. ■

如果进一步假设函数二阶可导, 则利用二阶导函数, 我们得到下面的定理.

定理 4.9.9　如果函数 $f(x)$ 在区间 (a,b) 上二阶可导, 则 $f(x)$ 为区间 (a,b) 上的凸函数的充要条件是 $f''(x)\geqslant 0$ 在 (a,b) 上处处成立.

如果用 $-f(x)$ 代替 $f(x)$, 凹函数转换为凸函数, 我们得到下面的定理.

定理 4.9.10　如果函数 $f(x)$ 在区间 (a,b) 上可导, 则 $f(x)$ 为区间 (a,b) 上的凹函数的充要条件是 $f'(x)$ 为区间 (a,b) 上单调下降的函数.

定理 4.9.11　如果函数 $f(x)$ 在区间 (a,b) 上二阶可导, 则 $f(x)$ 为区间 (a,b) 上的凹函数的充要条件是 $f''(x)\leqslant 0$ 在 (a,b) 上处处成立.

通过上面的讨论我们看到, 一阶导函数的正负性能够判断函数的单调性, 而二阶导函数的正负性则可以判断函数的凸凹性. 同是单调上升的函数, 可以以凸函数的形式单调上升, 也可以以凹函数的形式单调上升. 当然也可以先以凸函数, 然后以凹函数的形式单调上升 (参考图 4.9). 对此, 有下面的定义.

定义 4.9.2 设 $f(x)$ 是 (a,b) 上的函数, 如果 $f(x)$ 在点 $x_0 \in (a,b)$ 两侧的凸凹性相反, 则 x_0 称为 $f(x)$ 的**拐点**.

例如, 在图 4.9 中, 最右边的曲线上有一个拐点.

例 2 令 $f(x) = x^3$, 则 $x < 0$ 时, $f(x)$ 是凹函数, 而 $x > 0$ 时, $f(x)$ 是凸函数, 因而 $x = 0$ 是 $f(x)$ 的拐点.

凸表示函数的导函数单调上升, 即函数的增长速度不断加快, x 轴正向与函数曲线切线之间的夹角越来越大, 曲线越来越陡. 而凹表示函数的导函数单调下降, 即函数的增长速度不断减慢, x 轴正向与函数曲线切线之间的夹角越来越小, 曲线越来越平. 拐点则是函数由增长速度越来越快变为越来越慢, 或者函数由增长速度越来越慢变为越来越快的分界点, 所以拐点是一阶导函数由上升变为下降, 或者由下降变为上升的分界点, 或者说拐点是一阶导函数的极值点.

定理 4.9.12 设函数 $f(x)$ 在区间 (a,b) 上可导, 如果 $x_0 \in (a,b)$ 为 $f(x)$ 的拐点, 则 x_0 是 $f'(x)$ 的极值点.

例 3 设 $f(x)$ 在点 $x_0 \in (a,b)$ 处 k 阶可导, 如果 $k > 1$, 而

$$f'(x_0) = \cdots = f^{(k-1)}(x_0) = 0, \quad f^{(k)}(x_0) \neq 0,$$

则当 k 为偶数时, x_0 是 $f(x)$ 的极值点, 当 k 为奇数时, x_0 是 $f(x)$ 的拐点.

证明留给读者.

函数的凸凹性可以用来证明一些不等式. 为此, 我们先给出下面的定理.

定理 4.9.13 (Jensen 不等式) 设函数 $f(x)$ 是区间 (a,b) 上的凸函数, 则对于 (a,b) 中任意 n 个点 $x_1, x_2, \cdots, x_n$, 以及任意 n 个满足 $t_1 + t_2 + \cdots + t_n = 1$ 的正实数 $t_1, t_2, \cdots, t_n$, 成立不等式

$$f(t_1x_1 + t_2x_2 + \cdots + t_nx_n) \leqslant t_1f(x_1) + t_2f(x_2) + \cdots + t_nf(x_n).$$

证明 对 n 用归纳法. $n = 2$ 时不等式就是反映凸函数特征的定理 4.9.4. 设 $n-1$ 时不等式成立, 则

$$\begin{aligned}
&f(t_1x_1 + t_2x_2 + \cdots + t_nx_n) \\
=\ &f\left(\frac{t_1x_1 + t_2x_2 + \cdots + t_{n-1}x_{n-1}}{1-t_n}(1-t_n) + t_nx_n\right) \\
\leqslant\ &(1-t_n)f\left(\frac{t_1x_1 + t_2x_2 + \cdots + t_{n-1}x_{n-1}}{1-t_n}\right) + t_nf(x_n).
\end{aligned}$$

由于 $\dfrac{t_1+t_2+\cdots+t_{n-1}}{1-t_n}=1$, 利用归纳假设, 得

$$\begin{aligned}&(1-t_n)f\left(\frac{t_1x_1+t_2x_2+\cdots+t_{n-1}x_{n-1}}{1-t_n}\right)+t_nf(x_n)\\ \leqslant\ &(1-t_n)\frac{t_1f(x_1)+t_2f(x_2)+\cdots+t_{n-1}f(x_{n-1})}{1-t_n}+t_nf(x_n)\\ =\ &t_1f(x_1)+t_2f(x_2)+\cdots+t_nf(x_n).\end{aligned}$$

■

例 4　设 $x_i>0, i=1,2,\cdots,n$ 是任意给定的 n 个正数, 证明:

$$\frac{n}{\dfrac{1}{x_1}+\dfrac{1}{x_2}+\cdots+\dfrac{1}{x_n}}\leqslant\sqrt[n]{x_1x_2\cdots x_n}\leqslant\frac{x_1+x_2+\cdots+x_n}{n}.$$

证明　令 $f(x)=\ln x$, 则 $f''(x)=-\dfrac{1}{x^2}<0$, 因而 $f(x)$ 是凹函数, 得

$$\ln\left(\frac{x_1+x_2+\cdots+x_n}{n}\right)\geqslant\frac{\ln x_1+\ln x_2+\cdots+\ln x_n}{n}=\ln\sqrt[n]{x_1x_2\cdots x_n}.$$

但 $\ln x$ 是单调上升的函数, 因而得

$$\sqrt[n]{x_1x_2\cdots x_n}\leqslant\frac{x_1+x_2+\cdots+x_n}{n}.$$

对于不等式的另一部分, 令 $f(x)=-\ln x$, 则 $f(x)$ 是凸函数, 利用定理 4.9.13, 得

$$-\ln\left(\frac{\dfrac{1}{x_1}+\dfrac{1}{x_2}+\cdots+\dfrac{1}{x_n}}{n}\right)\leqslant\frac{1}{n}\left(-\ln\frac{1}{x_1}-\ln\frac{1}{x_2}-\cdots-\ln\frac{1}{x_n}\right)=\ln\sqrt[n]{x_1x_2\cdots x_n}.$$

从而

$$\frac{n}{\dfrac{1}{x_1}+\dfrac{1}{x_2}+\cdots+\dfrac{1}{x_n}}\leqslant\sqrt[n]{x_1x_2\cdots x_n}.$$

■

例 4 中不等式里的三个关系式从左到右分别称为 $x_1,x_2,\cdots,x_n$ 的调和平均数、几何平均数和算术平均数. 不等式表示对于任意 n 个正数, 成立

$$\text{调和平均}\leqslant\text{几何平均}\leqslant\text{算术平均}.$$

例 5　设正数 p,q 满足 $1<p,q<+\infty,\dfrac{1}{p}+\dfrac{1}{q}=1$. $a_i>0,b_i>0,i=1,2,\cdots,n$ 是任意给定的 $2n$ 个正数, 证明下面的 Hölder 不等式:

$$\sum_{i=1}^{n}a_ib_i\leqslant\left(\sum_{i=1}^{n}a_i^p\right)^{\frac{1}{p}}\left(\sum_{i=1}^{n}b_i^q\right)^{\frac{1}{q}}.$$

证明 令 $f(x)=x^{\frac{1}{q}}, x>0$, 则

$$f''(x)=\frac{1}{q}\left(\frac{1}{q}-1\right)x^{\frac{1}{q}-2}<0,$$

$f(x)$ 是凹函数. 令 $t_i=\dfrac{a_i^p}{\sum\limits_{i=1}^n a_i^p}, x_i=\dfrac{b_i^q}{a_i^p}$, 则由

$$\left(\sum_{i=1}^n \frac{a_i^p}{\sum\limits_{i=1}^n a_i^p}\cdot\frac{b_i^q}{a_i^p}\right)^{\frac{1}{q}} \geqslant \sum_{i=1}^n \frac{a_i^p}{\sum\limits_{i=1}^n a_i^p}\left(\frac{b_i^q}{a_i^p}\right)^{\frac{1}{q}}=\frac{\sum\limits_{i=1}^n a_i b_i}{\sum\limits_{i=1}^n a_i^p}$$

得

$$\frac{\sum\limits_{i=1}^n a_i b_i}{\sum\limits_{i=1}^n a_i^p} \leqslant \frac{\left(\sum\limits_{i=1}^n b_i^q\right)^{\frac{1}{q}}}{\left(\sum\limits_{i=1}^n a_i^p\right)^{\frac{1}{q}}}.$$

因而

$$\sum_{i=1}^n a_i b_i \leqslant \left(\sum_{i=1}^n a_i^p\right)^{\frac{1}{p}}\left(\sum_{i=1}^n b_i^q\right)^{\frac{1}{q}}.$$ ■

4.10 函数作图

下面我们将通过函数作图对利用导数来研究函数的各种方法做一些总结.

函数作图的目的是希望通过函数曲线的图像来反映函数的各种性质和特征, 如函数的极值点、拐点、与坐标轴的交点、函数的单调性、凸凹性、奇偶性、周期性、函数的渐近线等. 如果一个函数图像完整地反映了上面这些性质, 这个图像就达到了作图的目的.

函数作图一般按照下面步骤进行:

(1) 给出函数 $f(x)$ 的定义域, 说明 $f(x)$ 的奇偶性、周期性.

(2) 求出 $f(x)$ 的一阶导函数 $f'(x)$ 的零点, 这些点是函数可能的极值点.

(3) 利用导函数的介值定理, 在 $f'(x)$ 的零点之间, $f'(x)$ 的正、负符号不变, 因而函数的单调性是明确的. 给出 $f'(x)$ 在其零点分割出来的区间上的正负性. 通过

$f'(x)$ 的正负性得到函数的单调性, 并且确定 $f'(x)$ 的零点是否是 $f(x)$ 的极值点, 以及是什么极值点, 求出 $f(x)$ 在这些极值点处的函数值.

(4) 求出二阶导函数 $f''(x)$ 的零点, 这些零点是 $f(x)$ 可能的拐点. 明确二阶导函数在其零点隔离出来的区间上的正负性, 利用 $f''(x)$ 的正负性确定函数在这些区间上的凸凹性, 以及二阶导函数的零点是否是拐点.

(5) 求出函数的渐近线. 按照函数极限的讨论, 我们知道, 如果 $\lim\limits_{x\to\infty} f(x)=A$, 则 $y=A$ 是函数的水平渐近线; 如果 $\lim\limits_{x\to x_0} f(x)=\infty$, 则 $x=x_0$ 是函数的垂直渐近线; 如果 $\lim\limits_{x\to\infty}\dfrac{f(x)}{x}=A$, 同时 $\lim\limits_{x\to\infty} f(x)-Ax=B$, 则 $y=Ax+B$ 是函数的斜渐近线. 另外, 需明确 x 和 y 趋于渐近线的方式, 例如, $\lim\limits_{x\to x_0^+} f(x)=-\infty$ 表示 $x=x_0$ 是 $x\to x_0^+, y\to-\infty$ 时函数 $f(x)$ 的垂直渐近线.

(6) 将上面的结论列表, 在表格中我们通常用 $\nearrow$ 表示以凸函数形式单调上升; 以 $\nwarrow$ 表示以凹函数形式单调上升; 以 $\searrow$ 表示以凸函数形式单调下降; 以 $\swarrow$ 表示以凹函数形式单调下降. 同时, 在表格的说明栏里标清楚极值点和拐点.

(7) 在平面坐标上先标出函数的渐近线、函数的极值点和拐点, 以及函数的其他一些特殊点, 例如, 与坐标轴的交点. 按照函数的单调性、凸凹性以及自变量和因变量趋于渐近线的方式用曲线联结这些点, 从而得到函数图像.

例 1 作函数 $y=x+\dfrac{1}{x}$ 的图像.

解 按照作图步骤分步进行.

(1) 函数定义在 $(-\infty,+\infty)-\{0\}$ 上, 是奇函数, 因而可以先在 $(0,+\infty)$ 上作图, 然后利用对称性得到 $(-\infty,0)$ 上的函数曲线.

(2) $y'=1-\dfrac{1}{x^2}$, 因而由 $y'(x)=0$, 解得 $x=1$.

(3) $x\in(0,1)$ 时, $y'<0$, 而 $x\in(1,+\infty)$ 时, $y'>0$. 因此 $x=1$ 是函数的极小值点, 这时 $y(1)=2$.

(4) $y''=\dfrac{2}{x^3}>0$, 函数在 $(0,+\infty)$ 上为凸函数.

(5) $\lim\limits_{x\to0^+}\left(x+\dfrac{1}{x}\right)=+\infty$, 因而 $x=0$ 是 $x\to0^+, y\to+\infty$ 时函数的垂直渐近线. 而 $\lim\limits_{x\to+\infty}\dfrac{f(x)}{x}=1$, 同时 $\lim\limits_{x\to+\infty} f(x)-x=0$, 我们得到 $y=x$ 是 $x\to+\infty, y\to+\infty$ 时函数的斜渐近线.

(6) 列表. 在平面坐标上标明函数的极值点、拐点, 标出函数的渐近线, 按照函数的单调性、凸凹性作图. 由于函数是奇函数, 因此图像与原点对称, 按照对称关

系得到函数在 $(-\infty,0)$ 上的图像. 见图 4.11.

x	$(0,1)$	1	$(1,+\infty)$
y'	$-$	0	$+$
y''	$+$		$+$
y	$\searrow$	2	$\nearrow$
说明		极小值点	

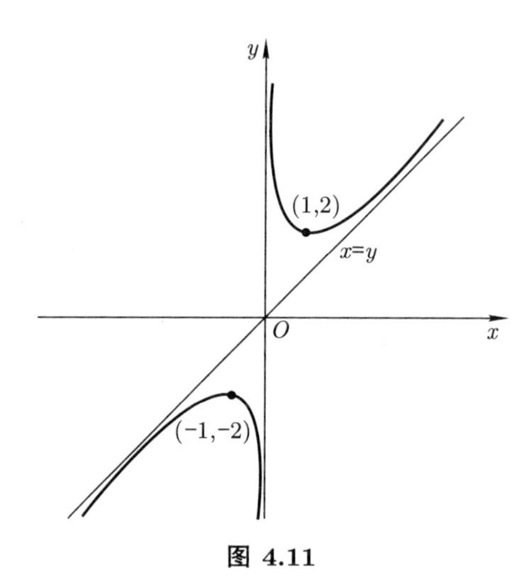

图 4.11

例 2 作函数 $y=\dfrac{x^3}{x^2-1}$ 的图像.

解 按照作图步骤分步进行.

(1) 函数定义在 $(-\infty,+\infty)-\{\pm1\}$ 上, 是奇函数, 因而可以先在 $(0,+\infty)-\{1\}$ 上作图, 然后利用对称性得到 $(-\infty,0)-\{-1\}$ 上的函数曲线.

(2) 为计算方便, 我们先将函数表示为 $y=x+\dfrac{1}{2(x-1)}+\dfrac{1}{2(x+1)}$, 得

$$y'=1-\frac{1}{2(x-1)^2}-\frac{1}{2(x+1)^2}=\frac{x^2(x^2-3)}{(x^2-1)^2},$$

因而由 $y'(x)=0$, 解得 $x=0,x=\sqrt{3}$.

(3) $x\in(0,1)$ 时, $y'<0$; $x\in(1,\sqrt{3})$ 时, $y'<0$; $x\in(\sqrt{3},+\infty)$ 时, $y'>0$. 因此 $x=\sqrt{3}$ 是函数的极小值点, 这时 $y(\sqrt{3})=\dfrac{3\sqrt{3}}{2}$.

(4) $y''=\dfrac{1}{(x+1)^3}+\dfrac{1}{(x-1)^3}=\dfrac{(x+1)^3+(x-1)^3}{(x^2-1)^3}$, $y''=0$, 解得 $x=0$. $x\in(0,1)$ 时, $y''<0$, 而 $x\in(-1,0)$ 时, $y''>0$. 因此 $x=0$ 是函数的拐点, 函数在 $(0,1)$ 上为凹函数, 在 $(1,+\infty)$ 上为凸函数.

(5) $\lim\limits_{x\to1^+}\left(\dfrac{x^3}{x^2-1}\right)=+\infty$, 因而 $x=1$ 是 $x\to1^+,y\to+\infty$ 时函数的垂直渐近线. 而另一方面, $\lim\limits_{x\to1^-}\left(\dfrac{x^3}{x^2-1}\right)=-\infty$, 因而 $x=1$ 是 $x\to1^-,y\to-\infty$ 时函数的垂直渐近线. $\lim\limits_{x\to+\infty}\dfrac{f(x)}{x}=1$, 同时 $\lim\limits_{x\to+\infty}f(x)-x=0$, 因而 $y=x$ 是 $x\to+\infty,y\to+\infty$ 时函数的斜渐近线.

(6) 列表. 在平面坐标上标明极值点、渐近线, 作图. 由于函数是奇函数, 因此图像与原点对称, 按照对称关系得到函数在 $(-\infty,0)$ 上的图像. 见图 4.12.

x	0	(0,1)	1	$(1,\sqrt{3})$	$\sqrt{3}$	$(\sqrt{3},+\infty)$
y'	0	−		+	0	+
y''	0	−		+	+	+
y	0	↘		↗	$\dfrac{3\sqrt{3}}{2}$	↗
说明	拐点				极小值点	

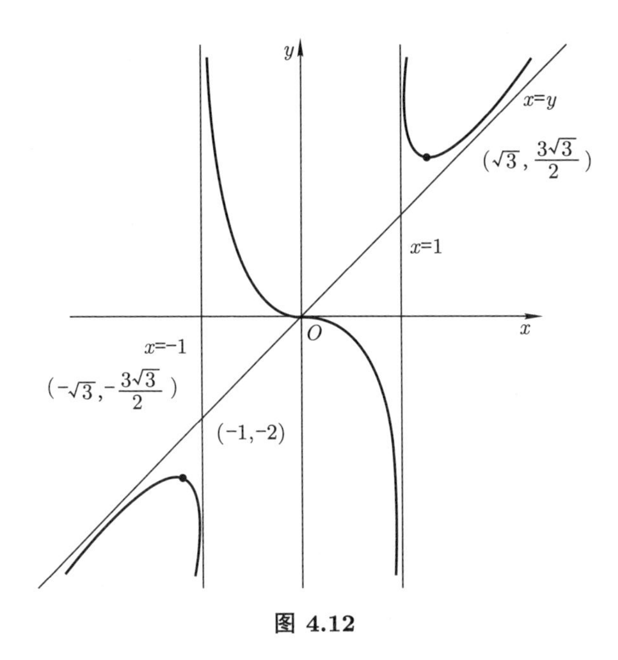

图 4.12

习　题

1. 问 $x \to 0$ 时, 下列关系是否成立:

(1) $o(x^2) = o(x)$; (2) $O(x^2) = o(x)$; (3) $x \cdot o(x^2) = o(x^3)$;

(4) $\dfrac{o(x^2)}{x} = o(x)$; (5) $\dfrac{o(x^2)}{o(x)} = o(x)$; (6) $o(x) = O(x)$.

2. 设 $x \to +\infty$ 时, 函数 $f_1(x)$ 与 $g_1(x)$ 为等价无穷小, $f_2(x)$ 与 $g_2(x)$ 为等价无穷大, $\lim\limits_{x\to+\infty} f_1(x)f_2(x)$ 存在, 证明: $\lim\limits_{x\to+\infty} f_1(x)f_2(x) = \lim\limits_{x\to+\infty} g_1(x)g_2(x)$.

3. 以肯定的语气表述函数单侧不可导.

4. 设 $D(x)$ 和 $R(x)$ 分别是 Dirichlet 函数和 Riemann 函数, 讨论函数 $xD(x)$ 和 $xR(x)$ 以及 $x^2D(x)$ 和 $x^2R(x)$ 在 $x=0$ 处的可导性.

5. 设 $f(0)=0$, $f(x)$ 在 $x=0$ 可导, 求 $\lim\limits_{n\to+\infty}\left[f\left(\dfrac{1}{n^2}\right)+f\left(\dfrac{2}{n^2}\right)+\cdots+f\left(\dfrac{n}{n^2}\right)\right]$.

6. 求下列函数的导数:

(1) $y=\dfrac{1+x^2}{1-x^2}$; (2) $y=\dfrac{2-x}{(1+x)(1-x)}$; (3) $y=\dfrac{1}{\sqrt[3]{1+x^2}}+\sqrt[3]{1+x^2}$.

7. 求下列函数的导数:

(1) $y=\sqrt{x}\sin^2 x$; (2) $y=\sec x$; (3) $y=\cot x$; (4) $y=\dfrac{\sin x}{x}$.

8. 利用等比级数求和公式计算:

(1) $S_n = 1+2x+3x^2+\cdots+nx^{n-1}$;

(2) $S_n = 1+2^2x+3^2x^2+\cdots+n^2x^{n-1}$.

9. 求下列函数的导数:

(1) $y=\ln\tan x^2$; (2) $y=\mathrm{e}^{\sin x^3}$; (3) $y=\ln^3\cos^3\mathrm{e}^x$; (4) $y=\cos(\cos\sqrt{x})$.

10. 求下列级数的和:

(1) $S_n=\sum\limits_{k=1}^{n}k\sin kx$; (2) $S_n=\sum\limits_{k=1}^{n}k\cos kx$.

11. 求下列函数的导数:

(1) $y=x^x$; (2) $y=\mathrm{e}^{\arctan x^2}$; (3) $y=x^{x^x}$; (4) $y=x^{\sin x}$.

12. 设 $x=a\cos^3 t, y=a\sin^3 t$.

(1) 计算 $y'(x)$. (2) 证明: 曲线的切线被坐标轴所截线段的长度是一常数.

13. 设 $f(x)$ 和 $g(x)$ 在 x_0 都 n 阶可微, 给出 $\mathrm{d}^n(f(x)g(x))$ 的计算公式.

14. 利用公式 $f(x)-f(x_0)=\mathrm{d}f(x_0)+o(x-x_0)$ 来说明为什么一阶微分有形式不变性? 高阶微分在什么条件下有形式不变性?

15. 设 $f(x)$ 在 $[a,b]$ 上 $n>1$ 阶可导, 在 $x_0\in(a,b)$ 处满足 $f'(x_0)\neq 0$. 证明: $f(x)$ 在 x_0 充分小的邻域上有 n 阶可导的反函数. 并给出 $f(x)$ 的反函数二阶求导公式.

16. 设 $f(x)$ 在 $x=0$ 处可导, 并且 $\lim\limits_{x\to x_0}\dfrac{f(2x)-f(x)}{x}=m$. 证明: $f'(0)=m$.

17. 利用 $f(x)=x^m(1-x)^n$, 其中 m,n 为自然数, $x\in[0,1]$, 证明: 存在 $c\in(0,1)$, 使得 $\dfrac{m}{n}=\dfrac{c}{1-c}$.

18. 设 $f(x)$ 在 $[a,b]$ 上连续, 且有 $n+1$ 个零点, 证明: $f^{(n)}(x)$ 在 (a,b) 中至少有一个零点. 再证明: 如果一个 n 次多项式有 $n+1$ 个零点, 则其恒为 0.

19. 利用 Lagrange 中值定理证明: 导函数没有可去间断点.

20. 设函数 $f(x)$ 在 $[a,+\infty)$ 上可导, 并且 $\lim\limits_{x\to+\infty}f'(x)=+\infty$. 证明: $f(x)$ 在 $[a,+\infty)$ 上不一致连续.

21. 问下面的推导过程是否正确, 为什么? 设 $f(x)$ 在 $[a,b]$ 上可导, $x_0\in(a,b)$, $\forall x,\exists c\in(x,x_0)$, s.t.

$$\frac{f(x)-f(x_0)}{x-x_0}=f'(c).$$

令 $x\to x_0$, 则 $c\to x_0$, 上面等式左边趋于 $f'(x_0)$, 因而 $f'(c)\to f'(x_0)$, $f'(x)$ 在 x_0 连续.

22. 设 $f(x)$ 在 $[a,b]$ 上连续, 在 (a,b) 上可导, 证明: 存在 $c\in(a,b)$, 使得

$$2c(f(b)-f(a))=(b^2-a^2)f'(c).$$

23. 设 $f(x)$ 和 $g(x)$ 在 $(-\infty,+\infty)$ 上可导, $x\to\pm\infty$ 时 $f(x)$ 和 $g(x)$ 都收敛, 且 $g'(x)$ 处处不为 0. 证明: 存在 $c\in(-\infty,+\infty)$, 使得

$$\frac{f(+\infty)-f(-\infty)}{g(+\infty)-g(-\infty)}=\frac{f'(c)}{g'(c)}.$$

24. 设 $f(x)$ 在 $(0,b]$ 上可导, 且 $\sqrt{x}f'(x)$ 有界, 证明: $f(x)$ 在 $(0,b]$ 上一致连续.

25. 求下列极限:

(1) $\lim\limits_{x\to0}\dfrac{x-\ln(1+x)}{x^2}$; (2) $\lim\limits_{x\to0}\left(\dfrac{1}{\sin x}-\dfrac{1}{x}\right)$; (3) $\lim\limits_{x\to0}\dfrac{(1+x)^{\frac{1}{x}}-\mathrm{e}}{x}$.

26. 求下列极限:

(1) $\lim\limits_{x\to0}(\cos\pi x)^{\frac{1}{x^2}}$; (2) $\lim\limits_{x\to0}\left(\dfrac{\ln(1+x)}{x}\right)^{\frac{1}{x}}$; (3) $\lim\limits_{x\to0^+}\left(\dfrac{1+x^a}{1+x^b}\right)^{\frac{1}{\ln x}}$.

27. 由 Lagrange 中值定理, 存在 $\theta\in(0,1)$, 使得 $\ln(1+x)=x\dfrac{1}{1+\theta x}$. 证明: $x\to0$ 时, $\theta=\dfrac{1}{2}$.

28. 由 Lagrange 中值定理, 存在 $\theta\in(0,1)$, 使得 $\mathrm{e}^x-1=x\mathrm{e}^{\theta x}$. 证明: $x\to0$ 时, $\theta=\dfrac{1}{2}$.

29. 表述并证明单侧极限的 L'Hospital 法则.

30. 证明: 在 L'Hospital 法则中, 如果 $\lim\limits_{x\to x_0}\dfrac{f'(x)}{g'(x)}=\infty$, 则 $\lim\limits_{x\to x_0}\dfrac{f(x)}{g(x)}=\infty$.

31. 为什么 L'Hospital 法则的逆不成立?

32. 表述并证明定理 4.4.4.

33. 与定理 4.5.2 条件相同, 假设其中的 $A=\infty$, 证明该定理仍然成立.

34. 令

$$g(x)=\begin{cases}\mathrm{e}^{-\frac{1}{x}}, & x>0,\\ 0, & x\leqslant 0.\end{cases}$$

证明: $g(x)$ 任意阶可导, 并且 $0=g(0)=g'(0)=\cdots=g^{(n)}(0)=\cdots$.

35. 求下列函数在 $x=0$ 处的 Taylor 展开:

(1) $f(x)=\dfrac{1}{(1+x)^2}$;　　(2) $f(x)=\sin^3 x$;

(3) $f(x)=\sin 2x\cos 5x$;　　(4) $f(x)=\dfrac{x^2+2x+1}{x-1}$.

36. 确定常数 a,b, 使得 $x\to 0$ 时, $(a+b\cos x)\sin x-x=o(x^5)$.

37. 设 $f(x)$ 在 x_0 邻域上二阶可导, $f''(x_0)\neq 0$, 而 $f(x_0+h)-f(x_0)=f'(x_0+\theta h)h$. 证明: $x\to x_0$ 时, $\theta=\dfrac{1}{2}$.

38. 设 $f(x)$ 在 $[a,b]$ 上二阶可导, $f'(a)=f'(b)=0$. 证明: 存在 $c\in(a,b)$, 使得

$$|f''(c)|\geqslant\frac{2}{(b-a)^2}|f(b)-f(a)|.$$

39. 设 $f(x)$ 在 $(-\infty,+\infty)$ 上二阶可导, 且 $\forall x$, $|f(x)|\leqslant M_0, |f''(x)|\leqslant M_2$.

(1) 给出 $f(x+h)$ 和 $f(x-h)$ 的 Taylor 展开.

(2) 证明: 对于任意 $h>0$, 成立 $|f'(x)|\leqslant\dfrac{M_0}{h}+\dfrac{h}{2}M_2$.

(3) 求 $\dfrac{M_0}{h}+\dfrac{h}{2}M_2$ 对于 $h\in(0,+\infty)$ 的最小值.

(4) 证明: $|f'(x)|\leqslant\sqrt{2M_0M_2}$.

40. 利用二阶 Taylor 展开对 $\sqrt[3]{27.1}$ 做近似计算.

41. 设 $x=x(x), y=y(t)$ 都是三阶连续可导的函数, 并且 $x'(t)$ 处处不为 0, 证明: y 是 x 三阶连续可导的函数. 给出 $y_x^{(3)}$ 的计算公式.

42. 试举一个例子, 使得其带 Lagrange 余项的二阶 Taylor 展开的定理中, θ 不是唯一的.

43. 设 $f(x)$ 是奇函数, 证明: $f(x)$ 在 $x=0$ 处的 Taylor 展开中仅含 x 的奇次项.

44. 求 $\arctan\ln(1+x)$ 在 $x=0$ 处带 Peano 余项的 5 阶 Taylor 展开.

45. 试利用求导的方法求函数 $\ln(1+x)$ 在 $x=0$ 处的 Taylor 展开.

46. 试利用求导的方法以及幂函数的 Taylor 展开, 求函数 $\arcsin x$ 在 $x=0$ 处的 Taylor 展开.

47. 验证 Euler 公式 $\mathrm{e}^{\mathrm{i}\theta}=\cos\theta+\mathrm{i}\sin\theta$.

48. 利用函数单调性的判别方法证明下列的不等式:

(1) $\sin x>\dfrac{2}{\pi}x, 0<x<\dfrac{\pi}{2}$;　　(2) $\cos x>1-\dfrac{x^2}{2}, x\neq 0$.

49. 证明: 不存在三次或者三次以上的奇次多项式为凸函数.

50. 给出 4 次多项式为凸函数的条件.

51. 设 $f(x)$ 和 $g(x)$ 都是凸函数, 证明: $\max\{f(x),g(x)\}$ 也是凸函数.

52. 如果 $f(x)$ 是凸函数, 证明: $f'_-(x)$ 和 $f'_+(x)$ 是单调上升的函数.

53. 设 $f(x)$ 在区间 (a,b) 上可导, 证明: $f(x)$ 是区间 (a,b) 上的严格凸函数的充要条件是 $f'(x)$ 是区间 (a,b) 上严格单调上升的函数.

54. 设 $f(x)$ 在点 $x_0 \in (a,b)$ 处 k 阶可导, 如果 $k>1$, 而 $f'(x_0)=\cdots=f^{(k-1)}(x_0)=0, f^{(k)}(x_0)\neq 0$, 证明: k 为偶数时, x_0 是 $f(x)$ 的极值点, 而 k 为奇数时, x_0 是 $f(x)$ 的拐点.

55. (1) 设 $f(x)$ 在区间 (a,b) 上可导, 在点 $x_0 \in (a,b)$ 处, $f'(x)$ 不连续, 证明: $f(x)$ 在 x_0 的任意邻域上既不是凸函数, 也不是凹函数, 且 x_0 也不是 $f(x)$ 的拐点.

(2) 如果进一步假定 $f(x)$ 在 x_0 的空心邻域上 n 阶可导, 其中 $n>1$, 证明: $f^{(n)}(x)$ 有无穷多个零点.

56. 作下面函数的图像:

(1) $f(x)=\dfrac{(x-1)^3}{(x+1)^3}$; (2) $f(x)=\dfrac{x^3}{2(x-1)^2}$; (3) $f(x)=(1+x^2)\mathrm{e}^{-x^2}$;

(4) $f(x)=\mathrm{e}^{-x^2}$; (5) $f(x)=\sin^3 x+\cos^3 x$; (6) $f(x)=\dfrac{\ln x}{x}$.

57. 令

$$g(x)=\begin{cases}\mathrm{e}^{-\frac{1}{x}}, & x>0,\\ 0, & x\leqslant 0,\end{cases}\qquad h(x)=\frac{g(4-x^2)}{g(4-x^2)+g(x^2-1)}.$$

证明: $h(x)$ 是 C^∞ 函数, 在 $[-1,1]$ 上恒为 1, 而当 $|x|>2$ 时, $h(x)$ 恒为 0. 作函数 $h(x)$ 的图像.

58. 设 $f(x)$ 和 $g(x)$ 都在区间 $[a,b]$ 上 $n+1$ 阶可导, 且存在 $[a,b]$ 中的 $n+1$ 个点 $x_0,x_1,\cdots,x_n$, 使得 $f(x_i)=g(x_i), i=0,1,\cdots,n$. 证明: 对于任意 $x\in[a,b]$, 存在 $c\in[a,b]$, 满足

$$f(x)=g(x)+\frac{f^{(n+1)}(c)-g^{(n+1)}(c)}{(n+1)!}(x-x_0)(x-x_1)\cdots(x-x_n).$$

59. 试说明 Lagrange 微分中值定理的表述是否需要实数理论? 这一定理与实数的确界原理是否等价?

60. 张三告诉李四自己过去一年生活的一阶和二阶导数都是负的, 请问张三是想表达什么意思? 而李四告诉张三自己过去一年, 一阶导数由负变为正, 而二阶导数由正变为负, 请为李四过去一年的生活画一个简图, 并说明其中的特殊点.

第五章　一元函数积分学

这一章将讨论一元函数的 Riemann 积分, 利用微分中值定理证明微积分学基本定理 —— Newton-Leibniz 公式. 然后我们将利用单调有界收敛定理和 Cauchy 准则来讨论函数的可积条件, 利用得到的条件以及闭区间上连续函数一致连续定理来证明单调函数和连续函数等都是 Riemann 可积函数. 此外我们将积分类比于加法, 讨论加法的各种性质、加法中的等式和不等式对于积分的推广. 接下来我们将积分与微分作为互逆关系, 对比微分的 Leibniz 法则和链法则, 讨论积分的分部积分法和变元代换. 最后我们将介绍微元法并给出积分在几何方面的一些应用.

5.1 定　积　分

在第一章 "数学分析简史" 一节里我们曾提到, 17 世纪上半叶, 数学家面临两个问题: 一个是怎样定义曲线的切线, 或者说怎样定义一个运动的瞬时速度; 另一个则是怎样计算曲边梯形的面积. 在第四章一元函数的微分学中, 我们通过微分解决了第一个问题. 将函数 $y=f(x)$ 在点 x_0 处的微分 $\mathrm{d}y=f'(x_0)\mathrm{d}x$ 放大, 用 $y-y_0$ 代替无穷小 $\mathrm{d}y$, $x-x_0$ 代替无穷小 $\mathrm{d}x$, 则 $y-y_0=f'(x_0)(x-x_0)$ 就是函数 $y=f(x)$ 的曲线在点 (x_0,y_0) 处的切线, 而微分则是切线在点 (x_0,y_0) 邻域上无穷小的那部分直线. 求切线就是求微分.

这一章我们将利用积分来解决曲边梯形的面积问题. 为了说明整个理论的发展过程, 我们先来回顾一下 Newton 和 Leibniz 当年在解决曲边梯形面积问题时, 使用的无穷小方法, 或者说微元法.

设 $f(x)>0$ 是定义在闭区间 $[a,b]$ 上的函数, 令

$$D=\{(x,y)\in\mathbb{R}^2|a\leqslant x\leqslant b,0\leqslant y\leqslant f(x)\}.$$

D 称为由函数 $f(x)$ 定义的曲边梯形. 利用无穷小方法, 对于任意 $x\in[a,b]$, 将函数值 $y=f(x)$ 看作高, 无穷小 $\mathrm{d}x$ 看作宽, 如图 5.1 所示, 得到的矩形面积微元为 $f(x)\mathrm{d}x$, 因此曲边梯形 D 的面积 $m(D)$ 为 $m(D)=\sum\limits_{x\in[a,b]}f(x)\mathrm{d}x=:\int_a^b f(x)\mathrm{d}x$.

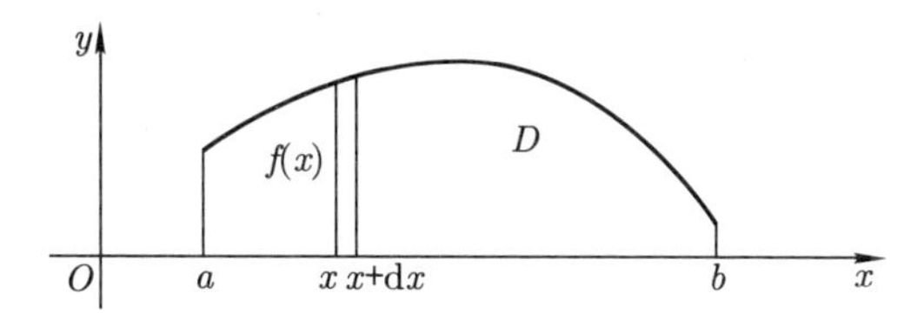

图 5.1

对于 $m(D)=\int_a^b f(x)\mathrm{d}x$ 的计算, 如果进一步假定存在另一个函数 $F(x)$, 使得对于任意点 $x\in[a,b]$, 都成立 $F'(x)=f(x)$, 则由无穷小的关系 $F'(x)=\dfrac{\mathrm{d}F}{\mathrm{d}x}$, 可得 $\mathrm{d}F=F'(x)\mathrm{d}x=f(x)\mathrm{d}x$. 而对 $F(x)$, 自变量产生一个无穷小变化 $\mathrm{d}x$ 时, 因变量也产生一个无穷小变化 $\mathrm{d}F$, 因此 $F(x)+\mathrm{d}F=F(x+\mathrm{d}x)$, 得 $F(x+\mathrm{d}x)-F(x)=\mathrm{d}F=F'(x)\mathrm{d}x=f(x)\mathrm{d}x$, 由此成立等式

$$\int_a^b f(x)\mathrm{d}x=\sum_{x\in[a,b]}f(x)\mathrm{d}x=\sum_{x\in[a,b]}[F(x+\mathrm{d}x)-F(x)]=F(b)-F(a).$$

上面的结论就是著名的 Newton-Leibniz 公式, 也被称为微积分学基本定理.

由于当时对函数的了解并不是特别清楚, 在数学的应用中也没有今天这样对于逻辑推理非常严谨的要求, 大多数人在处理函数时, 自动认为所讨论的函数都是连续的、可导的, 可以积分的. 因此, Newton 和 Leibniz 关于积分的概念以及他们的公式在很长一段时间被广泛接受, 并且被无数的实践证明确实是正确的. 19 世纪, 当 Cauchy 等人引入极限理论代替无穷小后, Cauchy 也曾经针对连续函数提出了新的积分定义, 并严格证明了 Newton-Leibniz 公式. 然而, Cauchy 定义的积分适用的函数范围相对比较窄, 不易推广. 现代使用的积分定义是 Riemann 在 1850 年左右提出来的, 也因此称为 Riemann 积分.

在 Riemann 的时代, 随着数学家对于函数的了解逐步深入, 越来越多奇形怪状、具有各种特殊性质的函数被发掘出来. 人们逐渐对利用无穷小定义的积分, 以

及由此推出的 Newton-Leibniz 公式产生了疑问. 19 世纪中期, Dirichlet 构造了一个特殊的函数 —— Dirichlet 函数:

$$D(x) = \begin{cases} 0, & \text{如果 } x \text{ 为无理数}, \\ 1, & \text{如果 } x \text{ 为有理数}. \end{cases}$$

由于这个函数在任何一个点都不连续, Dirichlet 认为这个函数不能积分. 他将这一问题交给了他的学生 Riemann, 希望 Riemann 能够验证他的猜想. 天才的 Riemann 经过深入思考后认识到要证明 Dirichlet 的想法, 必须先明确积分的定义, 为此, 需要对以往利用无穷小得到的积分进行改造, 使用严格的极限理论来重新定义和讨论积分. 对此, Riemann 给出了一个新的积分定义.

设 $f(x)$ 是定义在闭区间 $[a,b]$ 上的函数, 令 $x_0 = a, x_n = b$, 在 $[a,b]$ 中任取 $n-1$ 个点 $a < x_1 < \cdots < x_{n-1} < b$ 将 $[a,b]$ 分割为 n 个小区间, 记为

$$\Delta : a = x_0 < x_1 < \cdots < x_{n-1} < x_n = b,$$

Δ 称为 $[a,b]$ 的分割. 在每一个小区间 $[x_{i-1}, x_i]$ 内任取一个点 t_i, 用以 $f(t_i)$ 为高, $x_i - x_{i-1}$ 为宽的矩形代替 $f(x)$ 在 $[x_{i-1}, x_i]$ 上确定的曲边梯形, 做和

$$\sum_{i=1}^{n} f(t_i)(x_i - x_{i-1}),$$

称为 $f(x)$ 对于分割 Δ 的 Riemann 和. Riemann 认为当分割越来越细时, 上面和的极限就是曲边梯形 D 的面积, 或者说就是函数 $f(x)$ 在 $[a,b]$ 上的积分. 为了将分割越来越细这一过程表述为一种极限, 对于分割 Δ, Riemann 令

$$\lambda(\Delta) = \max\{x_i - x_{i-1} | i = 1, 2, \cdots, n\}.$$

借助 ε-δ 语言, Riemann 给出了下面新的积分定义.

定义 5.1.1 设 $f(x)$ 是定义在闭区间 $[a,b]$ 上的函数, 如果存在 $A \in \mathbb{R}$, 使得对于任意 $\varepsilon > 0$, 都存在 $\delta > 0$, 只要 $[a,b]$ 的分割

$$\Delta : a = x_0 < x_1 < \cdots < x_{n-1} < x_n = b$$

满足 $\lambda(\Delta) < \delta$, 则对于任意选取的点 $t_i \in [x_{i-1}, x_i], i = 1, 2, \cdots, n$, 都成立

$$\left| \sum_{i=1}^{n} f(t_i)(x_i - x_{i-1}) - A \right| < \varepsilon,$$

就称 $f(x)$ 在 $[a,b]$ 上 **Riemann 可积**, 称 A 为 $f(x)$ 在 $[a,b]$ 上的**积分**, 记为

$$A=\lim_{\lambda(\Delta)\to 0}\sum_{i=1}^{n}f(t_i)(x_i-x_{i-1})=:\int_a^b f(x)\mathrm{d}x.$$

上式中 a 称为积分的**下限**, b 称为积分的**上限**. 这里极限 $\lim\limits_{\lambda(\Delta)\to 0}\sum\limits_{i=1}^{n}f(t_i)(x_i-x_{i-1})$ 与前面讨论过的序列极限和函数极限都不同, 其中的 $\lambda(\Delta)$ 与和 $\sum\limits_{i=1}^{n}f(t_i)(x_i-x_{i-1})$ 之间并不是简单的自变量与因变量的函数关系. 尽管如此, 前面关于序列极限和函数极限的各种性质对于上面的极限都是成立的. 例如: 如果 $f(x)$ 在 $[a,b]$ 上 Riemann 可积, 则 $f(x)$ 在 $[a,b]$ 上必须有界; 任意改变函数 $f(x)$ 在 $[a,b]$ 中有限个点上的函数值不改变函数的可积性, 可积时也不改变函数的积分; 积分作为极限与加法和数乘可交换顺序, 极限有唯一性、保序性和夹逼定理等. 另外, 5.2 节类比于序列极限和函数极限, 我们将给出关于积分极限收敛的 Cauchy 准则和单调有界收敛定理, 并利用这些定理来讨论什么样的函数 Riemann 可积.

回到 Dirichlet 函数, 在 Riemann 给出了新的积分定义之后, 直接利用这一定义来考察 Dirichlet 函数 $D(x)$, 就很容易看出, 对于 $[0,1]$ 区间的任意分割

$$\Delta: 0=x_0<x_1<\cdots<x_{n-1}<x_n=1,$$

如果取 $t_i\in[x_{i-1},x_i]$ 都为有理数, 则 $\sum\limits_{i=1}^{n}D(t_i)(x_i-x_{i-1})=1$, 而如果取 $t_i\in[x_{i-1},x_i]$ 都为无理数, 则 $\sum\limits_{i=1}^{n}D(t_i)(x_i-x_{i-1})=0$, 由此可知, 当 $\lambda(\Delta)\to 0$ 时, $D(x)$ 的 Riemann 和显然不收敛, $D(x)$ 不可积. Riemann 成功地证明了 Dirichlet 的猜想.

不仅如此, 为了说明 Riemann 可积的函数足够多, 在 Dirichlet 函数的基础上, Riemann 自己构造了一个函数 —— Riemann 函数 $R(x)$:

$$R(x)=\begin{cases}1, & \text{如果 } x=0,1,\\ \dfrac{1}{q}, & \text{如果 } x=\dfrac{p}{q}\in[0,1] \text{ 是有理数, 其中 } p,q \text{ 无公因子},\\ 0, & \text{如果 } x\in[0,1] \text{ 是无理数}.\end{cases}$$

我们前面证明了 $R(x)$ 在 $[0,1]$ 中所有无理数上都连续, 在所有有理数上都不连续. 现任给 $\varepsilon>0$, 由于仅有有限个自然数 q 满足 $\dfrac{1}{q}>\varepsilon$, 因此 $[0,1]$ 中仅有有限多个点 $a_1,a_2,\cdots,a_k$, 使得 $R(a_i)>\varepsilon$. 令 $\delta=\dfrac{\varepsilon}{2k}$, 则对 $[0,1]$ 满足 $\lambda(\Delta)<\delta$ 的任意分

割 $\Delta: 0=x_0<x_1<\cdots<x_{n-1}<x_n=1$, 以及任取的 $t_i\in[x_{i-1},x_i]$, 在 Riemann 和 $\sum\limits_{i=1}^{n}R(t_i)(x_i-x_{i-1})$ 中, 最多有 k 个 $t_i\in\{a_1,a_2,\cdots,a_k\}$, 而这 k 个点最多可取自 $2k$ 个区间, 因此这一部分和小于等于 $2k\dfrac{\varepsilon}{2k}=\varepsilon$. 而 Reimann 和的其余部分由于 $t_i\notin\{a_1,a_2,\cdots,a_k\}$, 因而 $R(t_i)\leqslant\varepsilon$. 我们得到只要分割满足 $\lambda(\Delta)<\delta$, 就成立 $0\leqslant\sum\limits_{i=1}^{n}R(t_i)(x_i-x_{i-1})<2\varepsilon$, 因此 $\lim\limits_{\lambda(\Delta)\to0}\sum\limits_{i=1}^{n}R(t_i)(x_i-x_{i-1})=0$, $R(x)$ 可积.

$R(x)$ 在无穷多个点上不连续, 但仍然 Riemann 可积, Riemann 希望用这样一个例子来说明 Riemann 可积的函数实际是非常多的, 因而重新定义的 Riemann 积分是有意义的, 也是合理的.

当然, 对于 Riemann 定义的积分, 一个非常重要的问题是能不能在这一积分上推广 Newton-Leibniz 公式, 或者说这一积分是否是原有成果的进一步推广. 对于这一点, 类比于 Newton 和 Leibniz 当年在公式

$$\int_a^b F'(x)\mathrm{d}x=\sum_{x\in[a,b]}f(x)\mathrm{d}x=\sum_{x\in[a,b]}(F(x+\mathrm{d}x)-F(x))=F(b)-F(a)$$

的证明中使用的关于无穷小的等式 $\mathrm{d}F=F(x+\mathrm{d}x)-F(x)$, Riemann 应用 Lagrange 中值定理, 按照基本相同的方法, 非常严谨地重新得到了 Newton-Leibniz 公式.

定理 5.1.1 (微积分学基本定理) 如果 $f(x)$ 在 $[a,b]$ 上可积, 并且存在函数 $F(x)$, 使得 $\forall x\in[a,b]$, 都成立 $F'(x)=f(x)$, 则成立 Newton-Leibniz 公式

$$\int_a^b f(x)\mathrm{d}x=\int_a^b F'(x)\mathrm{d}x=F(b)-F(a)=:F(x)\Big|_a^b.$$

证明 $f(x)$ 在区间 $[a,b]$ 上可积, 因此极限 $\lim\limits_{\lambda(\Delta)\to0}\sum\limits_{i=1}^{n}f(t_i)(x_i-x_{i-1})$ 收敛. 而另一方面, 对于 $[a,b]$ 的任意分割

$$\Delta: a=x_0<x_1<\cdots<x_{n-1}<x_n=b,$$

在 $[x_{i-1},x_i]$ 上分别应用 Lagrange 中值定理, 可得存在 $c_i\in[x_{i-1},x_i]$, 使得

$$F(x_i)-F(x_{i-1})=F'(c_i)(x_i-x_{i-1})=f(c_i)(x_i-x_{i-1}).$$

因此, 对于这些特别选取的 $c_i\in[x_{i-1},x_i]$, 对应的 Riemann 和成立关系式

$$\sum_{i=1}^{n}f(c_i)(x_i-x_{i-1})=\sum_{i=1}^{n}(F(x_i)-F(x_{i-1}))=F(b)-F(a).$$

当 $\lambda(\Delta)\to 0$ 时, 其极限为 $F(b)-F(a)$. 但是极限是唯一的, 所以必须有

$$\int_a^b f(x)\mathrm{d}x=\lim_{\lambda(\Delta)\to 0}\sum_{i=1}^n f(t_i)(x_i-x_{i-1})=F(b)-F(a)=F(x)\Big|_a^b.$$

Newton-Leibniz 公式成立. ■

定理 5.1.1 中的条件: $f(x)$ 在区间 $[a,b]$ 上可积是不能缺少的. 事实上, 存在这样的函数, 其处处可导, 但其导函数由于不连续的点太多, 因而不是 Riemann 可积的. 对此, 自然的问题是, 如果一个函数的导函数连续, 是不是导函数就一定可积, 因而成立 Newton-Leibniz 公式? 针对这一问题, 有下面的定理.

定理 5.1.2 设 $F(x)$ 在区间 $[a,b]$ 上连续可导, 则其导函数 $F'(x)$ 在 $[a,b]$ 上 Riemann 可积, 因而对于 $F'(x)$ 的积分, 成立 Newton-Leibniz 公式.

证明 $F'(x)$ 在 $[a,b]$ 上连续, 因而一致连续, 对于任意 $\varepsilon>0$, 存在 $\delta>0$, 使得只要 $x_1,x_2\in[a,b]$ 满足 $|x_1-x_2|<\delta$, 就成立 $|F'(x_1)-F'(x_2)|<\varepsilon$.

设 $\Delta: a=x_0<x_1<\cdots<x_{n-1}<x_n=b$ 是 $[a,b]$ 的分割, 满足 $\lambda(\Delta)<\delta$, 设 $t_i\in[x_{i-1},x_i]$ 是任取的点. 我们同时在 $[x_{i-1},x_i]$ 上应用 Lagrange 中值定理, 可得存在 $c_i\in[x_{i-1},x_i]$, 使得 $F(x_i)-F(x_{i-1})=F'(c_i)(x_i-x_{i-1})$. 因此

$$\begin{aligned}
&\left|\sum_{i=1}^n F'(t_i)(x_i-x_{i-1})-(F(b)-F(a))\right|\\
=&\left|\sum_{i=1}^n F'(t_i)(x_i-x_{i-1})-\sum_{i=1}^n(F(x_i)-F(x_{i-1}))\right|\\
=&\left|\sum_{i=1}^n(F'(t_i)-F'(c_i))(x_i-x_{i-1})\right|\\
\leqslant&\sum_{i=1}^n\Big|F'(t_i)-F'(c_i)\Big|(x_i-x_{i-1})\leqslant\varepsilon(b-a).
\end{aligned}$$

$\lim\limits_{\lambda(\Delta)\to 0}\sum\limits_{i=1}^n F'(t_i)(x_i-x_{i-1})=F(b)-F(a)$, $F'(x)$ 在 $[a,b]$ 上可积. ■

利用这一定理, 对于一个连续函数 $f(x)$, 如果能够找到一个函数 $F(x)$, 使得 $F'(x)=f(x)$, 则 $f(x)$ 可积, 并且可通过 Newton-Leibniz 公式得到 $f(x)$ 的积分. 因而对于这部分函数, 定理 5.1.2 就够用了.

这里需要特别说明, 利用前面相同的方法不难证明 Newton-Leibniz 公式与实数的确界原理是相互等价的, 或者说只有在实数理论的基础上才有可能得到 Newton-Leibniz 公式.

例 1 直接利用求导的公式, 我们得到

$$\int_a^b c\mathrm{d}x = c(b-a); \qquad \int_a^b \cos x\mathrm{d}x = \sin b - \sin a;$$

$$\int_0^1 \mathrm{e}^x\mathrm{d}x = \mathrm{e} - 1; \qquad \int_a^b \sin x\mathrm{d}x = -(\cos b - \cos a);$$

$$\int_2^3 \frac{1}{x}\mathrm{d}x = \ln 3 - \ln 2; \qquad \int_a^b x^n\mathrm{d}x = \frac{1}{n+1}(b^{n+1} - a^{n+1}), \quad n > 1.$$

最后还要说明一点, 利用分割、求和、取极限也可以将函数的积分定义在有界开区间上, 讨论方法没有本质区别。

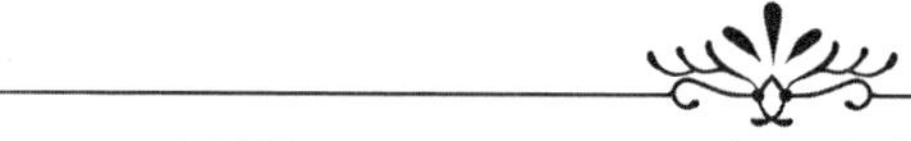

5.2 利用 Cauchy 准则来判别函数的可积性

在 5.1 节 Riemann 积分的定义中, 我们用函数的 Riemann 和与一给定的数 A 进行比较, 来讨论函数是否可积. 而这就如同我们在前面评论极限的 ε-δ 定义时曾多次提到的, 极限的这一定义在实际使用中有许多不尽合理的因素. 从几何的角度看, A 是我们要得到的曲边梯形的面积, 怎么可能事先知道, 并利用其与函数的 Riemann 和进行比较呢? 因此, 与其他极限理论一样, 对于 Riemann 积分, 最重要的是需要建立一些法则, 使得我们能够通过这些法则, 利用函数自身的性质, 例如函数的连续性、单调性等来判断函数是否可积. 如果函数可积, 则函数的 Riemann 和收敛, 因而只要分割充分细, Riemann 和就给出了积分的近似计算. 这时, 具体的积分值 A 能否实际求出就并不重要了.

从另外一个角度看, 对于函数 $f(x)$, 如果存在 $F(x)$, 使得 $F'(x) = f(x)$, 则 $F(x)$ 称为 $f(x)$ 的原函数. 应用 Newton-Leibniz 公式的前提是被积函数必须有原函数, 并且原函数可以求出. 但是许多可积的函数是没有原函数的, 而且即便有原函数, 原函数也不一定能够表示出来, 这时就只能利用 Riemann 和来近似积分值了. 而这只有在知道 Riemann 和收敛的前提下, 近似才有意义.

再举一个例子. 5.1 节的定理 5.1.2 中, 我们在连续函数存在原函数的条件下证明了连续函数可积. 这个定理将求积分化为求原函数非常实用, 但条件却不能让人满意. 事实上, 定理的条件和结论应该反过来, 首先证明连续函数本身一定可积, 然后利用连续函数的可积性推出连续函数一定有原函数. 考察定理 5.1.2 的证明, 其中的条件是因为我们需要利用 Newton-Leibniz 公式, 将原函数在区间端点的函数

值的差作为极限值来与 Riemann 和进行比较. 要得到连续函数可积就必须从连续性这一函数自身的性质出发, 来证明函数的可积性.

当然, 与序列极限和函数极限的讨论相同, 要利用函数自身的性质来判别其 Riemann 和的极限是否收敛就必须回到实数理论, 利用判别极限是否收敛的单调有界收敛定理和 Cauchy 准则. 这一节我们希望将 Cauchy 准则推广到 Riemann 和的极限上, 并利用这一准则来证明闭区间上的连续函数、闭区间上仅有有限个间断点的有界函数以及单调函数等都是 Riemann 可积函数. 下一节将利用单调有界收敛定理得到另外一种几何意义更加明确的函数可积的判别方法. 这个判别方法将被用来推广曲边梯形的面积, 给出平面上一般集合是否有面积的定义. 应该说上面两种方法的结论有一些重叠, 这里主要是为了强调这两种方法的重要性, 帮助读者理解和掌握这两种方法. 毕竟这两种方法在后面讨论所有极限的收敛问题时都会用到.

首先回顾函数极限的 Cauchy 准则: $x\to x_0$ 时, $f(x)$ 收敛的充要条件是, $\forall\varepsilon>0$, $\exists\delta>0$, s.t. 只要 x_1,x_2 满足 $0<|x_1-x_0|<\delta, 0<|x_2-x_0|<\delta$, 就成立 $|f(x_1)-f(x_2)|<\varepsilon$. 将 Riemann 积分中分割的 $\lambda(\Delta)$ 对应到自变量 x, Riemann 和对应到因变量 $f(x)$, 就容易得到关于 Riemann 积分的 Cauchy 准则.

定理 5.2.1 (Cauchy 准则) 区间 $[a,b]$ 上的函数 $f(x)$ Riemann 可积的充要条件是对于任意 $\varepsilon>0$, 都存在 $\delta>0$, 使得对于 $[a,b]$ 的任意两个满足 $\lambda(\Delta_1)<\delta$, $\lambda(\Delta_2)<\delta$ 的分割

$$\Delta_1: a=x_0<x_1<\cdots<x_{n-1}<x_n=b,$$
$$\Delta_2: a=y_0<y_1<\cdots<y_{m-1}<y_m=b,$$

以及任意选取的 $t_i\in[x_{i-1},x_i]$, $s_j\in[y_{j-1},y_j]$, 其 Riemann 和之间都成立

$$\left|\sum_{i=1}^{n}f(t_i)(x_i-x_{i-1})-\sum_{j=1}^{m}f(s_j)(y_j-y_{j-1})\right|<\varepsilon.$$

定理 5.2.1 的证明与函数极限中 Cauchy 准则的证明基本相同, 这里就不讨论了. 对 Cauchy 准则不熟悉的读者可以自己试一试.

下面我们利用 Cauchy 准则来给出一些常见的可积函数类.

定理 5.2.2 闭区间上的连续函数都是 Riemann 可积函数.

证明 设 $f(x)$ 在 $[a,b]$ 上连续, 因而一致连续. 对于任意 $\varepsilon>0$, 存在 $\delta>0$, 使

得只要 $x_1, x_2 \in [a,b]$, 满足 $|x_1 - x_2| < \delta$, 就成立 $|f(x_1) - f(x_2)| < \varepsilon$. 现设

$$\Delta_1 : a = x_0 < x_1 < \cdots < x_{n-1} < x_n = b,$$

$$\Delta_2 : a = y_0 < y_1 < \cdots < y_{m-1} < y_m = b$$

是 $[a,b]$ 的两个分割, 满足 $\lambda(\Delta_1) < \delta, \lambda(\Delta_2) < \delta$. 设 $t_i \in [x_{i-1}, x_i]$ 以及 $s_j \in [y_{j-1}, y_j]$ 是任意选取的点. 将分割 Δ_1 和 Δ_2 中的点放在一起共同组成 $[a,b]$ 的一个新的分割, 记为

$$\Delta_3 : a = z_0 < z_1 < \cdots < z_k = b.$$

任取 $u_p' \in [z_{p-1}, z_p], p = 1, 2, \cdots, k$. 对于 $i = 1, 2, \cdots, n$, 由 Δ_3 的定义, 分割 Δ_3 中在闭区间 $[x_{i-1}, x_i]$ 内的点构成 $[x_{i-1}, x_i]$ 的一个分割, 设为

$$x_{i-1} = z_0' < \cdots < z_v' = x_i,$$

则由 $|x_i - x_{i-1}| < \delta$, 因而 i 固定时,

$$\left| f(t_i)(x_i - x_{i-1}) - \sum_{e=1}^{v} f(u_e')(z_e' - z_{e-1}') \right| = \left| \sum_{e=1}^{v} (f(t_i) - f(u_e'))(z_e' - z_{e-1}') \right|$$
$$\leqslant \sum_{e=1}^{v} \left| f(t_i) - f(u_e') \right| (z_e' - z_{e-1}') \leqslant \varepsilon \sum_{e=1}^{v} (z_e' - z_{e-1}') = \varepsilon(x_i - x_{i-1}),$$

我们得到

$$\left| \sum_{i=1}^{n} f(t_i)(x_i - x_{i-1}) - \sum_{e=1}^{k} f(u_e)(z_e - z_{e-1}) \right| < \varepsilon(b-a).$$

同理得

$$\left| \sum_{j=1}^{m} f(s_j)(y_j - y_{j-1}) - \sum_{e=1}^{k} f(u_e)(z_e - z_{e-1}) \right| < \varepsilon(b-a).$$

因此

$$\left| \sum_{i=1}^{n} f(t_i)(x_i - x_{i-1}) - \sum_{j=1}^{m} f(s_j)(y_j - y_{j-1}) \right|$$
$$\leqslant \left| \sum_{i=1}^{n} f(t_i)(x_i - x_{i-1}) - \sum_{e=1}^{k} f(u_e)(z_e - z_{e-1}) \right|$$
$$+ \left| \sum_{j=1}^{n} f(s_i)(y_j - y_{j-1}) - \sum_{e=1}^{k} f(u_e)(z_e - z_{e-1}) \right|$$
$$< 2\varepsilon(b-a).$$

$f(x)$ 的 Riemann 和在 $\lambda(\Delta)\to 0$ 时满足 Cauchy 准则, 因而 $f(x)$ 可积. ■

同样利用 Cauchy 准则, 对于单调函数, 我们有下面的定理.

定理 5.2.3 闭区间上的单调函数都是 Riemann 可积函数.

证明 设 $f(x)$ 在 $[a,b]$ 上单调上升, $\varepsilon>0$ 是给定的常数. 设

$$\Delta_1: a=x_0<x_1<\cdots<x_{n-1}<x_n=b,$$

$$\Delta_2: a=y_0<y_1<\cdots<y_{m-1}<y_m=b$$

是 $[a,b]$ 的任意两个分割, 满足 $\lambda(\Delta_1)<\varepsilon, \lambda(\Delta_2)<\varepsilon$. 设 $t_i\in[x_{i-1},x_i]$ 以及 $s_j\in[y_{j-1},y_j]$ 都是任意选取的点. 按照定理 5.2.2 的证明, 不失一般性, 我们可以假定 Δ_1 分割的点是 Δ_2 中分割点的一部分 (这时称 Δ_2 是 Δ_1 的加细分割), 则对于 $i=1,2,\cdots,n$, Δ_2 中在闭区间 $[x_{i-1},x_i]$ 内的点构成 $[x_{i-1},x_i]$ 的一个分割: $x_{i-1}=y'_0<\cdots<y'_v=x_i$. 而 i 固定时,

$$\left|f(t_i)(x_i-x_{i-1})-\sum_{e=1}^{v}f(s'_e)(y'_e-y'_{e-1})\right|\leqslant\sum_{e=1}^{v}\left|f(t_i)-f(s'_e)\right|(y'_e-y'_{e-1}).$$

由于 $f(x)$ 单调上升, 因而成立 $\left|f(t_i)-f(s'_e)\right|\leqslant f(x_i)-f(x_{i-1})$, 代入得

$$\begin{aligned}&\left|f(t_i)(x_i-x_{i-1})-\sum_{e=1}^{v}f(s'_e)(y'_e-y'_{e-1})\right|\leqslant(f(x_i)-f(x_{i-1}))\sum_{e=1}^{v}(y'_e-y'_{e-1})\\&=(f(x_i)-f(x_{i-1}))(x_i-x_{i-1})<(f(x_i)-f(x_{i-1}))\varepsilon.\end{aligned}$$

我们得到

$$\left|\sum_{i=1}^{n}f(t_i)(x_i-x_{i-1})-\sum_{j=1}^{m}f(s_j)(y_j-y_{j-1})\right|\leqslant\sum_{i=1}^{n}(f(x_{i-1})-f(x_i))\varepsilon=(f(b)-f(a))\varepsilon.$$

$f(x)$ 的 Riemann 和满足 Cauchy 准则, 因而 $f(x)$ 在 $[a,b]$ 上可积. ■

将上面两个证明方法结合起来, 容易得到下面的定理.

定理 5.2.4 如果函数 $f(x)$ 在闭区间 $[a,b]$ 上有界, 并且在 $[a,b]$ 内仅有有限个间断点, 则 $f(x)$ 在 $[a,b]$ 上可积.

证明 令 $w=\sup\limits_{x\in[a,b]}\{f(x)\}-\inf\limits_{x\in[a,b]}\{f(x)\}$. 设 $a_1,a_2,\cdots,a_k$ 是 $f(x)$ 在 $[a,b]$ 中的间断点, $\varepsilon>0$ 是给定的常数, 这时 $[a,b]-\bigcup\limits_{i=1}^{k}\left(a_i-\dfrac{\varepsilon}{4kw},a_i+\dfrac{\varepsilon}{4kw}\right)$ 由有限个闭区间组成. $f(x)$ 在其中每一个闭区间上连续, 应用定理 5.2.2, $f(x)$ 在每一个闭区间

上可积, 因而 $f(x)$ 在这些闭区间上的 Riemann 和满足 Cauchy 准则, 即存在 $\delta > 0$, 使得对于这些闭区间上的任意两个分割 Δ_1 和 Δ_2, 只要 $\lambda(\Delta_1) < \delta, \lambda(\Delta_2) < \delta$, $f(x)$ 对于这些分割的任意 Riemann 和相互之间的差都小于 $\frac{\varepsilon}{2}$. 现设

$$\Delta_1 : a = x_0 < x_1 < \cdots < x_{n-1} < x_n = b,$$

$$\Delta_2 : a = y_0 < y_1 < \cdots < y_{m-1} < y_m = b$$

是 $[a,b]$ 的两个分割, 满足 $\lambda(\Delta_1) < \delta, \lambda(\Delta_2) < \delta$, $t_i \in [x_{i-1}, x_i]$ 以及 $s_j \in [y_{j-1}, y_j]$ 是任意选取的点. 不失一般性, 可以假设点 $a_i \pm \frac{\varepsilon}{4kw}, i = 1, 2, \cdots, k$ 都在这些分割的点中, 对于 Riemann 和的差

$$\left| \sum_{i=1}^{n} f(t_i)(x_i - x_{i-1}) - \sum_{j=1}^{m} f(s_j)(y_j - y_{j-1}) \right|,$$

将上式中的区间按照包含和不包含在集合 $[a,b] - \bigcup_{i=1}^{k} \left(a_i - \frac{\varepsilon}{4kw}, a_i + \frac{\varepsilon}{4kw} \right)$ 之中分为两部分. 前面一部分的差由连续函数可积的结论知其小于 $\frac{\varepsilon}{2}$, 而后一部分的差小于

$$w \sum_{i=1}^{k} \left[a_i + \frac{\varepsilon}{4kw} - \left(a_i - \frac{\varepsilon}{4kw} \right) \right] = \frac{\varepsilon}{2}.$$

$f(x)$ 的 Riemann 和满足定理 5.2.1 中的 Cauchy 准则, 因而 $f(x)$ 可积. ■

在定理 5.2.4 中, 函数 $f(x)$ 有界的假设显然是必要的, 但定理中函数仅有有限个间断点的假设显然不是必要条件. 例如: Riemann 函数在所有有理数上都不连续, 但 Riemann 函数可积. 而在定理 5.2.3 中, 我们证明了单调函数可积, 但单调函数也可以有无穷多个间断点, 例如: 函数

$$f(x) = \begin{cases} \frac{1}{n}, & x \in \left(\frac{1}{n+1}, \frac{1}{n} \right], n = 1, 2, \cdots, \\ 0, & x = 0 \end{cases}$$

在 $[0,1]$ 上单调, 因而可积, 但其在 $[0,1]$ 中有无穷多个间断点.

从另外一个角度, 由于所有有理数构成的集合是可数集, 因而 Riemann 函数虽然有无穷多个间断点, 但间断点的个数是无穷集合中势最小的一个 —— 可数无穷. 同样地, 如果 $f(x)$ 是区间 $[a,b]$ 上单调上升的函数, $x_0 \in [a,b]$ 是 $f(x)$ 的间断点, 由单调有界收敛定理, 这时

$$\lim_{x \to x_0^-} f(x) = \sup_{x < x_0} \{f(x)\} < \inf_{x > x_0} \{f(x)\} = \lim_{x \to x_0^+} f(x).$$

开区间 $\left(\sup\limits_{x<x_0}\{f(x)\}, \inf\limits_{x>x_0}\{f(x)\}\right)$ 内部最多包含 $f(x_0)$. 而由 $f(x)$ 的单调性, 对于 $f(x)$ 不同的间断点, 其产生的这样的开区间必然不同. 但是, 每一个开区间内都有有理数, 而所有有理数构成的集合是可数集, 因而这样不同的开区间的个数有限或者可数. 我们得到单调函数最多只能有可数多个间断点.

以 Riemann 函数和单调函数的可积性为例, 我们自然希望将定理 5.2.4 推广为: 如果函数 $f(x)$ 在闭区间 $[a,b]$ 上有界, 并且在 $[a,b]$ 中仅有可数个间断点, 则 $f(x)$ 在 $[a,b]$ 上可积. 事实上, 这一结论是成立的. 不仅如此, Riemann 可积的函数类实际可以更广泛一些. 为了说明这一点, 我们给出下面的定义.

定义 5.2.1 集合 $S\subset\mathbb{R}$ 称为**零测集**, 如果对于任意给定的 $\varepsilon>0$, 存在有限或者可数多个开区间 $\{(a_k,b_k)\}$, 使得 $S\subset\bigcup\limits_{k=1}^{+\infty}(a_k,b_k)$, 而 $\lim\limits_{n\to+\infty}\sum\limits_{k=1}^{n}(b_k-a_k)<\varepsilon$.

如果 $\{a_k\}$ 是一可数集, 则对任意 $\varepsilon>0$, $\{a_k\}\subset\bigcup\limits_{k=1}^{+\infty}\left(a_k-\dfrac{\varepsilon}{2^{k+1}}, a_k+\dfrac{\varepsilon}{2^{k+1}}\right)$, 而 $\lim\limits_{n\to+\infty}\sum\limits_{k=1}^{n}\dfrac{\varepsilon}{2^k}=\varepsilon$. 因此有限集和可数集都是零测集. 但反过来并不成立, 零测集可以不是有限集或者可数集. 关于这一点, 可以参考本书第二章的习题 10.

利用零测集的概念, 对于函数的 Riemann 可积性, 成立下面的定理.

定理 5.2.5 闭区间上的有界函数 $f(x)$ Riemann 可积的充要条件是 $f(x)$ 的所有间断点构成的集合是一零测集.

下一节, 我们将证明定理 5.2.5 中的必要性. 定理 5.2.5 的一般讨论和证明超出了数学分析的范围, 将在数学分析的后续课程 "实变函数" 中给出.

现在回到本节开始时提出的问题, 怎样从连续函数的可积性得到连续函数一定有原函数. 首先在积分 $\int_a^b f(x)\mathrm{d}x$ 中, 变量 x 称为哑变量. 原因是积分是加法的推广, 而在和 $\sum\limits_{i=1}^{n}a_i$ 中, 做和的指标 i 可以用其他的符号来代替, 例如: $\sum\limits_{i=1}^{n}a_i=\sum\limits_{j=1}^{n}a_j=\sum\limits_{k=1}^{n}a_k$, 因而叫哑指标. 同样, 对于积分, 成立 $\int_a^b f(x)\mathrm{d}x=\int_a^b f(t)\mathrm{d}t=\int_a^b f(v)\mathrm{d}v$, 积分中的变量 x 与求和中的指标 i 意义相同, 可以用其他符号来代替, 因而称为哑变量.

另一方面, 利用 Riemann 积分的定义以及 Riemann 积分的 Cauchy 准则不难证明: 如果 $f(x)$ 在区间 $[a,b]$ 上 Riemann 可积, 则对于任意 $a<c<b$, $f(x)$ 在区间

$[a,c]$ 和 $[c,d]$ 上也 Riemann 可积, 并且

$$\int_a^b f(x)\mathrm{d}x = \int_a^c f(x)\mathrm{d}x + \int_c^b f(x)\mathrm{d}x.$$

有了上面的准备, 我们给出下面的定理.

定理 5.2.6 设 $f(x)$ 是区间 $[a,b]$ 上的可积函数, 对于任意 $x \in [a,b]$, 令

$$F(x) = \int_a^x f(t)\mathrm{d}t,$$

则 $F(x)$ 在 $[a,b]$ 上连续. 而如果 $f(x)$ 在点 $x_0 \in [a,b]$ 连续, 则 $F(x)$ 在 x_0 可导, 并且成立 $F'(x_0) = f(x_0)$.

证明 首先讨论 $F(x)$ 的连续性. $f(x)$ 在 $[a,b]$ 上可积, 因而有界, 即存在 M, 使得 $\forall x \in [a,b]$, 成立 $|f(x)| < M$. 任取 $x_0 \in [a,b]$, 先设 $x > x_0$. 利用积分定义得

$$\big|F(x) - F(x_0)\big| = \left|\int_{x_0}^x f(x)\mathrm{d}x\right| \leqslant M|x - x_0|.$$

同样地, 不等式在 $x < x_0$ 时也成立, 因而 $F(x)$ 在 $[a,b]$ 上连续. 现设 $f(x)$ 在 x_0 连续, 因而对于任意 $\varepsilon > 0$, 存在 $\delta > 0$, 使得 $|x - x_0| < \delta$ 时, $|f(x) - f(x_0)| < \varepsilon$. 由此得, 当 $|x - x_0| < \delta$ 时,

$$\begin{aligned}
\left|\frac{F(x) - F(x_0)}{x - x_0} - f(x_0)\right| &= \left|\frac{\displaystyle\int_a^x f(t)\mathrm{d}t - \int_a^{x_0} f(t)\mathrm{d}t}{x - x_0} - f(x_0)\right| \\
&= \left|\frac{\displaystyle\int_{x_0}^x f(t)\mathrm{d}t - \int_{x_0}^x f(x_0)\mathrm{d}t}{x - x_0}\right| \leqslant \frac{\displaystyle\int_{x_0}^x |f(t) - f(x_0)|\mathrm{d}t}{x - x_0} < \varepsilon.
\end{aligned}$$

我们得到 $F(x)$ 在 x_0 右可导, 且 $F'_+(x_0) = f(x_0)$. 同理可证 $F(x)$ 在 x_0 左可导, 且 $F'_-(x_0) = f(x_0)$. 因而 $F(x)$ 在 x_0 可导. ■

定理 5.2.6 中的积分 $F(x) = \displaystyle\int_a^x f(t)\mathrm{d}t$ 称为变上限积分. 该定理说明变上限积分得到的函数性质要比被积分的函数更好一些. 通过变上限积分得到下面的定理.

定理 5.2.7 连续函数一定有原函数.

由于导函数可以有间断点, 因而定理 5.2.7 的逆不成立.

5.3 利用单调有界收敛定理来讨论函数的可积性

这一节的问题仍然是怎样利用函数自身的性质来判断函数是否可积? 对于这一问题, 5.2 节我们利用 Cauchy 准则给出了函数可积的一个判别条件. 这一节将利用单调有界收敛定理来给出函数可积的另一个判别条件. 相比于利用 Cauchy 准则得到的条件, 利用单调有界收敛定理得到的判别条件几何意义更加明确. 这一条件同时也构成了今后讨论平面上一般集合的面积的基础.

首先来回顾一下函数的单调有界收敛定理: 设 $f(x)$ 是区间 (a,b) 上单调上升的函数, 则对于任意 $x_0\in(a,b)$, $f(x)$ 在 x_0 处的单侧极限都收敛, 并且成立

$$\lim_{x\to x_0^-}f(x)=\sup_{x<x_0}\{f(x)\},\quad \lim_{x\to x_0^+}f(x)=\inf_{x>x_0}\{f(x)\}.$$

因而如果 $f(x)$ 单调上升, 则 $x\to x_0$ 时, $f(x)$ 收敛的充要条件是

$$\sup_{x<x_0}\{f(x)\}=\inf_{x>x_0}\{f(x)\},$$

收敛时

$$\sup_{x<x_0}\{f(x)\}=\inf_{x>x_0}\{f(x)\}=\lim_{x\to x_0}f(x)=f(x_0).$$

我们希望将上面这些结论推广到 Riemann 和, 用来判别函数的可积性.

怎样利用单调有界收敛定理的方法来讨论函数的可积性呢? 由于一个函数可积时必须有界, 因而可以先假定 $f(x)$ 是区间 $[a,b]$ 上有界的函数. 设

$$\Delta: a=x_0<x_1<\cdots<x_n=b$$

是 $[a,b]$ 的一个分割, 对于 $i=1,2,\cdots,n$, 令

$$m_i=\inf_{x\in[x_{i-1},x_i]}\{f(x)\},\quad M_i=\sup_{x\in[x_{i-1},x_i]}\{f(x)\}.$$

做和

$$S(\Delta,f)=\sum_{i=1}^n M_i(x_i-x_{i-1}),\quad s(\Delta,f)=\sum_{i=1}^n m_i(x_i-x_{i-1}).$$

$S(\Delta,f)$ 和 $s(\Delta,f)$ 分别称为 $f(x)$ 相对于分割 Δ 的 **Darboux 上和**和 **Darboux 下和**. 与函数的 Riemann 和不同, Darboux 上、下和由分割 Δ 唯一确定, 因此是分割

的函数, 并且 $S(\Delta,f)$ 和 $s(\Delta,f)$ 分别是 $f(x)$ 对于分割 Δ 的所有 Riemann 和的上确界和下确界.

前面我们曾经提到, 如果分割 Δ_1 中的点包含分割 Δ_2 中的点, 则称 Δ_1 为 Δ_2 的加细分割. 这时, Δ_1 将 $[a,b]$ 经过 Δ_2 分割后的小区间再一次分割为更小的区间. 利用这一点容易看出, 如果 Δ_1 是 Δ_2 的加细分割, 则成立下面的不等式:

$$S(\Delta_1,f)\leqslant S(\Delta_2,f),\quad s(\Delta_1,f)\geqslant s(\Delta_2,f),$$

即相对于分割相互之间的加细关系, Darboux 上和单调下降, Darboux 下和则单调上升. 另一方面, 积分是 Riemann 和相对于分割越来越细时的极限, 因而, 类比于函数的单调有界收敛定理, 我们将 Darboux 和看作对于分割加细关系的单调函数, 希望对其推广单调有界收敛定理. 首先类比于单调函数, 利用对于分割加细关系单调的 Darboux 上、下和, 分别令

$$\begin{aligned}\overline{\int_a^b} f(x)\mathrm{d}x&=\inf\left\{S(\Delta,f)|\Delta\text{是 }[a,b]\text{ 的分割}\right\},\\ \underline{\int_a^b} f(x)\mathrm{d}x&=\sup\left\{s(\Delta,f)|\Delta\text{是 }[a,b]\text{ 的分割}\right\}.\end{aligned}$$

$\overline{\int_a^b} f(x)\mathrm{d}x$ 和 $\underline{\int_a^b} f(x)\mathrm{d}x$ 分别称为函数 $f(x)$ 在区间 $[a,b]$ 上的**上积分**和**下积分**. 比照上面函数的单调有界收敛定理, 我们希望证明

$$\lim_{\lambda(\Delta)\to 0} S(\Delta,f)=\overline{\int_a^b} f(x)\mathrm{d}x,\quad \lim_{\lambda(\Delta)\to 0} s(\Delta,f)=\underline{\int_a^b} f(x)\mathrm{d}x,$$

并且 $f(x)$ 可积的充要条件是

$$\overline{\int_a^b} f(x)\mathrm{d}x=\underline{\int_a^b} f(x)\mathrm{d}x=\int_a^b f(x)\mathrm{d}x.$$

当然, 这里需要说明并不是 $[a,b]$ 的任意两个分割之间都有加细关系, 或者说顺序关系. 将分割作为自变量, 分割相互之间并没有简单的单调关系. 尽管如此, 对于 $[a,b]$ 的任意两个分割, 存在许许多多分割是这两个分割的公共加细. 利用这一点, 下面将证明我们的想法都是成立的, 单调有界收敛定理的相关结论对于 Darboux 上和与 Darbour 下和都是可以推广的.

设 $f(x)$ 是区间 $[a,b]$ 上的有界函数, 令

$$w=\sup_{x\in[a,b]}\{f(x)\}-\inf_{x\in[a,b]}\{f(x)\},$$

w 表示 $f(x)$ 在 $[a,b]$ 上最大的波动幅度, 即 $f(x)$ 的振幅. 利用 w, 我们希望对分割加细关系带来的 Darbour 和单调增加与减少的幅度有一个基本估计.

定理 5.3.1　设 $\Delta: a=x_0<x_1<\cdots<x_{n-1}<x_n=b$ 是 $[a,b]$ 的一个分割, $\lambda(\Delta)=\max\{x_i-x_{i-1}|i=1,2,\cdots,n\}$. 如果 Δ_1 是在 Δ 中加入 k 个点后得到的新的分割, 则对 $f(x)$ 的 Darboux 上和与 Darboux 下和分别成立不等式

$$\begin{aligned}s(\Delta,f)\leqslant s(\Delta_1,f)\leqslant s(\Delta,f)+kw\lambda(\Delta),\\ S(\Delta,f)\geqslant S(\Delta_1,f)\geqslant S(\Delta,f)-kw\lambda(\Delta).\end{aligned}$$

证明　以 $s(\Delta,f)\leqslant s(\Delta_1,f)\leqslant s(\Delta,f)+kw\lambda(\Delta)$ 的证明为例. 可设 $k=1$.

设 Δ_1 是第 i 个区间 $[x_{i-1},x_i]$ 中加入 x' 后得到的分割, 而

$$m'=\inf_{x\in[x_{i-1},x']}\{f(x)\},\quad m''=\inf_{x\in[x',x_i]}\{f(x)\},\quad m_i=\inf_{x\in[x_{i-1},x_i]}\{f(x)\},$$

则

$$\begin{aligned}s(\Delta_1,f)-s(\Delta,f)&=m'(x'-x_{i-1})+m''(x_i-x')-m_i(x_i-x_{i-1})\\&=(m'-m_i)(x'-x_{i-1})+(m''-m_i)(x_i-x')\\&\leqslant w\lambda(\Delta).\end{aligned}$$

■

现在来证明单调有界收敛定理中关于单侧极限的结论对于 Darboux 上和与 Darboux 下和也是成立的.

定理 5.3.2　设 $f(x)$ 是区间 $[a,b]$ 上的有界函数, 则

$$\lim_{\lambda(\Delta)\to0}S(\Delta,f)=\overline{\int_a^b}f(x)\mathrm{d}x,\quad \lim_{\lambda(\Delta)\to0}s(\Delta,f)=\underline{\int_a^b}f(x)\mathrm{d}x.$$

证明　以 $\lim\limits_{\lambda(\Delta)\to0}s(\Delta,f)=\underline{\int_a^b}f(x)\mathrm{d}x$ 的证明为例.

设 w 是 $f(x)$ 在 $[a,b]$ 上的振幅, 而 $\varepsilon>0$ 是任意给定的常数, 由

$$\underline{\int_a^b}f(x)\mathrm{d}x=\sup\left\{s(\Delta,f)|\Delta是[a,b]分割\right\},$$

存在 $[a,b]$ 的分割 Δ', 使得

$$s(\Delta',f)>\underline{\int_a^b}f(x)\mathrm{d}x-\frac{\varepsilon}{2}.$$

设 Δ' 由 k 个点构成.

令 $\delta = \dfrac{\varepsilon}{2kw}$. 现任取 $[a,b]$ 的分割 Δ, 满足 $\lambda(\Delta) < \delta$. 设 Δ_1 是 Δ 中加入 Δ' 的点后得到的加细分割, 由于 Δ' 中有 k 个点, 而 Δ_1 同时也是 Δ' 的加细分割, 应用定理 5.3.1, 我们得到

$$\underline{\int_a^b} f(x)\mathrm{d}x - \frac{\varepsilon}{2} < s(\Delta', f) \leqslant s(\Delta_1, f) \leqslant s(\Delta, f) + kw\delta = s(\Delta, f) + \frac{\varepsilon}{2}.$$

因此, $\lambda(\Delta) < \delta$ 时,

$$\underline{\int_a^b} f(x)\mathrm{d}x - \varepsilon < s(\Delta, f) \leqslant \underline{\int_a^b} f(x)\mathrm{d}x,$$

则有

$$\lim_{\lambda(\Delta)\to 0} s(\Delta, f) = \underline{\int_a^b} f(x)\mathrm{d}x.$$ ■

现在我们来给出我们期望的关于函数 Riemann 可积的判别条件.

定理 5.3.3　设 $f(x)$ 是区间 $[a,b]$ 上的有界函数, 则下面 4 个条件相互等价:

(1) $f(x)$ 在区间 $[a,b]$ 上可积;

(2) 对于 $f(x)$ 的 Darboux 上、下和, 成立 $\lim\limits_{\lambda(\Delta)\to 0}(S(\Delta, f) - s(\Delta, f)) = 0$;

(3) 对于 $f(x)$ 的上、下积分, 成立

$$\underline{\int_a^b} f(x)\mathrm{d}x = \overline{\int_a^b} f(x)\mathrm{d}x;$$

(4) 对于任意 $\varepsilon > 0$, 存在 $[a,b]$ 的一个分割 Δ, 使得 $S(\Delta, f) - s(\Delta, f) < \varepsilon$.

证明　(1) $\Rightarrow$ (2)　$f(x)$ 在区间 $[a,b]$ 上可积, 按照定义, 存在 $A \in \mathbb{R}$, 使得对于任意 $\varepsilon > 0$, 都存在 $\delta > 0$, 只要 $[a,b]$ 的分割

$$\Delta : a = x_0 < x_1 < \cdots < x_{n-1} < x_n = b$$

满足 $\lambda(\Delta) < \delta$, 则对于任意选取的点 $t_i \in [x_{i-1}, x_i], i = 1, 2, \cdots, n$, 都成立

$$A - \varepsilon < \sum_{i=1}^{n} f(t_i)(x_i - x_{i-1}) < A + \varepsilon.$$

Δ 固定, 对 Riemann 和 $\sum\limits_{i=1}^{n} f(t_i)(x_i - x_{i-1})$ 取上、下确界, 我们得到

$$A - \varepsilon \leqslant s(\Delta, f) \leqslant S(\Delta, f) \leqslant A + \varepsilon,$$

即 $\lambda(\Delta)<\delta$ 时, $0\leqslant S(\Delta,f)-s(\Delta,f)\leqslant 2\varepsilon$. 因而

$$\lim_{\lambda(\Delta)\to 0}(S(\Delta,f)-s(\Delta,f))=0.$$

(2) $\Rightarrow$ (3)　由定理 5.3.2,

$$0\leqslant \overline{\int_a^b} f(x)\mathrm{d}x-\underline{\int_a^b} f(x)\mathrm{d}x=\lim_{\lambda(\Delta)\to 0}(S(\Delta,f)-s(\Delta,f))=0.$$

(3) $\Rightarrow$ (4)　设 $\varepsilon>0$ 是给定的常数, 由定义, 存在 $[a,b]$ 的分割 Δ_1 和 Δ_2, 满足

$$\underline{\int_a^b} f(x)\mathrm{d}x-\frac{\varepsilon}{2}<s(\Delta_1,f)\leqslant S(\Delta_2,f)<\overline{\int_a^b} f(x)\mathrm{d}x+\frac{\varepsilon}{2}.$$

取 Δ 为由 Δ_1 和 Δ_2 中的点共同组成的分割, 则 Δ 是 Δ_1 和 Δ_2 的公共加细. 而由 (3) 的条件 $\underline{\int_a^b} f(x)\mathrm{d}x=\overline{\int_a^b} f(x)\mathrm{d}x$, 得 $S(\Delta,f)-s(\Delta,f)<\varepsilon$.

(4) $\Rightarrow$ (3)　$$0\leqslant \overline{\int_a^b} f(x)\mathrm{d}x-\underline{\int_a^b} f(x)\mathrm{d}x\leqslant S(\Delta,f)-s(\Delta,f)<\varepsilon,$$

结论显然.

(3) $\Rightarrow$ (1)　对于任意 $\varepsilon>0$, 由定理 5.3.2, 存在 $\delta>0$, 只要 $[a,b]$ 的分割 Δ 满足 $\lambda(\Delta)<\delta$, 对于任意选取的 $t_i\in[x_{i-1},x_i], i=1,2,\cdots,n$, 都成立

$$\underline{\int_a^b} f(x)\mathrm{d}x-\varepsilon<s(\Delta,f)\leqslant\sum_{i=1}^n f(t_i)(x_i-x_{i-1})\leqslant S(\Delta,f)<\overline{\int_a^b} f(x)\mathrm{d}x+\varepsilon.$$

但 $\underline{\int_a^b} f(x)\mathrm{d}x=\overline{\int_a^b} f(x)\mathrm{d}x$, 因此

$$\lim_{\lambda(\Delta)\to 0}\sum_{i=1}^n f(t_i)(x_i-x_{i-1})=\underline{\int_a^b} f(x)\mathrm{d}x=\overline{\int_a^b} f(x)\mathrm{d}x.$$

故 $f(x)$ 可积, 且 $\int_a^b f(x)\mathrm{d}x=\overline{\int_a^b} f(x)\mathrm{d}x=\underline{\int_a^b} f(x)\mathrm{d}x$. ■

定理 5.3.3 给出的关于函数可积的几个等价条件都是非常重要的, 下面我们对这些条件分别做进一步的说明.

条件 (4) 的说明　在积分的定义中, 我们总强调考虑的是任意分割, 而条件 (4) 则表明函数 $f(x)$ 可积等价于对于任意 $\varepsilon>0$, 只要存在一个分割 Δ, 使得 $S(\Delta,f)-s(\Delta,f)<\varepsilon$ 即可. 因此在积分定义中, 可以仅仅讨论区间的等分或者其他特殊分割.

条件 (3) 的说明 设 $f(x) > 0$ 是定义在闭区间 $[a,b]$ 上的函数, D 是由 $f(x)$ 定义的曲边梯形. 这时对于 $[a,b]$ 的任意分割

$$\Delta : a = x_0 < x_1 < \cdots < x_k < x_{k+1} = b,$$

下和 $s(\Delta, f)$ 是包含在 D 内的有限个除了边界外互不相交的矩形的面积和, 而上和 $S(\Delta, f)$ 则是包含 D 的有限个除了边界外互不相交的矩形的面积和. 如果 $f(x)$ 不可积, 则称 D 没有面积. 如果 $f(x)$ 可积, 则称 D 有面积, 且定义 D 的面积 $m(D)$ 为

$$m(D) = \int_a^b f(x)\mathrm{d}x = \overline{\int_a^b} f(x)\mathrm{d}x = \underline{\int_a^b} f(x)\mathrm{d}x.$$

类比于条件 (3), 可以将面积的概念进一步推广. 首先将有限个除了边界外互不相交的矩形的并称为多边矩形, 这里特别假定空集 $\varnothing$ 是多边矩形. 对于一个多边矩形 $D = \bigcup\limits_{i=1}^{k} J_i$, 定义 D 的面积为

$$m(D) = \sum_{i=1}^{k} m(J_i),$$

这里 $m(J_i)$ 是矩形 J_i 的面积, 并定义 $m(\varnothing) = 0$. 现设 $S \subset \mathbb{R}^2$ 是任意一个有界集合, 令

$$m_*(S) = \sup\left\{m(D) | D \subset S\text{是多边矩形}\right\},$$
$$m^*(S) = \inf\left\{m(D) | D \supset S\text{是多边矩形}\right\}.$$

$m_*(S)$ 和 $m^*(S)$ 分别是曲边梯形上积分和下积分的推广, 分别称为集合 S 的**内面积**和**外面积**. 利用条件 (3), 如果 $m_*(S) \neq m^*(S)$, 则称 S 没有面积, 或者说不可测. 而如果 $m_*(S) = m^*(S)$, 则称 S 有面积, 或者说可测, 称 $m_*(S) = m^*(S) = m(S)$ 为 S 的面积. 因此平面上集合的面积可以看成一个变元函数的 Riemann 积分的推广, 后面我们将利用这一面积定义来讨论多个变元函数的积分.

条件 (2) 的说明 设 $f(x)$ 是区间 $[a,b]$ 上的有界函数,

$$\Delta : a = x_0 < x_1 < \cdots < x_n = b$$

是 $[a,b]$ 的一个分割, 令 $m_i = \inf\limits_{x\in[x_{i-1},x_i]}\{f(x)\}, M_i = \sup\limits_{x\in[x_{i-1},x_i]}\{f(x)\}$. 将 $w_i = M_i - m_i$ 称为 $f(x)$ 在区间 $[x_{i-1}, x_i]$ 上的振幅, 这时

$$S(\Delta, f) - s(\Delta, f) = \sum_{i=1}^{n}(M_i - m_i)(x_i - x_{i-1}) = \sum_{i=1}^{n} w_i(x_i - x_{i-1}).$$

条件 (2) 表明 $f(x)$ 在 $[a,b]$ 上可积等价于 $\lim\limits_{\lambda(\Delta)\to 0}\sum\limits_{i=1}^{n} w_i(x_i - x_{i-1}) = 0$, 或者说振幅大的区间的长度和很小. 条件 (2) 可以等价地表示为下面的定理.

定理 5.3.4 设 $f(x)$ 是区间 $[a,b]$ 上的有界函数, 则 $f(x)$ 在 $[a,b]$ 上可积的充要条件是对于任意 $\varepsilon > 0$, 以及任意 $\sigma > 0$, 都存在 $\delta > 0$, 使得只要 $[a,b]$ 的分割 Δ 满足 $\lambda(\Delta) < \delta$, 则 Δ 中 $f(x)$ 的振幅大于 ε 的区间的长度和小于 σ.

定理 5.3.4 的证明留给读者.

这里我们希望利用定理 5.3.4 来说明函数的可积性与函数的连续性之间的关系. 如果 $f(x)$ 在 $x_0 \in [a,b]$ 处连续, 利用 Cauchy 准则, 只要包含 x_0 的区间充分小, 则 $f(x)$ 在这个区间上的振幅就可以任意小. 而如果 $f(x)$ 在 $x_0 \in [a,b]$ 处不连续, 则或者左不连续, 或者右不连续. 以 $f(x)$ 在 x_0 左不连续为例, 按照定义, 存在 $\varepsilon_0 > 0$, 使得对于任意 $\delta > 0$, 都存在 x 满足 $0 < x_0 - x < \delta$, 但 $|f(x) - f(x_0)| \geqslant \varepsilon_0$. 因而 $f(x)$ 在 x_0 的任意左邻域内的振幅都大于等于 ε_0. 利用这一点以及定理 5.3.4, 设 $\varepsilon > 0$ 是任意给定的常数, 对于任意自然数 $n \geqslant 1$, 存在 $[a,b]$ 的分割 Δ_n, 使得 Δ_n 中 $f(x)$ 的振幅大于 $\dfrac{1}{n}$ 的区间的长度和小于 $\dfrac{\varepsilon}{2^n}$. 设 U 是这些区间的并, 则按照上面的讨论, $f(x)$ 的所有不连续点都包含在 U 中. 另一方面, $\lim\limits_{n\to+\infty}\sum\limits_{k=1}^{n}\dfrac{\varepsilon}{2^k} = \varepsilon$. ε 可以任意小, 由此我们得到: 如果 $f(x)$ 在区间 $[a,b]$ 上可积, 则 $f(x)$ 在区间 $[a,b]$ 中的所有间断点构成的集合是一个零测集.

回到定理 5.3.3, 作为利用函数自身性质来判断函数是否可积的基本法则, 定理中的条件 (2) 非常好用. 利用这一条件容易证明闭区间上连续函数、单调函数以及有有限个间断点的函数都是 Riemann 可积函数. 下面以单调函数为例.

设 $f(x)$ 在区间 $[a,b]$ 上单调上升, 并且不为常数, $\varepsilon > 0$ 是任意给定的常数. 取 $[a,b]$ 的分割

$$\Delta : a = x_0 < x_1 < \cdots < x_n = b,$$

满足 $\lambda(\Delta) < \dfrac{\varepsilon}{f(b) - f(a)}$, 则

$$\begin{aligned}
S(\Delta, f) - s(\Delta, f) &= \sum_{i=1}^{n} w_i(x_i - x_{i-1}) = \sum_{i=1}^{n}(f(x_i) - f(x_{i-1}))(x_i - x_{i-1}) \\
&< \sum_{i=1}^{n}(f(x_i) - f(x_{i-1}))\frac{\varepsilon}{f(b) - f(a)} \\
&= (f(b) - f(a))\frac{\varepsilon}{f(b) - f(a)} = \varepsilon.
\end{aligned}$$

因此, $f(x)$ 在 $[a,b]$ 上可积.

下一节我们还将看到定理 5.3.3 的更多的应用.

5.4 Riemann 积分的性质

在后面的讨论中, 为了简化符号, 对于区间 $[a,b]$, 我们约定 a 可以小于等于 b, a 也可以大于等于 b. 对于 $[a,b]$ 的分割 $\Delta: a=x_0,x_1,\cdots,x_n=b$, 我们要求分割的点按顺序排列, 这时令

$$\lambda(\Delta)=\max\left\{|x_i-x_{i-1}|\,\big|\,i=1,2,\cdots,n\right\}.$$

积分定义中求和、取极限等其他过程不变. 按照这样方式定义的积分, 成立

$$\int_a^a f(x)\mathrm{d}x=0,\quad \int_a^b f(x)\mathrm{d}x=-\int_b^a f(x)\mathrm{d}x.$$

上面的关系表明积分是带方向的, $\int_a^b f(x)\mathrm{d}x$ 表示从下限 a 往上限 b 方向积分.

因为 $\int_a^b f(x)\mathrm{d}x=\sum\limits_{x\in[a,b]}f(x)\mathrm{d}x$, 所以积分是加法的推广, 因此关于加法的各种性质基本都可以推广到积分, 例如, 加法的分配律和结合律

$$\sum_{i=1}^n(Aa_i+Bb_i)=A\sum_{i=1}^n a_i+B\sum_{i=1}^n b_i$$

推广到积分则为

$$\int_a^b(Af(x)+Bg(x))\,\mathrm{d}x=A\int_a^b f(x)\mathrm{d}x+B\int_a^b g(x)\mathrm{d}x.$$

加法的绝对值不等式 $\left|\sum\limits_{i=1}^n a_i\right|\leqslant\sum\limits_{i=1}^n\left|a_i\right|$ 的积分推广见下面的定理.

定理 5.4.1 如果 $f(x)$ 在区间 $[a,b]$ 上可积, 则 $|f(x)|$ 在区间 $[a,b]$ 上也可积, 并且 $a<b$ 时, 成立

$$\left|\int_a^b f(x)\mathrm{d}x\right|\leqslant\int_a^b|f(x)|\mathrm{d}x.$$

证明 由于 $\big||f(x_1)|-|f(x_2)|\big|\leqslant|f(x_1)-f(x_2)|$, 因此在同一个区间上, $|f(x)|$ 的振幅小于等于 $f(x)$ 的振幅. $f(x)$ 可积, 5.3 节定理 5.3.3 中的条件 (2) 对 $f(x)$ 成立, 因而对 $|f(x)|$ 也成立, 故 $|f(x)|$ 可积. 绝对值不等式显然. ■

加法的结合律: $\sum_{i=1}^{n} a_i = \sum_{i=1}^{k} a_i + \sum_{i=k+1}^{n} a_i$ 转换到积分, 则有下面的定理.

定理 5.4.2 设 $f(x)$ 是区间 $[a,b]$ 上的有界函数, $c \in (a,b)$ 是任意常数, 则 $f(x)$ 在 $[a,b]$ 上可积等价于 $f(x)$ 在 $[a,c]$ 和 $[c,b]$ 上都可积. 可积时,

$$\int_a^b f(x)\mathrm{d}x = \int_a^c f(x)\mathrm{d}x + \int_c^b f(x)\mathrm{d}x.$$

定理 5.4.2 也称为 Riemann 积分对于积分区间的有限可加性, 一般可以表示为: 如果 $D = \bigcup_{k=1}^{n} [a_k, b_k]$, 闭区间 $[a_k, b_k]$ 之间除端点外没有公共点, 则 D 上的函数 $f(x)$ 可积等价于对于 $k = 1, 2, \cdots, n$, $f(x)$ 在 $[a_k, b_k]$ 上可积. 可积时,

$$\int_{\bigcup\limits_{k=1}^{n} [a_k, b_k]} f(x)\mathrm{d}x = \sum_{k=1}^{n} \int_{a_k}^{b_k} f(x)\mathrm{d}x.$$

下面讨论函数的乘、除和复合运算对于函数可积性的影响.

定理 5.4.3 设 $f(x)$ 和 $g(x)$ 都在 $[a,b]$ 上可积, 则 $f(x)g(x)$ 在 $[a,b]$ 上可积.

证明 $f(x)$ 和 $g(x)$ 都可积, 因而有界, 即存在常数 M, 使得 $\forall x \in [a,b]$, $|f(x)| < M$, $|g(x)| < M$. 对于任意 $x_1, x_2 \in [a,b]$,

$$\begin{aligned}|f(x_1)g(x_1) - f(x_2)g(x_2)| &= \big|f(x_1)(g(x_1) - g(x_2)) + (f(x_1) - f(x_2))g(x_2)\big| \\ &\leqslant |f(x_1)||g(x_1) - g(x_2)| + |f(x_1) - f(x_2)||g(x_2)| \\ &\leqslant M\big(|f(x_1) - f(x_2)| + |g(x_1) - g(x_2)|\big).\end{aligned}$$

$f(x)$ 和 $g(x)$ 都可积, 由定理 5.3.4, 对于任意 $\varepsilon > 0$, 存在 $[a,b]$ 的分割 Δ, 满足

$$S(\Delta, f) - s(\Delta, f) < \frac{\varepsilon}{2M}, \quad S(\Delta, g) - s(\Delta, g) < \frac{\varepsilon}{2M}.$$

利用上面一个不等式, 我们得到

$$S(\Delta, fg) - s(\Delta, fg) < M\big(S(\Delta, f) - s(\Delta, f)\big) + M\big(S(\Delta, g) - s(\Delta, g)\big) < \varepsilon.$$

利用定理 5.3.3 可得 $f(x)g(x)$ 在 $[a,b]$ 上可积. ■

定理 5.4.4 设 $f(x)$ 在 $[a,b]$ 上可积, 且存在常数 $C > 0$, 使得 $\forall x \in [a,b]$, $f(x) > C$, 则 $\dfrac{1}{f(x)}$ 在 $[a,b]$ 上可积.

证明 对于任意 $x_1, x_2 \in [a,b]$, 成立

$$\left|\frac{1}{f(x_1)} - \frac{1}{f(x_2)}\right| = \left|\frac{f(x_1) - f(x_2)}{f(x_1)f(x_2)}\right| \leqslant \frac{|f(x_1) - f(x_2)|}{C^2}.$$

因此, 对于任意 $\varepsilon>0$, 设 Δ 是 $[a,b]$ 的分割, 满足 $S(\Delta,f)-s(\Delta,f)<C^2\varepsilon$, 因而

$$S\left(\Delta,\frac{1}{f(x)}\right)-s\left(\Delta,\frac{1}{f(x)}\right)<\varepsilon,$$

故 $\dfrac{1}{f(x)}$ 在 $[a,b]$ 上可积. ■

函数除了有加、减、乘、除运算外, 还有复合运算. 但是与加、减、乘、除运算不同, 可积函数的复合函数就不一定可积了. 例如: 符号函数 $\operatorname{sgn}(x)$ 和 Riemann 函数 $R(x)$ 在 $[0,1]$ 上都可积, 但 $\operatorname{sgn}(R(x))$ 为 Dirichlet 函数 $D(x)$, 是不可积的, 所以需要加条件才能保证可积函数经复合后仍然可积. 下一节讨论积分的变元代换时, 将重新回到这个问题, 给出可积函数经复合后仍然可积的一个条件.

我们知道, 如果 $\{a_1,a_2,\cdots,a_n\}$ 和 $\{b_1,b_2,\cdots,b_n\}$ 是两组实数, 假定 $b_k\geqslant 0$, $m=\min\{a_k\},M=\max\{a_k\}$, 则成立下面的平均值不等式:

$$m\leqslant\frac{\sum\limits_{k=1}^{n}a_k}{n}\leqslant M,\quad m\sum_{k=1}^{n}b_k\leqslant\sum_{k=1}^{n}a_kb_k\leqslant M\sum_{k=1}^{n}b_k.$$

将这一不等式转换到积分, 就得到下面的积分第一中值定理.

定理 5.4.5 (积分第一中值定理) 设 $f(x)$ 在 $[a,b]$ 上连续, $g(x)\geqslant 0$ 在 $[a,b]$ 上可积, 则存在 $c\in[a,b]$, 使得

$$\int_a^b f(x)g(x)\mathrm{d}x=f(c)\int_a^b g(x)\mathrm{d}x.$$

证明 设

$$m=\min\big\{f(x)\big|x\in[a,b]\big\},\quad M=\max\big\{f(x)\big|x\in[a,b]\big\},$$

则 $x\in[a,b]$ 时, 成立 $mg(x)\leqslant f(x)g(x)\leqslant Mg(x)$, 因而

$$m\int_a^b g(x)\mathrm{d}x\leqslant\int_a^b f(x)g(x)\mathrm{d}x\leqslant M\int_a^b g(x)\mathrm{d}x,$$

即平均值不等式成立. 更进一步, 利用连续函数的介值定理, 得存在 $c\in[a,b]$, 使得

$$\int_a^b f(x)g(x)\mathrm{d}x=f(c)\int_a^b g(x)\mathrm{d}x.$$

■

定理 5.4.5 中, 如果令 $g(x)\equiv 1$, 则得到对于连续函数 $f(x)$, 存在 $c\in[a,b]$, 使得

$$\frac{1}{b-a}\int_a^b f(x)\mathrm{d}x=f(c).$$

而 $\frac{1}{b-a}\int_a^b f(x)\mathrm{d}x$ 就是 $f(x)$ 在 $[a,b]$ 上的平均值.

将积分第一中值定理应用到 $[a,b]$ 上连续可导的函数 $F(x)$, 则成立

$$\frac{1}{b-a}\int_a^b F'(x)\mathrm{d}x = F'(c).$$

但应用 Newton-Leibniz 公式,

$$\int_a^b F'(x)\mathrm{d}x = F(b) - F(a).$$

我们利用积分重新得到了 Lagrange 微分中值定理 $F(b)-F(a)=F'(c)(b-a)$. 当然这里的条件要求函数连续可导, 强于 Lagrange 微分中值定理中仅仅要求函数在闭区间上连续, 在开区间上可导. 不过, 定理 5.4.5 中反映的运动的平均速度等于某一时刻的瞬时速度这一点, 在物理上更加明确一些.

为了进一步将加法的性质推广到积分, 下面先介绍关于求和的 Abel 不等式. 19 世纪初, 大数学家 Abel 在研究无穷和 $\sum\limits_{i=1}^{+\infty} a_i b_i = \lim\limits_{n\to+\infty}\sum\limits_{i=1}^{n} a_i b_i$ 的收敛问题时, 给出了下面的 Abel 不等式.

Abel 不等式 设 $\{a_1, a_2, \cdots, a_n\}$ 和 $\{b_1, b_2, \cdots, b_n\}$ 是两组实数, 满足

$$a_1 \geqslant a_2 \geqslant \cdots \geqslant a_n \geqslant 0.$$

取常数 m 和 M, 使得对于 $k=1,2,\cdots,n$, 成立 $m \leqslant \sum\limits_{i=1}^{k} b_i \leqslant M$, 则对于和 $\sum\limits_{i=1}^{n} a_i b_i$, 成立 Abel 不等式 $a_1 m \leqslant \sum\limits_{i=1}^{n} a_i b_i \leqslant a_1 M$.

证明 对于 $k=1,2,\cdots,n$, 令 $B_0=0, B_k=\sum\limits_{i=1}^{k} b_i$, 则

$$\begin{aligned}\sum_{i=1}^{n} a_i b_i &= \sum_{i=1}^{n} a_i(B_i - B_{i-1}) = \sum_{i=1}^{n} a_i B_i - \sum_{i=1}^{n} a_i B_{i-1} \\ &= \sum_{i=1}^{n} a_i B_i - \sum_{i=1}^{n-1} a_{i+1} B_i = \sum_{i=1}^{n-1}(a_i - a_{i+1})B_i + a_n B_n.\end{aligned}$$

由条件知 $a_i - a_{i+1} \geqslant 0, a_n \geqslant 0, m \leqslant B_i \leqslant M$, 代入上面的等式, 得

$$m\left[\sum_{i=1}^{n-1}(a_i - a_{i+1}) + a_n\right] \leqslant \sum_{i=1}^{n} a_i b_i \leqslant M\left[\sum_{i=1}^{n-1}(a_i - a_{i+1}) + a_n\right].$$

但是上式中 $\sum_{i=1}^{n-1}(a_i - a_{i+1}) + a_n = a_1$, 我们得到 Abel 不等式. ■

例 1 令 $s_n = \sum_{k=1}^{n}(-1)^k \frac{1}{k}$, 证明: 极限 $\lim_{n\to+\infty} s_n$ 收敛.

证明 利用 Cauchy 准则, 序列 $\{s_n\}$ 收敛等价于 $\forall\varepsilon > 0$, $\exists N$, s.t. 只要 $n_2 > n_1 > N$, 就成立 $\left|\sum_{k=n_1}^{n_2}(-1)^k \frac{1}{k}\right| < \varepsilon$. 令 $b_k = (-1)^k$, $a_k = \frac{1}{k}$, 应用 Abel 不等式就得到结论. ■

将 Abel 不等式推广到积分, 则成立下面的积分第二中值定理.

定理 5.4.6 (积分第二中值定理) 设 $f(x) \geqslant 0$ 是 $[a,b]$ 上的单调下降函数, 而 $g(x)$ 是 $[a,b]$ 上的可积函数, 则存在 $c \in [a,b]$, 使得

$$\int_a^b f(x)g(x)\mathrm{d}x = f(a)\int_a^c g(x)\mathrm{d}x.$$

证明 令 $G(x) = \int_a^x g(t)\mathrm{d}t$, 由定理 5.2.6, $G(x)$ 在 $[a,b]$ 上连续. 假定

$$m = \min\{G(x)|x \in [a,b]\}, \quad M = \max\big\{G(x)\big|x \in [a,b]\big\},$$

而 $|g(x)| \leqslant M'$. 设 $\Delta: a = x_0 < x_1 < \cdots < x_n = b$ 是 $[a,b]$ 的任意一个分割, 这时考虑和

$$\sum_{i=1}^{n} f(x_{i-1})\int_{x_{i-1}}^{x_i} g(t)\mathrm{d}t.$$

由于对 $k = 1, 2, \cdots, n$, 成立 $\sum_{i=1}^{k}\int_{x_{i-1}}^{x_i} g(t)\mathrm{d}t = G(x_k)$, 而 $m \leqslant G(x) \leqslant M$, 应用 Abel 不等式得

$$mf(a) \leqslant \sum_{i=1}^{n} f(x_{i-1})\int_{x_{i-1}}^{x_i} g(t)\mathrm{d}t \leqslant Mf(a).$$

但另一方面,

$$\begin{aligned}
&\left|\sum_{i=1}^{n} f(x_{i-1})\int_{x_{i-1}}^{x_i} g(t)\mathrm{d}t - \int_a^b f(x)g(x)\mathrm{d}x\right| \\
=&\left|\sum_{i=1}^{n}\int_{x_{i-1}}^{x_i}(f(x_{i-1}) - f(t))g(t)\mathrm{d}t\right| \leqslant \left|\sum_{i=1}^{n}\int_{x_{i-1}}^{x_i}(f(x_{i-1}) - f(x_i))g(t)\mathrm{d}t\right| \\
\leqslant& M'\lambda(\Delta)\sum_{i=1}^{n}(f(x_{i-1}) - f(x_i)) = M'\lambda(\Delta)(f(b) - f(a)),
\end{aligned}$$

其中 $\lambda(\Delta)=\max\{x_i-x_{i-1}\big|i=1,2,\cdots,n\}$. 因此当 $\lambda(\Delta)\to 0$ 时, 上式趋于 0, 我们得到

$$\lim_{\lambda(\Delta)\to 0}\sum_{i=1}^{n} f(x_{i-1})\int_{x_{i-1}}^{x_i} g(t)\mathrm{d}t=\int_a^b f(x)g(x)\mathrm{d}x.$$

由此得

$$mf(a)\leqslant \int_a^b f(x)g(x)\mathrm{d}x\leqslant Mf(a).$$

我们将 Abel 不等式推广到了积分. 更进一步, 对连续函数 $G(x)$ 应用介值定理, 得存在 $c\in[a,b]$, 使得

$$\int_a^b f(x)g(x)\mathrm{d}x=f(a)G(c)=f(a)\int_a^c g(x)\mathrm{d}x.$$ ■

改变函数 $f(x)$ 的单调下降的条件, 则成立下面的定理.

定理 5.4.7 (积分第二中值定理) 设 $f(x)\geqslant 0$ 在 $[a,b]$ 上单调上升, $g(x)$ 在 $[a,b]$ 上可积, 则存在 $c\in[a,b]$, 使得

$$\int_a^b f(x)g(x)\mathrm{d}x=f(b)\int_c^b g(x)\mathrm{d}x.$$

证明 令 $x=-t$, 则 $f(-t)>0$ 是定义在 $[-b,-a]$ 上单调下降的函数, 应用定理 5.4.6, 存在 $c\in[a,b]$, 使得

$$\int_{-b}^{-a} f(-t)g(-t)\mathrm{d}t=f(-(-b))\int_{-b}^{-c} g(-x)\mathrm{d}x.$$

但容易看出

$$\int_{-b}^{-c} g(-t)\mathrm{d}t=\int_c^b g(x)\mathrm{d}x.$$ ■

若去掉定理 5.4.6 中关于函数 $f(x)$ 的非负性以及单调上升的假设, 我们则得到下面的更一般的定理.

定理 5.4.8 (积分第二中值定理) 设 $f(x)$ 在 $[a,b]$ 上单调, $g(x)$ 在 $[a,b]$ 上可积, 则存在 $c\in[a,b]$, 使得

$$\int_a^b f(x)g(x)\mathrm{d}x=f(a)\int_a^c g(x)\mathrm{d}x+f(b)\int_c^b g(x)\mathrm{d}x.$$

证明 不妨设 $f(x)$ 在 $[a,b]$ 上单调下降, 令 $\widetilde{f}(x)=f(x)-f(b)$, 则 $\widetilde{f}(x)\geqslant 0$ 单调下降. 应用定理 5.4.6, 得

$$\int_a^b (f(x)-f(b))g(x)\mathrm{d}x=\int_a^b \widetilde{f}(x)g(x)\mathrm{d}x=\widetilde{f}(a)\int_a^c g(x)\mathrm{d}x=(f(a)-f(b))\int_a^c g(x)\mathrm{d}x.$$

注意到

$$\int_a^b f(b)g(x)\mathrm{d}x - f(b)\int_a^c g(x)\mathrm{d}x = f(b)\int_c^b g(x)\mathrm{d}x,$$

代入上式就得到积分第二中值定理. ■

下面是积分第二中值定理的一个简单应用.

例 2 设 $f(x)$ 和 $g(x)$ 都是定义在 $[a,+\infty)$ 上的函数, 如果 $f(x)$ 在 $[a,+\infty)$ 上单调, 并且 $\lim\limits_{x\to+\infty} f(x)=0$, 而对于任意 $b>a$, $g(x)$ 在 $[a,b]$ 上可积, 同时函数 $G(b)=\int_a^b g(x)\mathrm{d}x$ 在 $[a,+\infty)$ 上有界, 证明: 极限 $\lim\limits_{b\to+\infty}\int_a^b f(x)g(x)\mathrm{d}x$ 收敛.

证明 对极限 $\lim\limits_{b\to+\infty}\int_a^b f(x)g(x)\mathrm{d}x$ 应用 Cauchy 准则, 我们知道, 这一极限收敛的充要条件是对于任意 $\varepsilon>0$, 存在 $R>a$, 使得只要 $b_1>R, b_2>R$, 就成立

$$\left|\int_a^{b_1} f(x)g(x)\mathrm{d}x - \int_a^{b_2} f(x)g(x)\mathrm{d}x\right| = \left|\int_{b_1}^{b_2} f(x)g(x)\mathrm{d}x\right| < \varepsilon.$$

而 $G(b)=\int_a^b g(x)\mathrm{d}x$ 有界表明存在 $M>0$, 使得对于任意 $b\in[a,+\infty)$, 成立 $\left|\int_a^b g(x)\mathrm{d}x\right|<M$. 由此, 对于任意 $c,d\in[a,+\infty)$, 成立

$$\begin{aligned}\left|\int_c^d f(x)g(x)\mathrm{d}x\right| &= \left|\int_a^c f(x)g(x)\mathrm{d}x - \int_a^d f(x)g(x)\mathrm{d}x\right|\\ &\leqslant \left|\int_a^c f(x)g(x)\mathrm{d}x\right| + \left|\int_a^d f(x)g(x)\mathrm{d}x\right| \leqslant 2M.\end{aligned}$$

现设 $\varepsilon>0$ 是任意给定的常数, 由 $\lim\limits_{x\to+\infty} f(x)=0$, 存在 R, 使得只要 $x>R$, 就成立 $|f(x)|<\dfrac{\varepsilon}{4M}$. 对于任意 $b_1>R, b_2>R$, 将定理 5.4.8 中的积分第二中值定理应用到积分 $\int_{b_1}^{b_2} f(x)g(x)\mathrm{d}x$ 上, 我们得到存在 $c\in[b_1,b_2]$, 使得

$$\begin{aligned}\left|\int_{b_1}^{b_2} f(x)g(x)\mathrm{d}x\right| &= \left|f(b_1)\int_{b_1}^c g(x)\mathrm{d}x + f(b_2)\int_c^{b_2} f(x)\mathrm{d}x\right|\\ &\leqslant |f(b_1)|\left|\int_{b_1}^c g(x)\mathrm{d}x\right| + |f(b_2)|\left|\int_c^{b_2} g(x)\mathrm{d}x\right|\\ &\leqslant \frac{\varepsilon}{4M}2M + \frac{\varepsilon}{4M}2M = \varepsilon.\end{aligned}$$

$\lim\limits_{b\to+\infty}\int_a^b f(x)g(x)\mathrm{d}x$ 满足极限收敛的 Cauchy 准则, 因而极限收敛. ■

这一节我们将关于求和的许多关系式推广到了积分. 而求和还有许多其他的等式或者不等式, 这些大多也可以推广到积分, 读者不妨自己试一试.

5.5 分部积分法与积分的变元代换

5.4 节将积分与加法类比, 我们将加法的各种等式和不等式推广到了积分. 另一方面, 微积分的奠基人 Newton 和 Leibniz 的重要贡献之一是他们将微分和积分这两个原来相互独立的概念通过求一个函数的导函数以及知道一个函数的导函数后求出这个函数这一互逆的过程联系起来, 给出了微积分学基本定理. 这一节我们将利用积分与微分的关系, 讨论微分的一些法则怎样反映到函数的积分上. 先从 Leibniz 法则开始.

设 $f(x)$ 和 $g(x)$ 都是区间 $[a,b]$ 上可导的函数, 则对于函数的乘法, 我们有 Leibniz 法则:

$$(f(x)g(x))' = f'(x)g(x) + f(x)g'(x).$$

等式两边同乘 $\mathrm{d}x$, 我们得到微分的 Leibniz 法则:

$$\mathrm{d}(f(x)g(x)) = g(x)\mathrm{d}f(x) + f(x)\mathrm{d}g(x).$$

现在假定导函数 $f'(x)$ 和 $g'(x)$ 都在区间 $[a,b]$ 上可积, 上式两边积分, 利用 Newton-Leibniz 公式, 我们得到

$$\int_a^b \mathrm{d}(f(x)g(x)) = f(b)g(b) - f(a)g(a) = \int_a^b \big(g(x)\mathrm{d}f(x) + f(x)\mathrm{d}g(x)\big).$$

移项后, 就得到下面的定理.

定理 5.5.1 (分部积分法) 设 $f(x)$ 和 $g(x)$ 都是区间 $[a,b]$ 上的可导函数, 且导函数 $f'(x)$ 和 $g'(x)$ 都在区间 $[a,b]$ 上可积, 则

$$\int_a^b f(x)\mathrm{d}g(x) = f(x)g(x)\Big|_a^b - \int_a^b g(x)\mathrm{d}f(x).$$

下面先来看几个例子.

例 1 计算 $\displaystyle\int_1^2 x\ln x\mathrm{d}x$.

解 先将积分中的 $x\mathrm{d}x$ 表示为 $\dfrac{\mathrm{d}(x^2)}{2}$, 利用分部积分法得

$$\begin{aligned}\int_1^2 x\ln x\mathrm{d}x &= \int_1^2 \ln x\frac{\mathrm{d}(x^2)}{2} = \frac{x^2}{2}\ln x\Big|_1^2 - \int_1^2 \frac{x^2}{2}\mathrm{d}(\ln x)\\ &= 2\ln 2 - \int_1^2 \frac{x^2}{2}\frac{1}{x}\mathrm{d}x = 2\ln 2 - \frac{3}{4}.\end{aligned}$$

例 2 计算 $\int_a^b \mathrm{e}^x \sin x \mathrm{d}x$.

解 利用分部积分法, 先将积分中的 $\sin x\mathrm{d}x$ 表示为 $-\mathrm{d}\cos x$, 代入得

$$\int_a^b \mathrm{e}^x \sin x \mathrm{d}x = \int_a^b \mathrm{e}^x(-\mathrm{d}\cos x) = -\mathrm{e}^x \cos x\Big|_a^b + \int_a^b \mathrm{e}^x \cos x \mathrm{d}x.$$

在积分 $\int_a^b \mathrm{e}^x \cos x \mathrm{d}x$ 中, 将 $\cos x\mathrm{d}x$ 表示为 $\mathrm{d}\sin x$, 再一次应用分部积分法, 得

$$\int_a^b \mathrm{e}^x \cos x \mathrm{d}x = \int_a^b \mathrm{e}^x \mathrm{d}\sin x = \mathrm{e}^x \sin x\Big|_a^b - \int_a^b \mathrm{e}^x \sin x \mathrm{d}x.$$

代入上面等式中, 就得到

$$\int_a^b \mathrm{e}^x \sin x \mathrm{d}x = -\mathrm{e}^x \cos x\Big|_a^b + \mathrm{e}^x \sin x\Big|_a^b - \int_a^b \mathrm{e}^x \sin x \mathrm{d}x.$$

由此得到

$$\int_a^b \mathrm{e}^x \sin x \mathrm{d}x = \frac{1}{2}\mathrm{e}^x(\sin x - \cos x)\Big|_a^b.$$

例 3 计算 $\int_1^2 x \sin x \mathrm{d}x$.

解 方法与例 1 相同, 也可参考例 2, 过程略, 结果为

$$\int_1^2 x \sin x \mathrm{d}x = \sin 2 - \sin 1 + \cos 1 - 2\cos 2.$$

作为分部积分法的应用, 下面利用这一方法来讨论函数的 Taylor 展开, 给出带积分余项的 Taylor 公式.

定理 5.5.2 (带积分余项的 Taylor 公式) 设 $f(x)$ 在区间 (a,b) 上 $n+1$ 阶连续可导, $x_0 \in (a,b)$ 是一给定的点, 则对于任意 $x \in (a,b)$, 成立下面带积分余项的 Taylor 公式:

$$\begin{aligned} f(x) = f(x_0) &+ \frac{f'(x_0)}{1!}(x-x_0) + \cdots + \frac{f^{(n)}(x_0)}{n!}(x-x_0)^n \\ &+ \frac{1}{n!}\int_{x_0}^x f^{(n+1)}(t)(x-t)^n \mathrm{d}t. \end{aligned}$$

证明 首先将 x 固定, 以 t 作为变量, 应用 Newton-Leibniz 公式, 成立

$$f(x) - \sum_{i=0}^n \frac{f^{(i)}(x_0)}{i!}(x-x_0)^i = \int_{x_0}^x \left[f(t) - \sum_{i=0}^n \frac{f^{(i)}(x_0)}{i!}(t-x_0)^i\right]' \mathrm{d}t. \tag{5.1}$$

将其中等式右边的 $\mathrm{d}t$ 改写为 $-\mathrm{d}(x-t)$, 应用分部积分法, 上式右边为

$$-\left[f(t)-\sum_{i=0}^{n}\frac{f^{(i)}(x_0)}{i!}(t-x_0)^i\right]'(x-t)\bigg|_{x_0}^{x}$$
$$+\int_{x_0}^{x}\left[f(t)-\sum_{i=0}^{n}\frac{f^{(i)}(x_0)}{i!}(t-x_0)^i\right]''(x-t)\mathrm{d}t.$$

上式中前一部分为 0, 而对后一部分, 将其中的 $(x-t)\mathrm{d}t$ 改写为 $-\dfrac{\mathrm{d}(x-t)^2}{2}$, 再一次应用分部积分法, 上式可写为

$$-\left[f(t)-\sum_{i=0}^{n}\frac{f^{(i)}(x_0)}{i!}(t-x_0)^i\right]^{(3)}\frac{\mathrm{d}(x-t)^2}{2}\bigg|_{x_0}^{x}$$
$$+\int_{x_0}^{x}\left[f(t)-\sum_{i=0}^{n}\frac{f^{(i)}(x_0)}{i!}(t-x_0)^i\right]^{(3)}\frac{(x-t)^2}{2}\mathrm{d}t.$$

同样地, 上式中前一部分为 0, 而对后一部分, 我们将其中的 $\dfrac{(x-t)^2}{2}\mathrm{d}t$ 再次改写为 $-\dfrac{\mathrm{d}(x-t)^3}{3!}$, 应用分部积分法. 以此类推, 经过 $n+1$ 次应用分部积分法后, 我们得到等式 (5.1) 中右边部分等于

$$\int_{x_0}^{x}\left[f(t)-\sum_{i=0}^{n}\frac{f^{(i)}(x_0)}{i!}(t-x_0)^i\right]^{(n+1)}\frac{(x-t)^n}{n!}\mathrm{d}t,$$

其中由于 $\displaystyle\sum_{i=0}^{n}\frac{f^{(i)}(x_0)}{i!}(t-x_0)^i$ 是 t 的 n 次多项式, 其 $n+1$ 阶导数为 0, 因此

$$\left[f(t)-\sum_{i=0}^{n}\frac{f^{(i)}(x_0)}{i!}(t-x_0)^i\right]^{(n+1)}=f^{(n+1)}(t),$$

代入等式 (5.1) 后, 我们得到

$$f(x)=f(x_0)+\frac{f'(x_0)}{1!}(x-x_0)+\cdots+\frac{f^{(n)}(x_0)}{n!}(x-x_0)^n+\frac{1}{n!}\int_{x_0}^{x}f^{(n+1)}(t)(x-t)^n\mathrm{d}t. \blacksquare$$

在带积分余项的 Taylor 公式中, 如果对其中的余项应用积分第一中值定理, 就得到带 Lagrange 余项的 Taylor 展开. 当然在带积分余项的 Taylor 公式中, 为了保证函数的 $n+1$ 阶导函数可积, 我们要求函数 $n+1$ 阶连续可导, 这强于带 Lagrange 余项的 Taylor 展开中仅要求函数 $n+1$ 阶可导. 但另一方面, 相对于带 Lagrange 余项的 Taylor 展开中有一个未知, 并且可能不唯一的 θ, 带积分余项的 Taylor 公式中所有项都是确定的.

回到积分与求导的关系. 在导数的实际计算中, 除了基本初等函数需要利用导数的定义得到求导公式外, 其他大多数函数求导时都需要利用求导法则. 这其中最基本的是链法则. 同样地, 对于积分的许多计算, 也需要应用链法则的逆过程, 这在积分中称为变元代换. 我们先回顾一下链法则.

设 $y=f(x)$ 是区间 $[a,b]$ 上连续可导的函数, 而 $x=x(t)$ 是区间 $[c,d]$ 上连续可导的函数, 满足 $\forall t\in[c,d], x(t)\in[a,b]$, 而 $x(c)=a, x(d)=b$, 则对复合函数 $y=f(x(t))$ 应用求导的链法则, 我们得到

$$\mathrm{d}f(x(t))=(f(x(t)))'\mathrm{d}t=f'(x(t))x'(t)\mathrm{d}t.$$

对上式两边在 $[c,d]$ 上积分, 得

$$\int_c^d (f(x(t)))'\mathrm{d}t=\int_c^d f'(x(t))x'(t)\mathrm{d}t.$$

但另一方面, 应用 Newton-Leibniz 公式, 成立

$$\int_c^d (f(x(t)))'\mathrm{d}t=f(x(d))-f(x(c))=f(b)-f(a)=\int_a^b f'(x)\mathrm{d}x.$$

我们得到关于积分的等式

$$\int_a^b f'(x)\mathrm{d}x=\int_c^d f'(x(t))x'(t)\mathrm{d}t.$$

将这一结论总结出来, 就得到下面的积分第一换元法.

定理 5.5.3 (积分第一换元法) 设 $y=f(x)$ 在区间 $[a,b]$ 上可积, 并且 $f(x)$ 在 $[a,b]$ 上有原函数 $F(x)$, 如果 $x=x(t)$ 是区间 $[c,d]$ 上连续可导的函数, 满足对于任意 $t\in[c,d], x(t)\in[a,b]$, 而 $x(c)=a, x(d)=b$, 则 $f(x(t))$ 可积, 并且

$$\int_c^d f(x(t))x'(t)\mathrm{d}t=\int_a^b f(x)\mathrm{d}x.$$

证明 利用函数可积性的判别条件, 容易得到 $f(x(t))$ 可积 (见定理 5.5.4). $f(x)$ 有原函数 $F(x)$, 应用 Newton-Leibniz 公式和求导的链法则得,

$$\begin{aligned}\int_a^b f(x)\mathrm{d}x&=F(b)-F(a)=F(x(d))-F(x(c))\\&=\int_c^d (F(x(t)))'\mathrm{d}t=\int_c^d F'(x(t))x'(t)\mathrm{d}t\\&=\int_c^d f(x(t))x'(t)\mathrm{d}t.\end{aligned}$$

■

积分第一换元法是积分计算中用得非常多的工具, 下面看几个例子.

例 4 计算 $\int_0^{\frac{\pi}{4}} \tan x \mathrm{d}x$.

解 $\int_0^{\frac{\pi}{4}} \tan x \mathrm{d}x = \int_0^{\frac{\pi}{4}} \frac{\sin x}{\cos x} \mathrm{d}x = \int_0^{\frac{\pi}{4}} \frac{-\mathrm{d}\cos x}{\cos x} = -\int_1^{\frac{\sqrt{2}}{2}} \frac{1}{t} \mathrm{d}t == \frac{1}{2}\ln 2.$

例 5 计算 $\int_0^{10} x \sin x^2 \mathrm{d}x$.

解 $\int_0^{10} x\sin x^2 \mathrm{d}x = \frac{1}{2}\int_0^{10} \sin x^2 \mathrm{d}(x^2) = \frac{1}{2}\int_0^{100} \sin t \mathrm{d}t = \frac{1}{2}(1-\cos 100).$

在积分第一换元法中, 对于变换 $x = x(t)$, 没有要求 $x = x(t)$ 是 $[c, d]$ 到 $[a, b]$ 的一一映射, 只要求其在端点处满足 $x(c) = a, x(d) = b$. 当然, 积分第一换元法中要求被积函数 $f(x)$ 有原函数. 这个条件比较强, 对于大部分可积函数而言, 这一条件是不成立的, 因而不能够应用积分第一换元法.

从另一个角度, 我们关心函数的可积性在什么样的变换下能够保持. 这个问题可以表示为: 将函数 $y = f(x)$ 看作一个运动, 其中的自变量 x 只是为了观察这个运动选取的一个参照系 (或者说坐标系), 如果用其他参照系来观察同一运动, 在 x 这个参照系下成立的函数可积性在其他参照系下是不是也成立? 函数的积分是否与参照系的选取有关? 对此有下面的积分第二换元法.

定理 5.5.4 (积分第二换元法) 设 $x = x(t)$ 是定义在 $[c, d]$ 上连续可导的函数, 满足 $x'(t)$ 处处不为 0, 而 $x(c) = a, x(d) = b$, 则 $[a, b]$ 上的函数 $f(x)$ 可积的充要条件是 $f(x(t))$ 在 $[c, d]$ 上可积, 可积时,

$$\int_a^b f(x)\mathrm{d}x = \int_c^d f(x(t))x'(t)\mathrm{d}t.$$

证明 可设 $\forall x \in [a, b]$, $|f(x)| \leqslant M$. 由于 $x'(t)$ 处处不为 0, 可设 $x'(t) > 0$, 这时 $x = x(t)$ 是 $[c, d]$ 上严格单调上升的函数, 并且有连续可导的反函数 $t = t(x)$. 设

$$\Delta : c = t_0 < t_1 < \cdots < t_n = d$$

是 $[c, d]$ 的分割, 则

$$\Delta' : a = x(t_0) < x(t_1) < \cdots < x(t_n) = b$$

是 $[a, b]$ 的分割. 由于函数 $x = x(t)$ 和 $t = t(x)$ 都一致连续, 因而 $\lambda(\Delta) \to 0$ 就等价于 $\lambda(\Delta') \to 0$. 而应用 Lagrange 中值定理, 对于 $i = 1, 2, \cdots, n$, 存在 $e_i \in [t_{i-1}, t_i]$, 使得

$$x(t_i) - x(t_{i-1}) = x'(e_i)(t_i - t_{i-1}).$$

现任取 $c_i \in [t_{i-1}, t_i]$, 设 $c_i' = x(c_i)$, 则成立

$$\sum_{i=1}^{n} f(x(c_i))(x(t_i) - x(t_{i-1})) = \sum_{i=1}^{n} f(x(c_i))x'(e_i)(t_i - t_{i-1}).$$

将此 Riemann 和与函数 $f(x(t))x'(t)$ 在 $[c,d]$ 上对分割 Δ 的 Riemann 和

$$\sum_{i=1}^{n} f(x(c_i))x'(c_i)(t_i - t_{i-1})$$

进行比较, 我们得到

$$\begin{aligned}
&\left|\sum_{i=1}^{n} f(x(c_i))(x(t_i) - x(t_{i-1})) - \sum_{i=1}^{n} f(x(c_i))x'(c_i)(t_i - t_{i-1})\right| \\
=& \left|\sum_{i=1}^{n} f(x(c_i))x'(e_i)(t_i - t_{i-1}) - \sum_{i=1}^{n} f(x(c_i))x'(c_i)(t_i - t_{i-1})\right| \\
\leqslant& M \sum_{i=1}^{n} \big|x'(e_i) - x'(c_i)\big|(t_i - t_{i-1}).
\end{aligned}$$

由于 $x'(t)$ 在 $[c,d]$ 上一致连续, 因而 $\lambda(\Delta) \to 0$ 时, 上式趋于 0. 由此得到上面两个 Riemann 和在 $\lambda(\Delta) \to 0$ 时同时收敛或者同时发散. 所以 $f(x)$ 在 $[a,b]$ 上可积的充要条件是 $f(x(t))x'(t)$ 在 $[c,d]$ 上可积, 可积时

$$\int_a^b f(x)\mathrm{d}x = \int_c^d f(x(t))x'(t)\mathrm{d}t.$$

另一方面, 导函数 $x'(t)$ 在 $[c,d]$ 上连续且处处不为 0, 因而 $\dfrac{1}{x'(t)}$ 在 $[c,d]$ 上可积. 而可积函数的乘积仍然是可积函数, 由

$$f(x(t)) = f(x(t))x'(t)\frac{1}{x'(t)},$$

因而 $f(x(t))$ 与 $f(x(t))x'(t)$ 同时可积或者同时不可积. 我们得 $f(x(t))$ 与 $f(x)$ 同时可积或者同时不可积. ■

在定理 5.5.4 中, 将函数 $x = x(t)$ 看作区间 $[c,d]$ 到 $[a,b]$ 的映射, 则其有连续可导的逆映射 $t = t(x) : [a,b] \to [c,d]$. 对此, 我们称映射 $x = x(t)$ 为 $[c,d]$ 到 $[a,b]$ 的 C^1 微分同胚. 微分同胚将 $[c,d]$ 与 $[a,b]$ 等同, 将 $[a,b]$ 上的函数 $f(x)$ 与 $[c,d]$ 上的函数 $f(x(t))$ 等同. 在这一等同关系下, $f(x)$ 连续等价于 $f(x(t))$ 连续, $f(x)$ 可导等价于 $f(x(t))$ 可导. 在微分同胚的意义下, x 和 t 分别是同一个空间的不同参照系 (或者说不同坐标). 而定理 5.5.4 则表明, 与函数的连续性和可导性保持不变相

同, 函数的 Riemann 可积性在 C^1 微分同胚下保持不变. 在这个意义上, 积分的第二换元法才是本质的换元法. 当然, 一般的 $\int_a^b f(x)\mathrm{d}x \neq \int_c^d f(x(t))\mathrm{d}t$, 函数的积分与表示函数的坐标系有关. 为了解决这一矛盾, 现代数学中将积分 $\int_a^b f(x)\mathrm{d}x$ 看作是对一次微分 $f(x)\mathrm{d}x$ 的积分, 由 $f(x)\mathrm{d}x = f(x(t))x'(t)\mathrm{d}t$, 积分与坐标无关.

利用定理 5.5.3 的证明方法, 对于函数的复合运算, 容易得到下面的定理.

定理 5.5.5 如果 $y = f(x)$ 是区间 $[a,b]$ 上的可积函数, 而 $x = g(t)$ 在区间 $[c,d]$ 上单调且连续可导, $\forall t \in [c,d]$, $x(t) \in [a,b]$, 则 $f(g(t))$ 在 $[c,d]$ 上可积.

5.6 微元法与积分在几何中的几个简单应用

在本书第一章 "数学分析简史" 一节里, 我们说明了 Newton 和 Leibniz 当年以无穷小为基础建立微积分的过程. 虽然无穷小方法后来被证明缺少逻辑的严谨性, Cauchy 等人用极限理论将其取而代之, 但是无穷小方法由于比较直观、简洁, 几何图形清楚, 并且容易得到相关的计算公式, 因而在数学、物理和工程学中仍然被广泛使用, 称为微元法.

本节我们将以微元法为基础, 给出积分在计算曲边扇形面积、曲线的弧长、旋转体的体积和表面积等几个几何方面的应用, 目的是帮助读者理解积分在实际中的应用, 学会应用微元法来建立相关公式. 当然, 微元法并不能代替严谨的逻辑推理, 对于一般平面集合的面积、曲线的弧长, 以及 $\mathbb{R}^3$ 中集合的体积和曲面面积等概念, 我们都将在本书下册中重新讨论, 给出严格的定义, 给出利用分割、求和、取极限得到的逻辑严谨的数学推理, 以及更一般的积分计算公式. 而这里, 对于我们讨论的这些简单的几何对象, 在积分的计算公式中, 函数的 Riemann 可积性表明我们实际上也可以用分割、求和、取极限来证明利用微元法得到的公式.

曲边扇形的面积 设曲线 L 由极坐标方程 $r = r(\theta)$ 给出, $\theta \in [a,b]$, 令

$$D = \left\{(r,\theta)\middle|\theta \in [a,b], 0 \leqslant r \leqslant r(\theta)\right\},$$

D 称为由 $r = r(\theta)$ 定义的曲边扇形. 如图 5.2 所示. 怎样计算 D 的面积呢? 我们知道, 在半径为 r 的圆盘上, 弧角为 θ 的扇形的面积为 $\dfrac{r^2}{2}\theta$. 对于曲线 L, 在无穷小的意义上, 将曲线局部用圆弧来近似, 因而曲边扇形的面积微元为 $\dfrac{r^2(\theta)}{2}\mathrm{d}\theta$. 而曲边

扇形 D 的面积可以用积分表示为

$$m(D)=\sum_{\theta\in[a,b]}\frac{r^2(\theta)}{2}\mathrm{d}\theta=\int_a^b\frac{r^2(\theta)}{2}\mathrm{d}\theta.$$

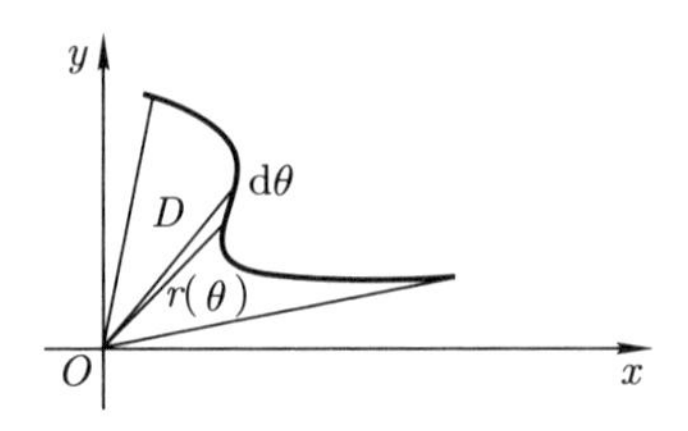

图 5.2

曲线的弧长 设 $L: x=x(t), y=y(t)$ 是平面上的一条曲线, $t\in[a,b]$, 假定其中 $x(t)$ 和 $y(t)$ 都连续可导, 我们希望计算曲线 L 的弧长.

在无穷小的意义下将曲线局部看成直线段, 则其与相应的水平和垂直线段共同构成一个直角三角形, 如图 5.3 所示. 如果以 $\mathrm{d}s$ 表示直角三角形斜边的长度微元, 则直角边的长度微元分别为 $\mathrm{d}x$ 和 $\mathrm{d}y$. 由勾股定理, 我们得到 $\mathrm{d}s^2=\mathrm{d}x^2+\mathrm{d}y^2$, 即曲线的弧长微元可以表示为

$$\mathrm{d}s=\sqrt{\mathrm{d}x^2+\mathrm{d}y^2}=\sqrt{(x'(t))^2+(y'(t))^2}\mathrm{d}t.$$

因此, 曲线弧长 $s(L)$ 的计算公式为

$$s(L)=\sum_{t\in[a,b]}\mathrm{d}s=\int_a^b\sqrt{(x'(t))^2+(y'(t))^2}\mathrm{d}t.$$

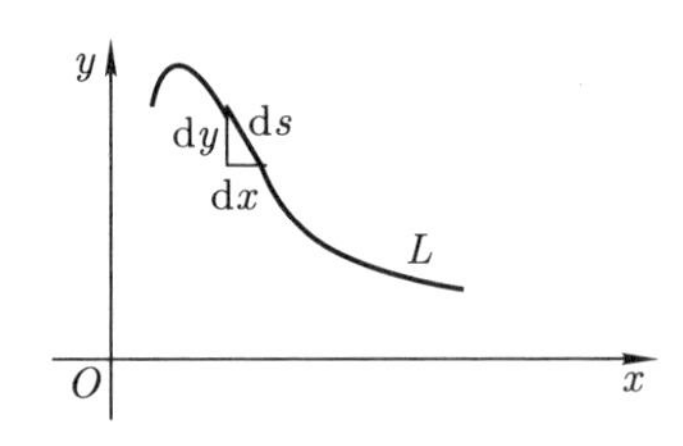

图 5.3

如果 L 是由连续可微函数 $y=f(x)$ 给出, 其中 $x\in[a,b]$, 则曲线弧长为

$$s(L)=\int_a^b\sqrt{1+(f'(x))^2}\mathrm{d}x.$$

如果曲线 L 是以极坐标的形式 $r=r(\theta)$ 给出, 其中 $\theta\in[a,b]$, 则可以将 L 以参变量函数的形式表示为 $x=r(\theta)\cos\theta, y=r(\theta)\sin\theta$. 这时

$$x'(\theta)=r'(\theta)\cos\theta-r(\theta)\sin\theta,\quad y'(\theta)=r'(\theta)\sin\theta+r(\theta)\cos\theta.$$

因此, 曲线的弧长公式为

$$s(L)=\int_a^b \sqrt{(r(\theta))^2+(r'(\theta))^2}\mathrm{d}\theta.$$

旋转体的体积 设 $f(x)>0$ 是定义在区间 $[a,b]$ 上的连续函数, 在 $\mathbb{R}^3$ 中, 将由 $y=f(x)$ 定义的曲线绕 x 轴旋转一周, 所得的集合 D 就称为由 $f(x)$ 定义的旋转体 (见图 5.4).

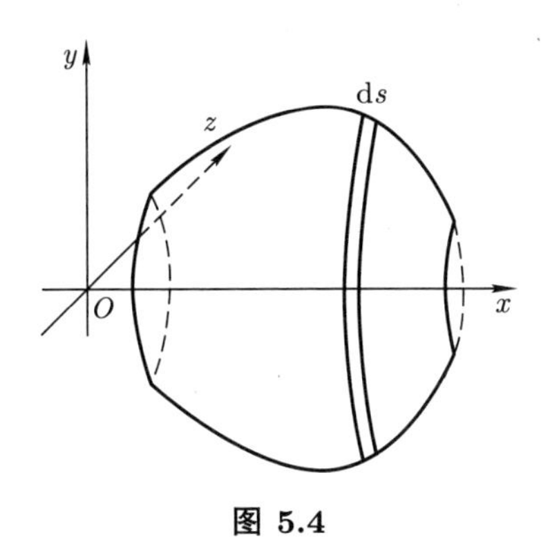

图 5.4

怎样计算一个旋转体的体积呢? 首先, 半径为 r, 高为 d 的圆柱的体积为 $\pi r^2 d$. 利用此, 在无穷小的意义下, 旋转体是由半径为 $f(x)$, 高为 $\mathrm{d}x$ 的圆柱微元组成, 因而旋转体的体积微元为 $\pi f^2(x)\mathrm{d}x$, 我们得到旋转体的体积为

$$m(D)=\sum_{x\in[a,b]}\pi f^2(x)\mathrm{d}x=\pi\int_a^b f^2(x)\mathrm{d}x.$$

旋转体的表面面积 同样设 D 是由定义在 $[a,b]$ 上连续可导的函数 $f(x)>0$ 的曲线在 $\mathbb{R}^3$ 中绕 x 轴旋转一周所得的旋转体, 问怎样计算 D 的表面积? 对此, 我们知道半径为 r, 高为 s 的圆柱的表面积为 $2\pi rs$. 因此, 在无穷小的意义下, 旋转体的表面可以看成高为曲线的弧长微元 $\mathrm{d}s$、半径为 $f(x)$ 的圆柱的表面, 我们得到旋转体表面积的面积微元为 $\pi f(x)\mathrm{d}s$ (见图 5.4). 另一方面, 在曲线的弧长讨论中, 我们知道由函数 $y=f(x)$ 定义的曲线的弧长微元为 $\mathrm{d}s=\sqrt{1+(f'(x))^2}\mathrm{d}x$, 所以旋转体 D 的表面积 $b(D)$ 用积分可以表示为

$$b(D)=\sum_{x\in[a,b]}2\pi f(x)\mathrm{d}s=2\pi\int_a^b f(x)\sqrt{1+(f'(x))^2}\mathrm{d}x.$$

习 题

1. 按积分定义证明 $y=x$ 在 $[0,1]$ 上可积, 并利用定义计算积分 $\int_0^1 x\mathrm{d}x$.

2. 以肯定的语气, 按照 $\forall$ 和 $\exists$ 对比的形式, 分别表述函数 $f(x)$ 在区间 $[a,b]$ 上 Riemann 可积和 Riemann 不可积.

3. 表述并证明 Riemann 积分的保序性、夹逼定理.

4. 设 $f(x)$ 是 $[a,b]$ 上的凸函数, 证明: $(b-a)f\left(\dfrac{a+b}{2}\right)\leqslant\int_a^b f(x)\mathrm{d}x$.

5. 证明: 任意改变一个函数 $f(x)$ 在区间 $[a,b]$ 上有限个点的函数值, 不改变函数的可积性, 可积时也不改变函数的积分.

6. 计算下列积分:

(1) $\int_0^a \cos^2 x\mathrm{d}x$; (2) $\int_0^a \sqrt{a-x}\mathrm{d}x$; (3) $\int_3^5 \dfrac{\mathrm{d}x}{x\sqrt{x^2-4}}$.

7. 设 $f(x)$ 在区间 $[0,1]$ 上连续, 证明 $F(x)=\int_0^{x^2} f(t)\mathrm{d}t$ 可导, 并求 $F'(x)$.

8. 利用积分定义计算下列极限:

(1) $\lim\limits_{n\to+\infty}\sum\limits_{k=1}^n \dfrac{1}{n}\sin\dfrac{k\pi}{n}$; (2) $\lim\limits_{n\to+\infty}\left(\dfrac{1}{n}+\dfrac{1}{n+1}+\cdots+\dfrac{1}{2n}\right)$.

9. 表述并证明关于函数 Riemann 积分的 Cauchy 准则.

10. 以肯定的语气表述函数的 Riemann 和不满足收敛的 Cauchy 准则.

11. 设 $f(x)$ 是区间 $[a,b]$ 上的有界函数, 令

$$f^+(x)=\max\{f(x),0\},\quad f^-=\min\{f(x),0\}.$$

证明: $f(x)$ 可积的充要条件是 $f^+(x)$ 和 $f^-(x)$ 同时可积. 试举一例, $|f(x)|$ 可积, 而 $f^+(x)$ 和 $f^-(x)$ 不可积.

12. 问有界函数的上积分、下积分和上、下积分的平均值与可积函数的积分在性质上有什么差异? 为什么不能用上积分、下积分或者上、下积分的平均值来代替可积函数的积分, 将积分推广到所有有界函数上?

13. 设 $f(x)$ 在 x_0 的邻域上有界, $\forall\varepsilon>0$, 令

$$w_f(\varepsilon)=\sup_{(x_0-\varepsilon,x_0+\varepsilon)}\{f(x)\}-\inf_{(x_0-\varepsilon,x_0+\varepsilon)}\{f(x)\}.$$

证明: 极限 $\lim\limits_{\varepsilon\to0^+}w_f(\varepsilon)$ 收敛, 并且 $f(x)$ 在 x_0 连续的充要条件是 $\lim\limits_{\varepsilon\to0^+}w_f(\varepsilon)=0$.

14. 设 $f(x)$ 和 $g(x)$ 都在 $[a,b]$ 上连续, $\Delta: a=x_0<x_1<\cdots<x_{n-1}<x_n=b$ 是 $[a,b]$ 的分割, $\lambda(\Delta)=\max\{x_i-x_{i-1}|i=1,2,\cdots,n\}$. 对于任意选取的 $t_i\in[x_{i-1},x_i]$, 以及 $s_j\in[x_{i-1},x_i]$, 证明:

$$\lim_{\lambda(\Delta)\to0}\sum_{i=1}^n f(t_i)g(s_i)(x_i-x_{i-1})=\int_a^b f(x)g(x)\mathrm{d}x.$$

15. 设 $f(x)$ 在区间 $[0,1]$ 上可积, 证明: $e^{\int_0^1 f(x)dx} \leqslant \int_0^1 e^{f(x)}dx$.

16. 利用定理 5.3.4 证明: 闭区间上的连续函数以及闭区间上有界并且仅有有限个间断点的函数可积.

17. 设 $\{a_1, a_2, \cdots, a_n\}$ 和 $\{b_1, b_2, \cdots, b_n\}$ 是两组实数, 证明: Cauchy 不等式

$$\left(\sum_{k=1}^{n} a_k b_k\right)^2 \leqslant \left(\sum_{k=1}^{n} a_k^2\right)\left(\sum_{k=1}^{n} b_k^2\right).$$

并将这一不等式关系推广到积分.

18. 设 $f(x)$ 和 $g(x)$ 都在区间 $[a,b]$ 上可积, 证明:

$$\sqrt{\int_a^b (f(x)+g(x))^2 dx} \leqslant \sqrt{\int_a^b f^2(x)dx} + \sqrt{\int_a^b g^2(x)dx}.$$

19. 证明下列极限:

(1) $\lim\limits_{n\to+\infty} \int_0^b (1-x^2)^n dx = 0$, 其中$0<b<1$;

(2) $\lim\limits_{n\to+\infty} \int_0^{\frac{\pi}{2}} \sin^n x dx = 0$.

20. 设函数 $f(x)$ 在 $[a,b]$ 上二阶连续可导, 且 $\forall x \in [a,b]$, $f(x) \geqslant 0$, $f''(x) \leqslant 0$, 证明: $\forall x \in [a,b]$, $f(x) \leqslant \dfrac{2}{b-a}\int_a^b f(t)dt$.

21. $f(x) \in C^1[a,b]$, 证明:

$$\max_{x\in[a,b]} |f(x)| \leqslant \left|\frac{1}{b-a}\int_a^b f(x)dx\right| + \int_a^b |f'(x)|dx.$$

22. 一个函数 $S(x)$ 称为区间 $[a,b]$ 上的**阶梯函数**, 如果可以将 $[a,b]$ 分割为有限个开的或者闭的区间, 使得 $S(x)$ 在每一个区间上为常数. 证明: 如果 $f(x)$ 在区间 $[a,b]$ 上可积, 则存在两个阶梯函数的序列 $\{S_n(x)\}$ 和 $\{s_n(x)\}$, 使得 $\forall x \in [a,b]$, $s_n(x) \leqslant f(x) \leqslant S_n(x)$, 而

$$\lim_{n\to+\infty}\int_a^b s_n(x)dx = \lim_{n\to+\infty}\int_a^b S_n(x)dx = \int_a^b f(x)dx.$$

23. 设 $f(x)$ 在区间 $[a,b]$ 上可导, 且导函数 $f'(x)$ 在 $[a,b]$ 上可积, 证明: $f(x)$ 在区间 $[a,b]$ 上可以分解为两个单调函数的差.

24. 设 $f(x) \in C^1[0,+\infty)$, $\lim\limits_{x\to+\infty} f(x) = A$, 证明: $\lim\limits_{x\to+\infty} \dfrac{1}{x}\int_0^x f(t)dt = A$.

25. 利用分部积分法证明带积分余项的三阶 Taylor 公式.

26. 利用换元法计算下列积分:

(1) $\int_0^1 \ln(1+\sqrt{x})dx$;

(2) $\int_0^a \arctan\sqrt{\dfrac{a-x}{a+x}}dx, a>0$;

(3) $\int_0^a \sqrt{a^2-x^2}dx, a>0$;

(4) $\int_0^a x^2\sqrt{a^2-x^2}dx, a>0$.

27. 设 $f(x), g(x) \in C^1[a,b]$, $\Delta: a = x_0 < x_1 < \cdots < x_{n-1} < x_n = b$ 是 $[a,b]$ 的分割, 对于任意选取的 $t_i \in [x_{i-1}, x_i]$, 做和 $\sum\limits_{i=1}^{n} f(t_i)[g(x_i) - g(x_{i-1})]$, 证明:

$$\lim_{\lambda(\Delta)\to 0} \sum_{i=1}^{n} f(t_i)(g(x_i) - g(x_{i-1})) =: \int_a^b f(x)\mathrm{d}g(x),$$

给出并证明 $\int_a^b f(x)\mathrm{d}g(x)$ 的计算公式.

28. 利用分部积分法计算下列积分:

(1) $\int_0^1 \ln(x + \sqrt{1+x^2})\mathrm{d}x$; (2) $\int_0^1 x(\arctan x)^2\mathrm{d}x$; (3) $\int_0^1 x^2 \sin x\mathrm{d}x$;

(4) $\int_1^2 (1-x)^2 x^3\mathrm{d}x$; (5) $\int_1^2 x^2 \ln x\mathrm{d}x$; (6) $\int_0^1 x^2 \mathrm{e}^{\sqrt{x}}\mathrm{d}x$.

29. 利用分部积分法计算下列积分:

(1) $\int_0^{\frac{\pi}{2}} \mathrm{e}^{ax} \sin bx\mathrm{d}x$; (2) $\int_0^{\frac{\pi}{2}} \mathrm{e}^{ax} \cos bx\mathrm{d}x$.

30. 设 $f(x)$ 在区间 $[0, 2\pi]$ 上单调下降, 证明:

$$\lim_{n\to+\infty} \int_0^{2\pi} f(x) \sin nx\mathrm{d}x \geqslant 0.$$

31. 设 $f(x)$ 在区间 $[0, 2\pi]$ 上可积, 证明:

(1) $\lim\limits_{n\to+\infty} \int_0^{2\pi} f(x) \sin nx\mathrm{d}x = 0$; (2) $\lim\limits_{n\to+\infty} \int_0^{2\pi} f(x) \cos nx\mathrm{d}x = 0$.

32. 证明定理 5.5.4.

33. 设函数 $f(x)$ 在区间 $[a,b]$ 上连续可导, 函数 $x = g(t)$ 在区间 $[c,d]$ 上可积, 并且 $g([c,d]) \subset [a,b]$, 证明: $f(g(t))$ 在区间 $[c,d]$ 上可积.

34. 设 $x_0 \in [a,b]$ 是给定的点, 试构造区间 $[a,b]$ 上一个可积函数 $f(x)$, 使得函数 $F(x) = \int_a^x f(t)\mathrm{d}t$ 在 x_0 处不可导.

35. 设函数 $f(x)$ 在区间 $[a,b]$ 上连续可导, $f(a) = 0$, 证明:

$$\left|\int_a^b f(x)\mathrm{d}x\right| \leqslant \frac{(b-a)^2}{2} \max_{a\leqslant x\leqslant b}\{|f'(x)|\}.$$

36. 设函数 $f(x)$ 在区间 $[a,b]$ 上二阶连续可导, $f(a) = f(b) = 0$, 证明:

(1) $\int_a^b f(x)\mathrm{d}x = \frac{1}{2}\int_a^b f''(x)(x-a)(x-b)\mathrm{d}x$;

(2) $\left|\int_a^b f(x)\mathrm{d}x\right| \leqslant \frac{(b-a)^3}{12} \max\limits_{a\leqslant x\leqslant b}\{|f''(x)|\}$.

37. 设函数 $f(x)$ 在区间 $[0,1]$ 上严格单调下降, 证明:

(1) 存在 $c \in [0,1]$, 使得 $\int_0^1 f(x)\mathrm{d}x = cf(0) + (1-c)f(1)$;

(2) 对于任意 $c > f(0)$, 存在 $\theta \in [0,1]$, 使得 $\int_0^1 f(x)\mathrm{d}x = c\theta + (1-\theta)f(1)$.

38. 设 $f(x)$ 在区间 $[a,b]$ 上连续可导, $f(a) = f(b) = 0$, $\int_a^b f^2(x)\mathrm{d}x = 1$, 证明:

(1) $\int_a^b xf(x)f'(x)\mathrm{d}x = \frac{1}{2}$;

(2) $\int_a^b (f'(x))^2\mathrm{d}x \int_a^b x^2 f^2(x)\mathrm{d}x > \frac{1}{4}$.

39. 设有界函数 $f(x)$ 定义在有界的开区间 (a,b) 上, 任意补充函数在区间端点 a 和 b 的函数值, 使得函数延拓到闭区间上. 证明: 延拓后的函数的可积性, 以及可积时函数的积分值都与端点补充的函数值无关.

40. 设 $f(x)$ 和 $g(x)$ 都是定义在 $[a,+\infty)$ 上的函数, 如果 $f(x)$ 在 $[a,+\infty)$ 上单调且有界, 而对于任意 $b > a$, $g(x)$ 在 $[a,b]$ 上可积. 证明: 如果 $\lim\limits_{b\to+\infty}\int_a^b g(x)\mathrm{d}x$ 收敛, 则 $\lim\limits_{b\to+\infty}\int_a^b f(x)g(x)\mathrm{d}x$ 也收敛.

41. 问 Newton-Leibniz 公式与实数的确界原理是否等价?

42. 如果有界函数 $f(x)$ 在区间 $[a,b]$ 上不可积, 证明: 存在 $x_0 \in [a,b]$, 使得对于任意 $\varepsilon > 0$, $f(x)$ 在 $[x-\varepsilon, x_0+\varepsilon]\bigcap[a,b]$ 上都不可积.

第六章 不定积分

在 Riemann 积分的 Newton-Leibniz 公式 $\int_a^b F'(x)\mathrm{d}x = F(b) - F(b)$ 中, 为了计算积分, 对于被积函数 $f(x)$, 需要找到一个函数 $F(x)$, 使得 $F'(x) = f(x)$ 在积分区间上处处成立. 这时 $F(x)$ 称为 $f(x)$ 的一个原函数. 通常以 $\int f(x)\mathrm{d}x$ 表示给定函数 $f(x)$ 的所有原函数, $\int f(x)\mathrm{d}x$ 称为函数 $f(x)$ 的不定积分. 不定积分的计算问题显然是有了 Newton-Leibniz 公式以后, 数学家面临的一个重要课题. 17 世纪后期到 18 世纪初期, 许多数学家在这一问题上做了大量的工作, 各种求不定积分的方法以及可积出的函数类不断被发现. 下面我们对这方面的理论做一些简单介绍. 这里需要特别说明, 现在有多种数学软件可以十分方便地利用计算机直接计算不定积分. 尽管如此, 作为数学分析中计算能力的训练, 不定积分的计算仍然是十分重要的, 值得为此下一番功夫.

6.1 原函数与积分表

怎样寻找一个函数的原函数呢? 对此我们面临两个问题: 第一个问题是什么样的函数有原函数, 第二个问题则是怎样得到原函数. 对于第一个问题, 利用关于导函数的 Darboux 定理, 我们知道一个函数有原函数的必要条件是这个函数需要满足介值定理, 特别地, 函数不能有可去间断点和第一类间断点. 而另一方面, 在第五章利用变上限定积分, 我们已经证明了连续函数一定有原函数. 对于第二个问题, 设 $f(x)$ 在区间 $[a, b]$ 上有原函数, 如果 $f(x)$ 同时在区间 $[a, b]$ 上 Riemann 可积, 则

利用 Newton-Leibniz 公式, 不难得到变上限积分 $F(x)=\int_a^x f(t)\mathrm{d}t$ 就是 $f(x)$ 的一个原函数. 而一个函数的导函数在差一常数的意义下唯一确定这个函数, 因此, $f(x)$ 的任意两个原函数之间仅差一常数. 我们得到集合 $\{F(x)+c|c\in\mathbb{R}\}$ 就是 $f(x)$ 的所有原函数, 即对于 Riemann 可积并且有原函数的函数 $f(x)$, 不定积分与定积分之间成立下面的关系式:

$$\int f(x)\mathrm{d}x=\int_a^x f(t)\mathrm{d}t+c.$$

这里需要强调, 这一关系式并没有解决不定积分的计算问题, 原因是我们需要先找到被积函数 $f(x)$ 的原函数, 然后代入 Newton-Leibniz 公式才能计算出定积分. 尽管如此, 由于定积分是 Riemann 和的极限, 因此, 从近似计算的角度, 上面公式提供了计算原函数近似值的一个很好的工具. 对于不是 Riemann 可积的函数, 其原函数不能通过变上限定积分得到.

怎样计算不定积分呢? 这里首先需要明确, 所谓计算不定积分, 就是利用我们现在能够解析表达的函数来给出被积函数的原函数. 而到目前为此, 我们真正能够解析表达的函数就是初等函数或者利用不同初等函数经过拼接得到的函数. 但一般而言, 一个函数的导函数比函数自身简单, 或者至少不是更复杂, 例如, n 次多项式的导函数是 $n-1$ 次多项式, 而 $\ln x$ 和 $\arctan x$ 的导函数都是有理函数. 我们已经证明了初等函数的导函数仍然是初等函数, 因而初等函数的导函数都可以求出来. 而不定积分是求导的逆过程, 所以原函数往往比被积函数要复杂得多. 已经证明了许多初等函数的原函数都不再是初等函数, 所以没有简单的解析表达式. 或者说许许多多初等函数的原函数超出了我们能够表示的函数的范围, 在这个意义下可以认为这些初等函数的不定积分是算不出来的. 关于这方面的讨论, 我们先来看一个在数学发展过程中非常重要的例子.

例 1　计算椭圆 $\dfrac{x^2}{a^2}+\dfrac{y^2}{b^2}=1$ 的弧长, 其中 $a\neq b$.

解　在区间 $[0,a]$ 上, 将椭圆上半部分表示为 $y=\dfrac{b}{a}\sqrt{a^2-x^2}$, 按照我们在 5.6 节定积分应用中给出的曲线弧长计算公式, 椭圆的弧长可以表示为下面的积分:

$$\begin{aligned}
&4\int_0^a\sqrt{1+\left(y'_x\right)^2}\mathrm{d}x\\
=&4\int_0^a\sqrt{1+\left(\frac{b}{a}\frac{-x}{\sqrt{a^2-x^2}}\right)^2}\mathrm{d}x\\
=&4\int_0^a\sqrt{1+\frac{b^2x^2}{a^2(a^2-x^2)}}\mathrm{d}x
\end{aligned}$$

$$= 4\int_0^a \frac{a^4+(b^2-a^2)x^2}{a\sqrt{[a^4+(b^2-a^2)x^2](a^2-x^2)}}\mathrm{d}x.$$

为了得到椭圆弧长, 需要计算不定积分 $\displaystyle\int \frac{a^4+(b^2-a^2)x^2}{a\sqrt{[a^4+(b^2-a^2)x^2](a^2-x^2)}}\mathrm{d}x$. 然而人们很快发现这一积分不是初等函数, 不能够简单地用已经知道的函数来表示, 因而也没有办法应用 Newton-Leibniz 公式. 后来数学家们在复平面上对这一积分进行了非常深入的研究, 这些研究已成为现代数学中椭圆曲线、Riemann 曲面等多种理论的基础.

随着不定积分讨论的不断深入, 人们很快发现许多初等函数的不定积分都不再是初等函数, 例如不定积分 $\displaystyle\int \mathrm{e}^{x^2}\mathrm{d}x$ 和 $\displaystyle\int \frac{\sin x}{x}\mathrm{d}x$ 都不是初等函数.

有一点这里应当说明, 数学分析作为以函数为主要研究对象的学科, 给出函数的表示并给出函数导数和积分等运算的计算方法, 显然是其需要完成的重要任务之一. 对此问题, 在数学分析中借助极限这一基本工具, 通过初等函数的极限, 许许多多在其他各种学科里能够应用到的, 不是初等函数的各种复杂的函数都是能够表示的. 这些函数的导数和积分等, 借助极限都是可以通过初等函数来进行实际计算的. 下面我们给几个例子, 希望帮助读者理解这一点.

已经知道不定积分 $\displaystyle\int \mathrm{e}^{x^2}\mathrm{d}x$ 不是初等函数, 因而不能求出. 但是利用第四章中的 Taylor 展开, 我们知道对于任意 $x\in\mathbb{R}$, 成立

$$\mathrm{e}^x = \lim_{n\to+\infty}\left(1+\frac{x}{1!}+\cdots+\frac{x^n}{n!}\right),$$

因而

$$\mathrm{e}^{x^2} = \lim_{n\to+\infty}\left(1+\frac{x^2}{1!}+\cdots+\frac{x^{2n}}{n!}\right).$$

由此能够证明

$$\begin{aligned}\int \mathrm{e}^{x^2}\mathrm{d}x &= \lim_{n\to+\infty}\left(\int 1\mathrm{d}x+\int\frac{x^2}{1!}\mathrm{d}x+\cdots+\int\frac{x^{2n}}{n!}\mathrm{d}x\right)\\ &= \lim_{n\to+\infty}\left(x+\cdots+\frac{x^{2n+1}}{(2n+1)n!}\right)+c.\end{aligned}$$

这样通过多项式的极限, 我们得到了不定积分 $\displaystyle\int \mathrm{e}^{x^2}\mathrm{d}x$. 当然, 利用这一公式, 则可以计算函数 e^{x^2} 的各种定积分. 同样地, 已知不定积分 $\displaystyle\int\frac{\sin x}{x}\mathrm{d}x$ 不是初等函数, 但是对于任意 $x\in\mathbb{R}$, 成立

$$\sin x = \lim_{n\to+\infty}\left(x-\frac{x^3}{3!}+\cdots+(-1)^n\frac{x^{2n+1}}{(2n+1)!}\right),$$

因而可以证明

$$\int \frac{\sin x}{x}\mathrm{d}x = \lim_{n\to+\infty}\left(x-\frac{x^3}{3\times 3!}+\frac{x^5}{5\times 5!}+\cdots+(-1)^n\frac{x^{2n+1}}{(2n+1)(2n+1)!}\right)+c.$$

关于这些表示的证明和计算等一般理论, 我们将在本书下册前两章 "幂级数" 和 "Fourier 级数" 中再做详细的讨论.

关于不定积分, 这里还有一点需要特别说明. 对于许多初等函数 $f(x)$, 虽然不定积分 $F(x)=\int f(x)\mathrm{d}x$ 不再是初等函数, 因而不能积出, 或者说没有简单的解析表达式, 但是, 由于 $F'(x)=f(x)$ 是已知的, 因而利用函数的导函数来研究函数的许多方法都可以用于函数 $F(x)$. 例如: 我们可以通过 $f(x)$ 得到 $F(x)$ 的单调性、凸凹性、极值点和拐点. 通过 $f(x)$ 的 Taylor 展开, 得到 $F(x)$ 的 Taylor 展开, 进而得到 $F(x)$ 的数值计算. 下面是这方面讨论的一个例子.

例 2　求极限 $\lim\limits_{x\to 0}\dfrac{\int_0^x \frac{\sin t}{t}\mathrm{d}t}{x^2}$ 和极限 $\lim\limits_{x\to+\infty}\dfrac{\int_0^x \mathrm{e}^{t^2}\mathrm{d}t}{x^2}$.

解　不难看出上面两个极限都是不定式, 因而可以应用 L'Hospital 法则. 虽然不定积分 $\int \mathrm{e}^{x^2}\mathrm{d}x$ 和 $\int \frac{\sin x}{x}\mathrm{d}x$ 都不是初等函数, 但是利用变上限积分的求导公式, 我们仍然能够得到

$$\lim_{x\to 0}\frac{\int_0^x \frac{\sin t}{t}\mathrm{d}t}{x^2}=\lim_{x\to 0}\frac{\frac{\sin x}{x}}{2x}=\infty,\quad \lim_{x\to+\infty}\frac{\int_0^x \mathrm{e}^{t^2}\mathrm{d}t}{x^2}=\lim_{x\to+\infty}\frac{\mathrm{e}^{x^2}}{2x}=+\infty.$$

回到不定积分的实际计算. 为了给出求不定积分的方法, 我们首先来明确求导与积分的关系. 以 $D(a,b)$ 表示区间 (a,b) 上可微函数全体构成的线性空间, 以 $I(a,b)$ 表示 $D(a,b)$ 中的函数在求导映射下的像集, 即

$$I(a,b)=\left\{f(x)\middle|\exists F(x)\in D(a,b),\text{s.t.}\frac{\mathrm{d}}{\mathrm{d}x}F(x)=F'(x)=f(x)\right\}.$$

$I(a,b)$ 就是由所有在 (a,b) 上有原函数的函数构成的线性空间. 对于映射

$$\frac{\mathrm{d}}{\mathrm{d}x}:D(a,b)\to I(a,b),$$

不定积分

$$\int : I(a,b)\to D(a,b)$$

则是将映射 $\frac{\mathrm{d}}{\mathrm{d}x}$ 的像返回 $D(a,b)$ 所成的逆像, 即对于任意 $f(x)\in I(a,b)$,

$$\int f(x)\mathrm{d}x=\left\{F(x)\in D(a,b)\middle|\frac{\mathrm{d}}{\mathrm{d}x}F(x)=f(x)\right\}.$$

因而求导 $\frac{\mathrm{d}}{\mathrm{d}x}$ 与不定积分 $\int$ 之间成立关系式:

$$\frac{\mathrm{d}}{\mathrm{d}x}\left(\int\right)=\mathrm{Id},\quad \int\left(\frac{\mathrm{d}}{\mathrm{d}x}\right)=\mathrm{Id}+c,$$

其中 Id 表示恒等映射, c 为常数. 正是在上面关系式的意义下, 我们将不定积分看成求导的逆映射. 不定积分的计算都需要通过求导的相关公式得到.

对于求导, 我们前面先是利用定义和两个基本极限, 得到了基本初等函数的求导公式, 然后利用求导的线性性、Leibniz 法则和链法则等得到一般初等函数的导函数.

不定积分的计算也是一样, 需要先从基本初等函数的积分开始, 然后利用不定积分的线性性, 以及与 Leibniz 法则对应的分部积分法, 与链法则对应的变元代换法等方法将一般函数的积分简化为基本初等函数的积分.

利用基本初等函数的求导公式, 得下面称为**不定积分表**的积分基本公式.

不定积分表

$$\mathrm{d}(x^n)=nx^{n-1}\mathrm{d}x;\qquad \int x^n\mathrm{d}x=\frac{x^{n+1}}{n+1}+c;$$

$$\mathrm{d}(x^a)=ax^{a-1}\mathrm{d}x, a\neq 1;\qquad \int x^a\mathrm{d}x=\frac{x^{a+1}}{a+1}+c;$$

$$\mathrm{d}(\mathrm{e}^x)=\mathrm{e}^x\mathrm{d}x;\qquad \int \mathrm{e}^x\mathrm{d}x=\mathrm{e}^x+c;$$

$$\mathrm{d}(\ln x)=\frac{1}{x}\mathrm{d}x;\qquad \int \frac{1}{x}\mathrm{d}x=\ln|x|+c;$$

$$\mathrm{d}(\sin x)=\cos x\mathrm{d}x;\qquad \int \cos x\mathrm{d}x=\sin x+c;$$

$$\mathrm{d}(\cos x)=-\sin x\mathrm{d}x;\qquad \int \sin x\mathrm{d}x=-\cos x+c;$$

$$\mathrm{d}(\tan x)=\frac{1}{\cos^2 x}\mathrm{d}x;\qquad \int \frac{1}{\cos^2 x}\mathrm{d}x=\tan x+c;$$

$$\mathrm{d}(\arcsin x)=\frac{1}{\sqrt{1-x^2}}\mathrm{d}x;\qquad \int \frac{1}{\sqrt{1-x^2}}\mathrm{d}x=\arcsin x+c;$$

$$\mathrm{d}(\arctan x)=\frac{1}{1+x^2}\mathrm{d}x;\qquad \int \frac{1}{1+x^2}\mathrm{d}x=\arctan x+c.$$

其他函数的不定积分计算都需要通过各种方法简化为积分表中的函数, 然后利用积分表里的公式求出. 例如, 利用三角函数的积化和差公式, 我们得到

$$\int \sin 3x\cos 5x\mathrm{d}x=\frac{1}{2}\int(\sin 8x-\sin 2x)\mathrm{d}x=-\frac{1}{16}\cos 8x+\frac{1}{4}\cos 2x+c.$$

而利用倍角公式, 我们得到

$$\int \sin^2 x\mathrm{d}x = \int \frac{1-\cos 2x}{2}\mathrm{d}x = \frac{x}{2} - \frac{\sin 2x}{4} + c.$$

利用这样的方法, 一般对于 $\sin ax$ 和 $\cos bx$ 经过有限次加和乘运算后得到的函数, 通过积化和差等公式, 我们都可以求出函数的不定积分.

6.2　积分换元法

对复合函数求导有链法则

$$\mathrm{d}f(g(x)) = f'(g(x))\mathrm{d}g(x) = f'(g(x))g'(x)\mathrm{d}x,$$

两边积分得

$$\int f'(g(x))g'(x)\mathrm{d}x = \int f'(g(x))\mathrm{d}g(x).$$

如果令 $u = g(x)$, 则上式为

$$\int f'(u)\mathrm{d}u = f(u) + c = f(g(x)) + c.$$

由此得下面的定理.

定理 6.2.1 (积分第一换元法)　如果 $\int f(u)\mathrm{d}u = F(u) + c$, 令 $u = g(x)$, 得

$$\int f(g(x))g'(x)\mathrm{d}x = \int f(g(x))\mathrm{d}g(x) = \int f(u)\mathrm{d}u = F(u) + c = F(g(x)) + c.$$

积分第一换元法通过引入中间变量 $u = g(x)$, 将积分简化为

$$\int f(g(x))g'(x)\mathrm{d}x = \int f(g(x))\mathrm{d}g(x) = \int f(u)\mathrm{d}u = F(u) + c = F(g(x)) + c.$$

求出积分 $\int f(u)\mathrm{d}u$ 后代回 $u = g(x)$.

例 1　计算 $\int \mathrm{e}^{\sin^2 x}\sin x\cos x\mathrm{d}x$.

解　$$\int \mathrm{e}^{\sin^2 x}\sin x\cos x\mathrm{d}x = \int \mathrm{e}^{\sin^2 x}\sin x\mathrm{d}(\sin x) = \int \mathrm{e}^{u^2}u\mathrm{d}u$$

$$= \int \mathrm{e}^{u^2}\frac{1}{2}\mathrm{d}(u^2) = \frac{1}{2}\int \mathrm{e}^{v}\mathrm{d}v = \frac{1}{2}\mathrm{e}^{v} + c$$

$$= \frac{1}{2}\mathrm{e}^{\sin^2 x} + c.$$

例 2 计算 $\int \frac{1}{2x^2+5x+2}\mathrm{d}x$.

解 在被积函数的分母中, 二次多项式有两个实根, 将其分解为一次因子乘积后再分解为

$$\frac{1}{(2x+1)(x+2)}=\frac{1}{3}\left(\frac{2}{2x+1}-\frac{1}{x+2}\right),$$

代入积分, 我们得到

$$\begin{aligned}\int \frac{1}{2x^2+5x+2}\mathrm{d}x&=\frac{1}{3}\int\left(\frac{2}{2x+1}-\frac{1}{x+2}\right)\mathrm{d}x\\&=\frac{1}{3}\left[\int\frac{1}{2x+1}\mathrm{d}(2x+1)-\int\frac{1}{x+2}\mathrm{d}(x+2)\right]\\&=\frac{1}{3}\ln\left|\frac{2x+1}{x+2}\right|+c.\end{aligned}$$

例 3 计算 $\int \frac{1}{x^2-4x+8}\mathrm{d}x$.

解 在被积函数的分母中, 二次多项式没有实根, 将其配方, 化简为

$$x^2-4x+8=4+(x-2)^2=4\left[1+\left(\frac{x-2}{2}\right)^2\right],$$

代入积分, 得

$$\begin{aligned}\int\frac{1}{x^2-4x+8}\mathrm{d}x&=\frac{1}{4}\int\frac{1}{1+\left(\frac{x-2}{2}\right)^2}\mathrm{d}x\\&=\frac{1}{2}\int\frac{1}{1+\left(\frac{x-2}{2}\right)^2}\mathrm{d}\left(\frac{x-2}{2}\right)=\frac{1}{2}\int\frac{1}{1+u^2}\mathrm{d}u\\&=\frac{1}{2}\arctan\frac{x-2}{2}+c.\end{aligned}$$

例 2 和例 3 使得我们能够计算所有以二次多项式为分母的有理函数的积分.

例 4 给出 $\int\tan^n x\mathrm{d}x$ 的递推公式.

解 $n=1$ 时,

$$\int\tan x\mathrm{d}x=\int\frac{\sin x}{\cos x}\mathrm{d}x=-\int\frac{1}{\cos x}\mathrm{d}(\cos x)=-\ln|\cos x|+c.$$

设 $n\geqslant 2$, 得递推公式

$$\begin{aligned}\int\tan^n x\mathrm{d}x&=\int\tan^{n-2}x\frac{1-\cos^2 x}{\cos^2 x}\mathrm{d}x=\int\tan^{n-2}x\frac{1}{\cos^2 x}\mathrm{d}x-\int\tan^{n-2}x\mathrm{d}x\\&=\int\tan^{n-2}x\mathrm{d}(\tan x)-\int\tan^{n-2}x\mathrm{d}x\\&=\frac{1}{n-1}\tan^{n-1}x-\int\tan^{n-2}x\mathrm{d}x.\end{aligned}$$

第一换元法通过引入中间变量 $u=u(x)$ 来求出积分. 这时 $u=u(x)$ 可以有反函数, 也可以没有反函数. 下面介绍的积分第二换元法则是将 x 表示为其他变量的函数 $x=x(t)$, 这时要求 $x=x(t)$ 必须有反函数 $t=t(x)$.

定理 6.2.2 (积分第二换元法) 设函数 $x=x(t)$ 连续可导, 并且 $x'(t)$ 处处不为 0, 设 $t=t(x)$ 是 $x=x(t)$ 的反函数. 如果

$$\int f(x(t))x'(t)\mathrm{d}t=F(t)+c,$$

则

$$\int f(x)\mathrm{d}x=F(t(x))+c.$$

证明 对 $F(t(x))+c$ 求导, 利用 $F'(t)=f(x(t))x'(t)$ 及反函数求导公式得

$$(F(t(x))+c)'=F'(t(x))t'(x)=f(x(t))x'(t)\frac{1}{x'(t)}=f(x).$$ ■

积分第二换元法经常被用于讨论带根号的积分.

例 5 计算下面的不定积分, 其中 $a>0$:

(1) $\displaystyle\int\frac{1}{\sqrt{a^2-x^2}}\mathrm{d}x$; (2) $\displaystyle\int\frac{1}{\sqrt{x^2-a^2}}\mathrm{d}x$; (3) $\displaystyle\int\frac{1}{\sqrt{x^2+a^2}}\mathrm{d}x$.

解 (1) $\displaystyle\int\frac{1}{\sqrt{a-x^2}}\mathrm{d}x=\int\frac{1}{\sqrt{1-\left(\frac{x}{a}\right)^2}}\mathrm{d}\left(\frac{x}{a}\right)=\arcsin\frac{x}{a}+c.$

(2) 对于不定积分 $\displaystyle\int\frac{1}{\sqrt{x^2-a^2}}\mathrm{d}x$, 令 $x=\dfrac{a}{\cos t}$, 积分化为

$$\begin{aligned}\int\frac{1}{\sqrt{\frac{a^2}{\cos^2 t}-a^2}}\mathrm{d}\left(\frac{a}{\cos t}\right)&=\int\frac{\cos t}{\sqrt{1-\cos^2 t}}\frac{\sin t}{\cos^2 t}\mathrm{d}t=\int\frac{1}{\cos t}\mathrm{d}t\\&=\int\frac{\cos t}{1-\sin^2 t}\mathrm{d}t=\int\frac{1}{1-\sin^2 t}\mathrm{d}(\sin t)\\&=\int\frac{1}{1-u^2}\mathrm{d}u=\frac{1}{2}\left(\int\frac{1}{1-u}\mathrm{d}u+\frac{1}{1+u}\mathrm{d}u\right)\\&=\frac{1}{2}\ln\left|\frac{1+u}{1-u}\right|+c\\&=\frac{1}{2}\ln\left|\frac{1+\sin t}{1-\sin t}\right|+c=\frac{1}{2}\ln\left|\frac{(1+\sin t)^2}{\cos^2 t}\right|+c\\&=\ln\left|\frac{1}{\cos t}+\frac{\sqrt{1-\cos^2 t}}{\cos t}\right|+c\\&=\ln\left|\frac{x}{a}+\sqrt{\left(\frac{x}{a}\right)^2-1}\right|+c=\ln|x+\sqrt{x^2-a^2}|+c.\end{aligned}$$

在最后一个等式中, 将 $\ln a$ 作为常数吸收到 c 中, 得

$$\int \frac{1}{\sqrt{x^2-a^2}}\mathrm{d}x = \ln\left|\frac{x}{a}+\sqrt{\left(\frac{x}{a}\right)^2-1}\right|+c = \ln|x+\sqrt{x^2-a^2}|+c.$$

(3) 对于 $\int \frac{1}{\sqrt{x^2+a^2}}\mathrm{d}x$, 令 $x = a\tan t$, 积分化为

$$\int \frac{1}{\sqrt{\tan^2 t+1}}\frac{1}{\cos^2 t}\mathrm{d}t = \int \frac{1}{\cos t}\mathrm{d}t = \frac{1}{2}\ln\left|\frac{1+\sin t}{1-\sin t}\right|+c.$$

而 $\left(\frac{x}{a}\right)^2 = \tan^2 t = \frac{\sin^2 t}{1-\sin^2 t}$, 因此 $\sin^2 t = \frac{x^2}{x^2+a^2}$, 我们得到

$$\left|\frac{1+\sin t}{1-\sin t}\right| = \left|\frac{\sqrt{x^2+a^2}+x}{\sqrt{x^2+a^2}-x}\right| = \frac{(\sqrt{x^2+a^2}+x)^2}{a^2}.$$

不计常数, 得

$$\int \frac{1}{\sqrt{x^2+a^2}}\mathrm{d}x = \ln|\sqrt{x^2+a^2}+x|+c.$$

通过例 5, 我们能够求出所有形式为 $\int \frac{1}{\sqrt{ax^2+bx+c}}\mathrm{d}x$ 的不定积分.

例 6 计算下面的不定积分:

(1) $\int \sqrt{x^2+1}\mathrm{d}x$; (2) $\int \sqrt{a^2-x^2}\mathrm{d}x$; (3) $\int \sqrt{x^2-1}\mathrm{d}x$.

解 (1) 令 $x = \tan t$, 则积分 $\int \sqrt{x^2+1}\mathrm{d}x$ 化为

$$\int \sqrt{\tan^2 t+1}\frac{1}{\cos^2 t}\mathrm{d}t = \int \frac{1}{\cos^3 t}\mathrm{d}t = \int \frac{1}{(1-\sin^2 t)^2}\mathrm{d}(\sin t).$$

再令 $u = \sin t$, 积分化为

$$\begin{aligned}\int \frac{1}{(1-u^2)^2}\mathrm{d}u &= \frac{1}{4}\left[\int \frac{\mathrm{d}u}{(1-u)^2}+\int \frac{\mathrm{d}u}{1+u}+\int \frac{\mathrm{d}u}{1-u}+\int \frac{\mathrm{d}u}{(1+u)^2}\right]\\ &= \frac{1}{2}\frac{u}{1-u^2}+\frac{1}{4}\ln\left|\frac{1+u}{1-u}\right|+c.\end{aligned}$$

由 $x = \tan t$ 得 $x^2 = \frac{\sin^2 t}{1-\sin^2 t}$, 因此 $\sin t = \sqrt{\frac{x^2}{1-x^2}}$, 但另一方面, $u = \sin t$, 可得 $u = \sqrt{\frac{x^2}{1-x^2}}$, 代入上式, 经过整理后我们得到

$$\int \sqrt{x^2+1}\mathrm{d}x = \frac{1}{2}\sqrt{x^2(1+x^2)}+\frac{1}{2}\ln(\sqrt{1+x^2}+x)+c.$$

对于经过上面这许多变元代换、计算和整理, 一个自然的问题是得到的结果对不对? 对此, 需要通过对等式两边求导来验证. 直接计算得

$$\left[\frac{1}{2}\sqrt{x^2(1+x^2)}+\frac{1}{2}\ln(\sqrt{1+x^2}+x)+c\right]'$$

$$=\frac{1}{2}\left[\frac{x(1+x^2)+x^3}{\sqrt{x^2(1+x^2)}}+\frac{\frac{x}{\sqrt{1+x^2}}+1}{\sqrt{1+x^2}+x}\right]$$

$$=\frac{1}{2}\left(\frac{1+2x^2}{\sqrt{1+x^2}}+\frac{\frac{x}{\sqrt{1+x^2}}+1}{\sqrt{1+x^2}+x}\right)$$

$$=\frac{1}{2}\left(\frac{1+2x^2}{\sqrt{1+x^2}}+\frac{1}{\sqrt{1+x^2}}\right)=\sqrt{(1+x^2)}.$$

所得的结论是正确的.

(2) 对于积分 $\int\sqrt{a^2-x^2}\mathrm{d}x$, 令 $x=a\sin t$, 积分化为

$$a^2\int\sqrt{1-\sin^2 t}\cos t\mathrm{d}t=a^2\int\cos^2 t\mathrm{d}t=a^2\int\frac{1+\cos 2t}{2}\mathrm{d}t=a^2\frac{t}{2}+\frac{a^2}{4}\sin 2t+c.$$

将 $\sin 2t$ 表示为 $\sin 2t=2\sin t\sqrt{1-\sin^2 t}$, 并代入 $t=\arcsin\frac{x}{a}$, 我们得到

$$\int\sqrt{a^2-x^2}\mathrm{d}x=\frac{a^2}{2}\arcsin\frac{x}{a}+\frac{x\sqrt{a^2-x^2}}{2}+c.$$

同样地, 两边求导容易验证所得的结论是正确的.

(3) 对于积分 $\int\sqrt{x^2-1}\mathrm{d}x$, 令 $x=\frac{1}{\sin t}$, 积分化为

$$\int\sqrt{\frac{1}{\sin^2 t}-1}\left(-\frac{\cos t}{\sin^2 t}\right)\mathrm{d}t=-\int\frac{\cos^2 t}{\sin^3 t}\mathrm{d}t=\int\frac{\cos^2 t}{(1-\cos^2 t)^2}\mathrm{d}(\cos t).$$

令 $u=\cos t$, 积分化为

$$\int\frac{u^2}{(1-u^2)^2}\mathrm{d}u=\int\frac{1}{(1-u^2)^2}\mathrm{d}u-\int\frac{1}{1-u^2}\mathrm{d}u$$

$$=\frac{1}{4}\left[\int\frac{\mathrm{d}u}{(1-u)^2}+\int\frac{\mathrm{d}u}{1+u}+\int\frac{\mathrm{d}u}{1-u}+\int\frac{\mathrm{d}u}{(1+u)^2}\right]$$

$$-\frac{1}{2}\left(\int\frac{1}{1-u}\mathrm{d}u+\int\frac{1}{1+u}\mathrm{d}u\right)$$

$$=\frac{1}{4}\left(\frac{1}{1-u}-\frac{1}{1+u}\right)+\frac{1}{4}\ln\left|\frac{1+u}{1-u}\right|-\frac{1}{2}\ln\left|\frac{1+u}{1-u}\right|+c$$

$$=\frac{1}{2}\frac{u}{1-u^2}-\frac{1}{4}\ln\left|\frac{1+u}{1-u}\right|+c.$$

而 $u=\cos t=\sqrt{1-\sin^2 t}=\sqrt{\dfrac{x^2-1}{x^2}}$, 代入整理后得

$$\int\sqrt{x^2-1}\mathrm{d}x=\frac{1}{2}\left(\sqrt{x^2(x^2-1)}-\ln(x+\sqrt{x^2-1})\right)+c.$$

通过例 6 得 $\int\sqrt{ax^2+bx+c}\mathrm{d}x$ 可以求出. 但是 $\int\sqrt{ax^3+bx^2+cx+d}\mathrm{d}x$ 以及根号下高次多项式的不定积分大多不是初等函数, 不能积出.

积分第二换元法还可以用来讨论下面类型的积分.

例 7 计算 $\int\dfrac{1}{\sqrt{x}+\sqrt[3]{x}}\mathrm{d}x$.

解 令 $x=t^6$, 积分化为

$$\begin{aligned}\int\frac{6t^5}{t^3+t^2}\mathrm{d}t&=6\int\frac{t^3}{1+t}\mathrm{d}t=6\int\left(t^2-t+1-\frac{1}{1+t}\right)\mathrm{d}t\\&=2t^3-3t^2+6t-\ln|1+t|+c.\end{aligned}$$

将 $t=\sqrt[6]{x}$ 代回, 得

$$\int\frac{1}{\sqrt{x}+\sqrt[3]{x}}\mathrm{d}x=2\sqrt{x}-3\sqrt[3]{x}+6\sqrt[6]{x}-6\ln|1+\sqrt[6]{x}|+c.$$

6.3 分部积分法

设 $U(x)$ 和 $V(x)$ 都是可导的函数, 应用求导的 Leibniz 法则得

$$(U(x)V(x))'=U'(x)V(x)+U(x)V'(x).$$

等式两边积分, 得到

$$U(x)V(x)=\int U'(x)V(x)\mathrm{d}x+\int U(x)V'(x)\mathrm{d}x.$$

经移项后, 对于不定积分, 上式表示为

$$\int U(x)\mathrm{d}V(x)=U(x)V(x)-\int V(x)\mathrm{d}U(x).$$

这一等式称为分部积分法, 即先将被积函数一部分因子积出, 经过上面公式, 再讨论另一部分因子的导数, 求出积分. 由于许多函数的导函数比函数自身简单, 因而这一方法对于这样的函数十分有效.

例 1 计算 $\int x^2 \mathrm{e}^x \mathrm{d}x$.

解 连续应用分部积分法,

$$\begin{aligned}\int x^2 \mathrm{e}^x \mathrm{d}x &= \int x^2 \mathrm{d}\mathrm{e}^x = x^2\mathrm{e}^x - \int 2x\mathrm{e}^x \mathrm{d}x \\ &= x^2\mathrm{e}^x - \left(2x\mathrm{e}^x - \int 2\mathrm{e}^x \mathrm{d}x\right) = x^2\mathrm{e}^x - 2x\mathrm{e}^x + 2\mathrm{e}^x + c.\end{aligned}$$

同样方法可求形式为 $\int P(x)\mathrm{e}^x \mathrm{d}x$ 的不定积分, 其中 $P(x)$ 是 x 的多项式.

例 2 计算 $\int x^n \ln^m x \mathrm{d}x$.

解 连续应用分部积分法,

$$\begin{aligned}\int x^n \ln^m x \mathrm{d}x &= \int \ln^m x \mathrm{d}\left(\frac{x^{n+1}}{n+1}\right) = \frac{x^{n+1}}{n+1}\ln^m x - \int \frac{x^{n+1}}{n+1} m(\ln^{m-1} x)\frac{1}{x}\mathrm{d}x \\ &= \frac{x^{n+1}}{n+1}\ln^m x - \frac{m}{n+1}\int x^n \ln^{m-1} x \mathrm{d}x = \cdots .\end{aligned}$$

逐步降低 $\ln x$ 的次数后, 积分求出.

例 3 计算 $\int x^2 \sin x \mathrm{d}x$.

解 连续应用分部积分法,

$$\begin{aligned}\int x^2 \sin x \mathrm{d}x &= \int x^2 \mathrm{d}(-\cos x) = -x^2\cos x + 2\int x\mathrm{d}(\sin x) \\ &= -x^2\cos x + 2x\sin x - 2\int \sin x \mathrm{d}x \\ &= -x^2\cos x + 2x\sin x + 2\cos x + c.\end{aligned}$$

例 4 计算 $\int x^3 \arctan x \mathrm{d}x$.

解 应用分部积分法,

$$\begin{aligned}\int x^3 \arctan x \mathrm{d}x &= \int \arctan x \mathrm{d}\left(\frac{x^4}{4}\right) = \frac{x^4}{4}\arctan x - \int \frac{x^4}{4(1+x^2)}\mathrm{d}x \\ &= \frac{x^4}{4}\arctan x - \frac{1}{4}\left[\int \left(x^2 - 1 + \frac{1}{1+x^2}\right)\mathrm{d}x\right] \\ &= \frac{x^4}{4}\arctan x - \frac{x^3}{12} + \frac{1}{4}x - \frac{1}{4}\arctan x + c.\end{aligned}$$

下例也是分部积分法的典型应用, 其中导函数与原函数之间出现循环.

例 5 计算 $\int \mathrm{e}^{ax}\sin bx \mathrm{d}x$.

解 连续应用分部积分法,

$$\int e^{ax}\sin bx dx=\int \sin bx d\left(\frac{e^{ax}}{a}\right)=\sin bx\frac{e^{ax}}{a}-\int b\cos bx d\left(\frac{e^{ax}}{a^2}\right)$$
$$=\sin bx\frac{e^{ax}}{a}-b\cos bx\frac{e^{ax}}{a^2}-\int b^2\sin bx\frac{e^{ax}}{a^2}dx.$$

经过两次分部积分后, 被积函数回到原来的形式, 形成一个函数方程. 经过移项整理后, 我们得到

$$\int e^{ax}\sin bx dx=\frac{e^{ax}}{a^2+b^2}(a\cos bx-b\sin bx)+c.$$

例 6 给出不定积分 $L_n=\int \sin^n x dx$ 的递推公式.

解 应用分部积分法,

$$L_n=\int \sin^n x dx=\int \sin^{n-1}x d(-\cos x)$$
$$=-\cos x\sin^{n-1}x+(n-1)\int \sin^{n-2}x\cos^2 x dx$$
$$=-\cos x\sin^{n-1}x+(n-1)\int \sin^{n-2}x(1-\sin^2 x)dx$$
$$=-\cos x\sin^{n-1}x+(n-1)L_{n-2}-(n-1)L_n.$$

移项后得到递推公式

$$L_n=\frac{1}{n}\left[-\cos x\sin^{n-1}x+(n-1)L_{n-2}\right].$$

6.4 有理函数的部分分式理论与不定积分

许多函数的不定积分不再是初等函数, 因而不能积出. 但也有某些类型的函数, 可以证明其不定积分都是初等函数, 所以理论上是可以积出来的 (事实上, 这些不定积分也不一定真正能够计算出来). 其中最典型的是有理函数的不定积分. 下面我们将证明有理函数的不定积分都是初等函数, 并且由有理函数、对数函数和反正切函数给出. 为此, 我们需要先将有理函数分解为最简单的部分分式的形式, 利用这些部分分式的不定积分来得到有理函数的不定积分是初等函数的证明. 这里, 我们先介绍有理函数的部分分式理论.

我们知道一些多项式方程在实数范围内无解, 例如方程 $x^2+1=0$ 就没有实数解. 对此, 人们引入复数 $z=x+\mathrm{i}y$, 其中 $\mathrm{i}=\sqrt{-1}$. 令

$$\mathbb{C}=\{x+\mathrm{i}y|x,y\in\mathbb{R}\}$$

为所有复数构成的集合. 利用实数的运算以及等式 $\mathrm{i}^2=-1$, 不难在 $\mathbb{C}$ 中定义加法和乘法. 利用这些运算, $\mathbb{C}$ 与 $\mathbb{R}$ 一样构成一个域, 称为复数域.

复数除了加、减、乘、除运算外, 还有共轭运算. 设 $z=x+\mathrm{i}y$, 令 $\overline{z}=x-\mathrm{i}y$, $\overline{z}$ 称为 z 的共轭复数.

利用共轭的定义不难验证在复数域上, 共轭运算与复数的加、减、乘、除等运算都可交换顺序. 特别地, 复数 z 为实数当且仅当 $\overline{z}=z$.

利用复数, 人们证明了下面称之为代数学基本定理的重要结论.

定理 6.4.1 (代数学基本定理) 任意次数大于等于 1 的复系数多项式方程在复数范围内一定有解.

上述定理的证明在一般 "复变函数" 的书中都可以找到, 这里不再给出证明.

现设 $P(x)$ 是一给定的复系数多项式. 对于任意复数 z_0, 用 $x-z_0$ 对 $P(x)$ 应用多项式的带余除法, 则 $P(x)$ 可分解为

$$P(x)=Q(x)(x-z_0)+r,$$

其中 $r\in\mathbb{C}$ 是复数. 在这一等式中令 $x=z_0$, 我们得到 $P(z_0)=r$. 因此一次多项式 $x-z_0$ 为 $P(x)$ 的因子的充要条件是 z_0 是多项式方程 $P(x)=0$ 的根. 利用这一结论以及代数学基本定理, 我们得到下面的定理.

定理 6.4.2 任意复系数多项式在复数域上都可以分解为一次因子的乘积.

现在进一步假定 $P(x)$ 是一实系数的多项式, 如果复数 z_0 是 $P(z)=0$ 的根, 由于 $P(x)$ 的系数都是实数, 而复数的共轭运算与复数的加、减、乘、除等运算可以交换顺序, 因而由 $P(z_0)=0$, 得 $0=\overline{P(z_0)}=P(\overline{z}_0)$, z_0 的共轭复数 $\overline{z}_0$ 也是方程 $P(z)=0$ 的根. 所以, 当 z_0 不是实数时, $(x-z_0)$ 与 $(x-\overline{z}_0)$ 必须同时是多项式 $P(x)$ 的因子.

另一方面, 如果 $z_0=x_0+\mathrm{i}y_0$, 则

$$(x-z_0)(x-\overline{z}_0)=x^2-(z_0+\overline{z}_0)x+z_0\overline{z}_0=x^2-2x_0x+(x_0^2+y_0^2),$$

这是一实系数的二次多项式, 没有实根. 由此, 我们得到实系数多项式在实数域上的因式分解定理.

定理 6.4.3 任意一个实系数多项式在实数域上都能够唯一分解为一次因子和二次因子的乘积, 其中的二次因子没有实根, 因而在实数域上不能再分解.

在进一步讨论前, 我们先介绍多项式的**辗转相除法**. 设 $P(x)$ 和 $Q(x)$ 是两个多项式, 问怎样得到 $P(x)$ 与 $Q(x)$ 的最大公因子? 对此, 利用多项式的带余除法, $P(x)$ 用 $Q(x)$ 相除后可以表示为

$$P(x) = S(x)Q(x) + R(x),$$

其中余式 $R(x)$ 的次数小于 $Q(x)$ 的次数. 而利用上面等式不难看出 $P(x)$ 与 $Q(x)$ 的公因子必然也是 $Q(x)$ 和 $R(x)$ 的公因子, 反之也成立. 因此 $P(x)$ 与 $Q(x)$ 的最大公因子与 $Q(x)$ 和 $R(x)$ 的最大公因子相同. 如果这时 $R(x) \neq 0$, 再用 $R(x)$ 除 $Q(x)$, 我们得到

$$Q(x) = S_1(x)R(x) + R_1(x),$$

其中 $R_1(x)$ 的次数小于 $R(x)$ 的次数, 但 $R_1(x)$ 和 $R(x)$ 的最大公因子与 $P(x)$ 和 $Q(x)$ 的最大公因子相同. 如果 $R_1(x) \neq 0$, 再用 $R_1(x)$ 除 $R(x)$, 得

$$R(x) = S_2(x)R_1(x) + R_2(x).$$

如此辗转相除, 每一次作为余式的多项式, 其次数都变小, 但这个过程中 $P(x)$ 与 $Q(x)$ 的最大公因子没有丢失. 因而经过有限次辗转相除后, 余式必须为 0. 例如设 $R_2(x) = 0$, 即 $R(x) = S_2(x)R_1(x)$, 则 $R_1(x)$ 是 $R_1(x)$ 和 $R(x)$ 的最大公因子, 因而是 $P(x)$ 和 $Q(x)$ 的最大公因子. 这样, 经过有限次辗转相除后就能得到两个多项式的最大公因子.

而如果将辗转相除的过程返回去,

$$\begin{aligned} R_1(x) &= Q(x) - S_1(x)R(x) = Q(x) - S_1(x)\big(P(x) - S(x)Q(x)\big) \\ &= \big(S_1(x)S(x) + 1\big)Q(x) - S_1(x)P(x), \end{aligned}$$

即每一次将后一个式子的余式用前一个来取代, 我们就能够得到: 如果 $\widetilde{R}(x)$ 是 $P(x)$ 和 $Q(x)$ 的最大公因子, 则存在多项式 $N_1(x)$ 和 $N_2(x)$, 使得

$$N_1(x)P(x) + N_2(x)Q(x) = \widetilde{R}(x).$$

特别地, 利用上面关系我们得到: $P(x)$ 与 $Q(x)$ 互素, 即 $P(x)$ 与 $Q(x)$ 没有非常数公因子的充要条件是存在多项式 $N_1(x)$ 和 $N_2(x)$, 使得

$$N_1(x)P(x) + N_2(x)Q(x) = 1.$$

利用这一等式, 容易得到下面关于有理函数分解的定理.

定理 6.4.4 如果在有理函数 $\dfrac{P(x)}{Q_1(x)Q_2(x)}$ 中, 多项式 $Q_1(x)$ 与 $Q_2(x)$ 互素, 则这一有理函数可以分解为

$$\frac{P(x)}{Q_1(x)Q_2(x)}=\frac{P_1(x)}{Q_1(x)}+\frac{P_2(x)}{Q_2(x)}.$$

证明 $Q_1(x)$ 与 $Q_2(x)$ 互素, 因而存在多项式 $N_1(x)$ 和 $N_2(x)$, 使得

$$N_1(x)Q_1(x)+N_2(x)Q_2(x)=1.$$

这时

$$\frac{P(x)}{Q_1(x)Q_2(x)}=\frac{P(x)(N_1(x)Q_1(x)+N_2(x)Q_2(x))}{Q_1(x)Q_2(x)}=\frac{P(x)N_2(x)}{Q_1(x)}+\frac{P(x)N_1(x)}{Q_2(x)}. \quad \blacksquare$$

现在设 $\dfrac{P(x)}{Q(x)}$ 是一实系数的有理函数, 而

$$Q(x)=a_0(x-x_1)^{r_1}\cdots(x-x_k)^{r_k}(x^2+a_1x+b_1)^{s_1}\cdots(x^2+a_tx+b_t)^{s_t}$$

是 $Q(x)$ 在实数范围内对于一次因子和二次因子的分解, 其中不同因子之间没有公因子, 则反复应用定理 6.4.4 就得到有理函数 $\dfrac{P(x)}{Q(x)}$ 的部分分式分解定理.

定理 6.4.5 (部分分式分解定理) 在实数范围内, 任意有理函数 $\dfrac{P(x)}{Q(x)}$ 都可以分解为下面形式的部分分式的和:

$$\begin{aligned}\frac{P(x)}{Q(x)}=&P_1(x)+\left(\frac{c_1^1}{x-x_1}+\cdots+\frac{c_{r_1}^1}{(x-x_1)^{r_1}}\right)+\cdots\\&+\left(\frac{c_1^k}{x-x_k}+\cdots+\frac{c_{r_k}^k}{(x-x_k)^{r_k}}\right)+\left(\frac{d_1^1x+e_1^1}{x^2+a_1x+b_1}+\cdots+\frac{d_{s_1}^1x+e_{s_1}^1}{(x^2+a_1x+b_1)^{s_1}}\right)\\&+\cdots+\left(\frac{d_1^tx+e_1^t}{x^2+a_tx+b_t}+\cdots+\frac{d_{s_t}^tx+e_{s_t}^t}{(x^2+a_tx+b_t)^{s_t}}\right),\end{aligned}$$

其中 $P_1(x)$ 是多项式.

证明 首先, 因为

$$Q(x)=a_0(x-x_1)^{r_1}\cdots(x-x_k)^{r_k}(x^2+a_1x+b_1)^{s_1}\cdots(x^2+a_tx+b_t)^{s_t}$$

的因子之间没有公因子, 利用定理 6.4.4, $\dfrac{P(x)}{Q(x)}$ 可以分解为

$$\begin{aligned}\frac{P(x)}{Q(x)}=&P_1(x)+\frac{N_1(x)}{(x-x_1)^{r_1}}+\cdots+\frac{N_{r_t}(x)}{(x-x_t)^{r_t}}\\&+\frac{M_1(x)}{(x^2+a_1x+b_1)^{s_1}}+\cdots+\frac{M_{s_t}(x)}{(x^2+a_tx+b_t)^{s_t}},\end{aligned}$$

其中 $P_1(x), N_i(x)$ 和 $M_j(x)(i=1,\cdots,r_t;j=1,\cdots,s_t)$ 都是多项式, 且分子的次数小于分母的次数.

对于 $\dfrac{N_1(x)}{(x-x_1)^{r_1}}$ 和 $\dfrac{M_1(x)}{(x^2+a_1x+b_1)^{s_1}}$, 将其中分母中的 $x-x_1$ 和 $x^2+a_1x+b_1$ 对分子不断应用带余除法, 就得到定理中的分解. ■

利用有理函数的部分分式分解, 容易得到下面的定理.

定理 6.4.6 任意有理函数的不定积分都是初等函数, 并且有理函数的不定积分由有理函数、对数函数和反正切函数给出.

证明 设 $\dfrac{P(x)}{Q(x)}$ 是任意给定的有理函数, 利用定理 6.4.5 中的部分分式分解, 在不定积分 $\displaystyle\int\frac{P(x)}{Q(x)}\mathrm{d}x$ 中, $\displaystyle\int P_1(x)\mathrm{d}x$ 和 $\left\{\displaystyle\int\frac{c_{r_i}^k}{(x-x_i)^{r_i}}\mathrm{d}x\right\}$ 等都是初等函数, 由有理函数和对数函数 $\{\ln|x-x_i|\}$ 给出. 要证明定理, 只需考虑形式为 $\displaystyle\int\frac{x+c}{(x^2+ax+b)^s}\mathrm{d}x$ 的不定积分. 首先考虑 $\displaystyle\int\frac{x}{(x^2+ax+b)^s}\mathrm{d}x$. 将 $x\mathrm{d}x$ 表示为 $\dfrac{1}{2}\mathrm{d}(x^2+ax+b)-\dfrac{a}{2}\mathrm{d}x$, 积分化为

$$\frac{1}{2}\int\frac{\mathrm{d}(x^2+ax+b)}{(x^2+ax+b)^s}-\frac{a}{2}\int\frac{\mathrm{d}x}{(x^2+ax+b)^s},$$

其中前面部分直接积出, 为

$$\begin{cases}-\dfrac{1}{2(s-1)(x^2+ax+b)^{s-1}}+c, & \text{如果 } s>1,\\ \dfrac{\ln(x^2+ax+b)}{2}+c, & \text{如果 } s=1;\end{cases}$$

而后一部分化归到形式为 $\displaystyle\int\frac{c}{(x^2+ax+b)^s}\mathrm{d}x$ 的不定积分. 经过配方后, 可以假定所讨论的积分为 $\displaystyle\int\frac{1}{(x^2+1)^s}\mathrm{d}x$ 的形式. 利用分部积分法, 得

$$\begin{aligned}\int\frac{1}{(x^2+1)^s}\mathrm{d}x&=\frac{x}{(x^2+1)^s}+2s\int\frac{x^2}{(x^2+1)^{s+1}}\mathrm{d}x\\&=\frac{x}{(x^2+1)^s}+2s\int\frac{x^2+1-1}{(x^2+1)^{s+1}}\mathrm{d}x\\&=\frac{x}{(x^2+1)^s}+2s\int\frac{1}{(x^2+1)^s}\mathrm{d}x-2s\int\frac{1}{(x^2+1)^{s+1}}\mathrm{d}x.\end{aligned}$$

经过移项后, 得到下面的递推公式:

$$\int\frac{1}{(x^2+1)^{s+1}}\mathrm{d}x=\frac{2s-1}{2s}\int\frac{1}{(x^2+1)^s}\mathrm{d}x-\frac{1}{2s}\frac{x}{(x^2+1)^s}.$$

因此形式为 $\int\frac{1}{(x^2+1)^s}\mathrm{d}x$ 的不定积分可以用有理函数和反正切函数给出, 而形式为 $\int\frac{c}{(x^2+ax+b)^s}\mathrm{d}x$ 的不定积分则可以用有理函数和反正切函数 $\arctan\left(\frac{2x+a}{\sqrt{4b-a^2}}\right)$ 给出. ■

这里有一点需要特别说明, 虽然定理 6.4.6 证明了有理函数的不定积分是初等函数, 但这并不表示有理函数的不定积分可以实际积出. 原因是定理 6.4.6 的证明用到了实系数多项式关于一次因子和二次因子因式分解的存在性. 而高次多项式方程的根一般不能求出, 因而通常得不到高次多项式关于一次因子和二次因子的因式分解, 定理 6.4.6 的证明方法在计算中不能实际应用.

但另一方面, 如果对给定的有理函数, 已经知道了函数中分母关于一次因子和二次因子的因式分解, 则这个有理函数的不定积分就可以求出. 而定理 6.4.6 的证明本身就给出了这类函数的不定积分的计算方法. 尽管如此, 由于这一方法依赖于有理函数的部分分式分解和递推公式, 因而计算量比较大, 在实际中很少使用. 而定理 6.4.6 的证明已经说明了不定积分得到的函数具体是什么样的形式, 因此通常都以此为依据, 采用待定系数法. 下面我们用例子来说明这一点.

例 1 计算 $\int\frac{1}{x^2(1+x^2)^2}\mathrm{d}x$.

解 按照定理 6.4.6 的证明, 被积函数中的因子 $\frac{1}{x^2}$ 在原函数中对应产生了 $\frac{1}{x}$ 和 $\ln x$, 而被积函数中的因子 $\frac{1}{(1+x^2)^2}$ 在原函数中对应产生了 $\frac{ax+b}{(1+x^2)}$,$\ln(1+x^2)$ 和 $\arctan x$. 因而应用待定系数法, 设

$$\int\frac{1}{x^2(1+x^2)^2}\mathrm{d}x=\frac{a_1}{x}+a_2\ln x+\frac{a_3x+a_4}{(1+x^2)}+a_5\ln(1+x^2)+a_6\arctan x+c,$$

其中对于 $i=1,2,\cdots,6$, a_i 都是待定系数. 等式两边求导, 得

$$\frac{1}{x^2(1+x^2)^2}=-\frac{a_1}{x^2}+\frac{a_2}{x}+\frac{a_3(1+x^2)-(a_3x+a_4)2x}{(1+x^2)^2}+a_5\frac{2x}{1+x^2}+a_6\frac{1}{1+x^2},$$

通分做和后比较分子中 x^i 的对应系数, 就解得

$$\int\frac{1}{x^2(1+x^2)^2}\mathrm{d}x=-\frac{1}{x}-\frac{1}{2}\frac{x}{1+x^2}-\frac{3}{2}\arctan x+c.$$

例 2 计算 $\int\frac{4x^3+2x^2-5x-6}{(x-1)^3(x^2+2x+4)^3}\mathrm{d}x$.

解 与例 1 的说明相同, 应用待定系数法, 可设

$$\begin{aligned}\int \frac{4x^3+2x^2-5x-6}{(x-1)^3(x^2+2x+4)^3}\mathrm{d}x &= \frac{a_1}{x-1}+\frac{a_2}{(x-1)^2}+a_3\ln(x-1)+\frac{a_4x+a_5}{x^2+2x+4}\\ &\quad +\frac{a_6x+a_7}{(x^2+2x+4)^2}+a_8\ln(x^2+2x+4)\\ &\quad +a_9\arctan\left(\frac{x+1}{\sqrt{3}}\right)+c,\end{aligned}$$

其中对于 $i=1,2,\cdots,9$, a_i 都是待定系数. 等式两边求导, 我们得到

$$\begin{aligned}\frac{4x^3+2x^2-5x-6}{(x-1)^3(x^2+2x+4)^3} &= -\frac{a_1}{(x-1)^2}-\frac{2a_2}{(x-1)^3}+a_3\frac{1}{x-1}\\ &\quad +\frac{a_4(x^2+2x+4)-(a_4x+a_5)(2x+2)}{(x^2+2x+4)^2}\\ &\quad +\frac{a_6(x^2+2x+4)-2(a_6x+a_7)(2x+2)}{(x^2+2x+4)^3}\\ &\quad +a_8\frac{2x+2}{x^2+2x+4}+a_9\frac{1}{\sqrt{3}}\frac{1}{\left(\frac{x+1}{\sqrt{3}}\right)^2+1}.\end{aligned}$$

通分做和后比较分子中 x^i 的对应系数, 得到关于 a_i 的方程, 解出 a_i 就求出了不定积分. 这里就不再一一讨论了.

需要说明, 应用待定系数法所得的方程, 解是存在唯一的. 因此, 如果在应用待定系数法时得到的方程无解, 大多数情况是因为设定的解中缺少了某些项. 仔细检查一下, 补充缺失的项, 不难求出不定积分的解.

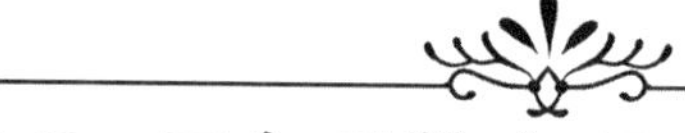

6.5 三角函数有理式的不定积分

以有理函数的不定积分是初等函数这一结论为基础, 可以证明某些其他类型的函数的不定积分也是初等函数. 下面对此做简单介绍.

三角函数 $\sin x$ 和 $\cos x$ 经有限次加、减、乘、除的运算后得到的函数称为三角函数有理式. 三角函数有理式可以表示为

$$R(\sin x,\cos x)=\frac{P(\sin x,\cos x)}{Q(\sin x,\cos x)},$$

其中 $P(x,y)$ 和 $Q(x,y)$ 分别是变量 x 和 y 的二元多项式.

对于三角函数有理式的不定积分, 下面的变元代换称为**万能代换**:

$$x = 2\arctan t,$$

则 $t = \tan\dfrac{x}{2}$, 而 $\mathrm{d}x = \dfrac{2}{1+t^2}\mathrm{d}t$, 同时

$$\sin x = 2\sin\frac{x}{2}\cos\frac{x}{2} = 2\tan\frac{x}{2}\cos^2\frac{x}{2} = \frac{2\tan\dfrac{x}{2}}{1+\tan^2\dfrac{x}{2}} = \frac{2t}{1+t^2},$$

$$\cos x = \cos^2\frac{x}{2} - \sin^2\frac{x}{2} = \frac{1-\tan^2\dfrac{x}{2}}{1+\tan^2\dfrac{x}{2}} = \frac{1-t^2}{1+t^2}.$$

设 $R(\sin x, \cos x)$ 是三角函数有理式, 利用万能代换 $x = 2\arctan t$, 则成立

$$\int R(\sin x, \cos x)\mathrm{d}x = \int R\left(\frac{2t}{1+t^2}, \frac{1-t^2}{1+t^2}\right)\frac{2}{1+t^2}\mathrm{d}t.$$

由此, 三角函数有理式的不定积分化为变量 t 的有理函数的不定积分. 按照 6.4 节中的定理 6.4.6, 这一不定积分可以表示为 t 的初等函数. 再利用 $t = \tan\dfrac{x}{2}$, 我们就证明了所有三角函数有理式的不定积分 $\displaystyle\int R(\sin x, \cos x)\mathrm{d}x$ 都是初等函数.

万能代换由于成倍地增加了被积函数中分子和分母里多项式的次数, 造成不定积分的计算比较困难, 因此一般很少在实际中应用. 下面看两个例子.

例 1 计算 $\displaystyle\int \frac{1}{\cos x}\mathrm{d}x$.

解 **法一** 应用万能代换 $x = 2\arctan t$, 不定积分化为

$$\begin{aligned}\int \frac{1}{\cos x}\mathrm{d}x &= \int \frac{1+t^2}{1-t^2}\frac{2}{1+t^2}\mathrm{d}t = \int \frac{2}{1-t^2}\mathrm{d}t \\ &= \int\left(\frac{1}{1-t}\mathrm{d}t + \frac{1}{1+t}\mathrm{d}t\right) = \ln\left|\frac{1+t}{1-t}\right| + c = \ln\left|\frac{1+\tan\dfrac{x}{2}}{1-\tan\dfrac{x}{2}}\right| + c.\end{aligned}$$

法二 不用万能代换, 直接求解, 得

$$\begin{aligned}\int \frac{1}{\cos x}\mathrm{d}x &= \int \frac{\cos x}{\cos^2 x}\mathrm{d}x = \int \frac{1}{1-\sin^2 x}\mathrm{d}(\sin x) \\ &= \int \frac{1}{1-t^2}\mathrm{d}t = \frac{1}{2}\int\left(\frac{1}{1-t} + \frac{1}{1+t}\right)\mathrm{d}t \\ &= \frac{1}{2}\ln\left|\frac{1+t}{1-t}\right| + c = \frac{1}{2}\ln\left|\frac{1+\sin x}{1-\sin x}\right| + c.\end{aligned}$$

例 2 计算 $\displaystyle\int \frac{1}{1+\sin x}\mathrm{d}x$.

解 法一 应用万能代换 $x = 2\arctan t$, 不定积分化为

$$\int \frac{1}{1+\sin x}\mathrm{d}x = \int \frac{1}{1+\dfrac{2t}{1+t^2}}\frac{2}{1+t^2}\mathrm{d}t = \int \frac{2}{1+2t+t^2}\mathrm{d}t$$

$$= -\frac{2}{1+t} + c = -\frac{2}{1+\tan\dfrac{x}{2}} + c.$$

法二 不用万能代换, 直接求解, 得

$$\int \frac{1}{1+\sin x}\mathrm{d}x = \int \frac{1-\sin x}{1-\sin^2 x}\mathrm{d}x = \int \frac{1}{\cos^2 x}\mathrm{d}x + \int \frac{1}{\cos^2 x}\mathrm{d}(\cos x)$$

$$= \tan x - \frac{1}{\cos x} + c.$$

应用不同的方法, 计算出的函数有可能形式不一样, 但求导后不难验证这些函数之间只差一常数.

6.6 某些无理函数的不定积分

本节给出三种不同情况的无理函数的不定积分.

1. 设 $R(x,y)$ 是变量 x 和 y 的二元有理函数, 我们考虑带根号的无理函数 $R\left(x, \sqrt[m]{\dfrac{ax+b}{cx+d}}\right)$, 其中要求 $ad-bc \neq 0$. 利用代换 $t = \sqrt[m]{\dfrac{ax+b}{cx+d}}$, 得

$$t^m = \frac{ax+b}{cx+d}, \quad x = \frac{dt^m - b}{a - ct^m}, \quad \mathrm{d}x = \frac{m(ad-bc)}{(a-ct^m)^2}t^{m-1}\mathrm{d}t.$$

不定积分 $\displaystyle\int R\left(x, \sqrt[m]{\frac{ax+b}{cx+d}}\right)\mathrm{d}x$ 化为

$$\int R\left(\frac{dt^m-b}{a-ct^m}, t\right)\frac{m(ad-bc)}{(a-ct^m)^2}t^{m-1}\mathrm{d}t,$$

被积函数是 t 的有理函数, 因而利用前面的结论, 其不定积分是 t 的初等函数, 再利用 $t = \sqrt[m]{\dfrac{ax+b}{cx+d}}$, 我们得到不定积分 $\displaystyle\int R\left(x, \sqrt[m]{\frac{ax+b}{cx+d}}\right)\mathrm{d}x$ 是 x 的初等函数.

例 1 计算 $\displaystyle\int \frac{3\sqrt[6]{x+1} - 4\sqrt[4]{x+1}}{1-\sqrt[3]{x+1}}\mathrm{d}x$.

解 令 $t = \sqrt[12]{x+1}$, 则 $x = t^{12}-1, \mathrm{d}x = 12t^{11}\mathrm{d}t$, 不定积分化为

$$12\int \frac{3t^{13}-4t^{14}}{1-t^4}\mathrm{d}t.$$

将被积函数中的分母做因式分解 $1-t^4=(1-t)(1+t)(1+t^2)$, 利用我们前面关于有理函数的不定积分是初等函数的讨论, 上面的不定积分由 t 的多项式、函数 $\ln(1+t)$, $\ln(1-t)$, $\ln(1+t^2)$ 和 $\arctan t$ 给出, 利用待定系数法, 设

$$12\int\frac{3t^{13}-4t^{14}}{1-t^4}\mathrm{d}t=(a_1t+\cdots+a_{11}t^{11})+b_1\ln(1+t)+b_2\ln(1-t)$$
$$+b_3\ln(1+t^2)+d\arctan t+c,$$

其中的 $a_i(i=1,2,\cdots,11)$, $b_j(j=1,2,3)$ 和 d 都是待定系数. 等式两边求导, 通分后比较分子中 $t^i(i=1,2,\cdots,11)$ 的对应系数, 我们得到

$$12\int\frac{3t^{13}-4t^{14}}{1-t^4}\mathrm{d}t=-\frac{13}{2}t^2+16t^3-\frac{13}{3}t^6+7t^7-\frac{13}{5}t^{10}+\frac{48}{11}t^{11}$$
$$-\frac{27}{2}\ln|1+t|+\frac{1}{2}\ln|1-t|+\frac{13}{2}\ln(1+t^2)+14\arctan t+c.$$

代入 $t=\sqrt[12]{x+1}$, 积分求出.

2. 考虑形式为 $\int x^m(a+bx^n)^p\mathrm{d}x$ 的无理函数的不定积分, 其中 a,b 为常数, 而 m,n,p 为有理数. 下面分三种情况来讨论.

(1) 当 p 为整数时, 设 k 是有理数 m 和 n 的分母的最小公倍数, 令 $x=t^k$, 不定积分化为

$$\int t^{km}(a+bt^{kn})^p kt^{k-1}\mathrm{d}t,$$

被积函数是 t 的有理函数, 因而不定积分是初等函数.

(2) 当 $\dfrac{m+1}{n}$ 为整数时, 令 $t=x^n$, 不定积分化为

$$\int x^m(a+bx^n)^p\mathrm{d}x=\int t^{\frac{m}{n}}(a+bt)^p\frac{1}{n}t^{\frac{1}{n}-1}\mathrm{d}t=\frac{1}{n}\int t^{\frac{m+1}{n}-1}(a+bt)^p\mathrm{d}t.$$

不定积分化为前面讨论过的形式为 $\int R(t,\sqrt[q]{a+bt})\mathrm{d}t$ 的不定积分, 其中 q 是 p 的分母. 按照前面得到的结论, 这一不定积分是初等函数.

(3) 当 $\dfrac{m+1}{n}+p$ 为整数时, 令 $t=x^n$, 不定积分化为

$$\int x^m(a+bx^n)^p\mathrm{d}x=\int t^{\frac{m}{n}}(a+bt)^p\frac{1}{n}t^{\frac{1}{n}-1}\mathrm{d}t=\frac{1}{n}\int t^{\frac{m+1}{n}-1}(a+bt)^p\mathrm{d}t$$
$$=\frac{1}{n}\int t^{\frac{m+1}{n}-p-1}\left(\frac{a+bt}{t}\right)^p\mathrm{d}t.$$

不定积分化为前面给出的形式为 $\int R\left(t,\sqrt[q]{\dfrac{a+bt}{t}}\right)\mathrm{d}t$ 的不定积分, 其中 q 是 p 的

分母. 按照前面得到的结论, 这一不定积分是初等函数.

除了上面三种情况外, 不定积分 $\int x^m(a+bx^n)^p\mathrm{d}x$ 都不再是初等函数.

3. 设 $R(x,y)$ 是变元 x 和 y 的二元有理函数, 我们考虑带根号的无理函数 $R(x,\sqrt{ax^2+bx+c})$. 对应于这一类函数的不定积分, 有所谓的 **Euler 代换**. 下面分三种情况来讨论.

(1) $a>0, b^2-4ac<0$. 对此, 令 $\sqrt{ax^2+bx+c}=\sqrt{a}x+t$, 则

$$ax^2+bx+c=ax^2+2\sqrt{a}xt+t^2,$$

由此得 $x=\dfrac{t^2-c}{b-2\sqrt{a}t}$. 这样

$$\int R(x,\sqrt{ax^2+bx+c})\mathrm{d}x=\int R\left(\frac{t^2-c}{b-2\sqrt{a}t},\sqrt{a}\frac{t^2-c}{b-2\sqrt{a}t}+t\right)\mathrm{d}\left(\frac{t^2-c}{b-2\sqrt{a}t}\right),$$

被积函数是 t 的有理函数, 因而 $\int R(x,\sqrt{ax^2+bx+c})\mathrm{d}x$ 是 x 的初等函数.

(2) $b^2-4ac>0$. 这时方程 $ax^2+bx+c=0$ 有两个实根, 因而在实数范围内可以分解为一次因子的乘积. 设 $ax^2+bx+c=a(x-r_1)(x-r_2)$, 则

$$\sqrt{ax^2+bx+c}=(x-r_1)\sqrt{a\frac{x-r_2}{x-r_1}}.$$

不定积分 $\int R(x,\sqrt{ax^2+bx+c})\mathrm{d}x$ 可以化为 $\int R\left(x,(x-r_1)\sqrt{a\dfrac{x-r_2}{x-r_1}}\right)\mathrm{d}x$ 的形式, 因而是 x 的初等函数.

(3) $a<0, b^2-4ac<0$. 这时, 对于任意 $x\in\mathbb{R}$, 都成立 $ax^2+bx+c<0$, 不定积分 $\int R(x,\sqrt{ax^2+bx+c})\mathrm{d}x$ 在实数范围内没有意义.

习 题

1. 求 $f(x)$:

(1) $f(x)$ 满足 $f(x)f'(x)=1$; (2) $f(x)$ 满足 $\dfrac{f(x)}{f'(x)}=1$.

2. 计算下列不定积分:

(1) $\int x^2\sqrt{x}\mathrm{d}x$; (2) $\int \dfrac{x+1}{\sqrt{x}}\mathrm{d}x$; (3) $\int \dfrac{\mathrm{e}^{3x}+1}{\sqrt{\mathrm{e}^x+1}}\mathrm{d}x$;

(4) $\int \dfrac{1}{\sqrt{x^4(1+x^2)}}\mathrm{d}x$; (5) $\int \sin^2 2x\cos 3x\mathrm{d}x$; (6) $\int \sin^3 x\mathrm{d}x$.

3. 利用第一换元法计算下列不定积分:

(1) $\displaystyle\int \frac{\mathrm{d}x}{\sin^2 ax}$;　(2) $\displaystyle\int \frac{x\mathrm{d}x}{1-x^2}$;　(3) $\displaystyle\int \frac{\mathrm{d}x}{\sqrt{x+1}+\sqrt{x-1}}$;

(4) $\displaystyle\int x\sqrt[3]{1-3x}\mathrm{d}x$;　(5) $\displaystyle\int \frac{\mathrm{d}x}{\sqrt{2-3x^2}}$;　(6) $\displaystyle\int \frac{\mathrm{d}x}{\sqrt{x(1-x)}}$;

(7) $\displaystyle\int \frac{\mathrm{d}x}{1+\cos x}$;　(8) $\displaystyle\int \frac{\mathrm{d}x}{1+\sin x}$.

4. 利用变元代换计算下列不定积分:

(1) $\displaystyle\int \frac{x\mathrm{d}x}{4+x^4}$;　(2) $\displaystyle\int \frac{\mathrm{d}x}{1+\mathrm{e}^x}$;

(3) $\displaystyle\int \frac{\mathrm{d}x}{\sqrt{x}(1+x)}$;　(4) $\displaystyle\int \frac{\mathrm{d}x}{\sqrt{x}\sqrt{1+\sqrt{x}}}$.

5. 计算下列有理函数的不定积分:

(1) $\displaystyle\int \frac{x^2+1}{4+2x+x^2}\mathrm{d}x$;　(2) $\displaystyle\int \frac{x\mathrm{d}x}{6-5x+x^2}$;　(3) $\displaystyle\int \frac{x^3+2}{(1+x)(1-x)}\mathrm{d}x$.

6. 利用第二换元法计算下列不定积分:

(1) $\displaystyle\int \frac{\sqrt{a^2-x^2}}{x}\mathrm{d}x$;　(2) $\displaystyle\int \frac{\mathrm{d}x}{x^2\sqrt{1+x^2}}$;　(3) $\displaystyle\int \frac{\mathrm{d}x}{x^2\sqrt{x^2+1}}$;

(4) $\displaystyle\int x^2\sqrt{4-x^2}\mathrm{d}x$;　(5) $\displaystyle\int \frac{\sqrt{x^2-a^2}}{x}\mathrm{d}x$;　(6) $\displaystyle\int \frac{x\mathrm{d}x}{1+\sqrt{x}}$.

7. 计算下列不定积分:

(1) $\displaystyle\int \sqrt{\frac{x-a}{x+a}}\mathrm{d}x$;　(2) $\displaystyle\int \sqrt{\frac{x+a}{x-a}}\mathrm{d}x$;

(3) $\displaystyle\int \frac{\mathrm{d}x}{\sqrt{(x-1)(x-2)}}$;　(4) $\displaystyle\int \frac{1}{\sqrt{1+\sin^2 x}}\mathrm{d}x$.

8. 利用分部积分法计算下列不定积分:

(1) $\displaystyle\int \ln(1+x^2)\mathrm{d}x$;　(2) $\displaystyle\int \sqrt{x}\ln^2 x\mathrm{d}x$;

(3) $\displaystyle\int x\cos ax\mathrm{d}x$;　(4) $\displaystyle\int x\arctan x\mathrm{d}x$;

(5) $\displaystyle\int \frac{x\mathrm{d}x}{\cos^2 x}$;　(6) $\displaystyle\int \frac{x\mathrm{e}^x}{(1+x)^2}\mathrm{d}x$;

(7) $\displaystyle\int \sin(\ln x)\mathrm{d}x$;　(8) $\displaystyle\int x\mathrm{e}^x\sin x\mathrm{d}x$.

9. 建立下列不定积分的递推公式:

(1) $\displaystyle\int \sin^n x\mathrm{d}x$;　(2) $\displaystyle\int x^n\mathrm{e}^x\mathrm{d}x$;

(3) $\displaystyle\int \frac{1}{(1+x^2)^n}\mathrm{d}x$;　(4) $\displaystyle\int \frac{x^n}{\sqrt{1-x^2}}\mathrm{d}x$.

10. 计算下列有理函数的不定积分:

(1) $\displaystyle\int \frac{1}{(x+1)^2(x-1)}\mathrm{d}x$;　(2) $\displaystyle\int \frac{x^4+a}{(x^2+1)^2}\mathrm{d}x$;

(3) $\displaystyle\int \frac{x^3}{x^4+5x^2+4}\mathrm{d}x$;　(4) $\displaystyle\int \frac{1}{(x+1)^2(x^2+2x+4)^2}\mathrm{d}x$.

11. 计算下列三角有理函数的不定积分:

(1) $\displaystyle\int \frac{\cos x}{1+\sin x}\mathrm{d}x$;　(2) $\displaystyle\int \frac{1}{\sin^2 x\cos x}\mathrm{d}x$;

(3) $\int \frac{\sin 2x}{1+\cos^2 x}\mathrm{d}x$; (4) $\int \frac{\cos 2x}{\sin^2 x\cos^2 x}\mathrm{d}x$;

(5) $\int \frac{1}{1+\cos x}\mathrm{d}x$; (6) $\int \frac{\sin x}{a\sin x+b\cos x}\mathrm{d}x$.

12. 建立下列不定积分的递推公式:

(1) $\int \cos^n x\mathrm{d}x$; (2) $\int \frac{\sin nx}{\sin x}\mathrm{d}x$.

13. 计算下列无理函数的不定积分:

(1) $\int \frac{\sqrt{x^3}+\sqrt[3]{x}}{1+\sqrt{x}}\mathrm{d}x$; (2) $\int \frac{1}{\sqrt[3]{(x+1)^2(x-1)^4}}\mathrm{d}x$;

(3) $\int \frac{x}{\sqrt{1+\sqrt[3]{x^2}}}\mathrm{d}x$; (4) $\int \sqrt{x+\frac{1}{x}}\mathrm{d}x$.

14. 在 "数学分析" 的后续课程 "复变函数" 中将证明代数学基本定理: 次数大于等于 1 的多项式方程在复数域内一定有解. 请利用这一定理证明: 实系数多项式在实数域内能够分解为一次因子和二次因子的乘积.

15. 设 $p(x)$ 是一给定的次数为 n 的多项式, $n \geqslant 1$, 利用多项式的带余除法证明: 对于任意多项式 $q(x)$, $q(x)$ 可以展开为

$$q(x)=r_k(x)p^k(x)+r_{k-1}(x)p^{k-1}(x)+\cdots+r_0(x),$$

其中 $r_k(x), r_{k-1}(x), \cdots, r_0(x)$ 都是次数小于 n 的多项式.

16. 将自然数求最大公因子的辗转相除法推广到多项式. 如果多项式 $p(x)$, $q(x)$ 无公因子, 证明: 存在多项式 $u(x), v(x)$, 使得 $u(x)p(x)+v(x)q(x)=1$.

17. 证明: 如果多项式 $p(x), q(x)$ 无公因子, 则有理函数 $\frac{w(x)}{p(x)q(x)}$ 可以分解为 $\frac{u(x)}{p(x)}+\frac{v(x)}{q(x)}$.

18. 利用习题 17 的结论证明有理函数的部分分式分解定理: 实系数有理函数在实数范围内可以分解为多项式与形式如分式 $\frac{c}{(x-x_0)^k}$, $\frac{dx+e}{(ax^2+bx+c)^n}$ 的和, 其中 $b^2-4ac<0$.

19. 给出不定积分 $\int \frac{ax+b}{(cx^2+dx+e)^n}\mathrm{d}x$ 的递推公式, 其中 $b^2-4ac<0$. 由此证明: 有理函数的不定积分都是初等函数, 并且如果有理函数的分母能够分解为一次因子和二次因子的乘积, 则不定积分可以实际求出.

第七章 广义积分

这一章我们以极限为工具, 将 Riemann 积分推广到无界区间和无界函数上, 称为广义积分. 然后我们利用实数理论中的单调有界收敛定理和 Cauchy 准则, 以及积分理论中的第二中值定理等工具来给出这些积分是否收敛的判别方法. 这些内容除了本身就十分有意义外, 这里关于广义积分收敛问题建立起来的比较判别法、Abel 判别法和 Dirichlet 判别法等都将为下一步讨论无穷级数和函数级数提供多种处理方法, 给出这些理论中主要结论的基本模式. 因而这一章的内容同时也是后面讨论无穷级数和函数级数的基础.

7.1 广义积分

前面我们利用 Riemann 和的极限定义了闭区间上函数的 Riemann 积分. 而由积分的定义不难看出, 如果函数 $f(x)$ 在区间 $[a,b]$ 上可积, 则其 Riemann 和必须有界, 因此 $f(x)$ 和 $[a,b]$ 都必须有界. 然而在许多实际问题中往往需要考虑在无界区间上对函数进行积分, 或者对无界的函数进行积分. 对此, 需要借助极限这一数学分析的基本工具来实现这一目的. 下面先讨论无界区间上函数的积分.

定义 7.1.1 设 $f(x)$ 是定义在 $[a,+\infty)$ 上的函数, 并且对于任意 $b>a$, $f(x)$ 在 $[a,b]$ 上可积. 如果 $b\to+\infty$ 时, $\lim\limits_{b\to+\infty}\int_a^b f(x)\mathrm{d}x=A$ 收敛, 则称 $f(x)$ 在 $[a,+\infty)$ 上**广义可积**, 称 $A=\displaystyle\int_a^{+\infty} f(x)\mathrm{d}x$ 为 $f(x)$ 在 $[a,+\infty)$ 上的**广义积分**.

同理, 定义函数 $f(x)$ 在区间 $(-\infty,a]$ 上的广义积分为

$$\int_{-\infty}^{a} f(x)\mathrm{d}x=\lim_{b\to-\infty}\int_{b}^{a} f(x)\mathrm{d}x.$$

如果 $f(x)$ 是定义在区间 $(-\infty,+\infty)$ 上的函数, 并且在 $[0,+\infty)$ 和 $(-\infty,0]$ 上分别都广义可积, 则称 $f(x)$ 在 $(-\infty,+\infty)$ 上广义可积, 并且定义

$$\int_{-\infty}^{+\infty} f(x)\mathrm{d}x=\int_{0}^{+\infty} f(x)\mathrm{d}x+\int_{-\infty}^{0} f(x)\mathrm{d}x.$$

利用极限的形式, $f(x)$ 在 $(-\infty,+\infty)$ 上的广义积分可以定义为

$$\int_{-\infty}^{+\infty} f(x)\mathrm{d}x=\lim_{b\to+\infty}\int_{0}^{b} f(x)\mathrm{d}x+\lim_{d\to-\infty}\int_{d}^{0} f(x)\mathrm{d}x,$$

其中 b 和 d 是相互独立的变量.

在上面的极限中, 我们要求变量 b 和 d 相互独立地取极限. 然而在许多实际问题中, 往往需要放弃这一要求, 以便扩大广义可积的函数类. 例如在本书后面讨论 Fourier 级数时就会碰到这样的情况. 对此, 我们给出下面的定义.

定义 7.1.2 设 $f(x)$ 是定义在 $(-\infty,+\infty)$ 上的函数, 并且对于任意 $b>0$, $f(x)$ 在 $[-b,b]$ 上可积, 如果极限 $\lim\limits_{b\to+\infty}\int_{-b}^{b} f(x)\mathrm{d}x$ 收敛, 则称在主值意义下, $f(x)$ 在 $(-\infty,+\infty)$ 上**广义可积**, 称 $\lim\limits_{b\to+\infty}\int_{-b}^{b} f(x)\mathrm{d}x$ 为 $f(x)$ 在 $(-\infty,+\infty)$ 上**依主值意义的广义积分**, 记为 $\text{p.v.}\int_{-\infty}^{+\infty} f(x)\mathrm{d}x$.

例 1 设 $a>0$, 由

$$\lim_{b\to+\infty}\int_{a}^{b}\frac{1}{x^2}\mathrm{d}x=\lim_{b\to+\infty}\left(\frac{1}{a}-\frac{1}{b}\right)=\frac{1}{a},$$

因而函数 $\frac{1}{x^2}$ 在区间 $[a,+\infty)$ 上广义可积, 并且 $\int_{a}^{+\infty}\frac{1}{x^2}\mathrm{d}x=\frac{1}{a}$.

例 2 由 $\int_{0}^{b}\sin x\mathrm{d}x=\cos 0-\cos b$, 而极限 $\lim\limits_{b\to+\infty}\cos b$ 发散, 因而正弦函数 $\sin x$ 在 $[0,+\infty)$ 上不是广义可积的, 当然在 $(-\infty,+\infty)$ 上也不是广义可积的. 但是 $\int_{-b}^{b}\sin x\mathrm{d}x=0$, 所以 $\sin x$ 在 $(-\infty,+\infty)$ 上依主值意义广义可积, 即

$$\text{p.v.}\int_{-\infty}^{+\infty}\sin x\mathrm{d}x=0.$$

下面以讨论区间 $[a,+\infty)$ 上的广义积分为主, 相关的结论不难推广到 $(-\infty,a]$ 和 $(-\infty,+\infty)$ 上.

直接用 ε-δ 语言, 函数 $f(x)$ 在无界区间 $[a,+\infty)$ 上广义可积可以定义为: 存在 $A\in\mathbb{R}$, 使得对于任意 $\varepsilon>0$, 都存在 $R>0$, 只要 $b>R$, 就成立

$$\left|\int_a^b f(x)\mathrm{d}x-A\right|<\varepsilon.$$

这一定义如同前面我们讨论过的所有极限问题一样, 在大部分情况下都不能直接用来讨论一个函数是否广义可积. 因为在这一定义里, 需要事先知道其中的极限值 A, 然后利用 A 来与积分 $\int_a^b f(x)\mathrm{d}x$ 进行比较. 然而在多数情况下, A 是未知的, 需要求出来. 所以, 与其他极限问题一样, 对于广义积分, 需要建立某些法则, 使得通过这些法则, 能够利用 $f(x)$ 自身的性质来判断其是否广义可积.

首先利用定义容易看出 $f(x)$ 在 $[a,+\infty)$ 上广义可积等价于对于任意 $d>a$, $f(x)$ 在 $[d,+\infty)$ 上广义可积, 而可积时成立

$$\int_a^{+\infty} f(x)\mathrm{d}x=\int_a^d f(x)\mathrm{d}x+\int_d^{+\infty} f(x)\mathrm{d}x.$$

如果在这一等式中令 $d\to+\infty$, 就得 $\lim\limits_{d\to+\infty}\int_d^{+\infty} f(x)\mathrm{d}x=0$, 即 $d\to+\infty$ 时, $\int_d^{+\infty} f(x)\mathrm{d}x$ 是无穷小. 因而只要 d 充分大, 就成立

$$\int_a^{+\infty} f(x)\mathrm{d}x\approx\int_a^d f(x)\mathrm{d}x.$$

而积分 $\int_a^d f(x)\mathrm{d}x$ 可以利用 $f(x)$ 在 $[a,d]$ 上的 Riemann 和任意逼近. 所以, 对于函数的广义积分而言, 重要的是能够通过函数的性质来判断其是否广义可积. 如果知道其广义可积, 则函数的 Riemann 和就可以近似广义积分的值.

怎样通过函数自身性质来判断其是否广义可积呢? 如果被积函数 $f(x)$ 有原函数 $F(x)$, 利用 Newton–Leibniz 公式 $\int_a^b f(x)\mathrm{d}x=F(b)-F(a)$, $f(x)$ 的广义可积问题就转换为 $b\to+\infty$ 时, $F(b)$ 是否收敛? 而这是一个函数极限的收敛问题.

然而对于大部分可积函数而言, 其或者没有原函数, 或者原函数因为不是初等函数等原因, 难以实际求出, 因而不能应用 Newton–Leibniz 公式. 怎样判断这些函数的广义可积性呢? 对此, 就需要回到实数理论了. 在实数理论中, 对于怎样通过序列和函数自身性质来判别其极限是否收敛的问题, 有两个方法: 单调有界收敛定

理和 Cauchy 准则. 对于广义积分, 需要推广这两种方法, 然后在这一基础上, 利用积分自身特别的性质 (例如积分的中值定理等), 进一步给出函数是否广义可积的判别条件. 我们从单调有界收敛定理开始.

设 $f(x)\geqslant 0$, 令 $F(x)=\displaystyle\int_a^x f(t)\mathrm{d}t$, 则 $F(x)$ 单调上升, 利用单调有界收敛定理,

$$\lim_{x\to+\infty}F(x)=\sup_{x\in[a,+\infty)}\{F(x)\},$$

因而极限 $\lim\limits_{x\to+\infty}F(x)$ 收敛等价于 $F(x)$ 有界. 怎样判断 $F(x)$ 是否有界呢? 对此, 有下面的比较判别法.

定理 7.1.1 (比较判别法) 设 $f(x)$ 和 $g(x)$ 都是非负函数. 如果存在 $c>a$, 使得对于任意 $x\in[c,+\infty)$, 成立 $f(x)\leqslant g(x)$, 则 $g(x)$ 在 $[a,+\infty)$ 上广义可积时, $f(x)$ 在 $[a,+\infty)$ 上也广义可积; 如果 $f(x)$ 在 $[a,+\infty)$ 上不是广义可积的, 则 $g(x)$ 在 $[a,+\infty)$ 上也不是广义可积的.

通常以 $f(x)=\dfrac{1}{x^p}$ 作为比较判别法的标准函数. 对此, 成立下面结论.

例 3 设 $a>0$, 证明: 广义积分 $\displaystyle\int_a^{+\infty}\frac{1}{x^p}\mathrm{d}x$ 在 $p>1$ 收敛, $p\leqslant 1$ 时发散.

解 当 $p\neq 1$ 时,

$$\int_a^b\frac{1}{x^p}\mathrm{d}x=\frac{1}{1-p}\left(\frac{1}{b^{p-1}}-\frac{1}{a^{p-1}}\right),$$

而当 $p=1$ 时, $\displaystyle\int_a^b\frac{1}{x}\mathrm{d}x=\ln b-\ln a$. 因此 $\displaystyle\int_a^{+\infty}\frac{1}{x^p}\mathrm{d}x$ 在 $p>1$ 时收敛到 $\dfrac{1}{p-1}\cdot\dfrac{1}{a^{p-1}}$, 在 $p\leqslant 1$ 时发散到 $+\infty$.

例 4 设 $p>1$, 证明: 对于任意自然数 n, $\dfrac{\ln^n x}{x^p}$ 在 $[1,+\infty)$ 上广义可积.

证明 利用 L'Hospital 法则容易证明: $\forall\varepsilon>0$,

$$\lim_{x\to+\infty}\frac{\ln^n x}{x^\varepsilon}=0.$$

取 $\varepsilon>0$ 充分小, 使得 $p-\varepsilon>1$, 则 x 充分大时,

$$\frac{\ln^n x}{x^p}=\frac{1}{x^{p-\varepsilon}}\cdot\frac{\ln^n x}{x^\varepsilon}<\frac{1}{x^{p-\varepsilon}}.$$

由于 $\dfrac{1}{x^{p-\varepsilon}}$ 在 $[1,+\infty)$ 上广义可积, 因而 $\dfrac{\ln^n x}{x^p}$ 在 $[1,+\infty)$ 上广义可积. ■

例 5 设 $0<p<1$, 证明: 对于任意自然数 n, $\dfrac{1}{x^p\ln^n x}$ 在 $[2,+\infty)$ 上都不是广义可积的.

证明方法同例 4, 这里略.

例 6 讨论广义积分 $\int_2^{+\infty}\frac{1}{x\ln^p x}\mathrm{d}x$ 的敛散性, 其中 $p>0$.

解 如果将函数 $\frac{1}{x\ln^p x}$ 与标准函数 $\frac{1}{x^p}$ 进行比较, 首先由极限

$$\lim_{x\to+\infty}\frac{\frac{1}{x\ln^p x}}{\frac{1}{x}}=0,$$

即 $x\to+\infty$ 时, 函数 $\frac{1}{x\ln^p x}$ 是比 $\frac{1}{x}$ 高阶的无穷小, 因此由广义积分 $\int_2^{+\infty}\frac{1}{x}\mathrm{d}x$ 发散不能得到广义积分 $\int_2^{+\infty}\frac{1}{x\ln^p x}\mathrm{d}x$ 发散. 或者说对于非负的函数, 我们不能用低阶无穷小的广义积分的发散性来判别高阶无穷小的广义积分是否发散.

另一方面, 对于任意 $q>1$, 利用 L'Hospital 法则不难得到

$$\lim_{x\to+\infty}\frac{\frac{1}{x\ln^p x}}{\frac{1}{x^q}}=+\infty.$$

因此 $x\to+\infty$ 时, $\frac{1}{x\ln^p x}$ 是比 $\frac{1}{x^q}$ 低阶的无穷小, 所以由广义积分 $\int_2^{+\infty}\frac{1}{x^q}\mathrm{d}x$ 收敛不能得到广义积分 $\int_2^{+\infty}\frac{1}{x\ln^p x}\mathrm{d}x$ 收敛. 或者说对于非负的函数, 不能用高阶无穷小的广义积分的收敛性来判别低阶无穷小的广义积分是否收敛. 利用标准函数 $\frac{1}{x^q}$, 不能判断函数 $\frac{1}{x\ln^p x}$ 是否广义可积.

实际上, 对于函数 $\frac{1}{x\ln^p x}$, 利用变元代换 $u=\ln x$, 我们可以直接计算出, 当 $p\neq1$ 时, 其原函数为 $\frac{1}{1-p}\cdot\frac{1}{\ln^{p-1}x}$; 而 $p=1$ 时, $\int\frac{1}{x\ln x}\mathrm{d}x=\ln|\ln x|$. 利用原函数就能够得到: 广义积分 $\int_2^{+\infty}\frac{1}{x\ln^p x}\mathrm{d}x$ 在 $0<p\leqslant1$ 时发散, 在 $p>1$ 时收敛.

利用例 6, 如果以 $\frac{1}{x\ln^p x}$ 作为标准函数, 则可建立更好一些的比较判别法.

设 $f(x)\geqslant0$ 在 $[a,+\infty)$ 上广义可积, 则对于任意 $\varepsilon>0$, 随着 $b\to+\infty$, 集合 $\{x\in[b,+\infty)|f(x)\geqslant\varepsilon\}$ 所占 “区间” 的长度将越来越小, 或者说 $x\to+\infty$ 时, $f(x)$ 基本上就是一个无穷小. 下面的例子在一定程度上说明了这一点.

例 7 设 $f(x)\geqslant0$ 在 $[a,+\infty)$ 上广义可积, 证明: $\varliminf\limits_{x\to+\infty}f(x)=0$.

例 7 的证明留作习题.

一般来说, 当 $f(x) \geqslant 0$ 在 $[a,+\infty)$ 上广义可积, 并不能推出 $x \to +\infty$ 时 $f(x)$ 是无穷小, 下面的例子可以说明这一点.

例 8 设 $x \in [1,+\infty)$, 令

$$f(x)=\begin{cases} n, & \text{如果 } x \in \left[n, n+\dfrac{1}{n^3}\right], n=1,2,\cdots, \\ 0, & \text{其余的 } x. \end{cases}$$

对于任意 $b>1$, $f(x)$ 在 $[1,b]$ 上仅有有限个间断点, 因而可积, 并且当自然数 $n>1$ 时,

$$\int_1^n f(x)\mathrm{d}x=\sum_{k=1}^{n-1}\frac{1}{k^2}.$$

将积分 $\displaystyle\int_1^n f(x)\mathrm{d}x$ 与 $\displaystyle\int_1^n \frac{1}{x^2}\mathrm{d}x$ 比较,

$$\int_1^n \frac{1}{x^2}\mathrm{d}x=\sum_{k=1}^{n-1}\int_k^{k+1}\frac{1}{x^2}\mathrm{d}x \geqslant \sum_{k=1}^{n-1}\frac{1}{(k+1)^2}\int_k^{k+1}\mathrm{d}x=\sum_{k=1}^{n-1}\frac{1}{(k+1)^2}.$$

另一方面, $\displaystyle\int_1^n \frac{1}{x^2}\mathrm{d}x=1-\frac{1}{n}$ 在 $n \to +\infty$ 时收敛. 我们得到 $\displaystyle\sum_{k=1}^{n-1}\frac{1}{k^2}$ 在 $n \to +\infty$ 时收敛, 因此 $f(x)$ 在 $[1,+\infty)$ 上广义可积. 而上极限 $\displaystyle\varlimsup_{x\to+\infty} f(x)=+\infty$.

如果以无穷小的形式来讨论比较判别法, 则可以给出下面的定理.

定理 7.1.2 (比较判别法) 设 $f(x)$ 和 $g(x)$ 都是非负函数, 且 $g(x)$ 处处不为 0. 如果 $\displaystyle\lim_{x\to+\infty}\frac{f(x)}{g(x)}=A$, 则

(1) 当 $A \in (0,+\infty)$ 时, $f(x)$ 与 $g(x)$ 在 $[a,+\infty)$ 上同时可积或同时不可积;

(2) 当 $A=0$ 时, 若 $g(x)$ 在 $[a,+\infty)$ 上可积, 则 $f(x)$ 也可积;

(3) 当 $A=+\infty$ 时, 若 $g(x)$ 在 $[a,+\infty)$ 上不可积, 则 $f(x)$ 也不可积.

定理 7.1.2 中的结论 (1) 表明同阶的无穷小同时可积或者同时不可积; 结论 (2) 表明低阶的无穷小可积时, 高阶的无穷小必须也可积; 而结论 (3) 则表明高阶的无穷小不可积时, 低阶的无穷小也不可积.

直接应用定理 7.1.1, 不难给出定理 7.1.2 的证明, 这里就不讨论了.

如果利用上、下极限, 则比较判别法可以表示为下面更加精细的形式.

定理 7.1.2′ (比较判别法) 设 $f(x)$ 和 $g(x)$ 都是非负函数, 且 $g(x)$ 处处不为 0. 如果

$$\varlimsup_{x\to+\infty}\frac{f(x)}{g(x)}=A<+\infty,$$

则 $g(x)$ 在 $[a,+\infty)$ 上可积时, $f(x)$ 也可积; 如果

$$\lim_{x\to+\infty}\frac{f(x)}{g(x)}=A>0,$$

则 $g(x)$ 在 $[a,+\infty)$ 上不可积时, $f(x)$ 也不可积.

定理 7.1.2′ 的证明留作习题, 希望借此帮助读者进一步熟悉上、下极限.

例 9 证明: 函数 $\dfrac{1}{x\sqrt[5]{x^3+x+5}}$ 在 $[1,+\infty)$ 上广义可积.

证明 $x>1$ 时, $x\sqrt[5]{x^3+x+5}>0$, 因而对于任意 $b>1$, $\dfrac{1}{x\sqrt[5]{x^3+x+5}}$ 在区间 $[1,b]$ 上可积. 而 $x\to+\infty$ 时, $\dfrac{1}{x\sqrt[5]{x^3+x+5}}$ 与 $\dfrac{1}{x\sqrt[5]{x^3}}$ 是同阶无穷小, 因而 $\dfrac{1}{x\sqrt[5]{x^3+x+5}}$ 在 $[1,+\infty)$ 上广义可积. ■

例 10 设 $\varepsilon_0>0$ 是给定的常数, 证明: 对于任意自然数 n, 函数 $x^n\mathrm{e}^{-\varepsilon_0 x}$ 在 $[a,+\infty)$ 上都广义可积.

证明 取 $0<\varepsilon_1<\varepsilon_0$, 利用 L'Hospital 法则容易得到

$$\lim_{x\to+\infty}\frac{x^n\mathrm{e}^{-\varepsilon_0 x}}{\mathrm{e}^{-\varepsilon_1 x}}=\lim_{x\to+\infty}\frac{x^n}{\mathrm{e}^{(\varepsilon_0-\varepsilon_1)x}}=0.$$

因此, $x\to+\infty$ 时, $\mathrm{e}^{-\varepsilon_1 x}$ 是比 $x^n\mathrm{e}^{-\varepsilon_0 x}$ 低阶的无穷小. 但利用 Newton-Leibniz 公式得 $\mathrm{e}^{-\varepsilon_1 x}$ 在 $[a,+\infty)$ 上广义可积, 因而 $x^n\mathrm{e}^{-\varepsilon_0 x}$ 在 $[a,+\infty)$ 上也广义可积. ■

上面我们利用单调有界收敛定理给出了非负函数广义可积的一些判别方法. 怎样将这些方法应用到一般的函数上呢? 对于函数 $f(x)$, 令

$$f^+(x)=\max\{f(x),0\},\quad f^-(x)=\min\{f(x),0\},$$

则 $f^+(x)\geqslant 0$, $f^-(x)\leqslant 0$. 由于在任意区间上, 函数 $f^+(x)$ 和 $f^-(x)$ 的振幅都小于或等于 $f(x)$ 的振幅, 因而对于任意 $b>a$, $f^+(x)$ 和 $f^-(x)$ 在 $[a,b]$ 上都可积, 而 $\displaystyle\int_a^b f^+(x)\mathrm{d}x$ 对 b 单调上升, $\displaystyle\int_a^b f^-(x)\mathrm{d}x$ 对 b 单调下降, 所以下面两个极限

$$\lim_{b\to+\infty}\int_a^b f^+(x)\mathrm{d}x,\quad \lim_{b\to+\infty}\int_a^b f^-(x)\mathrm{d}x$$

都存在. 而如果 $f^+(x)$ 和 $f^-(x)$ 在 $[a,+\infty)$ 上广义可积, 由 $f(x)=f^+(x)+f^-(x)$, 得

$$\int_a^b f(x)\mathrm{d}x=\int_a^b f^+(x)\mathrm{d}x+\int_a^b f^-(x)\mathrm{d}x,$$

$f(x)$ 也在 $[a,+\infty)$ 上也广义可积, 并且

$$\int_a^{+\infty} f(x)\mathrm{d}x = \int_a^{+\infty} f^+(x)\mathrm{d}x + \int_a^{+\infty} f^-(x)\mathrm{d}x.$$

如果极限 $\lim\limits_{b\to+\infty}\int_a^b f^+(x)\mathrm{d}x$ 和极限 $\lim\limits_{b\to+\infty}\int_a^b f^-(x)\mathrm{d}x$ 中有一个收敛, 另一个为无穷, 则 $\int_a^{+\infty} f(x)\mathrm{d}x$ 也是无穷. 但如果

$$\lim_{b\to+\infty}\int_a^b f^+(x)\mathrm{d}x = +\infty, \quad \lim_{b\to+\infty}\int_a^b f^-(x)\mathrm{d}x = -\infty,$$

则 $b\to+\infty$ 时, $\int_a^b f(x)\mathrm{d}x = \int_a^b f^+(x)\mathrm{d}x + \int_a^b f^-(x)\mathrm{d}x$ 是 $\infty-\infty$ 型的不定式. 而作为不定式, 这一极限可能收敛, 也可能不收敛, 因而 $f(x)$ 在 $[a,+\infty)$ 上有可能广义可积, 也有可能不可积. 为了区别上面这几种情况, 我们给出下面的定义.

定义 7.1.3 设 $\forall b > a$, $f(x)$ 在 $[a,b]$ 上可积, 如果 $|f(x)|$ 在 $[a,+\infty)$ 上广义可积, 则称 $f(x)$ 在 $[a,+\infty)$ **上绝对可积**; 如果 $f(x)$ 在 $[a,+\infty)$ 上广义可积, 但 $\int_a^{+\infty} |f(x)|\mathrm{d}x = +\infty$, 则称 $f(x)$ 在 $[a,+\infty)$ **上条件可积**.

如果 $f(x)$ 在 $[a,+\infty)$ 上绝对可积, 由

$$0 \leqslant f^+(x) \leqslant |f(x)|, \quad 0 \leqslant -f^-(x) \leqslant |f(x)|,$$

因此 $f^+(x)$ 和 $f^-(x)$ 都在 $[a,+\infty)$ 上广义可积, 特别地, $f(x)$ 在 $[a,+\infty)$ 上也广义可积. 反之, 如果 $f^+(x)$ 和 $f^-(x)$ 都在 $[a,+\infty)$ 上广义可积, 由

$$|f(x)| = f^+(x) - f^-(x),$$

得 $|f(x)|$ 在 $[a,+\infty)$ 上可积, 因而 $f(x)$ 在 $[a,+\infty)$ 上绝对可积, 即在 $[a,+\infty)$ 上 $f(x)$ 绝对可积等价于 $f^+(x)$ 和 $f^-(x)$ 都广义可积.

如果 $f(x)$ 在 $[a,+\infty)$ 上条件可积, 由

$$|f(x)| = f^+(x) - f^-(x), \quad f(x) = f^+(x) + f^-(x),$$

可得

$$f^+(x) = \frac{1}{2}(f(x) + |f(x)|), \quad f^-(x) = \frac{1}{2}(f(x) - |f(x)|).$$

因而必须

$$\int_a^{+\infty} f^+(x)\mathrm{d}x = \int_a^{+\infty} \frac{1}{2}(f(x) + |f(x)|)\mathrm{d}x = +\infty,$$
$$\int_a^{+\infty} f^-(x)\mathrm{d}x = \int_a^{+\infty} \frac{1}{2}(f(x) - |f(x)|)\mathrm{d}x = -\infty.$$

$\int_a^{+\infty} f(x)\mathrm{d}x$ 是 $\infty-\infty$ 型不定式的极限.

如果从几何的角度, 将积分理解为曲边梯形的面积, 正的函数给出正的面积, 负的函数给出负的面积, 则绝对可积函数的广义积分是正的面积与负的面积的差, 可以理解为实际面积. 而对于条件可积的函数, 在由其定义的曲边梯形上, 正的部分和负的部分的面积都为无穷, 函数的广义积分则是正、负面积相互抵消后产生的极限, 因而不能看成实际面积. 看几个例子.

例 11 设 $x\in[1,+\infty)$, 对于 $n=1,2,\cdots;k=0,1,2,\cdots,2^n-1$, 令

$$f(x)=(-1)^k\left(\frac{3}{2}\right)^n,\quad \text{如果 } x\in\left(n+\frac{k}{2^n},n+\frac{k+1}{2^n}\right),$$

则当 $b>1,b\in[n,n+1)$ 时,

$$\left|\int_1^b f(x)\mathrm{d}x\right|\leqslant\left(\frac{3}{2}\right)^n\cdot\frac{1}{2^n}=\left(\frac{3}{4}\right)^n\to 0,\quad n\to\infty.$$

因而, $f(x)$ 在 $[1,+\infty)$ 上广义可积, $\int_a^{+\infty} f(x)\mathrm{d}x=0$. 但 $\lim\limits_{x\to+\infty}|f(x)|=+\infty$, 所以 $f(x)$ 在 $[1,+\infty)$ 上只是条件可积.

例 12 证明: $\sin x^2$ 在 $[1,+\infty)$ 上条件可积.

证明 对于任意 $b>1$, 令 $t=x^2$, 利用变元代换和分部积分得

$$\int_1^b \sin x^2\mathrm{d}x=\frac{1}{2}\int_1^{b^2}\frac{\sin t}{\sqrt{t}}\mathrm{d}t=\frac{1}{2}\left(\frac{-\cos t}{\sqrt{t}}\right)\Bigg|_1^{b^2}-\frac{1}{4}\int_1^{b^2}\frac{\cos t}{\sqrt{t^3}}\mathrm{d}t,$$

其中 $\dfrac{|\cos t|}{\sqrt{t^3}}\leqslant\dfrac{1}{\sqrt{t^3}}$. 而 $\dfrac{1}{\sqrt{t^3}}$ 在 $[1,+\infty)$ 上是广义可积的, 所以 $\dfrac{\cos t}{\sqrt{t^3}}$ 在 $[1,+\infty)$ 上必须绝对可积. 另一方面,

$$\lim_{b\to+\infty}\frac{1}{2}\left(\frac{-\cos t}{\sqrt{t}}\right)\Bigg|_1^{b^2}=\frac{\cos 1}{2}.$$

因此 $\sin x^2$ 在 $[1,+\infty)$ 上广义可积. 但对于 $n=1,2,\cdots$, 在区间 $\left[\sqrt{n\pi+\dfrac{\pi}{4}},\sqrt{n\pi+\dfrac{3\pi}{4}}\right]$ 上, 成立 $|\sin x^2|>\dfrac{1}{2}$, 所以 $N\to+\infty$ 时,

$$\int_1^N|\sin x^2|\mathrm{d}x\geqslant\frac{1}{2}\sum_{n=1}^N\left[\sqrt{n\pi+\frac{3\pi}{4}}-\sqrt{n\pi+\frac{\pi}{4}}\right]\to+\infty,$$

$\sin x^2$ 在 $[1,+\infty)$ 上仅仅是条件可积的. ■

例 13 证明: 函数 $\dfrac{\sin x}{x}$ 和 $\dfrac{\cos x}{x}$ 在 $[1,+\infty)$ 上都是条件可积的.

证明 以 $\dfrac{\sin x}{x}$ 为例. 应用分部积分法, 对于任意 $b>1$,

$$\int_1^b \frac{\sin x}{x}\mathrm{d}x = \left.\frac{-\cos x}{x}\right|_1^b - \int_1^b \frac{\cos x}{x^2}\mathrm{d}x.$$

$\left|\dfrac{\cos x}{x^2}\right| \leqslant \dfrac{1}{x^2}$, 而 $\lim\limits_{b\to+\infty} \left.\dfrac{-\cos x}{x}\right|_1^b = \cos 1$, 因此, $\dfrac{\sin x}{x}$ 在 $[1,+\infty)$ 上广义可积. 另一方面, 利用倍角公式,

$$\left|\frac{\sin x}{x}\right| \geqslant \frac{\sin^2 x}{x} = \frac{1}{2x} - \frac{\cos 2x}{2x},$$

与上面同样的推导容易得到 $\dfrac{\cos 2x}{2x}$ 在 $[1,+\infty)$ 上广义可积, 如果 $\left|\dfrac{\sin x}{x}\right|$ 也在 $[1,+\infty)$ 上广义可积, 则必须 $\dfrac{1}{2x}$ 在 $[1,+\infty)$ 上广义可积, 矛盾, 所以 $\dfrac{\sin x}{x}$ 在 $[1,+\infty)$ 上条件可积. ■

利用单调有界收敛定理给出的广义积分的比较判别法原则上仅适用于绝对可积的函数. 而对于函数是否条件可积的判别, 需要应用实数理论中判别极限是否收敛的另一方法 —— Cauchy 准则.

定理 7.1.3 (Cauchy 准则) 函数 $f(x)$ 在 $[a,+\infty)$ 上广义可积的充要条件是 $\forall\varepsilon>0, \exists N$, s.t. 只要 $b_1>N, b_2>N$, 就成立

$$\left|\int_{b_1}^{b_2} f(x)\mathrm{d}x\right| < \varepsilon.$$

怎样应用 Cauchy 准则来判断一个函数是否广义可积呢? 对此, 需要利用我们在积分讨论中, 对于 Riemann 积分给出的积分第二中值定理 (定理 5.4.7):

设 $f(x)$ 在区间 $[a,b]$ 上单调, $g(x)$ 在 $[a,b]$ 上可积, 则存在 $c\in[a,b]$, 使得

$$\int_a^b f(x)g(x)\mathrm{d}x = f(a)\int_a^c g(x)\mathrm{d}x + f(b)\int_c^b g(x)\mathrm{d}x.$$

直接利用 Cauchy 准则和积分第二中值定理, 就得到下面两个关于函数在什么条件下广义可积的判别方法.

定理 7.1.4 (Dirichlet 判别法) 对于函数 $f(x), g(x)$, 如果 $f(x)$ 在 $[a,+\infty)$ 上单调, 并且 $\lim\limits_{x\to+\infty} f(x)=0$, 而函数 $G(b)=\displaystyle\int_a^b g(x)\mathrm{d}x$ 在 $[a,+\infty)$ 上有界, 则函数 $f(x)g(x)$ 在 $[a,+\infty)$ 上广义可积.

证明 $G(b)=\displaystyle\int_a^b g(x)\mathrm{d}x$ 对于 $b\in[a,+\infty)$ 有界表明存在 $M>0$, 使得对于任意 $b\in[a,+\infty)$, 成立

$$|G(b)|=\left|\int_a^b g(x)\mathrm{d}x\right|<M.$$

利用此, 对任意 $c,d\in[a,+\infty)$, 成立

$$\begin{aligned}\left|\int_c^d g(x)\mathrm{d}x\right|&=\left|\int_a^d g(x)\mathrm{d}x-\int_a^c g(x)\mathrm{d}x\right|\\&\leqslant\left|\int_a^c g(x)\mathrm{d}x\right|+\left|\int_a^d g(x)\mathrm{d}x\right|\leqslant 2M.\end{aligned}$$

现设 $\varepsilon>0$ 是任意给定的常数, 由 $\lim\limits_{x\to+\infty}f(x)=0$, 存在 N, 使得只要 $x>N$, 就成立 $|f(x)|<\dfrac{\varepsilon}{4M}$.

对任意 $b_1>N,b_2>N$, 应用积分第二中值定理, 存在 $c\in[b_1,b_2]$, 使得

$$\begin{aligned}\left|\int_{b_1}^{b_2} f(x)g(x)\mathrm{d}x\right|&=\left|f(b_1)\int_{b_1}^{c} g(x)\mathrm{d}x+f(b_2)\int_c^{b_2} g(x)\mathrm{d}x\right|\\&\leqslant|f(b_1)|\left|\int_{b_1}^{c} g(x)\mathrm{d}x\right|+|f(b_2)|\left|\int_c^{b_2} f(x)\mathrm{d}x\right|\\&<\frac{\varepsilon}{4M}2M+\frac{\varepsilon}{4M}2M=\varepsilon.\end{aligned}$$

$b\to+\infty$ 时, $\displaystyle\int_a^b f(x)g(x)\mathrm{d}x$ 满足极限收敛的 Cauchy 准则, 因而 $f(x)g(x)$ 在 $[a,+\infty)$ 上广义可积. ■

定理 7.1.5 (Abel 判别法) 对函数 $f(x)$ 和 $g(x)$, 如果 $f(x)$ 在 $[a,+\infty)$ 上单调且有界, 而 $g(x)$ 在 $[a,+\infty)$ 上广义可积, 则 $f(x)g(x)$ 在 $[a,+\infty)$ 上广义可积.

Abel 判别法的证明与 Dirichlet 判别法的证明基本相同, 留给读者.

下面例题可以看成是 Abel 判别法的推广.

例 14 设 $f(x)$ 在 $[a,+\infty)$ 上单调且有界, 而 $\lim\limits_{x\to+\infty}f(x)=A\neq 0$, $G(b)=\displaystyle\int_a^b g(x)\mathrm{d}x$ 对于 $b\in[a,+\infty)$ 有界. 证明: $f(x)g(x)$ 在 $[a,+\infty)$ 上广义可积等价于 $g(x)$ 在 $[a,+\infty)$ 上广义可积.

证明 如果 $g(x)$ 在 $[a,+\infty)$ 上广义可积, 由 Abel 判别法我们得 $f(x)g(x)$ 在 $[a,+\infty)$ 上广义可积.

设 $f(x)g(x)$ 在 $[a,+\infty)$ 上广义可积, 由于 $\lim\limits_{x\to+\infty}f(x)=A\neq 0$, 取 c 充分大, 可设在 $[c,+\infty)$ 上, $|f(x)|>\dfrac{|A|}{2}$, 因此, $\dfrac{1}{f(x)}$ 在 $[c,+\infty)$ 上单调且有界. 同样利用

Abel 判别法, $g(x)=f(x)g(x)\dfrac{1}{f(x)}$ 在 $[c,+\infty)$ 上广义可积. ■

例 15 讨论广义积分 $\displaystyle\int_1^{+\infty}(-1)^{[x]}\frac{1}{x^p}\mathrm{d}x$ 的敛散性, 以及其是否绝对可积. 这里 $p>0$, $[x]$ 是取整函数.

解 $\dfrac{1}{x^p}$ 单调, 且 $x\to+\infty$ 时, $\dfrac{1}{x^p}\to 0$, 而 $\left|\displaystyle\int_1^b(-1)^{[x]}\mathrm{d}x\right|\leqslant 1$ 对任意 $b>1$ 成立, 利用 Dirichlet 判别法, 我们得到广义积分 $\displaystyle\int_1^{+\infty}(-1)^{[x]}\frac{1}{x^p}\mathrm{d}x$ 收敛. 另一方面, 与标准函数 $\dfrac{1}{x^p}$ 进行比较, 容易得到 $0<p\leqslant 1$ 时, $(-1)^{[x]}\dfrac{1}{x^p}$ 在 $[1,+\infty)$ 上条件可积, 而 $p>1$ 时, $(-1)^{[x]}\dfrac{1}{x^p}$ 在 $[1,+\infty)$ 上绝对可积.

例 16 设 $0<\varepsilon_0\leqslant 1$, 证明: $\dfrac{\sin x}{x^{\varepsilon_0}}$ 在 $[1,+\infty)$ 上条件可积.

证明 $\dfrac{1}{x^{\varepsilon_0}}$ 单调, 且 $\lim\limits_{x\to+\infty}\dfrac{1}{x^{\varepsilon_0}}=0$, 而对于任意 $b>1$,

$$\left|\int_1^b\sin x\mathrm{d}x\right|=|-\cos b+\cos 1|\leqslant 2,$$

应用 Dirichlet 判别法, $\dfrac{\sin x}{x^{\varepsilon_0}}$ 在 $[1,+\infty)$ 上广义可积.

另一方面, 利用倍角公式, 得

$$\frac{|\sin x|}{x^{\varepsilon_0}}\geqslant\frac{\sin^2 x}{x^{\varepsilon_0}}=\frac{1}{2x^{\varepsilon_0}}-\frac{\cos 2x}{2x^{\varepsilon_0}},$$

同样利用 Dirichlet 判别法, 得 $\dfrac{\cos 2x}{2x^{\varepsilon_0}}$ 在 $[1,+\infty)$ 上广义可积. 如果 $\dfrac{|\sin x|}{x^{\varepsilon_0}}$ 在 $[1,+\infty)$ 上广义可积, 则必须 $\dfrac{1}{2x^{\varepsilon_0}}$ 在 $[1,+\infty)$ 上广义可积, 这与条件 $\varepsilon_0\leqslant 1$ 矛盾. ■

例 17 证明: 函数 $\arctan x\sin x^2$ 在 $[1,+\infty)$ 上条件可积.

证明 $\arctan x$ 在 $[1,+\infty)$ 上单调有界, 而由例 12 知 $\sin x^2$ 在 $[1,+\infty)$ 上广义可积, 利用 Abel 判别法得 $\arctan x\sin x^2$ 在 $[1,+\infty)$ 上广义可积. 另一方面, 同样由例 12, $\sin x^2$ 在 $[1,+\infty)$ 上条件可积, 而在 $[1,+\infty)$ 上,

$$\frac{\pi}{4}|\sin x^2|\leqslant|\arctan x\sin x^2|,$$

因而 $\arctan x\sin x^2$ 在 $[1,+\infty)$ 上不是绝对可积的. ■

7.2 瑕 积 分

设 $f(x)$ 是区间 $[a,b]$ 上的函数, 如果对于任意点 $x\in[a,b]$, 都存在 $\varepsilon_x>0$, 使得 $f(x)$ 在闭区间 $[x-\varepsilon_x,x+\varepsilon_x]\cap[a,b]$ 上可积, 利用开覆盖定理以及 Riemann 积分对于积分区间的可加性容易看出 $f(x)$ 在 $[a,b]$ 上也 Riemann 可积.

因此, 如果一个函数 $f(x)$ 在区间 $[a,b]$ 上不是 Riemann 可积的, 则至少存在 $[a,b]$ 中的一个点 x_0, 使得对于任意 $\varepsilon>0$, $f(x)$ 在 $[x_0-\varepsilon,x_0+\varepsilon]\cap[a,b]$ 上都不是 Riemann 可积的. 我们将这样的点 x_0 称为 $f(x)$ 对于 Riemann 积分的**瑕点**. 瑕点就是造成函数关于 Riemann 积分有瑕疵的点, 或者说不可积的点.

例如, 对于 Dirichlet 函数 $D(x)$, 我们知道 $D(x)$ 在有理点上为 1, 无理点上为 0. 这时, 对任意区间 $[a,b]\subset\mathbb{R}$, $[a,b]$ 中的每一个点都是 $D(x)$ 的瑕点. 而如果定义函数 $f(x)$ 为

$$f(x)=\begin{cases}\dfrac{1}{\sqrt{x}}, & \text{如果 } x\in(0,1],\\ 0, & \text{如果 } x=0,\end{cases}$$

则 0 是 $f(x)$ 在 $[0,1]$ 中的唯一瑕点.

设 x_0 是 $f(x)$ 在 $[a,b]$ 中的瑕点, 如果存在 $\varepsilon>0$, 使得 x_0 是 $f(x)$ 在 $[x-\varepsilon,x+\varepsilon]\cap[a,b]$ 中唯一的瑕点, 则称 x_0 为 $f(x)$ 的**孤立瑕点**. 利用开覆盖定理容易证明, 如果 $f(x)$ 在 $[a,b]$ 上仅有孤立瑕点, 则 $f(x)$ 只可能有有限个瑕点. 因此可以将区间进行分割, 使得 $f(x)$ 在每一个小区间上仅有一个瑕点.

数学分析中只能讨论孤立瑕点. 这里, 先来讨论孤立瑕点产生的原因. 为了符号简单, 假定 a 是 $f(x)$ 在 $[a,b]$ 中的唯一瑕点.

如果 $f(x)$ 在 $[a,b]$ 上有界, 设 $f(x)$ 在 $[a,b]$ 上的振幅

$$w=\sup_{x\in[a,b]}\{f(x)\}-\inf_{x\in[a,b]}\{f(x)\}>0,$$

则对于任意 $\varepsilon>0$, 由于 $f(x)$ 在 $\left[a+\dfrac{\varepsilon}{2w},b\right]$ 上可积, 利用第五章中定理 5.3.3 给出的函数可积的判别条件 (4), 存在 $\left[a+\dfrac{\varepsilon}{2w},b\right]$ 的一个分割

$$\Delta: a+\frac{\varepsilon}{2w}=x_1<x_2<\cdots<x_n=b,$$

使得

$$\sum_{i=2}^{n} w_i(x_i - x_{i-1}) < \frac{\varepsilon}{2},$$

其中 w_i 是 $f(x)$ 在 $[x_{i-1}, x_i]$ 上的振幅, $i = 2, 3, \cdots, n$. 现在令 $x_0 = a$, 则

$$\Delta' : a = x_0 < x_1 < x_2 < \cdots < x_n = b$$

是 $[a, b]$ 的分割, 而由 $x_1 = a + \dfrac{\varepsilon}{2w}$, 得

$$\sum_{i=1}^{n} w_i(x_i - x_{i-1}) \leqslant w\frac{\varepsilon}{2w} + \sum_{i=2}^{n} w_i(x_i - x_{i-1}) < \varepsilon.$$

同样利用 5.3 节中定理 5.3.3 给出的函数可积的判别条件 (4), 得 $f(x)$ 在 $[a, b]$ 上 Riemann 可积. 这与 a 是 $f(x)$ 在 $[a, b]$ 中的瑕点的假设矛盾. 因此, $f(x)$ 必须在 a 的任意邻域上无界. 我们得到结论: 孤立瑕点都是因为函数在瑕点的邻域上无界的原因产生出来的.

作为上面讨论的一个简单推论, 对于有界开区间上的有界函数, 我们同样可以用分割、求和、取极限来定义 Riemann 积分, 积分性质与在闭区间上的没有差别. 或者说, 我们可以任意补充函数在区间端点的函数值, 使得函数定义在闭区间上, 而函数的可积性, 以及可积时函数的积分都与函数在端点处补充的函数值无关. 例如: 对于函数 $\sin\dfrac{1}{x}$, 我们可以在任意有界区间上讨论它的 Riemann 积分, 尽管这一函数在 $x = 0$ 处没有定义.

回到孤立瑕点. 怎样利用极限, 将 Riemann 积分推广到孤立瑕点, 或者说推广到无界函数呢? 类比于无界区间上的广义积分, 我们给出下面的定义.

定义 7.2.1　设 $f(x)$ 是区间 $(a, b]$ 上的函数, 在 a 的邻域上无界, 而对于任意 $\varepsilon \in (0, b-a)$, $f(x)$ 在 $[a+\varepsilon, b]$ 上可积. 称 $f(x)$ 在 $[a, b]$ 上**广义可积**, 如果极限

$$\lim_{\varepsilon \to 0^+} \int_{a+\varepsilon}^{b} f(x)\mathrm{d}x = A$$

收敛, 称 A 为 $f(x)$ 在 $[a, b]$ 上的**瑕积分**, 仍记为 $\displaystyle\int_a^b f(x)\mathrm{d}x$.

同理, 如果 b 是 $f(x)$ 在区间 $[a, b]$ 上的唯一瑕点, 则定义 $f(x)$ 在 $[a, b]$ 上的瑕积分为

$$\lim_{\varepsilon \to 0^+} \int_{a}^{b-\varepsilon} f(x)\mathrm{d}x = \int_a^b f(x)\mathrm{d}x.$$

如果 $x_0 \in (a,b)$ 是 $f(x)$ 在 $[a,b]$ 中的唯一瑕点, 且 $f(x)$ 在 $[a,x_0]$ 和 $[x_0,b]$ 上都广义可积, 则定义 $f(x)$ 在 $[a,b]$ 上的瑕积分为

$$\int_a^b f(x)\mathrm{d}x = \int_a^{x_0} f(x)\mathrm{d}x + \int_{x_0}^b f(x)\mathrm{d}x.$$

或者直接用极限定义瑕积分 $\int_a^b f(x)\mathrm{d}x$ 为

$$\int_a^b f(x)\mathrm{d}x = \lim_{\varepsilon_1\to 0^+}\int_a^{x_0-\varepsilon_1} f(x)\mathrm{d}x + \lim_{\varepsilon_2\to 0^+}\int_{x_0+\varepsilon_2}^b f(x)\mathrm{d}x,$$

其中, $\varepsilon_1,\varepsilon_2$ 是相互独立的变量, 同时等式右边的两个极限都收敛.

另外, 类比于 7.1 节我们在区间 $(-\infty,+\infty)$ 上定义的, 函数 $f(x)$ 在主值意义下的广义积分

$$\text{p.v.}\int_{-\infty}^{+\infty} f(x)\mathrm{d}x = \lim_{b\to+\infty}\int_{-b}^b f(x)\mathrm{d}x,$$

也可以定义函数 $f(x)$ 在瑕点 $x_0 \in (a,b)$ 处在主值意义下的瑕积分为

$$\text{p.v.}\int_a^b f(x)\mathrm{d}x = \lim_{\varepsilon\to 0^+}\left(\int_a^{x_0-\varepsilon} f(x)\mathrm{d}x + \int_{x_0+\varepsilon}^b f(x)\mathrm{d}x\right).$$

例 1 计算瑕积分 $\displaystyle\int_{-1}^0 \frac{1}{\sqrt{1-x^2}}\mathrm{d}x$.

解 -1 是积分的瑕点, 利用定义

$$\int_{-1}^0 \frac{1}{\sqrt{1-x^2}}\mathrm{d}x = \lim_{\varepsilon\to 0^+}\int_{-1+\varepsilon}^0 \frac{1}{\sqrt{1-x^2}}\mathrm{d}x = \lim_{\varepsilon\to 0^+}\big(0-\arcsin(-1+\varepsilon)\big) = \frac{\pi}{2}.$$

例 2 讨论瑕积分 $\displaystyle\int_0^1 \frac{1}{x\ln^r x}\mathrm{d}x$ 的收敛性.

解 如果 $r<0$, 则 0 是积分的瑕点. 这时

$$\int_0^1 \frac{1}{x\ln^r x}\mathrm{d}x = \lim_{\varepsilon\to 0^+}\int_\varepsilon^1 \frac{1}{x\ln^r x}\mathrm{d}x = \lim_{\varepsilon\to 0^+}\frac{1}{-r+1}\big(0-\ln^{-r+1}\varepsilon\big) = +\infty,$$

积分发散.

如果 $0<r<1$, 则 0 和 1 都是积分的瑕点. 这时

$$\begin{aligned}\int_0^1 \frac{1}{x\ln^r x}\mathrm{d}x &= \lim_{\varepsilon_1\to 0^+}\int_{0.5}^{1-\varepsilon_1} \frac{1}{x\ln^r x}\mathrm{d}x + \lim_{\varepsilon_2\to 0^+}\int_{\varepsilon_2}^{0.5} \frac{1}{x\ln^r x}\mathrm{d}x\\ &= \lim_{\varepsilon_1\to 0^+}\frac{1}{-r+1}\big(\ln^{-r+1}(1-\varepsilon_1)-\ln^{-r+1}0.5\big)\\ &\quad+\lim_{\varepsilon_2\to 0^+}\frac{1}{-r+1}\big(\ln^{-r+1}0.5-\ln^{-r+1}\varepsilon_2\big) = +\infty,\end{aligned}$$

上式右边, 前一个极限收敛, 后一个极限发散, 积分发散.

如果 $r=1$, 则 0 和 1 都是积分的瑕点. 这时

$$\begin{aligned}\int_0^1 \frac{1}{x\ln x}\mathrm{d}x &= \lim_{\varepsilon_1\to 0^+}\int_{0.5}^{1-\varepsilon_1}\frac{1}{x\ln x}\mathrm{d}x+\lim_{\varepsilon_2\to 0^+}\int_{\varepsilon_2}^{0.5}\frac{1}{x\ln x}\mathrm{d}x\\ &= \lim_{\varepsilon_1\to 0^+}\big(\ln|\ln(1-\varepsilon_1)|-\ln|\ln 0.5|\big)+\lim_{\varepsilon_2\to 0^+}\big(\ln|\ln 0.5|-\ln|\ln\varepsilon_2|\big)\\ &= -\infty,\end{aligned}$$

上式中两个极限都发散, 积分发散.

对于 $r=0$ 和 $r>1$ 等情况的讨论, 留给读者作为练习.

下面以讨论 a 是 $f(x)$ 在 $[a,b]$ 中唯一瑕点的情况为主, 所得到的方法和结论容易推广到其他的情况.

首先与无界区间上广义积分讨论时的问题相同, 对于瑕积分的可积性问题, 除了少数能够直接求出原函数, 可利用 Newton-Leibniz 公式将瑕积分的收敛化为原函数的函数极限外, 对一般的情况, 都需要通过被积函数自身的性质来判别瑕积分是否收敛. 这时, 同样需要利用实数理论中的单调有界收敛定理和 Cauchy 准则来给出瑕积分是否收敛的各种判别方法.

设 $f(x)$ 是区间 $(a,b]$ 上的函数, 在 a 的邻域上无界, 对于任意 $\varepsilon\in(0,b-a)$, $f(x)$ 在 $[a+\varepsilon,b]$ 上可积. 作变元代换 $t=\dfrac{1}{x-a}$, 我们得到

$$\int_a^b f(x)\mathrm{d}x=\int_{\frac{1}{b-a}}^{+\infty} f\left(a+\frac{1}{t}\right)\frac{1}{t^2}\mathrm{d}t.$$

瑕积分 $\displaystyle\int_a^b f(x)\mathrm{d}x$ 化为无界区间 $\left[\dfrac{1}{b-a},+\infty\right)$ 上的广义积分. 由此, 7.1 节建立的关于广义积分是否收敛的各种判别法都可以平行地化为瑕积分是否收敛的判别法则. 下面以瑕积分的形式表述相关的结论, 证明留给读者作为练习.

定理 7.2.1(比较判别法) 设 $f(x)\geqslant 0$ 和 $g(x)\geqslant 0$ 都是区间 $(a,b]$ 上的函数, 在 a 的邻域上无界, 而对于任意 $\varepsilon\in(0,b-a)$, $f(x)$ 和 $g(x)$ 在 $[a+\varepsilon,b]$ 上可积. 如果存在 $c\in(a,b)$, 使得对于任意 $x\in(a,c)$, 成立

$$f(x)\leqslant g(x),$$

则当 $g(x)$ 在 $(a,b]$ 上广义可积时, $f(x)$ 在 $(a,b]$ 上也广义可积; 而当 $f(x)$ 在 $(a,b]$ 上不广义可积时, $g(x)$ 在 $(a,b]$ 上也不是广义可积的.

通常以函数 $f(x)=\dfrac{1}{(x-a)^r}$ 作为应用瑕积分比较判别法的标准函数. 对于这

一函数的瑕积分, 下面我们以例题的形式来进行讨论.

例 3 讨论函数 $f(x)=\dfrac{1}{(x-a)^r}$ 在 $(a,b]$ 上的瑕积分.

解 当 $0<r<1$ 时,

$$\begin{aligned}\int_a^b \frac{1}{(x-a)^r}\mathrm{d}x &= \lim_{\varepsilon\to 0^+}\int_{a+\varepsilon}^b \frac{1}{(x-a)^r}\mathrm{d}x\\ &= \lim_{\varepsilon\to 0^+}\frac{1}{-r+1}\left[\frac{1}{(b-a)^{r-1}}-\frac{1}{\varepsilon^{r-1}}\right]\\ &= \frac{1}{-r+1}\cdot\frac{1}{(b-a)^{r-1}},\end{aligned}$$

瑕积分收敛. 当 $r=1$ 时,

$$\int_a^b \frac{1}{(x-a)}\mathrm{d}x = \lim_{\varepsilon\to 0^+}\int_{a+\varepsilon}^b \frac{1}{(x-a)}\mathrm{d}x = \lim_{\varepsilon\to 0^+}\left(\ln(b-a)-\ln\varepsilon\right)=+\infty,$$

瑕积分发散. 当 $r>1$ 时,

$$\begin{aligned}\int_a^b \frac{1}{(x-a)^r}\mathrm{d}x &= \lim_{\varepsilon\to 0^+}\int_{a+\varepsilon}^b \frac{1}{(x-a)^r}\mathrm{d}x\\ &= \lim_{\varepsilon\to 0^+}\frac{1}{-r+1}\left[\frac{1}{(b-a)^{r-1}}-\frac{1}{\varepsilon^{r-1}}\right]=+\infty,\end{aligned}$$

瑕积分发散.

例 4 设 $0<r<1$, 证明: 对于任意自然数 n, $\dfrac{\ln^n x}{x^r}$ 在 $(0,1]$ 上广义可积.

证明 0 是积分的瑕点. 利用 L'Hospital 法则得, $\forall\varepsilon>0$, $\lim\limits_{x\to 0^+} x^{\varepsilon}\ln^n x=0$. 取 $\varepsilon>0$ 充分小, 使得 $0<r+\varepsilon<1$, 则 $x>0$ 充分小时,

$$0<\frac{|\ln^n x|}{x^r}=\frac{1}{x^{r+\varepsilon}}x^{\varepsilon}|\ln^n x|<\frac{1}{x^{r+\varepsilon}}.$$

由于 $\dfrac{1}{x^{r+\varepsilon}}$ 在 $(0,1]$ 上可积, 因而 $\dfrac{\ln^n x}{x^r}$ 在 $(0,1]$ 上广义可积. ■

例 5 证明: 对于任意自然数 n, $\dfrac{1}{x^r\ln^n x}$ 在 $(0,0.5]$ 上都不是广义可积的.

如果 a 是 $f(x)$ 在 $[a,b]$ 中的唯一瑕点, 这时 $f(x)$ 在 a 点的任意邻域上无界, 虽然 $\lim\limits_{x\to a^+} f(x)=\infty$ 不一定成立, 但我们仍然可以形式地将 $f(x)$ 看成无穷大, 利用极限的形式, 比较判别法可以表示为下面的定理.

定理 7.2.2 (比较判别法) 设 $f(x)\geqslant 0$ 和 $g(x)\geqslant 0$ 都是区间 $(a,b]$ 上的函数, 在 a 的邻域上无界, 而对于任意 $0<\varepsilon<b-a$, $f(x)$ 和 $g(x)$ 在 $[a+\varepsilon,b]$ 上可积, 且 $g(x)$ 处处不为 0. 如果 $\lim\limits_{x\to a^+}\dfrac{f(x)}{g(x)}=A$, 则

(1) 当 $0<A<+\infty$ 时, $f(x)$ 与 $g(x)$ 在 $(a,b]$ 上同时可积或者同时不可积;

(2) 当 $A=0$ 时, 若 $g(x)$ 在 $(a,b]$ 上可积, 则 $f(x)$ 也可积;

(3) 当 $A=+\infty$ 时, 若 $g(x)$ 在 $(a,b]$ 上不可积, 则 $f(x)$ 也不可积.

与无界区间上的广义积分相同, 如果 $|f(x)|$ 在 $[a,b]$ 上的瑕积分收敛, 则称 $f(x)$ 在 $[a,b]$ 上绝对可积. 这时 $f(x)$ 在 $[a,b]$ 上的瑕积分也必须收敛.

如果函数 $f(x)$ 在 $[a,b]$ 上的瑕积分收敛, 但 $\int_a^b|f(x)|\mathrm{d}x=+\infty$, 则称 $f(x)$ 在 $[a,b]$ 上条件可积. 条件可积的瑕积分是 $\infty-\infty$ 型的不定式.

利用 7.1 节中的例 12 和例 13, 通过变元代换 $t=\dfrac{1}{x}$, 我们得到函数 $f(x)=\dfrac{1}{x^2}\sin\dfrac{1}{x^2}$ 和 $g(x)=\dfrac{1}{x}\sin\dfrac{1}{x}$ 以及 $h(x)=\dfrac{1}{x}\cos\dfrac{1}{x}$ 都在 $[0,1]$ 区间上条件可积.

对于条件可积函数的判别, 需要应用实数理论中的 Cauchy 准则.

定理 7.2.3 (Cauchy 准则) 设 a 是函数 $f(x)$ 在区间 $[a,b]$ 中的唯一瑕点, 则 $f(x)$ 在 $[a,b]$ 上的瑕积分收敛的充要条件是 $\forall\varepsilon>0,\exists\delta>0$, s.t. 只要 $a_1\in(a,a+\delta),a_2\in(a,a+\delta)$, 就成立

$$\left|\int_{a_1}^{a_2}f(x)\mathrm{d}x\right|<\varepsilon.$$

利用 Cauchy 准则和积分第二中值定理, 成立关于瑕积分收敛的判别方法.

定理 7.2.4 (Dirichlet 判别法) 设 a 是函数 $f(x)g(x)$ 在 $[a,b]$ 中的唯一瑕点, 如果 $f(x)$ 在 $[a,b]$ 上单调, 且 $\lim\limits_{x\to a^+}f(x)=0$, 而函数 $G(c)=\int_c^b g(x)\mathrm{d}x$ 对于所有的 $c\in(a,b]$ 有界, 则 $f(x)g(x)$ 在 $[a,b]$ 上的瑕积分收敛.

定理 7.2.5 (Abel 判别法) 设 a 是函数 $f(x)g(x)$ 在 $[a,b]$ 中的唯一瑕点, 如果 $f(x)$ 在 $[a,b]$ 上单调有界, 而 $g(x)$ 在 $[a,b]$ 上的瑕积分收敛, 则 $f(x)g(x)$ 在 $[a,b]$ 上的瑕积分收敛.

例 6 讨论瑕积分 $\int_0^1\dfrac{1}{x^r}\cos\dfrac{1}{x}\mathrm{d}x$ 的收敛性, 其中 $r>0$.

解 0 是 $\int_0^1\dfrac{1}{x^r}\cos\dfrac{1}{x}\mathrm{d}x$ 的瑕点, 下面分情况讨论.

(1) 如果 $r<1$, 由 $\dfrac{1}{x^r}\left|\cos\dfrac{1}{x}\right|\leqslant\dfrac{1}{x^r}$, 而 $\dfrac{1}{x^r}$ 在 $[0,1]$ 上的瑕积分收敛, 因而 $\dfrac{1}{x^r}\cos\dfrac{1}{x}$ 在 $[0,1]$ 上绝对可积.

(2) 如果 $1\leqslant r<2$, 设 $0<\varepsilon<1$, 有

$$\left|\int_\varepsilon^1\frac{1}{x^2}\cos\frac{1}{x}\mathrm{d}x\right|=\left|\int_\varepsilon^1\cos\frac{1}{x}\mathrm{d}\left(-\frac{1}{x}\right)\right|=\left|\sin\left(-\frac{1}{\varepsilon}\right)-\sin 1\right|\leqslant 2,$$

$\int_\varepsilon^1 \frac{1}{x^2}\cos\frac{1}{x}$ 在 $(0,1]$ 上有界. 而 $\frac{1}{x^r}\cos\frac{1}{x} = \frac{1}{x^{r-2}}\frac{1}{x^2}\cos\frac{1}{x}$, 其中 $\frac{1}{x^{r-2}}$ 在 $[0,1]$ 上单调有界, 且 $\lim\limits_{x\to 0^+}\frac{1}{x^{r-2}} = 0$, 利用 Dirichlet 判别法, 瑕积分 $\int_0^1 \frac{1}{x^r}\cos\frac{1}{x}\mathrm{d}x$ 收敛.

另一方面, 利用倍角公式, 成立

$$\left|\frac{1}{x^r}\cos\frac{1}{x}\right| \geqslant \frac{1}{x^r}\cos^2\frac{1}{x} = \frac{1}{2x^r} + \frac{1}{x^r}\cos\frac{2}{x}.$$

与上面的讨论相同, 上式中 $\frac{1}{x^r}\cos\frac{2}{x}$ 在 $[0,1]$ 上的瑕积分收敛. 如果 $\left|\frac{1}{x^r}\cos\frac{1}{x}\right|$ 在 $[0,1]$ 上的瑕积分也收敛, 则 $\frac{1}{2x^r}$ 在 $[0,1]$ 上的瑕积分也必须收敛. 但是 $1 \leqslant r < 2$, 利用例 3 知这一点不成立. 因此, $1 \leqslant r < 2$ 时, $\int_0^1 \frac{1}{x^r}\cos\frac{1}{x}\mathrm{d}x$ 条件收敛.

(3) 如果 $r = 2$, 则有

$$\int_\varepsilon^1 \frac{1}{x^2}\cos\frac{1}{x}\mathrm{d}x = \int_\varepsilon^1 \cos\frac{1}{x}\mathrm{d}\left(-\frac{1}{x}\right) = \sin\left(-\frac{1}{\varepsilon}\right) - \sin 1,$$

$\varepsilon \to 0$ 时, 上式极限发散, 因而瑕积分 $\int_0^1 \frac{1}{x^2}\cos\frac{1}{x}\mathrm{d}x$ 发散.

(4) 对 $r > 2$, 有

$$\frac{1}{x^2}\cos\frac{1}{x} = \frac{1}{x^{2-r}}\frac{1}{x^r}\cos\frac{1}{x}.$$

如果瑕积分 $\int_0^1 \frac{1}{x^r}\cos\frac{1}{x}\mathrm{d}x$ 收敛, 由 $\frac{1}{x^{2-r}}$ 单调有界, 利用 Abel 判别法得到瑕积分 $\int_0^1 \frac{1}{x^2}\cos\frac{1}{x}\mathrm{d}x$ 收敛, 而这与 (3) 矛盾. 所以 $r > 2$ 时, 瑕积分 $\int_0^1 \frac{1}{x^r}\cos\frac{1}{x}\mathrm{d}x$ 发散.

例 7 (Euler 积分) 计算积分 $\int_0^{\frac{\pi}{2}} \ln(\sin x)\mathrm{d}x$.

解 $x = 0$ 是积分的瑕点, 对于任意 $0 < r < 1$, 利用 L'Hospital 法则得

$$\lim_{x\to 0^+}\frac{\ln(\sin x)}{x^{-r}} = \lim_{x\to 0^+}\frac{\cos x}{\sin x}\cdot\frac{1}{-rx^{-r-1}} = \lim_{x\to 0^+}\cos x\frac{x}{\sin x}\frac{1}{-rx^{-r}} = 0,$$

而 $\frac{1}{x^r}$ 的瑕积分收敛, 由比较判别法, 瑕积分 $\int_0^{\frac{\pi}{2}} \ln(\sin x)\mathrm{d}x$ 收敛.

令 $x = 2t$, 利用变元代换和倍角公式, 得

$$\begin{aligned}\int_0^{\frac{\pi}{2}} \ln(\sin x)\mathrm{d}x &= 2\int_0^{\frac{\pi}{4}} \ln(\sin 2t)\mathrm{d}t \\ &= 2\int_0^{\frac{\pi}{4}} \ln 2\mathrm{d}t + 2\int_0^{\frac{\pi}{4}} \ln(\sin t)\mathrm{d}t + 2\int_0^{\frac{\pi}{4}} \ln(\cos t)\mathrm{d}t.\end{aligned}$$

对上式中最后一个等号右边第三个积分利用变元代换 $t=\dfrac{\pi}{2}-u$, 则得

$$2\int_0^{\frac{\pi}{4}}\ln(\cos t)\mathrm{d}t=2\int_{\frac{\pi}{4}}^{\frac{\pi}{2}}\ln(\sin u)\mathrm{d}u.$$

将这一结果代入前面一个等式, 将积分变元代换为 x, 我们得到

$$\int_0^{\frac{\pi}{2}}\ln(\sin x)\mathrm{d}x=2\int_0^{\frac{\pi}{4}}\ln 2\mathrm{d}t+2\int_0^{\frac{\pi}{2}}\ln(\sin x)\mathrm{d}x,$$

因此,

$$\int_0^{\frac{\pi}{2}}\ln(\sin x)\mathrm{d}x=-2\int_0^{\frac{\pi}{4}}\ln 2\mathrm{d}t=-\frac{\pi}{2}\ln 2.$$

例 8 设 $f(x)$ 在 $[0,+\infty)$ 上连续, 极限 $\lim\limits_{x\to+\infty}f(x)=f(+\infty)$ 收敛, $0<a<b$ 是给定常数, 计算积分 $\displaystyle\int_0^{+\infty}\frac{f(ax)-f(bx)}{x}\mathrm{d}x$.

解 $x=0$ 和 $x=+\infty$ 都是积分的瑕点. 按照定义

$$\begin{aligned}
&\int_0^{+\infty}\frac{f(ax)-f(bx)}{x}\mathrm{d}x\\
=&\lim_{\varepsilon\to0^+}\int_\varepsilon^1\frac{f(ax)-f(bx)}{x}\mathrm{d}x+\lim_{R\to+\infty}\int_1^R\frac{f(ax)-f(bx)}{x}\mathrm{d}x\\
=&\lim_{\varepsilon\to0^+,R\to+\infty}\int_\varepsilon^R\frac{f(ax)}{x}\mathrm{d}x-\lim_{\varepsilon\to0^+,R\to+\infty}\int_\varepsilon^R\frac{f(bx)}{x}\mathrm{d}x\\
=&\lim_{\varepsilon\to0^+,R\to+\infty}\int_{a\varepsilon}^{aR}\frac{f(x)}{x}\mathrm{d}x-\lim_{\varepsilon\to0^+,R\to+\infty}\int_{b\varepsilon}^{bR}\frac{f(x)}{x}\mathrm{d}x\\
=&\lim_{\varepsilon\to0^+}\int_{a\varepsilon}^{b\varepsilon}\frac{f(x)}{x}\mathrm{d}x-\lim_{R\to+\infty}\int_{Ra}^{Rb}\frac{f(x)}{x}\mathrm{d}x.
\end{aligned}$$

由于 $f(x)$ 连续, 而 $\dfrac{1}{x}$ 在积分区域上恒大于 0, 利用积分第一中值定理得, 存在点 $c_1\in[a\varepsilon,b\varepsilon]$, 以及 $c_2\in[aR,bR]$, 使得

$$\int_{a\varepsilon}^{b\varepsilon}\frac{f(x)}{x}\mathrm{d}x=f(c_1)\ln\frac{b}{a},\quad\int_{aR}^{bR}\frac{f(x)}{x}\mathrm{d}x=f(c_2)\ln\frac{b}{a}.$$

取极限 $\varepsilon\to0^+$, $R\to+\infty$, 则 $f(c_1)\to f(0)$, $f(c_2)\to f(+\infty)$. 因此我们得到

$$\int_0^{+\infty}\frac{f(ax)-f(bx)}{x}\mathrm{d}x=\big(f(0)-f(+\infty)\big)\ln\frac{b}{a}.$$

习　题

1. 用 ε-δ 语言给出 $f(x)$ 在 $(-\infty,a]$ 和 $(-\infty,+\infty)$ 上广义可积的定义.

2. 计算下列广义积分:

(1) $\displaystyle\int_1^{+\infty}\frac{1}{x(1+x^2)}\mathrm{d}x$;　(2) $\displaystyle\int_0^{+\infty}\frac{\ln x}{(1+x)^2}\mathrm{d}x$;　(3) $\displaystyle\int_0^{+\infty}\frac{1}{1+x^3}\mathrm{d}x$.

3. 设 $f(x)$ 在 $[0,+\infty)$ 上单调下降且广义可积, 证明: $\lim\limits_{x\to+\infty}xf(x)=0$.

4. 计算下列广义积分:

(1) $\displaystyle\int_0^{+\infty}\frac{1}{(1+x^2)^n}\mathrm{d}x$;　(2) $\displaystyle\int_0^{+\infty}\mathrm{e}^{-x}\cos bx\mathrm{d}x$.

5. 判别下面的广义积分是否收敛:

(1) $\displaystyle\int_0^{+\infty}x^r\mathrm{e}^{-x}\mathrm{d}x, r>0$;　(2) $\displaystyle\int_1^{+\infty}\frac{\ln^n x}{x^r}\mathrm{d}x$;

(3) $\displaystyle\int_0^{+\infty}\frac{\sin^2 x}{x}\mathrm{d}x$;　(4) $\displaystyle\int_0^{+\infty}\frac{1}{1+x|\cos x|}\mathrm{d}x$.

6. 表述函数 $f(x)$ 在 $(-\infty,a]$ 和 $(-\infty,+\infty)$ 上广义可积的 Cauchy 准则.

7. 设 $f(x),h(x),g(x)$ 在 $(-\infty,+\infty)$ 上连续, 且满足 $f(x)\leqslant h(x)\leqslant g(x)$, $f(x)$ 和 $g(x)$ 在 $(-\infty,+\infty)$ 上广义可积. 证明: $h(x)$ 在 $(-\infty,+\infty)$ 上广义可积.

8. 给出并证明函数 $f(x)$ 在 $(-\infty,+\infty)$ 上广义可积的 Cauchy 准则; 给出并证明函数 $f(x)$ 在 $(-\infty,+\infty)$ 上在主值意义下广义可积的 Cauchy 准则.

9. 在 $(-\infty,a]$ 上构造一个广义可积的连续函数 $f(x)\geqslant 0$, 满足

$$\overline{\lim_{x\to-\infty}}f(x)=+\infty.$$

10. 讨论广义积分 $\displaystyle\int_1^{+\infty}\frac{1}{x^r}\sin\frac{1}{x}\mathrm{d}x$ 的收敛性.

11. 设 $f(x)\geqslant 0$ 在 $[a,+\infty)$ 上广义可积, 证明: $\underline{\lim}\limits_{x\to+\infty}f(x)=0$.

12. 判断下列广义积分是否收敛, 是否绝对可积:

(1) $\displaystyle\int_0^{+\infty}\frac{\cos^2 x}{x}\mathrm{d}x$;　(2) $\displaystyle\int_1^{+\infty}\frac{\cos x}{x^r}\mathrm{d}x, r>0$.

13. 设 $f(x)\in C^1[0,+\infty)$, $\lim\limits_{x\to+\infty}f(x)=0$, 证明: 广义积分 $\displaystyle\int_0^{+\infty}f'(x)\sin^2 x\mathrm{d}x$ 收敛.

14. 设 $f(x)\geqslant 0$ 在 $[0,+\infty)$ 上单调下降, $g(x)$ 在 $[0,+\infty)$ 上广义可积, 证明: 存在 $c\in[0,+\infty]$, 使得 $\displaystyle\int_0^{+\infty}f(x)g(x)\mathrm{d}x=f(0)\int_0^c g(x)\mathrm{d}x$.

15. 计算下列瑕积分:

(1) $\displaystyle\int_0^1\ln x\mathrm{d}x$;　(2) $\displaystyle\int_0^1 x\ln(1-x)\mathrm{d}x$;

(3) $\displaystyle\int_0^1 x^n\ln x\mathrm{d}x$;　(4) $\displaystyle\int_0^{\frac{\pi}{2}}\cos x\ln(\sin x)\mathrm{d}x$.

16. 判断下列瑕积分是否收敛:

(1) $\int_0^1 \frac{1}{\ln x}\mathrm{d}x$;　　(2) $\int_0^{\pi} \frac{1}{\sqrt{\sin x}}\mathrm{d}x$.

17. 判断下列积分是否绝对可积:

(1) $\int_0^{+\infty} \sin x^p \mathrm{d}x$;　　(2) $\int_0^{+\infty} \frac{\cos x}{x^r}\mathrm{d}x$;

(3) $\int_0^{+\infty} \frac{\sin x}{x}\mathrm{e}^{-x}\mathrm{d}x$;　　(4) $\int_0^{+\infty} \frac{\sin^p x}{1+x^q}\mathrm{d}x$.

18. 如果瑕积分 $\int_0^1 f^2(x)\mathrm{d}x$ 收敛, 证明: $f(x)$ 在 $(0,1)$ 上绝对可积.

19. 设 $f(x) \geqslant 0$ 在 $[0,+\infty)$ 上连续, 如果广义积分 $\int_0^{+\infty} \frac{f(x)}{x}\mathrm{d}x$ 收敛, 对于任意给定的 $0<a<b$, 计算广义积分 $\int_0^{+\infty} \frac{f(ax)-f(bx)}{x}\mathrm{d}x$.

20. 设 $0<a<b$ 是给定的常数, 计算下列广义积分:

(1) $\int_0^{+\infty} \frac{\mathrm{e}^{-ax}-\mathrm{e}^{-bx}}{x}\mathrm{d}x$;　　(2) $\int_0^1 \frac{x^a-x^b}{x}\mathrm{d}x$.

21. 讨论瑕积分 $\int_0^1 \frac{1}{x^r}\sin\frac{1}{x}\mathrm{d}x$ 的收敛性.

22. 证明定理 7.1.2′.

23. 设 0 是 $f(x) \geqslant 0$ 在 $[0,b]$ 中的唯一瑕点, 试将 $f(x)$ 与 $\frac{1}{x^r}$ 比较, 用上、下极限给出瑕积分 $\int_0^b f(x)\mathrm{d}x$ 收敛的比较判别法.

24. 设 $f(x)$ 在 $[0,+\infty)$ 上单调下降, 并且 $\lim\limits_{x\to+\infty} f(x)=0$, 证明: 广义积分 $\int_0^{+\infty} f(x)\mathrm{d}x$ 与 $\int_0^{+\infty} f(x)\sin^2 x\mathrm{d}x$ 同时收敛, 同时发散.

25. 设 $f(x)$ 在 $[0,+\infty)$ 上一致连续, $\int_0^{+\infty} f(x)\mathrm{d}x$ 收敛, 证明: $\lim\limits_{x\to+\infty} f(x)=0$.

第八章 无穷级数

本章我们将利用极限这一工具, 将传统数学中对有限个数做和推广为对无穷多个数做和, 称为无穷级数. 无穷级数在讨论方法和实际应用两方面有许多很好的特殊性质. 从极限的角度, 它既是序列极限的另一种形式, 同时又可以转换为广义积分, 因而对于判别一个极限是否收敛的问题, 无穷级数除了能够运用序列极限中的单调有界收敛定理和 Cauchy 准则外, 同时又能够运用我们在第七章对广义积分建立的比较判别法、Dirichlet 判别法和 Abel 判别法. 而另一方面, 无穷级数又具有许多序列极限和广义积分都没有的特点, 因而可以给出一些关于判别极限是否收敛的新的、更为细致的方法. 所以无穷级数是极限理论的另一种非常有力的工具.

下面我们首先将无穷级数定义为序列极限, 并利用序列极限的研究方法和结论来讨论无穷级数. 然后, 我们利用广义积分来表示无穷级数, 并将第七章在广义积分讨论中得到的各种结论平行地推广到无穷级数上. 最后, 我们将结合无穷级数自身的特点来做进一步的讨论.

8.1 无穷级数

极限是数学分析的基本工具, 它增强了我们分析问题、处理问题的能力. 前面我们利用极限讨论了函数的连续性, 定义了函数的微分、积分和广义积分.

从另一个角度, 对实数做加、减、乘、除是我们最传统、最基本的运算. 有了极限这一工具之后, 自然的问题是怎样利用极限来改造这些传统方法, 使得我们有更强的运算能力, 能够研究和解决更为广泛的问题. 例如, 积分是加法的一种推广. 而更进一步, 我们可以考虑怎样从有限和过渡到无穷和, 怎样利用初等函数的和的极限来表示其他各种各样的函数, 并计算这些函数的导数和积分.

这一节我们希望借助极限这一工具将加法从对有限个实数求和推广为对无穷多个实数求和. 当然, 不是任意无穷多个数都可以做和的, 我们只能将对有限个实数求和推广为对可数无穷多个实数按顺序求和. 设 S 是由可数无穷多个实数构成的集合, 由于存在 S 到自然数集的一一对应, 因而可以将 S 中的所有实数排成一个序列 $\{a_n\}$, 利用极限来对 S 中的元素按排好的顺序依次求和. 对此, 我们先给出下面的定义.

设 $\{a_n\}$ 是一给定的实数序列, 无穷和 $\sum\limits_{n=1}^{+\infty} a_n$ 称为由这个序列定义的**无穷级数**, 也称为**数项级数**, 通常简称**级数**. 令 $s_n = \sum\limits_{k=1}^{n} a_k$, s_n 称为无穷级数 $\sum\limits_{n=1}^{+\infty} a_n$ 的**部分和**, 而序列 $\{s_n\}$ 则称为无穷级数 $\sum\limits_{n=1}^{+\infty} a_n$ 的**部分和序列**.

定义 8.1.1 如果无穷级数 $\sum\limits_{n=1}^{+\infty} a_n$ 的部分和序列 $\{s_n\}$ 收敛, 则称 $\sum\limits_{n=1}^{+\infty} a_n$ 为**收敛级数**, 并且将序列 $\{s_n\}$ 的极限值定义为 $\sum\limits_{n=1}^{+\infty} a_n$ 的**和**, 记为

$$\lim_{n\to+\infty} s_n = \lim_{n\to+\infty}\left(\sum_{k=1}^{n} a_k\right) = \sum_{n=1}^{+\infty} a_n.$$

如果 $\sum\limits_{n=1}^{+\infty} a_n$ 的部分和序列 $\{s_n\}$ 发散, 则称 $\sum\limits_{n=1}^{+\infty} a_n$ 为**发散级数**. 如果无穷级数 $\sum\limits_{n=1}^{+\infty} a_n$ 收敛, 则可以认为集合 $S = \{a_n | n = 1, 2, \cdots\}$ 中的无穷多个实数可按给定的顺序求和. 当然, 如果无穷级数 $\sum\limits_{n=1}^{+\infty} a_n$ 的部分和序列的极限为无穷时, 也可以认为无穷就是 $\sum\limits_{n=1}^{+\infty} a_n$ 的和, 记为 $\sum\limits_{n=1}^{+\infty} a_n = \infty$.

例 1 设 $\{a_n = cp^n\}$ 是一等比序列, 其中 $c \neq 0$. 对于无穷级数 $\sum\limits_{n=1}^{+\infty} cp^n$, 当 $p \neq 1$ 时, 其部分和

$$s_n = \sum_{k=1}^{n} cp^k = cp\frac{1-p^n}{1-p}.$$

因此, 当 $|p|<1$ 时, 无穷级数 $\sum\limits_{n=1}^{+\infty} cp^n$ 收敛, 并且 $\sum\limits_{n=1}^{+\infty} cp^n = cp\dfrac{1}{1-p}$. 当 $|p|\geqslant 1$ 时, 无穷级数 $\sum\limits_{n=1}^{+\infty} cp^n$ 发散, 而 $p\geqslant 1$ 时,

$$\sum_{n=1}^{+\infty} cp^n = \operatorname{sgn}(c)\cdot\infty,$$

$p<-1$ 时,

$$\sum_{n=1}^{+\infty} cp^n = \infty,$$

$p=-1$ 时, $\sum\limits_{n=1}^{+\infty} cp^n$ 没有极限.

例 2 我们知道任意实数 x 都可以表示为无穷小数 $x=a.p_1p_2\cdots p_n\cdots$, 其中 a 是整数, 而 $0\leqslant p_i\leqslant 9, i=1,2,\cdots$. 这时, $x=\lim\limits_{n\to+\infty} a.p_1p_2\cdots p_n$. 利用无穷级数, 则成立

$$x=a.p_1p_2\cdots p_n\cdots = a+\sum_{n=1}^{+\infty}\frac{p_n}{10^n}.$$

无穷小数本质上就是无穷级数.

例 3 设 $x\in(-\infty,+\infty)$ 给定, 利用前面给出的函数 $y=\mathrm{e}^x$ 带 Lagrange 余项的 Taylor 公式, 我们知道对于任意自然数 n, 都存在 $\theta_n\in(0,1)$, 使得

$$\mathrm{e}^x=\sum_{k=0}^{n}\frac{1}{k!}x^k+\frac{1}{(n+1)!}\mathrm{e}^{\theta_n x}x^{n+1}.$$

令 $n\to+\infty$, 则 $\dfrac{1}{(n+1)!}\mathrm{e}^{\theta_n x}x^{n+1}\to 0$, 因此, 我们得到 $\forall x\in(-\infty,+\infty)$, 成立

$$\mathrm{e}^x=\sum_{n=0}^{+\infty}\frac{1}{n!}x^n.$$

由此, 指数函数可表示为无穷级数. 同理, 可将三角函数表示为无穷级数.

例 4 设 $x\in(-1,1)$ 给定, 利用函数 $y=\ln(1+x)$ 带 Lagrange 余项的 Taylor 公式, 我们知道对于自然数 $n\geqslant 1$, 存在 $\theta_n\in(0,1)$, 使得

$$\ln(1+x)=\sum_{k=1}^{n}(-1)^{k+1}\frac{1}{k}x^k+(-1)^n\frac{1}{(n+1)}\frac{1}{(1+\theta_n x)^{n+1}}x^{n+1}.$$

令 $n\to+\infty$, 由于 $(-1)^n\dfrac{1}{(n+1)}\dfrac{1}{(1+\theta_n x)^{n+1}}x^{n+1}\to 0$, 得 $x\in(-1,1)$ 时,

$$\ln(1+x)=\sum_{n=1}^{+\infty}(-1)^{n+1}\frac{1}{n}x^n.$$

当 $x>1$ 时, $\ln(1+x)$ 仍然有意义, 但上式中的无穷级数发散, 等式不再成立.

上面我们将无穷级数定义为由其部分和构成的序列的极限, 因而序列极限的各种性质对于无穷级数都是成立的. 例如: 如果 $\sum\limits_{n=1}^{+\infty} a_n$ 和 $\sum\limits_{n=1}^{+\infty} b_n$ 都是收敛的无穷级数, 则对于任意常数 c 和 d, 无穷级数 $\sum\limits_{n=1}^{+\infty}(ca_n+db_n)$ 也收敛, 并且成立

$$\sum_{n=1}^{+\infty}(ca_n+db_n)=c\sum_{n=1}^{+\infty}a_n+d\sum_{n=1}^{+\infty}b_n.$$

同样地, 任意改变无穷级数中的有限项, 不改变无穷级数的收敛性和发散性, 不过, 收敛时有可能改变无穷级数的和.

如果用 ε-N 语言, 则无穷级数的收敛可以定义为: $\sum\limits_{n=1}^{+\infty} a_n$ 称为收敛级数, 如果存在 $A\in\mathbb{R}$, 使得 $\forall\varepsilon>0,\exists N$, 只要 $n>N$, 就成立

$$\left|\sum_{k=1}^{n}a_k-A\right|<\varepsilon.$$

与序列极限讨论的问题相同, 在上面 ε-N 语言的基础上, 无穷级数的收敛问题必须依靠实数理论来支撑. 或者说在上面定义中, 需要利用事先知道的 A 与无穷级数的部分和进行比较来讨论级数的收敛性, 但通常不可能事先知道无穷级数的和 A. 我们必须利用实数理论来给出一些法则, 使得有可能利用这些法则, 通过 $\sum\limits_{n=1}^{+\infty} a_n$ 中的一般项 a_n 的性质来判别无穷级数是否收敛.

首先, 设 $\sum\limits_{n=1}^{+\infty} a_n=A$ 是一收敛的无穷级数, $n_0>1$ 是任意给定的自然数, 则 $n>n_0$ 时成立

$$\sum_{k=1}^{n}a_k=\sum_{k=1}^{n_0}a_k+\sum_{k=n_0+1}^{n}a_k.$$

令 $n\to+\infty$, 我们得到等式

$$A=\sum_{k=1}^{n_0}a_k+\sum_{k=n_0+1}^{+\infty}a_k.$$

再令 $n_0\to+\infty$, 则成立 $\lim\limits_{n_0\to+\infty}\sum\limits_{k=n_0+1}^{+\infty}a_k=0$, 即只要 n_0 充分大, 则 $A\approx\sum\limits_{k=1}^{n_0}a_k$. 因此, 从近似计算的角度来看, 能否求出 $\sum\limits_{n=1}^{+\infty} a_n$ 的和 A 并不重要, 重要的是能否通过

无穷级数中的项 a_k 来判别无穷级数是否收敛.

将序列极限中利用序列自身性质来判别序列是否收敛的两个基本方法 —— 单调有界收敛定理和 Cauchy 准则转换到无穷级数, 我们得到下面两个定理.

定理 8.1.1 (单调有界收敛定理)　设对于 $k=1,2,\cdots$, 成立 $a_k \geqslant 0$, 则

$$\sum_{n=1}^{+\infty} a_n = \sup\left\{\sum_{k=1}^{n} a_k \middle| n=1,2,\cdots\right\}.$$

因而 $\sum\limits_{n=1}^{+\infty} a_n$ 收敛的充要条件是集合 $\left\{s_n = \sum\limits_{k=1}^{n} a_k \middle| n=1,2,\cdots\right\}$ 有界.

定理 8.1.2 (Cauchy 准则)　无穷级数 $\sum\limits_{n=1}^{+\infty} a_n$ 收敛的充要条件是对于任意 $\varepsilon>0$, 存在 N, 使得只要 $n_2>n_1>N$, 就成立

$$\left|\sum_{k=n_1}^{n_2} a_k\right| < \varepsilon.$$

在 Cauchy 准则中令 $n_2=n_1+1=n$, 我们得到, 如果无穷级数 $\sum\limits_{n=1}^{+\infty} a_n$ 收敛, 则 $\forall \varepsilon>0, \exists N$, s.t. 只要 $n>N$, 就成立 $|a_n|<\varepsilon$. 由此得到下面的定理.

定理 8.1.3　如果 $\sum\limits_{n=1}^{+\infty} a_n$ 收敛, 则 $\lim\limits_{n\to+\infty} a_n = 0$, 即序列 $\{a_n\}$ 必须是无穷小.

定理 8.1.3 给出了无穷级数收敛的一个必要条件. 这一定理表明通过极限, 我们只能将有限和推广为对无穷小序列做和. 这里必须说明定理 8.1.3 给出的条件仅仅是无穷级数收敛的必要条件, 不是充分条件.

例 5　讨论无穷级数 $\sum\limits_{n=1}^{+\infty} \dfrac{1}{n^p}$ 的收敛性.

解　在 $[1,+\infty)$ 上定义一个函数 $h(x)$ 为

$$h(x) = \frac{1}{n^p}, \quad \text{如果 } x \in [n, n+1),$$

则在 $[2,+\infty)$ 上成立不等式

$$0 < \frac{1}{x^p} \leqslant h(x) \leqslant \frac{1}{(x-1)^p}.$$

当 $p \leqslant 1$ 时, 我们知道 $\dfrac{1}{x^p}$ 在 $[2,+\infty)$ 上的广义积分发散, 因而利用广义积分的比较判断法, 我们得到 $p \leqslant 1$ 时, $h(x)$ 在 $[2,+\infty)$ 上的广义积分发散. 同理, 当

$p>1$ 时, $\dfrac{1}{(x-1)^p}$ 在 $[2,+\infty)$ 上的广义积分收敛, 因而 $h(x)$ 在 $[2,+\infty)$ 上的广义积分收敛.

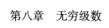

另一方面, 直接计算得

$$\int_1^{n+1} h(x)\mathrm{d}x=\sum_{k=1}^{n}\frac{1}{k^p}.$$

我们得到无穷级数 $\sum\limits_{n=1}^{+\infty}\dfrac{1}{n^p}$ 在 $p\leqslant 1$ 时发散, 在 $p>1$ 时收敛.

在例 5 中, 当 $0<p\leqslant 1$ 时, 序列 $\left\{\dfrac{1}{n^p}\right\}$ 是无穷小, 但无穷级数 $\sum\limits_{n=1}^{+\infty}\dfrac{1}{n^p}$ 发散, 所以序列 $\{a_n\}$ 为无穷小仅是无穷级数 $\sum\limits_{n=1}^{+\infty}a_n$ 收敛的一个必要条件.

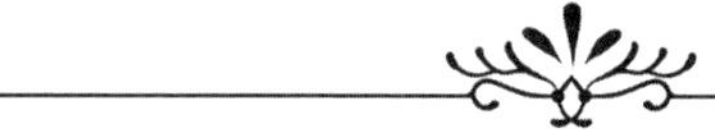

8.2 利用广义积分来讨论无穷级数

上一节我们利用序列极限定义了无穷级数的收敛、发散, 以及收敛级数的和, 这一过程反过来也成立. 假定我们对无穷级数的收敛与求和问题有其他的讨论方法, 则可以用这些方法反过来讨论序列极限.

设 $\{s_n\}$ 是一给定的序列, 利用 $\{s_n\}$ 定义另一个序列 $\{a_n\}$ 为

$$a_n=\begin{cases}s_1, & \text{如果 } n=1,\\ s_n-s_{n-1}, & \text{如果 } n>1.\end{cases}$$

对于序列 $\{a_n\}$, $\{s_n\}$ 是利用 $\{a_n\}$ 定义的无穷级数 $\sum\limits_{n=1}^{+\infty}a_n$ 的部分和序列, 因而 $\{s_n\}$ 的收敛问题可以化为无穷级数 $\sum\limits_{n=1}^{+\infty}a_n$ 的收敛问题, 而 $\{s_n\}$ 的极限值则可以化为无穷级数 $\sum\limits_{n=1}^{+\infty}a_n$ 的和. 对于这一方法, 读者可以参考本节的例 1.

对于无穷级数 $\sum\limits_{n=1}^{+\infty}a_n$, 怎样通过序列 $\{a_n\}$ 的性质得到关于无穷级数是否收敛的其他的判别方法呢? 在 8.1 节例 5 中, 对于无穷级数 $\sum\limits_{n=1}^{+\infty}\dfrac{1}{n^p}$, 我们定义了一个函数 $h(x)=\dfrac{1}{n^p}$, 如果 $x\in[n,n+1)$. 然后将 $\sum\limits_{n=1}^{+\infty}\dfrac{1}{n^p}$ 的收敛问题等价地化为广义积分

$\int_1^{+\infty} h(x)\mathrm{d}x$ 的收敛问题. 利用我们在第七章关于广义积分 $\int_1^{+\infty} h(x)\mathrm{d}x$ 的收敛性给出的结论, 得到了无穷级数 $\sum\limits_{n=1}^{+\infty} \frac{1}{n^p}$ 收敛问题的解. 对比于此, 一个自然的问题是这一方法能不能推广到一般的无穷级数, 能否将第七章讨论广义积分时得到的各种方法和结论应用到无穷级数上?

设 $\sum\limits_{n=1}^{+\infty} a_n$ 是一给定的无穷级数, 利用序列 $\{a_n\}$, 我们在 $[1,+\infty)$ 上定义一个函数 $h(x)$ 为

$$h(x) = a_n, \quad \text{如果 } x \in [n, n+1), \text{其中 } n = 1, 2, \cdots,$$

则对于无穷级数 $\sum\limits_{n=1}^{+\infty} a_n$ 与广义积分 $\int_1^{+\infty} h(x)\mathrm{d}x$ 的关系, 成立下面的定理.

定理 8.2.1 无穷级数 $\sum\limits_{n=1}^{+\infty} a_n$ 收敛的充要条件是广义积分 $\int_1^{+\infty} h(x)\mathrm{d}x$ 收敛, 收敛时

$$\sum_{n=1}^{+\infty} a_n = \int_1^{+\infty} h(x)\mathrm{d}x.$$

证明 设广义积分 $\int_1^{+\infty} h(x)\mathrm{d}x$ 收敛. 由 $h(x)$ 的定义, 对于自然数 n, 成立等式

$$\int_1^{n+1} h(x)\mathrm{d}x = \sum_{k=1}^{n} a_k.$$

令 $n \to +\infty$, 得

$$\int_1^{+\infty} h(x)\mathrm{d}x = \sum_{n=1}^{+\infty} a_n.$$

设 $\sum\limits_{n=1}^{+\infty} a_n$ 收敛. 按照定义, 存在 $A \in \mathbb{R}$, 使得 $\forall \varepsilon > 0$, $\exists N_1$, 只要 $n > N_1$, 就成立

$$\left|\sum_{k=1}^{n} a_k - A\right| < \varepsilon.$$

另一方面, $\lim\limits_{n\to+\infty} a_n = 0$, 所以 $\exists N_2$, 只要 $n > N_2$, 就成立 $|a_n| < \varepsilon$. 令 $N = \max\{N_1, N_2\}$, 则 $b > N+1$ 时, 利用取整函数 $[x]$, 得

$$\begin{aligned}\left|\int_1^b h(x) - A\right| &= \left|\int_1^{[b]} h(x)\mathrm{d}x + \int_{[b]}^b h(x)\mathrm{d}x - A\right| \\ &\leqslant \left|\int_1^{[b]} h(x)\mathrm{d}x - A\right| + \left|\int_{[b]}^b h(x)\mathrm{d}x\right|\end{aligned}$$

$$\leqslant \left|\sum_{k=1}^{[b]-1} a_k - A\right| + \left|\int_{[b]}^{b} h(x)\mathrm{d}x\right|$$

$$\leqslant \left|\sum_{k=1}^{[b]-1} a_k - A\right| + \left|a_{[b]}\right| < 2\varepsilon.$$

广义积分 $\displaystyle\int_1^{+\infty} h(x)\mathrm{d}x$ 收敛到 $A = \displaystyle\sum_{n=1}^{+\infty} a_n$. ■

定理 8.2.1 使得我们能够将无穷级数化为广义积分来讨论. 而在第七章中, 对于广义积分的收敛问题, 利用实数的单调有界收敛定理和 Cauchy 准则, 我们分别给出了比较判别法、Dirichlet 判别法和 Abel 判别法. 现在可以将这些方法平行地转换到无穷级数. 这里先给出正项级数的定义.

定义 8.2.1 如果对于 $n = 1, 2, \cdots$, 成立 $a_n \geqslant 0$, 则称 $\displaystyle\sum_{n=1}^{+\infty} a_n$ 为**正项级数**.

对于正项级数, 利用定理 8.2.1, 广义积分的比较判别法可以推广为下面的定理.

定理 8.2.2 (比较判别法) 设 $\displaystyle\sum_{n=1}^{+\infty} a_n$ 和 $\displaystyle\sum_{n=1}^{+\infty} b_n$ 都是正项级数, 如果存在 N, 使得只要 $n > N$, 就成立 $a_n \leqslant b_n$, 则正项级数 $\displaystyle\sum_{n=1}^{+\infty} b_n$ 收敛时, 正项级数 $\displaystyle\sum_{n=1}^{+\infty} a_n$ 也收敛. 反之, 如果正项级数 $\displaystyle\sum_{n=1}^{+\infty} a_n$ 发散, 则正项级数 $\displaystyle\sum_{n=1}^{+\infty} b_n$ 也发散.

将比较判别法表示为极限的形式, 则成立下面的定理.

定理 8.2.3 (极限形式的比较判别法) 设 $\displaystyle\sum_{n=1}^{+\infty} a_n$ 和 $\displaystyle\sum_{n=1}^{+\infty} b_n$ 都是正项级数, 假定其中对于 $n = 1, 2, \cdots$, 成立 $b_n \neq 0$, 如果 $\displaystyle\lim_{n\to+\infty} \frac{a_n}{b_n} = A$, 则

(1) 当 $0 < A < +\infty$ 时, 正项级数 $\displaystyle\sum_{n=1}^{+\infty} a_n$ 与 $\displaystyle\sum_{n=1}^{+\infty} b_n$ 同时收敛, 同时发散;

(2) 当 $A = 0$ 时, 如果正项级数 $\displaystyle\sum_{n=1}^{+\infty} b_n$ 收敛, 则正项级数 $\displaystyle\sum_{n=1}^{+\infty} a_n$ 也收敛;

(3) 当 $A = +\infty$ 时, 如果正项级数 $\displaystyle\sum_{n=1}^{+\infty} b_n$ 发散, 则正项级数 $\displaystyle\sum_{n=1}^{+\infty} a_n$ 也发散.

定理 8.2.3 中的 (1) 表明同阶无穷小构成的正项级数同时收敛或者同时发散; (2) 表明如果低阶无穷小构成的正项级数收敛, 则高阶无穷小构成的正项级数也收敛; (3) 则表明如果高阶无穷小构成的正项级数发散, 则低阶无穷小构成的正项级数必须也发散. 这里需要特别说明, 对于广义积分, 非负函数 $f(x)$ 在 $[a, +\infty)$ 上的

广义积分收敛时, $f(x)$ 在 $x \to +\infty$ 时不一定是无穷小, 而与广义积分不同, 对于无穷级数, 上面所比较的序列 $\{a_n\}$ 和 $\{b_n\}$ 都是真正的无穷小序列.

例 1 令 $s_n = 1 + \frac{1}{2} + \cdots + \frac{1}{n} - \ln(n+1)$, 证明: 序列 $\{s_n\}$ 收敛.

证明 我们将上面这一关于序列收敛的问题化为无穷级数来讨论. 首先令 $a_1 = s_1$, 而对于 $n = 2, 3, \cdots$, 令

$$a_n = s_n - s_{n-1} = \frac{1}{n} - \big(\ln(n+1) - \ln n\big) = \frac{1}{n} - \ln\left(1 + \frac{1}{n}\right),$$

则 $\{s_n\}$ 是无穷级数 $\sum\limits_{n=1}^{+\infty} a_n$ 的部分和序列, 仅需证明 $\sum\limits_{n=1}^{+\infty} a_n$ 收敛.

对于无穷级数中的 $a_n = \frac{1}{n} - \ln\left(1 + \frac{1}{n}\right)$, 用连续变量 x 代替离散变量 $\frac{1}{n}$, 考察函数

$$f(x) = x - \ln(1+x).$$

当 $x = 0$ 时, $f(0) = 0$, 而

$$f'(x) = 1 - \frac{1}{x+1},$$

已知 $x > 0$, 则 $f'(x) > 0$, 因此 $f(x)$ 在 $x > 0$ 时单调上升. 特别地, $x > 0$ 时, $f(x) > f(0) = 0$. 代回 $x = \frac{1}{n}$, 得 $a_n = \frac{1}{n} - \ln\left(1 + \frac{1}{n}\right) > 0$, 无穷级数 $\sum\limits_{n=1}^{+\infty} a_n$ 是正项级数.

为了考察 $n \to +\infty$ 时无穷小 $\left\{a_n = \frac{1}{n} - \ln\left(1 + \frac{1}{n}\right)\right\}$ 的阶, 利用 L'Hospital 法则, 将函数 $f(x) = x - \ln(x+1)$ 与 x^2 在 $x \to 0^+$ 时进行比较, 则成立

$$\lim_{x\to 0^+} \frac{f(x)}{x^2} = \lim_{x\to 0^+} \frac{1 - \dfrac{1}{x+1}}{2x} = \lim_{x\to 0^+} \frac{x}{2x(x+1)} = \frac{1}{2}.$$

代回 $x = \frac{1}{n}$, 得 $n \to +\infty$ 时, 序列 $\left\{a_n = \frac{1}{n} - \ln\left(\frac{1}{n} + 1\right)\right\}$ 与序列 $\left\{\frac{1}{n^2}\right\}$ 是同阶无穷小. 而在 8.1 节的例 5 中, 我们已经证明无穷级数 $\sum\limits_{n=1}^{+\infty} \frac{1}{n^2}$ 收敛, 利用正项级数的比较判别法, 我们得到无穷级数 $\sum\limits_{n=1}^{+\infty} \left[\frac{1}{n} - \big(\ln(n+1) - \ln n\big)\right]$ 收敛, 因而这一级数的部分和序列 $\left\{s_n = 1 + \frac{1}{2} + \cdots + \frac{1}{n} - \ln(n+1)\right\}$ 收敛. ■

在例 1 中我们将序列极限的问题化为了无穷级数的问题, 然后利用关于无穷级数收敛的比较判别法解决了序列收敛的判别问题. 这个例子说明无穷级数不仅仅是

序列极限的另一种形式, 无穷级数有自己的特点和研究方法. 后面我们还会看到许多这方面的例子.

例 1 中有一点需要说明: 利用

$$\lim_{n\to+\infty}(\ln(n+1)-\ln n)=\lim_{n\to+\infty}\ln\left(1+\frac{1}{n}\right)=0,$$

通常将 s_n 中的 $\ln(n+1)$ 用 $\ln n$ 取代, 令 $s_n'=1+\frac{1}{2}+\cdots+\frac{1}{n}-\ln n$, 我们得到序列 $\{s_n'\}$ 收敛. 设

$$\lim_{n\to+\infty}s_n'=\lim_{n\to+\infty}\left(1+\frac{1}{2}+\cdots+\frac{1}{n}-\ln n\right)=c,$$

则 c 称为 **Euler 常数**. Euler 常数是数学中一个重要的常数, 已知

$$c=0.577\ 215\ 664\ 90\cdots.$$

对于 Euler 常数 c, 至今为止, 仍然不知道其是有理数还是无理数. 而利用 c, 我们得到 $1+\frac{1}{2}+\cdots+\frac{1}{n}=\ln n+c+b_n$, 其中序列 $\{b_n\}$ 是无穷小, 因而

$$1+\frac{1}{2}+\cdots+\frac{1}{n}\approx\ln n+c.$$

这一关系表明序列 $\left\{1+\frac{1}{2}+\cdots+\frac{1}{n}\right\}$ 与序列 $\{\ln n\}$ 是等价的无穷大.

例 2 证明: 对于任意 $x\in\mathbb{R}$, 无穷级数 $\sum\limits_{n=1}^{+\infty}2^n\left(\sin\frac{x}{3^n}\right)$ 收敛.

证明 可设 $x\neq 0$. 利用基本极限 $\lim\limits_{t\to 0}\frac{\sin t}{t}=1$, 我们得到

$$\lim_{n\to+\infty}\frac{2^n\left|\sin\frac{x}{3^n}\right|}{\frac{2^n|x|}{3^n}}=1.$$

因而 $n\to+\infty$ 时, 序列 $\left\{2^n\left|\sin\frac{|x|}{3^n}\right|\right\}$ 与序列 $\left\{\frac{2^n|x|}{3^n}\right\}$ 是等价无穷小. 但我们知道等比级数 $\sum\limits_{n=1}^{+\infty}\frac{2^n|x|}{3^n}$ 收敛, 因而正项级数 $\sum\limits_{n=1}^{+\infty}2^n\left|\sin\frac{x}{3^n}\right|$ 也收敛. 而另一方面, 收敛的无穷级数满足 8.1 节中定理 8.1.2 给出的 Cauchy 准则, 利用不等式

$$\left|\sum_{n=n_1}^{n_2}2^n\left(\sin\frac{x}{3^n}\right)\right|\leqslant\sum_{n=n_1}^{n_2}2^n\left|\sin\frac{x}{3^n}\right|,$$

无穷级数 $\sum_{n=1}^{+\infty} 2^n\left(\sin \frac{x}{3^n}\right)$ 也满足定理 8.1.2 中的 Cauchy 准则, 因而也收敛. ■

在 8.3 节中, 我们还将给出更多的比较判别法的应用.

第七章对于形式为 $\int_a^{+\infty} f(x)g(x)\mathrm{d}x$ 的广义积分, 我们还给出了 Dirichlet 判别法和 Abel 判别法. 类比于此, 考虑形式为 $\sum_{n=1}^{+\infty} a_n b_n$ 的无穷级数. 令

$$f(x) = a_n, \quad g(x) = b_n, \quad 如果x \in [n, n+1),$$

则无穷级数 $\sum_{n=1}^{+\infty} a_n b_n$ 的收敛问题化为广义积分 $\int_1^{+\infty} f(x)g(x)\mathrm{d}x$ 的收敛问题. 而类比于广义积分的 Dirichlet 判别法和 Abel 判别法, 推广其中关于 $f(x), g(x)$ 的条件, 就可以将这两个判别法平行地推广到形式为 $\sum_{n=1}^{+\infty} a_n b_n$ 的无穷级数上.

定理 8.2.4 (Dirichlet 判别法) 设 $\{a_n\}$ 是一单调序列, 满足 $\lim_{n\to+\infty} a_n = 0$. 而无穷级数 $\sum_{n=1}^{+\infty} b_n$ 的部分和序列 $\left\{s_n = \sum_{k=1}^{n} b_k\right\}$ 有界, 则无穷级数 $\sum_{n=1}^{+\infty} a_n b_n$ 收敛.

定理 8.2.5 (Abel 判别法) 设 $\{a_n\}$ 是一单调有界序列, 而无穷级数 $\sum_{n=1}^{+\infty} b_n$ 收敛, 则无穷级数 $\sum_{n=1}^{+\infty} a_n b_n$ 收敛.

下面将给出 Dirichlet 判别法的证明, Abel 判别法的证明留给读者.

Dirichlet 判别法的证明 首先由条件: 无穷级数 $\sum_{n=1}^{+\infty} b_n$ 的部分和序列有界, 得存在 M, 使得对于任意 n, 成立 $\left|\sum_{k=1}^{n} b_k\right| < M$. 由此, 对于任意 n,

$$|b_n| = \left|\sum_{k=1}^{n} b_k - \sum_{k=1}^{n-1} b_k\right| \leqslant \left|\sum_{k=1}^{n} b_k\right| + \left|\sum_{k=1}^{n-1} b_k\right| < 2M.$$

按照定理 8.2.1, 定义函数

$$f(x) = a_n, \quad g(x) = b_n, \quad 如果\ x \in [n, n+1),$$

则 $f(x)$ 在 $[1, +\infty)$ 上单调, 并且 $\lim_{x\to+\infty} f(x) = 0$. 而对于任意 $R > 1$,

$$\left|\int_1^R g(x)\mathrm{d}x\right| \leqslant \left|\int_1^{[R]} g(x)\mathrm{d}x\right| + \left|\int_{[R]}^R g(x)\mathrm{d}x\right| \leqslant \left|\sum_{k=1}^{[R]-1} b_k\right| + \left|b_{[R]}\right| < 3M,$$

其中 $[\cdot]$ 为取整函数. 利用广义积分收敛的 Dirichlet 判别法, $\int_1^{+\infty} f(x)g(x)\mathrm{d}x$ 收敛, 再应用定理 8.2.1, 我们得到无穷级数 $\sum_{n=1}^{+\infty} a_n b_n$ 收敛. ■

说明 我们知道广义积分的 Dirichlet 判别法和 Abel 判别法都是利用积分第二中值定理来证明的, 而积分第二中值定理的证明则依赖于第五章中给出的 Abel 不等式. 如果回到积分第二中值定理的证明, 则可以利用 Abel 不等式直接给出无穷级数的 Dirichlet 判别法和 Abel 判别法的证明. 对于具体的证明过程, 我们将其留为习题, 以帮助读者进一步熟悉这些判别方法.

下面我们给几个 Dirichlet 判别法和 Abel 判别法的应用.

类比于我们在第七章中给出的广义积分 $\int_0^{+\infty} (-1)^{[x]} \frac{1}{x^p}\mathrm{d}x$, 在无穷级数中可以推广为下面的例子.

例 3 对于任意 $p>0$, 证明: 无穷级数 $\sum_{n=1}^{+\infty} (-1)^n \frac{1}{n^p}$ 收敛.

证明 令 $a_n = \frac{1}{n^p}$, 则 $\{a_n\}$ 单调, 并且 $\lim_{n\to+\infty} a_n = 0$. $\sum_{n=1}^{+\infty} (-1)^n$ 的部分和序列有界. 利用 Dirichlet 判别法得 $\sum_{n=1}^{+\infty} (-1)^n \frac{1}{n^p}$ 收敛. ■

而类比于广义积分 $\int_0^{+\infty} \frac{\sin x}{x}\mathrm{d}x$, 在无穷级数中可以考虑下面的无穷级数.

例 4 证明: 无穷级数 $\sum_{n=1}^{+\infty} \frac{\sin n}{n}$ 和 $\sum_{n=1}^{+\infty} \frac{\cos n}{n}$ 都收敛.

证明 以无穷级数 $\sum_{n=1}^{+\infty} \frac{\sin n}{n}$ 为例. 令 $a_n = \frac{1}{n}$, 则 $\{a_n\}$ 是一单调序列, 并且 $\lim_{n\to+\infty} a_n = 0$. 而对于任意 n, 利用三角函数的积化和差公式, 我们得到

$$\begin{aligned}\sum_{k=1}^{n} \sin\frac{1}{2}\sin k &= \sum_{k=1}^{n} \frac{1}{2}\left(\cos\left(k-\frac{1}{2}\right) - \cos\left(k+\frac{1}{2}\right)\right) \\ &= \frac{1}{2}\left(\cos\frac{1}{2} - \cos(n+1)\right).\end{aligned}$$

由此, 得

$$\left|\sum_{k=1}^{n} \sin k\right| \leqslant \frac{1}{\sin\frac{1}{2}},$$

则 $\sum_{n=1}^{+\infty} \sin n$ 的部分和序列有界. 因此 $\sum_{n=1}^{+\infty} \frac{\sin n}{n}$ 收敛. ■

现设 $\{a_n\}$ 是一单调序列, 满足 $a_n \geqslant 0$, 而 $\lim\limits_{n\to+\infty} a_n = 0$, 则称 $\sum\limits_{n=1}^{+\infty}(-1)^n a_n$ 为**交错级数**. 在交错级数中正、负项交替出现. 对于交错级数的收敛问题, 成立下面的 Leibniz 判别法.

定理 8.2.6 (Leibniz 判别法) 如果 $\sum\limits_{n=1}^{+\infty}(-1)^n a_n$ 是一交错级数, 则这一无穷级数收敛, 并且对于任意 n, 成立下面关于无穷级数部分和余项估计的不等式:

$$\left|\sum_{k=n}^{+\infty}(-1)^k a_k\right| \leqslant a_n.$$

证明 利用 Dirichlet 判别法, 交错级数显然收敛. 我们只需给出定理中的余项估计. 而利用交错级数的特点, 我们得到

$$\left|\sum_{k=n}^{+\infty}(-1)^k a_k\right| = a_n - (a_{n+1} - a_{n+2}) - (a_{n+3} - a_{n+4}) - \cdots .$$

由于 $\{a_n\}$ 单调下降, 因而对于 $k = 1, 2, \cdots$, 成立 $a_{n+k} - a_{n+k+1} \geqslant 0$, 由此得到 $\left|\sum\limits_{k=n}^{+\infty}(-1)^k a_k\right| \leqslant a_n$. ■

例 5 利用指数函数 e^x 的 Taylor 展开, 我们知道 $\forall x \in \mathbb{R}$, 成立

$$\mathrm{e}^x = \sum_{n=0}^{+\infty} \frac{1}{n!} x^n.$$

在上式中令 $x = -1$, 我们得到

$$\mathrm{e}^{-1} = \sum_{n=0}^{+\infty}(-1)^n \frac{1}{n!}.$$

这是一个交错级数, 利用 Leibniz 判别法中的余项估计, 对于任意自然数 n, 都成立

$$\left|\mathrm{e}^{-1} - \sum_{k=0}^{n}(-1)^k \frac{1}{k!}\right| < \frac{1}{(n+1)!}.$$

这一不等式为数 e 的近似计算提供了一个有很好误差估计的简单算法.

例 6 设 $0 < p \leqslant 1$, 证明: $\sum\limits_{n=1}^{+\infty}(-1)^n \frac{x^n}{n^p}$ 仅在 $x \in (-1, 1]$ 时收敛.

证明 当 $x \in (-1, 1)$, x 固定时, 对于任意 n, 成立

$$\left|\sum_{k=1}^{n}(-1)^k x^k\right| = \left|\frac{1-(-1)^{n+1}x^{n+1}}{1+x}\right| \leqslant \frac{2}{1-|x|}.$$

因而 $\sum\limits_{n=1}^{+\infty}(-1)^n x^n$ 的部分和序列有界. 而另一方面, 序列 $\left\{\dfrac{1}{n^p}\right\}$ 单调趋于 0. 利用 Dirichlet 判别法, $\sum\limits_{n=1}^{+\infty}(-1)^n\dfrac{x^n}{n^p}$ 收敛.

当 $x=1$ 时, 由本节的例 3 得 $\sum\limits_{n=1}^{+\infty}(-1)^n\dfrac{1}{n^p}$ 收敛.

如果 $x=-1$, 无穷级数为 $\sum\limits_{n=1}^{+\infty}\dfrac{1}{n^p}$, 由于 $0<p\leqslant 1$, 由 8.1 节的例 5 知无穷级数发散.

如果 $|x|>1$, 则序列 $\left\{(-1)^n\dfrac{x^n}{n^p}\right\}$ 为无穷大, 无穷级数显然发散. ■

上面我们将无穷级数化为广义积分, 这一过程反过来也是成立的, 广义积分也可以化为无穷级数.

设 $\displaystyle\int_a^{+\infty} f(x)\mathrm{d}x$ 是一广义积分, 我们知道 $\displaystyle\int_a^{+\infty} f(x)\mathrm{d}x$ 收敛等价于对于 $[a,+\infty)$ 中任意单调上升的序列 $b_n\to+\infty$, 序列 $\left\{s_n=\displaystyle\int_a^{b_n} f(x)\mathrm{d}x\right\}$ 收敛. 将序列极限化为无穷级数, 令 $s_0=b_0=a$, 定义

$$a_n=s_n-s_{n-1}=\int_{b_{n-1}}^{b_n} f(x)\mathrm{d}x,\quad n=1,2,\cdots,$$

则我们得到下面的定理.

定理 8.2.7 广义积分 $\displaystyle\int_a^{+\infty} f(x)\mathrm{d}x$ 收敛的充要条件是对于 $[a,+\infty)$ 中任意单调上升的序列 $b_n\to+\infty$, 无穷级数 $\displaystyle\sum_{n=1}^{+\infty}a_n=\sum_{n=1}^{+\infty}\int_{b_{n-1}}^{b_n} f(x)\mathrm{d}x$ 收敛.

下面我们通过比较绝对可积的广义积分与绝对收敛的无穷级数的关系, 对广义积分与无穷级数之间的转换再做一点说明.

我们知道, 如果 $\displaystyle\int_a^{+\infty}|f(x)|\mathrm{d}x<+\infty$, 则广义积分 $\displaystyle\int_a^{+\infty} f(x)\mathrm{d}x$ 必须收敛. 这时称 $\displaystyle\int_a^{+\infty} f(x)\mathrm{d}x$ 绝对可积. 而如果 $\displaystyle\int_a^{+\infty} f(x)\mathrm{d}x$ 收敛, 但 $\displaystyle\int_a^{+\infty}|f(x)|\mathrm{d}x=+\infty$, 则称广义积分 $\displaystyle\int_a^{+\infty} f(x)\mathrm{d}x$ 条件可积. 将这一概念转换到无穷级数, 得下面的定义.

定义 8.2.2 对于无穷级数 $\sum\limits_{n=1}^{+\infty}a_n$, 如果 $\sum\limits_{n=1}^{+\infty}|a_n|<+\infty$, 则称级数 $\sum\limits_{n=1}^{+\infty}a_n$ **绝对收敛**; 如果 $\sum\limits_{n=1}^{+\infty}a_n$ 收敛, 但 $\sum\limits_{n=1}^{+\infty}|a_n|=+\infty$, 则称级数 $\sum\limits_{n=1}^{+\infty}a_n$ **条件收敛**.

如果无穷级数 $\sum_{n=1}^{+\infty} a_n$ 绝对收敛, 利用 Cauchy 准则: $\forall \varepsilon > 0, \exists N$, s.t. $\forall n_2 > n_1 > N$, 成立

$$\sum_{k=n_1+1}^{n_2} |a_k| < \varepsilon.$$

而

$$\left|\sum_{k=n_1+1}^{n_2} a_k\right| \leqslant \sum_{k=n_1+1}^{n_2} |a_k| < \varepsilon.$$

因此 $\sum_{n=1}^{+\infty} a_n$ 也满足 Cauchy 准则, $\sum_{n=1}^{+\infty} a_n$ 必须收敛. 即绝对收敛的无穷级数自身也收敛.

同样类比于广义积分, 对于无穷级数 $\sum_{n=1}^{+\infty} a_n$, 令

$$a_n^+ = \max\{a_n, 0\}, \quad a_n^- = \min\{a_n, 0\}.$$

由于 $0 \leqslant a_n^+ \leqslant |a_n|, 0 \leqslant -a_n^- \leqslant |a_n|$, 因此, 如果无穷级数 $\sum_{n=1}^{+\infty} a_n$ 绝对收敛, 则正项级数 $\sum_{n=1}^{+\infty} a_n^+$ 和 $\sum_{n=1}^{+\infty} (-a_n^-)$ 都收敛, 并且 $\sum_{n=1}^{+\infty} a_n = \sum_{n=1}^{+\infty} a_n^+ + \sum_{n=1}^{+\infty} a_n^-$. 绝对收敛的无穷级数是两个收敛的正项级数的差. 这一点反过来也成立.

如果无穷级数 $\sum_{n=1}^{+\infty} a_n$ 条件收敛, 则必须 $\sum_{n=1}^{+\infty} a_n^+ = +\infty, \sum_{n=1}^{+\infty} a_n^- = -\infty$. 条件收敛的无穷级数是两个发散的正项级数的差, 因而条件收敛的无穷级数是 $\infty - \infty$ 形式的不定式的极限. 收敛是相加过程中正、负项相互抵消的结果.

绝对收敛的无穷级数与条件收敛的无穷级数之间有许多本质的差异, 例如, 绝对收敛的级数可以随意交换求和顺序, 而条件收敛的无穷级数不能随意交换求和顺序. 关于这些内容, 我们将在本章后面 "收敛级数的性质" 一节里给出详细的讨论. 这里, 我们希望借助这一概念来说明在广义积分与无穷级数的转换中, 绝对收敛和条件收敛都保持不变.

例 7 证明: 广义积分 $\int_a^{+\infty} f(x)\mathrm{d}x$ 绝对可积的充要条件是对于 $[a, +\infty)$ 中任意单调上升的序列 $b_n \to +\infty$, 无穷级数 $\sum_{n=1}^{+\infty} \int_{b_{n-1}}^{b_n} f(x)\mathrm{d}x$ 都绝对收敛.

证明 首先设广义积分 $\int_a^{+\infty} f(x)\mathrm{d}x$ 绝对可积. 对于 $[a, +\infty)$ 中任意单调上升

的序列 $b_n \to +\infty$, 利用 $\left|\int_{b_{n-1}}^{b_n} f(x)\mathrm{d}x\right| \leqslant \int_{b_{n-1}}^{b_n} |f(x)|\mathrm{d}x$, 我们得到

$$\sum_{n=1}^{+\infty}\left|\int_{b_{n-1}}^{b_n} f(x)\mathrm{d}x\right| \leqslant \sum_{n=1}^{+\infty}\int_{b_{n-1}}^{b_n} |f(x)|\mathrm{d}x \leqslant \int_a^{+\infty} |f(x)|\mathrm{d}x < +\infty.$$

无穷级数 $\sum_{n=1}^{+\infty}\int_{b_{n-1}}^{b_n} f(x)\mathrm{d}x$ 绝对收敛.

反过来, 假定对于 $[a,+\infty)$ 中任意单调上升的序列 $b_n \to +\infty$, 都成立

$$\sum_{n=1}^{+\infty}\left|\int_{b_{n-1}}^{b_n} f(x)\mathrm{d}x\right| < +\infty,$$

我们希望证明 $f(x)$ 绝对可积. 下面为了符号简单, 我们假定 $a=1$.

首先, 对于任意自然数 $n>0$, 由于 $f(x)$ 在 $[n,n+1]$ 上 Riemann 可积, 利用第五章中给出的函数可积的判别条件, 我们知道存在区间 $[n,n+1]$ 的一个分割

$$\Delta_n : n = x_0^n < x_1^n < \cdots < x_{m_n}^n = n+1,$$

使得 $f(x)$ 在 $[n,n+1]$ 上的 Darboux 上和 $S(\Delta_n)$ 与 Darboux 下和 $s(\Delta_n)$ 之间的差满足

$$S(\Delta_n) - s(\Delta_n) < \frac{1}{2^n}.$$

设

$$M_i^n = \sup_{x\in[x_{i-1}^n, x_i^n]}\{f(x)\}, \quad m_i^n = \inf_{x\in[x_{i-1}^n, x_i^n]}\{f(x)\},$$

则

$$S(\Delta_n) = \sum_{i=1}^{m_n} M_i^n(x_i^n - x_{i-1}^n), \quad s(\Delta_n) = \sum_{i=1}^{m_n} m_i^n(x_i^n - x_{i-1}^n).$$

而

$$\begin{aligned}\left|M_i^n(x_i^n - x_{i-1}^n)\right| &\leqslant \int_{x_{i-1}^n}^{x_i^n} \left|M_i^n - f(x)\right|\mathrm{d}x + \left|\int_{x_{i-1}^n}^{x_i^n} f(x)\mathrm{d}x\right| \\ &\leqslant \int_{x_{i-1}^n}^{x_i^n} (M_i^n - m_i^n)\mathrm{d}x + \left|\int_{x_{i-1}^n}^{x_i^n} f(x)\mathrm{d}x\right|,\end{aligned}$$

我们得到

$$\sum_{i=1}^{m_n}\left|M_i^n(x_i^n - x_{i-1}^n)\right| \leqslant \frac{1}{2^n} + \sum_{i=1}^{m_n}\left|\int_{x_{i-1}^n}^{x_i^n} f(x)\mathrm{d}x\right|.$$

另一方面, 对于 $n = 1, 2, \cdots$, 所有对于区间 $[n, n+1]$ 分割的点按顺序构成了 $[1, +\infty)$ 中一个单调上升并趋于无穷的序列, 而按照我们假设的条件, 由此得到的无穷级数绝对收敛, 即成立

$$\sum_{n=1}^{+\infty}\sum_{i=1}^{m_n}\left|\int_{x_{i-1}^n}^{x_i^n} f(x)\mathrm{d}x\right| < +\infty,$$

我们得到

$$\sum_{n=1}^{+\infty}\sum_{i=1}^{m_n}\left|M_i^n(x_i^n - x_{i-1}^n)\right| < +\infty.$$

同理可得

$$\sum_{n=1}^{+\infty}\sum_{i=1}^{m_n}\left|m_i^n(x_i^n - x_{i-1}^n)\right| < +\infty.$$

而另一方面, 在区间 $[x_{i-1}^n, x_i^n]$ 上,

$$|f(x)| \leqslant \max\{|M_i^n|, |m_i^n|\} \leqslant |M_i^n| + |m_i^n|,$$

所以

$$\int_{x_{i-1}^n}^{x_i^n} |f(x)|\mathrm{d}x \leqslant (|M_i^n| + |m_i^n|)(x_i^n - x_{i-1}^n).$$

我们得到

$$\int_1^{+\infty} |f(x)|\mathrm{d}x = \sum_{n=1}^{+\infty}\sum_{i=1}^{m_n}\int_{x_{i-1}^n}^{x_i^n} |f(x)|\mathrm{d}x \leqslant \sum_{n=1}^{+\infty}\sum_{i=1}^{m_n}(|M_i^n| + |m_i^n|)(x_i^n - x_{i-1}^n) < +\infty.$$

广义积分 $\displaystyle\int_a^{+\infty} f(x)\mathrm{d}x$ 绝对可积. ■

例 8 在本节例 2 中, 我们首先证明无穷级数 $\displaystyle\sum_{n=1}^{+\infty} 2^n\left|\sin\frac{x}{3^n}\right|$ 是收敛的, 然后利用 Cauchy 准则得到 $\displaystyle\sum_{n=1}^{+\infty} 2^n\left(\sin\frac{x}{3^n}\right)$ 收敛. 因而 $\displaystyle\sum_{n=1}^{+\infty} 2^n\left(\sin\frac{x}{3^n}\right)$ 是绝对收敛的无穷级数. 对于例 3 中给出的无穷级数 $\displaystyle\sum_{n=1}^{+\infty}(-1)^n\frac{1}{n^p}$, 当 $0 < p \leqslant 1$ 时, 这一无穷级数条件收敛, 而当 $p > 1$ 时, 这一无穷级数绝对收敛.

例 9 在本节例 4 中, 我们证明了无穷级数 $\displaystyle\sum_{n=1}^{+\infty}\frac{\sin n}{n}$ 和 $\displaystyle\sum_{n=1}^{+\infty}\frac{\cos n}{n}$ 都收敛. 将这一无穷级数类比于条件可积的广义积分 $\displaystyle\int_0^{+\infty}\frac{\sin x}{x}\mathrm{d}x$, 用同样的方法, 如果无穷

级数 $\sum_{n=1}^{+\infty}\frac{\sin n}{n}$ 绝对收敛, 利用三角函数的倍角公式, 我们得到

$$\frac{|\sin n|}{n}\geqslant\frac{\sin^2 n}{n}=\frac{1}{2n}-\frac{\cos 2n}{2n}.$$

与无穷级数 $\sum_{n=1}^{+\infty}\frac{\sin n}{n}$ 的讨论相同, 利用 Dirichlet 判别法容易得到无穷级数 $\sum_{n=1}^{+\infty}\frac{\cos 2n}{2n}$ 收敛, 由此得无穷级数 $\sum_{n=1}^{+\infty}\frac{1}{2n}$ 收敛. 而这显然不成立. 因而无穷级数 $\sum_{n=1}^{+\infty}\frac{\sin n}{n}$ 只是条件收敛. 同样地, 无穷级数 $\sum_{n=1}^{+\infty}\frac{\cos n}{n}$ 也是条件收敛的.

8.3 正项级数收敛的其他判别方法

在上面两节中, 我们分别利用序列极限和广义积分的方法讨论了无穷级数. 将关于序列极限和广义积分收敛的各种判别法都平行地推广到了无穷级数. 然而, 从另一个角度, 无穷级数又有许多级数自身的特点, 这些特点有别于序列极限和广义积分. 例如: 在广义积分 $\int_a^{+\infty}f(x)\mathrm{d}x$ 中, 被积函数, 或者说被求和的无穷小 $f(x)\mathrm{d}x$ 依赖于连续变量 x. 而在无穷级数 $\sum_{n=1}^{+\infty}a_n$ 中, 被求和的函数 a_n 依赖于离散变量 n, 因而更加简单、整齐, 运算灵活. 又例如: 在第七章 7.1 节的例 8 中, 我们曾经构造了一个函数 $f(x)$, 其广义积分 $\int_a^{+\infty}f(x)\mathrm{d}x$ 收敛, 但 $\lim_{x\to+\infty}f(x)=\infty$, 对此也可以参考第七章 7.1 节中的例 11. 而对于无穷级数 $\sum_{n=1}^{+\infty}a_n$, 如果其收敛, 则必须 $\lim_{n\to+\infty}a_n=0$, 或者说序列 $\{a_n\}$ 必须是无穷小.

本节将结合无穷级数本身的特点, 特别是无穷级数 $\sum_{n=1}^{+\infty}a_n$ 中特有的, 关于求和项 a_n 的运算灵活性, 对于如何利用无穷级数自身的性质来判别无穷级数是否收敛的问题, 我们将给出一些计算和应用起来都比较方便的判别方法. 这里将以正项级数的讨论为主, 同样的结论当然也适用于绝对收敛的无穷级数.

在关于正项级数收敛问题的讨论中, 利用实数的单调有界收敛定理, 我们曾给出了比较判别法. 在此基础上, 我们需要选取一些已经知道收敛或者发散的正项级

数作为标准无穷级数, 利用比较判别法, 将其他无穷级数与标准无穷级数进行比较, 来判断其他无穷级数是否收敛.

我们首先以等比级数 $\sum\limits_{n=1}^{+\infty} cp^n$ 作为第一个标准无穷级数, 其中 $c>0, p>0$. 我们知道当 $p<1$ 时, 等比级数收敛, 而 $p\geqslant 1$ 时, 等比级数发散.

怎样将其他无穷级数与等比级数进行比较呢? 为此, 需要先改造比较判别法.

定理 8.3.1 (比较判别法) 设 $\sum\limits_{n=1}^{+\infty} a_n$ 和 $\sum\limits_{n=1}^{+\infty} b_n$ 都是正项级数, 并且假定对于 $n=1,2\cdots$, 都成立 $a_n\neq 0, b_n\neq 0$. 如果存在 N, 使得只要 $n>N$, 就成立

$$\frac{a_{n+1}}{a_n}\leqslant\frac{b_{n+1}}{b_n},$$

则 $\sum\limits_{n=1}^{+\infty} b_n$ 收敛时, $\sum\limits_{n=1}^{+\infty} a_n$ 也收敛, 而 $\sum\limits_{n=1}^{+\infty} a_n$ 发散时, $\sum\limits_{n=1}^{+\infty} b_n$ 也发散.

证明 由于任意改变无穷级数中有限项后不会改变无穷级数的收敛性或者发散性, 可假设对于 $n=1,2,\cdots$, 都成立 $\dfrac{a_{n+1}}{a_n}\leqslant\dfrac{b_{n+1}}{b_n}$. 由此, 对于任意 n, 成立

$$\frac{a_n}{a_1}=\frac{a_2}{a_1}\cdot\frac{a_3}{a_2}\cdot\frac{a_4}{a_3}\cdots\frac{a_n}{a_{n-1}}\leqslant\frac{b_2}{b_1}\cdot\frac{b_3}{b_2}\cdot\frac{b_4}{b_3}\cdots\frac{b_n}{b_{n-1}}=\frac{b_n}{b_1}.$$

我们得到对于任意 n, 成立 $a_n\leqslant\dfrac{a_1}{b_1}b_n$. 利用定理 8.2.2 给出的比较判别法, 定理结论成立. ■

对于等比级数 $\sum\limits_{n=1}^{+\infty} cp^n$, 成立 $\dfrac{cp^n}{cp^{n-1}}=p$, 而 $0<p<1$ 时, 等比级数收敛, $p\geqslant 1$ 时, 等比级数发散. 利用这一点, 我们得到下面的 d'Alembert 判别法.

定理 8.3.2 (d'Alembert 判别法) 设 $\sum\limits_{n=1}^{+\infty} a_n$ 是正项级数, 且 $\forall n,\ a_n\neq 0$. 如果存在 $p<1$ 以及 N, 使得只要 $n>N$, 就成立 $\dfrac{a_{n+1}}{a_n}\leqslant p$, 则 $\sum\limits_{n=1}^{+\infty} a_n$ 收敛; 如果存在 $p>1$ 以及 N, 使得只要 $n>N$, 就成立 $\dfrac{a_{n+1}}{a_n}\geqslant p$, 则 $\sum\limits_{n=1}^{+\infty} a_n$ 发散.

将定理 8.3.2 用上、下极限来表示, 我们得到下面的定理.

定理 8.3.3 (d'Alembert 判别法) 设 $\sum\limits_{n=1}^{+\infty} a_n$ 是正项级数, 且 $\forall n,\ a_n\neq 0$. 若

$$\overline{\lim_{n\to+\infty}}\frac{a_{n+1}}{a_n}=p<1,$$

则 $\sum_{n=1}^{+\infty} a_n$ 收敛; 若

$$\underline{\lim_{n\to+\infty}} \frac{a_{n+1}}{a_n} = p > 1,$$

则 $\sum_{n=1}^{+\infty} a_n$ 发散.

证明 如果 $\overline{\lim_{n\to+\infty}} \frac{a_{n+1}}{a_n} = p < 1$, 取 $\varepsilon > 0$, 使得 $p+\varepsilon < 1$, 则按照上极限的定义, 不存在序列 $\left\{\frac{a_{n+1}}{a_n}\right\}$ 的子列, 使得其极限大于 p. 因而序列 $\left\{\frac{a_{n+1}}{a_n}\right\}$ 中仅可能有有限项大于 $p+\varepsilon$. 我们得到存在 N, 使得只要 $n > N$, 就成立

$$\frac{a_{n+1}}{a_n} \leqslant p+\varepsilon = \frac{(p+\varepsilon)^{n+1}}{(p+\varepsilon)^n}.$$

而 $p+\varepsilon < 1$, 所以 $\sum_{n=1}^{+\infty}(p+\varepsilon)^n$ 收敛, 得 $\sum_{n=1}^{+\infty} a_n$ 收敛.

如果 $\underline{\lim_{n\to+\infty}} \frac{a_{n+1}}{a_n} = p > 1$, 取 $\varepsilon > 0$, 使得 $p-\varepsilon > 1$, 则按照下极限的定义, 不存在序列 $\left\{\frac{a_{n+1}}{a_n}\right\}$ 的子列, 使得其极限小于 p. 因而序列 $\left\{\frac{a_{n+1}}{a_n}\right\}$ 中仅可能有有限项小于 $p-\varepsilon$. 我们得到存在 N, 使得只要 $n > N$, 就成立

$$\frac{a_{n+1}}{a_n} \geqslant p-\varepsilon > 1.$$

因此, 对于任意 $n > N$, $a_{n+1} > a_n$, 序列 $\{a_n\}$ 不是无穷小, $\sum_{n=1}^{+\infty} a_n$ 发散. ■

例 1 讨论无穷级数 $\sum_{n=1}^{+\infty} n!\left(\frac{x}{n}\right)^n$ 的收敛性.

解 设 $x \neq 0$, 对无穷级数取绝对值后, 应用 d'Alembert 判别法.

$$\begin{aligned}\frac{|a_{n+1}|}{|a_n|} &= \frac{(n+1)!\left(\frac{|x|}{n+1}\right)^{n+1}}{n!\left(\frac{|x|}{n}\right)^n} \\ &= |x|\left(\frac{n}{n+1}\right)^n = \frac{|x|\left(1-\frac{1}{n+1}\right)^{-1}}{\left(1-\frac{1}{n+1}\right)^{-(n+1)}}.\end{aligned}$$

令 $n\to+\infty$, 得

$$\lim_{n\to+\infty} \frac{|a_{n+1}|}{|a_n|} = \frac{|x|}{\mathrm{e}}.$$

因此, $|x|<\mathrm{e}$ 时, 无穷级数绝对收敛, 而 $|x|>\mathrm{e}$ 时, $\lim\limits_{n\to+\infty}|a_n|=+\infty$, 无穷级数发散. $|x|=\mathrm{e}$ 时, 不能应用 d'Alembert 判别法.

如果 $|x|=\mathrm{e}$, 无穷级数取绝对值后为 $\sum\limits_{n=1}^{+\infty}n!\left(\dfrac{\mathrm{e}}{n}\right)^n$, 因而

$$\frac{|a_{n+1}|}{|a_n|}=\frac{(n+1)!\left(\dfrac{\mathrm{e}}{n+1}\right)^{n+1}}{n!\left(\dfrac{\mathrm{e}}{n}\right)^n}=\frac{(n+1)!n^n}{(n+1)^{n+1}n!}\mathrm{e}=\frac{\mathrm{e}}{\left(1+\dfrac{1}{n}\right)^n}.$$

但序列 $\left\{\left(1+\dfrac{1}{n}\right)^n\right\}$ 单调上升收敛到 e, 所以

$$\frac{|a_{n+1}|}{|a_n|}=\frac{\mathrm{e}}{\left(1+\dfrac{1}{n}\right)^n}>1.$$

序列 $\{|a_n|\}$ 单调上升, 因而不是无穷小, 无穷级数发散.

例 2 应用 d'Alembert 判别法讨论无穷级数 $\sum\limits_{n=1}^{+\infty}\dfrac{1}{n^n}x^n$ 的收敛性.

解 设 $x\neq 0$, 对无穷级数取绝对值后, 应用 d'Alembert 判别法.

$$\frac{|a_{n+1}|}{|a_n|}=\frac{\dfrac{1}{(n+1)^{n+1}}|x|^{n+1}}{\dfrac{1}{n^n}|x|^n}=\frac{1}{n+1}\cdot\frac{1}{\left(1+\dfrac{1}{n}\right)^n}|x|\to 0,\quad n\to+\infty.$$

因此, 对于任意 $x\in(-\infty,+\infty)$, 无穷级数都绝对收敛.

例 3 应用 d'Alembert 判别法讨论无穷级数 $\sum\limits_{n=1}^{+\infty}n!x^n$ 的收敛性.

解

$$\frac{|a_{n+1}|}{|a_n|}=\frac{(n+1)!}{n!}|x|\to+\infty,\quad n\to+\infty.$$

因此, 无穷级数对任意 $x\neq 0$ 都不收敛.

同样以等比级数 $\sum\limits_{n=1}^{+\infty}cp^n$ 作为标准无穷级数, 如果 $\sum\limits_{n=1}^{+\infty}a_n$ 是一正项级数, 对于 $n=1,2,\cdots$, 满足 $a_n\leqslant cp^n$, 两边开 n 次方, 则成立 $\sqrt[n]{a_n}\leqslant\sqrt[n]{c}p$. 而 $n\to+\infty$ 时, $\sqrt[n]{c}\to 1$, 利用此, 我们得到下面的 Cauchy 判别法.

定理 8.3.4 (Cauchy 判别法) 设 $\sum\limits_{n=1}^{+\infty}a_n$ 是一正项级数, 如果

$$\overline{\lim_{n\to+\infty}}\sqrt[n]{a_n}=p<1,$$

则 $\sum\limits_{n=1}^{+\infty} a_n$ 收敛; 如果

$$\overline{\lim_{n\to+\infty}} \sqrt[n]{a_n} = p > 1,$$

则 $\sum\limits_{n=1}^{+\infty} a_n$ 发散.

证明 如果 $\overline{\lim\limits_{n\to+\infty}} \sqrt[n]{a_n} = p < 1$, 取 $\varepsilon > 0$, 使得 $p+\varepsilon < 1$, 则按照上极限的定义, 不存在序列 $\{\sqrt[n]{a_n}\}$ 的子列, 使得其极限大于 p. 因而序列 $\{\sqrt[n]{a_n}\}$ 中不可能有无穷多项大于 $p+\varepsilon$, 否则利用 Bolzano 定理, 存在这无穷多项中极限大于等于 $p+\varepsilon$ 的收敛子列, 与上极限定义矛盾. 因而存在 N, 使得只要 $n > N$, 就成立 $\sqrt[n]{a_n} \leqslant p+\varepsilon$, 因而 $a_n \leqslant (p+\varepsilon)^n$, 但 $\sum\limits_{n=1}^{+\infty}(p+\varepsilon)^n$ 收敛, 得 $\sum\limits_{n=1}^{+\infty} a_n$ 收敛.

如果 $\overline{\lim\limits_{n\to+\infty}} \sqrt[n]{a_n} = p > 1$, 取 $\varepsilon > 0$, 使得 $p-\varepsilon > 1$, 则存在序列 $\{\sqrt[n]{a_n}\}$ 的子列 $\{\sqrt[n_k]{a_{n_k}}\}$, 使得 $\sqrt[n_k]{a_{n_k}} > p-\varepsilon$, $a_{n_k} \to +\infty$, 因而 $\sum\limits_{n=1}^{+\infty} a_n$ 发散. ■

例 4 判断无穷级数 $\sum\limits_{n=2}^{+\infty} \dfrac{x^n}{(\ln n)^n}$ 是否收敛.

解 由 Cauchy 判别法, 得

$$\sqrt[n]{\frac{|x|^n}{(\ln n)^n}} = \frac{|x|}{\ln n} \to 0, \quad n \to +\infty.$$

因此, 无穷级数对任意 x 绝对收敛.

例 5 以 $y(n)$ 表示自然数 n 的因子的个数 (按重数计), 问无穷级数 $\sum\limits_{n=1}^{+\infty} y(n)x^n$ 在什么条件下收敛?

解 由 Cauchy 判别法, 得

$$0 < \sqrt[n]{y(n)|x|^n} \leqslant \sqrt[n]{n}|x| \to |x|, \quad n \to +\infty.$$

因此, $|x| < 1$ 时, 无穷级数绝对收敛, $|x| \geqslant 1$ 时, 序列 $\{y(n)x^n\}$ 不是无穷小, 无穷级数发散.

例 6 设 $a > 0, b > 0$ 是给定的常数, 讨论无穷级数 $1 + a + ab + a^2b + a^2b^2 + a^3b^2 + \cdots + a^nb^{n-1} + a^nb^n + a^{n+1}b^n + \cdots$ 的收敛性.

解 首先令

$$a_n = \begin{cases} a^{\frac{n-1}{2}} b^{\frac{n-1}{2}}, & \text{如果 } n \text{ 为奇数}, \\ a^{\frac{n}{2}} b^{\frac{n-2}{2}}, & \text{如果 } n \text{ 为偶数}, \end{cases}$$

则所讨论的无穷级数可以表示为 $\sum\limits_{n=1}^{+\infty} a_n$. 如果应用 d'Alembert 判别法, 得

$$\frac{a_{n+1}}{a_n}=\begin{cases}a, & \text{如果 } n \text{ 为奇数},\\ b, & \text{如果 } n \text{ 为偶数}.\end{cases}$$

因此

$$\overline{\lim_{n\to+\infty}}\frac{a_{n+1}}{a_n}=\max\{a,b\},\quad \underline{\lim_{n\to+\infty}}\frac{a_{n+1}}{a_n}=\min\{a,b\}.$$

所以, 当 $a<1$ 并且 $b<1$ 时, 无穷级数收敛; 当 $a>1$ 并且 $b>1$ 时, 无穷级数发散.

如果利用 Cauchy 判别法, 则得

$$\sqrt[n]{a_n}=\begin{cases}a^{\frac{n-1}{2n}}b^{\frac{n-1}{2n}}, & \text{如果 } n \text{ 为奇数},\\ a^{\frac{n}{2n}}b^{\frac{n-2}{2n}}, & \text{如果 } n \text{ 为偶数}.\end{cases}$$

因此, $\lim\limits_{n\to+\infty}\sqrt[n]{a_n}=\sqrt{ab}$. 所讨论的无穷级数在 $ab<1$ 时收敛, $ab>1$ 时发散.

在例 6 中我们看到, 对于无穷级数

$$1+a+ab+a^2b+a^2b^2+a^3b^2+\cdots+a^nb^{n-1}+a^nb^n+a^{n+1}b^n+\cdots,$$

利用 Cauchy 判别法给出的结论要强于利用 d'Alembert 判别法给出的结论. 下面我们再来看另外一个例子.

例 7 令 $a_n=\dfrac{2+(-1)^n}{2^n}$, 讨论无穷级数 $\sum\limits_{n=1}^{+\infty}a_n$ 的收敛性.

解 首先考虑 d'Alembert 判别法, 得

$$\frac{a_{n+1}}{a_n}=\frac{2+(-1)^{n+1}}{2(2+(-1)^n)}.$$

因而

$$\overline{\lim_{n\to+\infty}}\frac{a_{n+1}}{a_n}=\frac{3}{2},\quad \underline{\lim_{n\to+\infty}}\frac{a_{n+1}}{a_n}=\frac{1}{6}.$$

d'Alembert 判别法不能判断无穷级数是否收敛.

应用 Cauchy 判别法, 由

$$\frac{1}{2}\leqslant\sqrt[n]{a_n}\leqslant\frac{\sqrt[n]{3}}{2}$$

得 $\lim\limits_{n\to+\infty}\sqrt[n]{a_n}=\dfrac{1}{2}$, 无穷级数收敛.

例 6 和例 7 都表明 Cauchy 判别法给出的结论比 d'Alembert 判别法给出的结论更强一些. 这一点并非偶然, 事实上, 对于 d'Alembert 判别法与 Cauchy 判别法的比较, 我们有下面的定理.

定理 8.3.5 设正项序列 $\{a_n\}$ 满足 $\lim\limits_{n\to+\infty}\dfrac{a_{n+1}}{a_n}=p$, 则 $\lim\limits_{n\to+\infty}\sqrt[n]{a_n}=p$.

证明 任给 $\varepsilon>0$, 存在 N, 使得只要 $n>N$, 应成立 $\dfrac{a_{n+1}}{a_n}<p+\varepsilon$. 不妨设对于 $n=1,2,\cdots$, 都成立 $\dfrac{a_{n+1}}{a_n}<p+\varepsilon$, 则对于任意 n,

$$\frac{a_n}{a_1}=\frac{a_2}{a_1}\cdot\frac{a_3}{a_2}\cdots\frac{a_n}{a_{n-1}}<(p+\varepsilon)^{n-1},$$

因此

$$\sqrt[n]{a_n}\leqslant\sqrt[n]{a_1}(p+\varepsilon)^{\frac{n-1}{n}}.$$

令 $n\to+\infty$, 我们得到

$$\overline{\lim_{n\to+\infty}}\sqrt[n]{a_n}\leqslant(p+\varepsilon).$$

由于其中 $\varepsilon>0$ 是任意常数, 所以 $\overline{\lim\limits_{n\to+\infty}}\sqrt[n]{a_n}\leqslant p$.

同样的方法不难得到 $\underline{\lim\limits_{n\to+\infty}}\sqrt[n]{a_n}\geqslant p$. 所以必须 $\lim\limits_{n\to+\infty}\sqrt[n]{a_n}=p$. ■

定理 8.3.5 说明 Cauchy 判别法强于 d'Alembert 判别法. 当然在实际使用中, 对于许多无穷级数而言, d'Alembert 判别法有时计算起来可能更简单一些.

下面例题是定理 8.3.5 的一个应用.

例 8 对于无穷级数 $\sum\limits_{n=1}^{+\infty}n!\left(\dfrac{x}{n}\right)^n$, 利用 d'Alembert 判别法得

$$\lim_{n\to+\infty}\frac{a_{n+1}}{a_n}=\lim_{n\to+\infty}\frac{\left((n+1)!\dfrac{|x|}{n+1}\right)^{n+1}}{n!\left(\dfrac{|x|}{n}\right)^n}=\frac{|x|}{\mathrm{e}}.$$

利用定理 8.3.5, 则得

$$\lim_{n\to+\infty}\sqrt[n]{n!\left(\frac{x}{n}\right)^n}=\frac{|x|}{\mathrm{e}}.$$

特别地, 令 $x=\mathrm{e}$, 成立 $\lim\limits_{n\to+\infty}\dfrac{\mathrm{e}\sqrt[n]{n!}}{n}=1$, 即 $n\to+\infty$ 时, 序列 $\{\mathrm{e}\sqrt[n]{n!}\}$ 与 $\{n\}$ 是等价的无穷大.

如果从另外一个角度来考察 d'Alembert 判别法和 Cauchy 判别法, 由这两个判别法的证明不难看出, 如果要用这两个判别法来判别正项级数 $\sum\limits_{n=1}^{+\infty}a_n$ 是否发散, 则

只有当序列 $\{a_n\}$ 不是无穷小时才有可能. 这显然不能令人满意. 例如, 对于正项级数 $\sum\limits_{n=1}^{+\infty}\frac{1}{n^p}$, 应用 d'Alembert 判别法和 Cauchy 判别法, 分别得到

$$\lim_{n\to+\infty}\frac{a_{n+1}}{a_n}=\lim_{n\to+\infty}\frac{n^p}{(n+1)^p}=1,\quad \lim_{n\to+\infty}\sqrt[n]{a_n}=\lim_{n\to+\infty}\sqrt[n]{n^p}=1.$$

这两个方法都不能判别正项级数 $\sum\limits_{n=1}^{+\infty}\frac{1}{n^p}$ 收敛或者发散. 这其中的原因很简单, 当 $0<p\leqslant 1$ 时, 序列 $\left\{\frac{1}{n^p}\right\}$ 仍然是无穷小. 但是与 d'Alembert 判别法和 Cauchy 判别法中使用的标准无穷级数 —— 等比级数 $\sum\limits_{n=1}^{+\infty}cp^n$ 进行比较, $n\to+\infty$ 时, 序列 $\left\{\frac{1}{n^p}\right\}$ 是比序列 $\{cp^n\}$ 更低阶的无穷小. 显然在使用比较判断法时, 不能用高阶无穷小构成的正项级数的收敛性来讨论低阶无穷小构成的正项级数是否收敛.

既然序列 $\left\{\frac{1}{n^p}\right\}$ 是比序列 $\{cp^n\}$ 更低阶的无穷小, 或者说正项级数 $\sum\limits_{n=1}^{+\infty}\frac{1}{n^p}$ 比正项级数 $\sum\limits_{n=1}^{+\infty}cp^n$ 收敛得更慢一些, 自然希望用正项级数 $\sum\limits_{n=1}^{+\infty}\frac{1}{n^p}$ 作为标准无穷级数来代替等比级数, 使得我们有可能利用这一标准无穷级数建立更强的判别方法. 对此, 成立下面的 Raabe 判别法.

定理 8.3.6 (Raabe 判别法) 设 $\sum\limits_{n=1}^{+\infty}a_n$ 是正项级数, 如果

$$\lim_{n\to+\infty}n\left(\frac{a_n}{a_{n+1}}-1\right)>1,$$

则 $\sum\limits_{n=1}^{+\infty}a_n$ 收敛; 如果

$$\lim_{n\to+\infty}n\left(\frac{a_n}{a_{n+1}}-1\right)<1,$$

则 $\sum\limits_{n=1}^{+\infty}a_n$ 发散.

证明 法一 设

$$\lim_{n\to+\infty}n\left(\frac{a_n}{a_{n+1}}-1\right)=r>1,$$

取 $\varepsilon>0$, 使得 $r-\varepsilon>1$, 则存在 N, 使得只要 $n>N$, 就成立

$$n\left(\frac{a_n}{a_{n+1}}-1\right)>1+\varepsilon.$$

在上面不等式两边同乘 a_{n+1}, 整理后得到

$$na_n-(n+1)a_{n+1}>\varepsilon a_{n+1}>0.$$

由此我们得到序列 $\{na_n\}$ 单调下降并有下界 0, 因而是收敛序列. 将序列 $\{na_n\}$ 表示为无穷级数 $\sum\limits_{n=1}^{+\infty}\left[na_n-(n+1)a_{n+1}\right]$ 的部分和序列, 我们得到无穷级数

$$\sum_{n=1}^{+\infty}\left[na_n-(n+1)a_{n+1}\right]$$

收敛. 再由 $na_n-(n+1)a_{n+1}>\varepsilon a_{n+1}$, 利用比较判别法, 正项级数 $\sum\limits_{n=1}^{+\infty}a_n$ 也收敛.

如果 $\lim\limits_{n\to+\infty}n\left(\dfrac{a_n}{a_{n+1}}-1\right)=r<1$, 则 n 充分大后, 成立

$$na_n-(n+1)a_{n+1}<0,$$

由此得

$$\frac{a_{n+1}}{a_n}>\frac{n}{n+1}=\frac{\dfrac{1}{n+1}}{\dfrac{1}{n}}.$$

但已知正项级数 $\sum\limits_{n=1}^{+\infty}\dfrac{1}{n}$ 发散, 利用定理 8.3.1, 我们得到正项级数 $\sum\limits_{n=1}^{+\infty}a_n$ 也发散.

法二 法一的方法比较简单, 下面还将对其做进一步的推广. 但另一方面, 在这个证明中, 对于正项级数收敛的情况, 并没有用到标准无穷级数 $\sum\limits_{n=1}^{+\infty}\dfrac{1}{n^p}$, 因此, 这里另外给一个证明.

我们先证明一个不等式: 设 $r>p>1$, 则存在 $\varepsilon>0$, 使得 $0<x<\varepsilon$ 时,

$$1+rx>(1+x)^p.$$

事实上, 令 $f(x)=1+rx-(1+x)^p$, 则 $f(0)=0$, 而 $f'(0)=r-p>0$. $f'(x)$ 连续, 因此存在 $\varepsilon>0$, 使得 $0<x<\varepsilon$ 时, $f'(x)>0$, $f(x)$ 单调上升. 特别地, $0<x<\varepsilon$ 时,

$$f(x)=1+rx-(1+x)^p>f(0)=0.$$

在上面的不等式中, 令 $x=\dfrac{1}{n}$, 得存在 N_1, 使得只要 $n>N_1$, 就成立

$$1+\frac{r}{n}>\left(1+\frac{1}{n}\right)^p.$$

现在设

$$\lim_{n\to+\infty} n\left(\frac{a_n}{a_{n+1}}-1\right)=A>1.$$

取 r,p, 使得 $A>r>p>1$, 则存在 N_2, 使得只要 $n>N_2$, 就成立

$$n\left(\frac{a_n}{a_{n+1}}-1\right)>r.$$

因此, 当 $n>\max\{N_1,N_2\}$ 时, 成立

$$\frac{a_n}{a_{n+1}}>\left(1+\frac{1}{n}\right)^p=\frac{\dfrac{1}{n^p}}{\dfrac{1}{(n+1)^p}}.$$

而 $p>1$ 时, $\sum\limits_{n=1}^{+\infty}\dfrac{1}{n^p}$ 收敛, 利用定理 8.3.1, $\sum\limits_{n=1}^{+\infty}a_n$ 收敛.

$\lim\limits_{n\to+\infty} n\left(\dfrac{a_n}{a_{n+1}}-1\right)<1$ 时正项级数发散的证明与法一相同. ■

例 9 判断正项级数 $\sum\limits_{n=1}^{+\infty}\dfrac{(2n-1)!!}{(2n)!!}\cdot\dfrac{1}{(2n+1)}$ 是否收敛.

解 应用 d'Alembert 判别法, 得到

$$\frac{a_n}{a_{n+1}}=\frac{(2n+1)^2}{(2n+2)(2n+3)}\to 1,\quad n\to+\infty.$$

d'Alembert 判别法和 Cauchy 判别法都不能得到结论. 考虑 Raabe 判别法, 则

$$n\left(\frac{a_n}{a_{n+1}}-1\right)=\frac{n(6n+5)}{(2n+1)^2}\to\frac{3}{2}>1,\quad n\to\infty.$$

因此正项级数收敛.

下面将定理 8.3.6 中法一里使用的方法做进一步推广, 由此可以得到更多利用已知收敛或者发散的正项级数, 来建立关于级数收敛判别的方法.

定理 8.3.7 设 $\{c_n\}$ 是一给定的正项序列, 如果对于正项级数 $\sum\limits_{n=1}^{+\infty}a_n$, 成立

$$\lim_{n\to+\infty}\left(c_n\frac{a_n}{a_{n+1}}-c_{n+1}\right)>0,$$

则 $\sum\limits_{n=1}^{+\infty}a_n$ 收敛; 如果

$$\lim_{n\to+\infty}\left(c_n\frac{a_n}{a_{n+1}}-c_{n+1}\right)<0,$$

并且正项级数 $\sum\limits_{n=1}^{+\infty}\frac{1}{c_n}$ 发散, 则 $\sum\limits_{n=1}^{+\infty}a_n$ 也发散.

证明 设

$$\lim_{n\to+\infty}\left(c_n\frac{a_n}{a_{n+1}}-c_{n+1}\right)=A>0,$$

取 $\varepsilon>0$, 使得 $A-\varepsilon>0$, 则存在 N, 使得只要 $n>N$, 就成立

$$\left(c_n\frac{a_n}{a_{n+1}}-c_{n+1}\right)>A-\varepsilon.$$

不等式两边同乘 a_{n+1}, 得

$$c_na_n-c_{n+1}a_{n+1}>(A-\varepsilon)a_{n+1}>0.$$

因此序列 $\{c_na_n\}$ 单调下降并有下界 0, 所以 $\{c_na_n\}$ 是收敛序列. 现在将序列 $\{c_na_n\}$ 表示为正项级数 $\sum\limits_{n=1}^{+\infty}(c_na_n-c_{n+1}a_{n+1})$ 的部分和序列, 得正项级数 $\sum\limits_{n=1}^{+\infty}(c_na_n-c_{n+1}a_{n+1})$ 收敛. 而另一方面, 由 $c_na_n-c_{n+1}a_{n+1}>(A-\varepsilon)a_{n+1}$, 利用比较判别法得正项级数 $\sum\limits_{n=1}^{+\infty}a_n$ 也收敛.

如果

$$\lim_{n\to+\infty}\left(c_n\frac{a_n}{a_{n+1}}-c_{n+1}\right)=A<0,$$

则 n 充分大后 $c_na_n-c_{n+1}a_{n+1}<0$, 由此得

$$\frac{a_{n+1}}{a_n}>\frac{\dfrac{1}{c_{n+1}}}{\dfrac{1}{c_n}}.$$

但 $\sum\limits_{n=1}^{+\infty}\frac{1}{c_n}$ 发散, 利用定理 8.3.1, $\sum\limits_{n=1}^{+\infty}a_n$ 也发散. ■

例 10 在定理 8.3.7 中, 选取不同的序列 $\{c_n\}$, 就能够得到关于正项级数是否收敛的不同的判别法. 例如, 如果令 $c_n\equiv1$, 则得到 d'Alembert 判别法, 而如果令 $c_n=n$, 就得到 Raabe 判别法.

如果完全从理论的角度出发, 对于我们选取用来作为标准无穷级数的正项级数 $\sum\limits_{n=1}^{+\infty}a_n$, 在收敛的条件下, 无穷小序列 $\{a_n\}$ 的阶越低, 利用这一正项级数建立起来的比较判别法就越强. 怎样找到更好的正项级数来作为标准无穷级数呢? 下面关于正项级数收敛的 Cauchy 积分判别法对这一问题提供了部分解决方案. 当然, 相对

于 d'Alembert 判别法和 Cauchy 判别法, 建立在其他形式上比较强的标准级数的判别法, 有可能因为计算太复杂, 实际意义反而较小.

定理 8.3.8 (Cauchy 积分判别法) 如果对于正项级数 $\sum\limits_{n=1}^{+\infty} a_n$, 存在定义在 $[1,+\infty)$ 上的单调下降的连续函数 $f(x)$, 使得对于 $n=1,2,\cdots$, 成立 $f(n)=a_n$, 则正项级数 $\sum\limits_{n=1}^{+\infty} a_n$ 收敛的充要条件是广义积分 $\int_1^{+\infty} f(x)\mathrm{d}x$ 收敛.

证明 由于 $f(x)$ 单调下降, 因而 $x\in[n,n+1]$ 时,

$$a_n=f(n)\geqslant f(x)\geqslant f(n+1)=a_{n+1},$$

因而

$$\sum_{k=1}^{n} a_k \geqslant \int_1^n f(x)\mathrm{d}x \geqslant \sum_{k=1}^{n} a_{k+1}.$$

利用单调有界收敛定理, 正项级数 $\sum\limits_{n=1}^{+\infty} a_n$ 与广义积分 $\int_1^{+\infty} f(x)\mathrm{d}x$ 同收敛或者同发散. ■

例 11 讨论正项级数 $\sum\limits_{n=2}^{+\infty}\dfrac{1}{n\ln^p n}$ 的收敛性.

解 令 $x=n$, 定义函数 $f(x)=\dfrac{1}{x\ln^p x}$, 则 $f(x)$ 连续、单调下降, 而利用变元代换 $u=\ln x$, 我们得到

$$\int_2^{+\infty}\frac{1}{x\ln^p x}\mathrm{d}x=\int_2^{+\infty}\frac{1}{\ln^p x}\mathrm{d}(\ln x)=\int_{\ln 2}^{+\infty}\frac{1}{u^p}\mathrm{d}u=\frac{1}{-p+1}u^{-p+1}\bigg|_{\ln 2}^{+\infty}.$$

积分在 $0<p\leqslant 1$ 时发散, 在 $p>1$ 时收敛. 利用 Cauchy 积分判别法, 我们得到正项级数 $\sum\limits_{n=2}^{+\infty}\dfrac{1}{n\ln^p n}$ 在 $0<p\leqslant 1$ 时发散, 在 $p>1$ 时收敛.

如果将正项级数 $\sum\limits_{n=2}^{+\infty}\dfrac{1}{n\ln^p n}$ 作为标准无穷级数, 在定理 8.3.7 中令 $c_n=n\ln n$, 则我们得到下面的 Bertrand 判别法.

定理 8.3.9 (Bertrand 判别法) 对于正项级数 $\sum\limits_{n=1}^{+\infty} a_n$, 如果

$$\lim_{n\to+\infty}(\ln n)\left[n\left(\frac{a_n}{a_{n+1}}-1\right)-1\right]=A,$$

则 $A>1$ 时正项级数收敛, $A<1$ 时正项级数发散.

证明 在定理 8.3.7 中, 令 $c_n = n\ln n$, 则按照定理 8.3.7 的模式, 需要考虑

$$n(\ln n)\frac{a_n}{a_{n+1}} - (n+1)\ln(n+1) = (\ln n)\left[n\left(\frac{a_n}{a_{n+1}} - 1\right) - 1\right] - \ln\left(1+\frac{1}{n}\right)^{n+1},$$

其中 $\lim\limits_{n\to+\infty}\ln\left(1+\frac{1}{n}\right)^{n+1} = 1$, 由此利用定理 8.3.7 就得到上面的结论. ■

形式上看 Bertrand 判别法强于 Raabe 判别法, 当然其计算也更复杂.

同样利用 Cauchy 积分判别法, 不难讨论无穷级数

$$\sum_{n=2}^{+\infty}\frac{1}{n\ln n\ln^p(\ln n)},\quad \sum_{n=2}^{+\infty}\frac{1}{n\ln n\ln(\ln n)\ln^p(\ln(\ln n))}$$

的收敛性, 因而理论上可以利用这些正项级数作为标准无穷级数, 按照定理 8.3.7 的模式, 建立其他形式更强的判别法.

然而, 不论什么样的比较判别法, 都需要以某些已经知道其收敛或者发散的正项级数作为标准无穷级数. 但下面的例子告诉我们, 不论用什么样的无穷级数作为标准无穷级数来建立比较判别法, 都可以构造一个正项级数使得这个判别法不能应用.

例 12 设 $\sum\limits_{n=1}^{+\infty}a_n$ 是一收敛的正项级数, 令 $R_n = \sum\limits_{k=n+1}^{+\infty}a_k$, 证明: $\sum\limits_{n=1}^{+\infty}\frac{a_n}{\sqrt{R_{n-1}}}$ 也收敛.

证明 由 R_n 的定义不难看出序列 $\{R_n\}$ 单调下降并且趋于 0. 而

$$\begin{aligned}\frac{a_n}{\sqrt{R_{n-1}}} &= \frac{R_{n-1}-R_n}{\sqrt{R_{n-1}}} = \frac{1}{\sqrt{R_{n-1}}}\int_{R_n}^{R_{n-1}}\mathrm{d}x \\ &\leqslant \int_{R_n}^{R_{n-1}}\frac{1}{\sqrt{x}}\mathrm{d}x = \frac{1}{2}(\sqrt{R_{n-1}}-\sqrt{R_n}).\end{aligned}$$

$\frac{1}{2}\sum\limits_{n=1}^{+\infty}(\sqrt{R_{n-1}}-\sqrt{R_n})$ 收敛, 利用比较判别法, $\sum\limits_{n=1}^{+\infty}\frac{a_n}{\sqrt{R_{n-1}}}$ 收敛. ■

在例 12 中, 序列 $\left\{\frac{a_n}{\sqrt{R_{n-1}}}\right\}$ 是比序列 $\{a_n\}$ 低阶的无穷小, 因而用正项级数 $\sum\limits_{n=1}^{+\infty}a_n$ 建立的比较判别法不能用来讨论正项级数 $\sum\limits_{n=1}^{+\infty}\frac{a_n}{\sqrt{R_n}}$ 的收敛性.

例 13 设 $\sum\limits_{n=1}^{+\infty}a_n$ 为一发散的正项级数, 令 $S_n = \sum\limits_{k=1}^{n}a_k$, 证明: $\sum\limits_{n=1}^{+\infty}\frac{a_n}{S_n}$ 也发散.

证明 序列 $\{S_n\}$ 单调上升, 并且 $\lim\limits_{n\to+\infty} S_n = \sum\limits_{n=1}^{+\infty} a_n = +\infty$. 而

$$\frac{a_n}{S_n} = \frac{S_n - S_{n-1}}{S_n} = \frac{1}{S_n}\int_{S_{n-1}}^{S_n} \mathrm{d}x \geqslant \int_{S_{n-1}}^{S_n} \frac{1}{x}\mathrm{d}x = \ln S_n - \ln S_{n-1}.$$

$\sum\limits_{n=1}^{+\infty}(\ln S_n - \ln S_{n-1})$ 发散, 利用比较判别法, $\sum\limits_{n=1}^{+\infty} \frac{a_n}{S_n}$ 也发散. ■

在例 13 中, 如果序列 $\{a_n\}$ 是无穷小, 则序列 $\left\{\frac{a_n}{S_n}\right\}$ 是比 $\{a_n\}$ 高阶的无穷小, 因而不能用 $\sum\limits_{n=1}^{+\infty} a_n$ 的发散性来判别 $\sum\limits_{n=1}^{+\infty} \frac{a_n}{S_n}$ 的发散性.

8.4 收敛级数的性质

无穷级数作为有限和的推广, 自然的问题是有限和的许多性质, 例如, 有限和的结合律、交换律、分配律, 以及有限和的各种等式、不等式等对于无穷级数是否仍然成立? 下面先来讨论结合律.

结合律 设 $\sum\limits_{n=1}^{+\infty} a_n$ 是一收敛的无穷级数, 在和 $\sum\limits_{n=1}^{+\infty} a_n$ 中加入一些括号后, 将括号内的项先做和,

$$\underbrace{(a_1 + a_2 + \cdots + a_{i_1})}_{b_1} + \underbrace{(a_{i_1+1} + \cdots + a_{i_2})}_{b_2} + \underbrace{\cdots}_{\cdots} + \underbrace{(a_{i_{k-1}+1} + \cdots + a_{i_k})}_{b_k} + \underbrace{\cdots}_{\cdots},$$

不改变求和的顺序, 则形成一个新的无穷级数 $\sum\limits_{k=1}^{+\infty} b_k$. 结合律的问题可以表示为: 新的无穷级数是否仍然收敛, 无穷级数和是否改变?

由无穷级数 $\sum\limits_{k=1}^{+\infty} b_k$ 的定义不难看出, 无穷级数 $\sum\limits_{k=1}^{+\infty} b_k$ 的部分和序列是无穷级数 $\sum\limits_{n=1}^{+\infty} a_n$ 部分和序列的子序列. 我们知道在序列收敛的条件下, 子序列的极限与原来序列的极限相同, 因此 $\sum\limits_{k=1}^{+\infty} b_k$ 也收敛, 并且 $\sum\limits_{k=1}^{+\infty} b_k = \sum\limits_{n=1}^{+\infty} a_n$. 收敛的无穷级数满足结合律.

这里需要说明, 结合律的逆不成立, 即一个无穷级数加入括号形成的新的无穷级数收敛, 去除括号后原来的无穷级数不一定收敛, 例如 $(1-1)+(1-1)+\cdots+(1-1)+\cdots$ 收敛, 去除括号后的无穷级数 $1-1+1-1+\cdots+1-1+\cdots$ 不收敛.

交换律 有限和的交换律可以表示为有限个数的和与求和的顺序无关.

现设 S 是一个由可数无穷多个数构成的集合, 为了对 S 中所有元素求和, 需要先将 S 中的元素排成一个序列 $\{a_n\}$, 然后按顺序依次对 $\{a_n\}$ 做和, 由此得到一个无穷级数 $\sum\limits_{n=1}^{+\infty} a_n$. 然而对于集合 S, 有无穷多的方法将 S 中的元素排成序列. 因而, 将有限个数求和的交换律推广到无穷个数求和, 则可以表示为: 如果 S 中的所有元素的和与将 S 中元素排成序列 $\{a_n\}$ 的方法无关, 则称这一无穷和满足交换律.

如果将上面的讨论用数学分析的语言来表示, 我们将自然数到自身的一个一一映射 $r:\mathbb{N}\to\mathbb{N}$ 称为自然数的一个重排. 称收敛级数 $\sum\limits_{n=0}^{+\infty} a_n$ 满足交换律, 如果对于自然数的任意一个重排 $r:\mathbb{N}\to\mathbb{N}$, 都成立等式

$$\sum_{n=1}^{+\infty} a_n=\sum_{n=1}^{+\infty} a_{r(n)}.$$

由此, 对于集合 S, 如果利用 S 中元素得到的无穷级数满足交换律, 则 S 中元素的和与求和顺序无关.

收敛级数是否满足交换律呢? 我们先从正项级数的讨论开始. 设 $\sum\limits_{n=1}^{+\infty} a_n$ 是一收敛的正项级数, 我们知道, 这时对于正项级数, 成立等式

$$\sum_{n=1}^{+\infty} a_n=\sup_{n\in\mathbb{N}}\left\{s_n=\sum_{k=1}^{n} a_k\right\}.$$

如果 $r:\mathbb{N}\to\mathbb{N}$ 是自然数的重排, 则对 $\sum\limits_{n=1}^{+\infty} a_{r(n)}$ 的任意部分和, 都成立不等式

$$\sum_{k=1}^{n} a_{r(k)}\leqslant\sup_{n\in\mathbb{N}}\left\{s_n=\sum_{k=1}^{n} a_k\right\}.$$

因此

$$\sum_{n=1}^{+\infty} a_{r(n)}\leqslant\sum_{n=1}^{+\infty} a_n.$$

而另一方面, 由于 $r:\mathbb{N}\to\mathbb{N}$ 是一一映射, 即 r 同时是单射和满射, 因而 r 有逆映

射 $r^{-1}:\mathbb{N}\to\mathbb{N}$. 利用 r 的逆映射, 正项级数 $\sum_{n=1}^{+\infty}a_n$ 则是正项级数 $\sum_{n=1}^{+\infty}a_{r(n)}$ 利用 r^{-1} 得到的重排, 所以也成立

$$\sum_{n=1}^{+\infty}a_n\leqslant\sum_{n=1}^{+\infty}a_{r(n)}.$$

因此, 两个正项级数的和相等, 或者说对于收敛的正项级数, 其和与求和顺序无关. 收敛的正项级数满足交换律.

对于一般的无穷级数, 在定义 8.2.2 中, 我们将所有收敛的无穷级数分类为条件收敛和绝对收敛两种不同类型. 绝对收敛的无穷级数是两个收敛的正项级数的差, 而收敛的正项级数满足交换律, 由此得到绝对收敛的无穷级数满足加法的交换律.

条件收敛的无穷级数是两个发散的正项级数的差, 或者说条件收敛的无穷级数是 $\infty-\infty$ 型的不定式的极限. 另一方面, 条件收敛的无穷级数的任意重排显然仍然是两个发散的正项级数的差, 所以仍然是 $\infty-\infty$ 型的不定式, 因而有可能不收敛, 也有可能收敛时改变无穷级数的和. 事实上, 对于条件收敛的无穷级数, 成立下面的 Riemann 定理.

定理 8.4.1 (Riemann 定理) 如果无穷级数 $\sum_{n=1}^{+\infty}a_n$ 条件收敛, 则对于任意 $A\in\mathbb{R}\cup\{\pm\infty\}$, 存在自然数 $\mathbb{N}$ 的一个重排 $r:\mathbb{N}\to\mathbb{N}$, 使得 $\sum_{n=1}^{+\infty}a_{r(n)}=A$.

证明 以 $A\in\mathbb{R}$ 的证明为例, 不妨设 $A>0$.

无穷级数 $\sum_{n=1}^{+\infty}a_n$ 条件收敛, 令

$$a_n^+=\max\{a_n,0\},\quad a_n^-=\min\{a_n,0\},$$

则

$$\sum_{n=1}^{+\infty}a_n^+=+\infty,\quad \sum_{n=1}^{+\infty}a_n^-=-\infty.$$

而由于 $\{a_n\}$ 是无穷小序列, 所以 $\{a_n^+\}$ 和 $\{a_n^-\}$ 都是无穷小序列.

首先从序列 $\{a_n^+\}$ 中按顺序取 $a_1^+,a_2^+,\cdots,a_{p_1}^+$, 使得

$$a_1^++a_2^++\cdots+a_{p_1-1}^+\leqslant A<a_1^++a_2^++\cdots+a_{p_1-1}^++a_{p_1}^+.$$

然后从序列 $\{a_n^-\}$ 中按顺序取 $a_1^-,a_2^-,\cdots,a_{q_1}^-$, 使得

$$\begin{aligned}&(a_1^++a_2^++\cdots+a_{p_1-1}^++a_{p_1}^+)+(a_1^-+a_2^-+\cdots+a_{q_1-1}^-)\geqslant A\\>&(a_1^++a_2^++\cdots+a_{p_1-1}^++a_{p_1}^+)+(a_1^-+a_2^-+\cdots+a_{q_1-1}^-+a_{q_1}^-).\end{aligned}$$

再从序列 $\{a_n^+\}$ 中按顺序取 $a_{p_1+1}^+, a_{p_1+2}^+, \cdots, a_{p_2}^+$, 使得

$$\begin{aligned}&(a_1^+ + a_2^+ + \cdots + a_{p_1-1}^+ + a_{p_1}^+) + (a_1^- + a_2^- + \cdots + a_{q_1-1}^- + a_{q_1}^-)\\&+(a_{p_1+1}^+ + a_{p_1+2}^+ + \cdots + a_{p_2-1}^+) \leqslant A < (a_1^+ + a_2^+ + \cdots + a_{p_1-1}^+ + a_{p_1}^+)\\&+(a_1^- + a_2^- + \cdots + a_{q_1-1}^- + a_{q_1}^-) + (a_{p_1+1}^+ + a_{p_1+2}^+ + \cdots + a_{p_2-1}^+ + a_{p_2}^+).\end{aligned}$$

再从序列 $\{a_n^-\}$ 中按顺序取 $a_{q_1+1}^-, a_{q_1+2}^-, \cdots, a_{q_2}^-$, 使得

$$\begin{aligned}&(a_1^+ + a_2^+ + \cdots + a_{p_1-1}^+ + a_{p_1}^+) + (a_1^- + a_2^- + \cdots + a_{q_1-1}^- + a_{q_1}^-)\\&+(a_{p_1+1}^+ + a_{p_1+2}^+ + \cdots + a_{p_2-1}^+ + a_{p_2}^+) + (a_{q_1+1}^- + a_{q_1+2}^- + \cdots + a_{q_2-1}^-)\\&\geqslant A > (a_1^+ + a_2^+ + \cdots + a_{p_1-1}^+ + a_{p_1}^+) + (a_1^- + a_2^- + \cdots + a_{q_1-1}^- + a_{q_1}^-)\\&+(a_{p_1+1}^+ + a_{p_1+2}^+ + \cdots + a_{p_2-1}^+ + a_{p_2}^+) + (a_{q_1+1}^- + a_{q_1+2}^+ + \cdots + a_{q_2}^-).\end{aligned}$$

以此类推, 不断从序列 $\{a_n^+\}$ 和序列 $\{a_n^-\}$ 中按顺序取项, 使得其和在数 A 的左右振荡. 这时按照构造的方法, 对于任意 k, 序列的和都在区间 $(A + a_{q_k}^-, A + a_{p_k}^+)$ 内, 而 $\{a_n^+\}$ 和 $\{a_n^-\}$ 都是无穷小, 因而序列的和趋于 A. 而将 $\{a_n^+\}$ 和 $\{a_n^-\}$ 代回序列 $\{a_n\}$, 我们得到 $\{a_n\}$ 的一个重排, 其和为 A. ■

通过 Riemann 定理我们看到, 条件收敛的无穷级数由于是 $\infty - \infty$ 型的不定式, 其和是通过正、负项相互抵消产生的, 因而重排后可能不收敛, 也可能收敛到其他的极限. 条件收敛的无穷级数不满足加法的交换律.

分配律 有限和的分配律可以表示为

$$\left(\sum_{s=1}^{m} a_s\right)\left(\sum_{t=1}^{n} b_t\right) = \sum_{1\leqslant s\leqslant m;1\leqslant t\leqslant n} a_s b_t,$$

其中等式右边是等式左边两个因子的项逐项相乘后做和的结果. 由于有限和满足交换律, 因而等式右边的和与做和的顺序无关.

分配律也可以表示为实数的乘法运算与加法运算是相容的, 先加后乘与先乘后加是相等的.

将这一关系推广到无穷级数, 设 $\sum\limits_{n=1}^{+\infty} a_n$ 和 $\sum\limits_{n=1}^{+\infty} b_n$ 都是收敛的无穷级数, 无穷级数中的项逐项相乘后我们得到形式和

$$\left(\sum_{n=1}^{+\infty} a_n\right)\left(\sum_{n=1}^{+\infty} b_n\right) = \sum_{n,m=1}^{+\infty} a_n b_m,$$

其中等式右边表示希望对可数无穷集合 $S = \{a_n b_m\}_{n,m=1}^{+\infty}$ 中所有的数做和.

我们将形式和 $\sum_{n,m=1}^{+\infty} a_n b_m$ 称为无穷级数 $\sum_{n=1}^{+\infty} a_n$ 与 $\sum_{n=1}^{+\infty} b_n$ 的乘积. 无穷级数的乘积满足分配律则等价于要求: 如果 $\sum_{n=1}^{+\infty} a_n = A$ 与 $\sum_{n=1}^{+\infty} b_n = B$ 都是收敛级数, 将集合 $S = \{a_n b_m\}_{n,m=1}^{+\infty}$ 中所有元素排成序列后, 求和的无穷级数收敛, 并且无穷级数的和为 AB, 与求和的顺序无关. 而按照我们上面关于无穷级数交换律的讨论, 这一条件等价于将集合 S 中所有元素排成序列后, 求和的无穷级数绝对收敛.

如果 $\sum_{n=1}^{+\infty} a_n$ 和 $\sum_{n=1}^{+\infty} b_n$ 都是绝对收敛的无穷级数, 设 $\sum_{n=1}^{+\infty} |a_n| = A', \sum_{n=1}^{+\infty} |b_n| = B'$, 则 $A'B'$ 是集合 $S' = \{|a_n b_m|\}_{n,m=1}^{+\infty}$ 中任意有限个元素的和的上界, 因而任意一种将集合 $S' = \{|a_n b_m|\}_{n,m=1}^{+\infty}$ 中所有元素排成序列的方法所得到的无穷级数都收敛. 由此我们得到任意一种将集合 $S = \{a_n b_m\}_{n,m=1}^{+\infty}$ 中所有元素排成序列后求和的无穷级数都是绝对收敛的, 其和与求和顺序无关.

另一方面, 利用等式

$$\left(\sum_{k=1}^{n} a_k\right)\left(\sum_{i=1}^{n} b_i\right) = \sum_{k=1}^{n}\left[\sum_{i=1}^{k}(a_k b_i + a_i b_k) - a_k b_k\right],$$

令 $n \to +\infty$, 我们得到

$$\sum_{k=1}^{+\infty}\sum_{i=1}^{k}(a_k b_i + a_i b_k - a_k b_k) = \left(\sum_{n=1}^{+\infty} a_n\right)\left(\sum_{n=1}^{+\infty} b_n\right) = AB,$$

即任意一种将 $S = \{a_n b_m\}_{n,m=1}^{+\infty}$ 中所有元素排成序列后, 求和的无穷级数都收敛到 $\left(\sum_{n=1}^{+\infty} a_n\right)\left(\sum_{n=1}^{+\infty} b_n\right) = AB$, 绝对收敛的无穷级数对于无穷级数乘积满足分配律.

如果无穷级数 $\sum_{n=1}^{+\infty} a_n$ 和 $\sum_{n=1}^{+\infty} b_n$ 中有一个是条件收敛的, 则上面关于无穷级数的交换律的讨论告诉我们, 条件收敛的无穷级数的和与求和顺序有关, 因而将集合 $S = \{a_n b_m\}_{n,m=1}^{+\infty}$ 中所有元素排成序列后求和的无穷级数的和与排序方法有关. 所以在无穷级数的乘积中, 如果其中有一个是条件收敛的无穷级数, 则乘法不满足分配律.

下面我们以二重级数的形式对上面的讨论做简单总结.

形式为 $\sum_{i,j=1}^{+\infty} a_{ij}$ 的无穷和称为**二重级数**. 例如, 上面讨论的两个无穷级数 $\sum_{n=1}^{+\infty} a_n$ 和 $\sum_{n=1}^{+\infty} b_n$ 中的项逐项相乘后做和, 就得到一个二重级数 $\sum_{i,j=1}^{+\infty} a_i b_j$. 而二重级数

$\sum\limits_{i,j=1}^{+\infty} a_{ij}$ 表示我们希望对集合 $S=\{a_{ij}\}$ 中所有的数求和. 对此, 需要将 $S=\{a_{ij}\}$ 中的数排成序列, 进而得到一个无穷级数. 而要使得和有意义, 除了得到的无穷级数收敛外, 还必须使得无穷级数的和与将 $S=\{a_{ij}\}$ 中的所有数排成序列的方法无关. 利用上面关于无穷级数交换律的讨论, 这等价于无穷级数绝对收敛. 因此对于二重级数, 只能讨论绝对收敛的情况, 条件收敛是没有意义的. 同理, 我们也可以讨论多重级数 $\sum\limits_{i_1,\cdots,i_r=1}^{+\infty} a_{i_1\cdots i_r}$.

当然, 对于条件收敛的无穷级数 $\sum\limits_{n=1}^{+\infty} a_n = A$ 和 $\sum\limits_{n=1}^{+\infty} b_n = B$, 一些特殊的排序方法还是能够保证集合 $S=\{a_nb_m\}_{n,m=1}^{+\infty}$ 中所有元素排成序列后求和的无穷级数收敛, 且和就是 AB. 例如, 利用等式

$$\left(\sum_{k=1}^{n} a_k\right)\left(\sum_{i=1}^{n} b_i\right)=\sum_{k=1}^{n}\left[\sum_{i=1}^{k}(a_kb_i+a_ib_k)-a_kb_k\right],$$

我们得到

$$\sum_{k=1}^{+\infty}\sum_{i=1}^{k}(a_kb_i+a_ib_k-a_kb_k)=\left(\sum_{n=1}^{+\infty} a_n\right)\left(\sum_{n=1}^{+\infty} b_n\right)=AB.$$

无穷级数乘积的这一特殊排序方法称为正方形排法, 如下所示:

$$\begin{array}{l}
a_1b_1,|a_1b_2,|a_1b_3,|\cdots,\\
a_2b_1,\ a_2b_2,|a_2b_3,|\cdots,\\
a_3b_1,\ a_3b_2,\ a_3b_3,|\cdots,\\
\cdots\cdots.
\end{array}$$

关于无穷级数乘积的另一个有意思的排序方法是对角线排法.

形式为 $\sum\limits_{n=0}^{+\infty} a_nx^n$ 的无穷级数称为幂级数, 是多项式的推广. 我们在前面讨论指数函数和三角函数的 Taylor 展开时曾多次用到, 后面我们还将对其做详细讨论. 设 $\sum\limits_{n=0}^{+\infty} a_nx^n$ 和 $\sum\limits_{n=0}^{+\infty} b_nx^n$ 是两个收敛的幂级数, 将其逐项相乘后再按照 x 的幂展开, 我们得到幂级数的乘积

$$\left(\sum_{n=0}^{+\infty} a_nx^n\right)\left(\sum_{n=0}^{+\infty} b_nx^n\right)=\sum_{n=0}^{+\infty}\left(\sum_{i=0}^{n} a_ib_{n-i}\right)x^n.$$

上式中如果令 $x=1$, 我们得到

$$\left(\sum_{n=0}^{+\infty}a_n\right)\left(\sum_{n=0}^{+\infty}b_n\right)=\sum_{n=0}^{+\infty}\left(\sum_{i=0}^{n}a_ib_{n-i}\right).$$

无穷级数乘积的这一特殊排序方式称为无穷级数乘积的对角线排法, 如下所示:

$$\begin{array}{l}a_0b_0, a_0b_1, a_0b_2, \cdots,\\ a_1b_0, a_1b_1, a_1b_2, \cdots,\\ a_2b_0, a_2b_1, a_2b_2, \cdots,\\ \cdots\cdots.\end{array}$$

当然, 上面式子中的等式仅仅是一个形式上的等式.

当 $\sum\limits_{n=1}^{+\infty}a_n$ 和 $\sum\limits_{n=1}^{+\infty}b_n$ 都是条件收敛的无穷级数时, 不能保证无穷级数的乘积按照对角线展开后的无穷级数收敛, 按照对角线展开后的无穷级数收敛时也不能保证无穷级数和的等式成立. 关于这一点, 读者可以参考本章后面的习题. 但是, 如果无穷级数 $\sum\limits_{n=1}^{+\infty}a_n$ 和 $\sum\limits_{n=1}^{+\infty}b_n$ 中有一个是绝对收敛的, 则成立下面的 Cauchy 乘积定理.

定理 8.4.2 (Cauchy 乘积定理) 如果无穷级数 $\sum\limits_{n=0}^{+\infty}a_n=A$ 和 $\sum\limits_{n=0}^{+\infty}b_n=B$ 都收敛, 且其中有一个绝对收敛, 则无穷级数乘积 $\left(\sum\limits_{n=0}^{+\infty}a_n\right)\left(\sum\limits_{n=0}^{+\infty}b_n\right)=\sum\limits_{n,m=0}^{+\infty}a_nb_m$ 按照对角线排法展开的无穷级数 $\sum\limits_{n=0}^{+\infty}\left(\sum\limits_{i=0}^{n}a_ib_{n-i}\right)$ 也收敛, 并且成立等式

$$\sum_{n=0}^{+\infty}\left(\sum_{i=0}^{n}a_ib_{n-i}\right)=AB.$$

证明 绝对收敛的无穷级数是两个收敛的正项级数的差, 因而可设 $\sum\limits_{n=0}^{+\infty}a_n=A$ 是收敛的正项级数. 令 $B_n=B-\sum\limits_{k=0}^{n}b_k=\sum\limits_{k=n+1}^{+\infty}b_k$, 则 $B_n\to 0$, 而

$$\begin{aligned}\sum_{k=0}^{n}\left(\sum_{i=0}^{k}a_ib_{k-i}\right)&=a_0b_0+(a_0b_1+a_1b_0)+\cdots+(a_0b_n+\cdots+a_nb_0)\\&=a_0(b_0+b_1+\cdots+b_n)+a_1(b_0+b_1+\cdots+b_{n-1})+\cdots+a_nb_0\end{aligned}$$

$$= a_0(B - B_n) + a_1(B - B_{n-1}) + \cdots + a_n(B - B_0)$$
$$= (a_0 + a_1 + \cdots + a_n)B - (a_0B_n + a_1B_{n-1} + \cdots + a_nB_0).$$

当 $n \to +\infty$ 时, $(a_0 + a_1 + \cdots + a_n)B \to AB$, 因此, 只需证明

$$\lim_{n\to+\infty}(a_0B_n + a_1B_{n-1} + \cdots + a_nB_0) = 0.$$

设 $\varepsilon > 0$ 给定, 由 $\lim\limits_{n\to+\infty} B_n = 0$, 存在 N, 使得只要 $n > N$, 就成立 $|B_n| < \dfrac{\varepsilon}{A}$, 因此, 当 $n > N$ 时,

$$\begin{aligned}
&|a_0B_n + a_1B_{n-1} + \cdots + a_nB_0| \\
\leqslant\ & a_0|B_n| + a_1|B_{n-1}| + \cdots + a_{n-N-1}|B_{N+1}| + a_{n-N}|B_N| + \cdots + a_n|B_0| \\
\leqslant\ & (a_0 + a_1 + \cdots + a_{n-N-1})\frac{\varepsilon}{A} + a_{n-N}|B_N| + \cdots + a_n|B_0| \\
\leqslant\ & \varepsilon + a_{n-N}|B_N| + \cdots + a_n|B_0|.
\end{aligned}$$

在上式中令 $n \to +\infty$, 由于 N 是给定的, 因而对于 $i = 0, 1, \cdots, N$, $a_{n-i} \to 0$, 对上式取上极限, 我们得到

$$0 \leqslant \overline{\lim_{n\to+\infty}}\left|a_0B_n + a_1B_{n-1} + \cdots + a_nB_0\right| \leqslant \varepsilon.$$

但是其中 $\varepsilon > 0$ 是任意给定的, 可以是任意小的常数, 所以必须

$$\lim_{n\to+\infty}|a_0B_n + a_1B_{n-1} + \cdots + a_nB_0| = 0. \qquad \blacksquare$$

通过上面关于无穷级数的结合律、交换律和分配律的讨论, 我们看到绝对收敛的无穷级数是有限和的真正推广, 保持了有限和的各种性质, 而条件收敛的无穷级数则不能保持有限和的性质.

8.5 无穷乘积

利用极限我们通过无穷级数将有限和推广为无穷和. 同样地, 利用极限我们可以将有限个数的乘法推广到无穷多个数相乘. 在数学中用 $\prod$ 表示连乘.

设 $\{a_n\}$ 是一给定的序列, 我们希望对这一序列中所有的数按顺序依次相乘. 首先令 $S = \prod\limits_{n=1}^{+\infty} a_n$. 形式符号 $\prod\limits_{n=1}^{+\infty} a_n$ 称为序列 $\{a_n\}$ 的**无穷乘积**. 令 $P_n = a_1a_2\cdots a_n =$

$\prod\limits_{k=1}^{n} a_k$, 序列 $\{P_n\}$ 称为 $\prod\limits_{n=1}^{+\infty} a_n$ 的**部分积序列**. 如果 $\lim\limits_{n\to+\infty} P_n = A$, 则可定义无穷乘积 $\prod\limits_{n=1}^{+\infty} a_n = A$.

另一方面, 如果序列 $\{a_n\}$ 中有一项为 0, 则不论序列中其他的项怎样选取, 都成立 $\prod\limits_{n=1}^{+\infty} a_n = 0$. 这时, 序列 $\{a_n\}$ 没有任何规律可以讨论, 我们不考虑这样的情况. 因此, 对于无穷乘积 $\prod\limits_{n=1}^{+\infty} a_n$, 如果其部分积序列 $\{P_n\}$ 收敛, 且 $\lim\limits_{n\to+\infty} P_n = A \neq 0$, 则称 $\prod\limits_{n=1}^{+\infty} a_n = A$ 是**收敛的无穷乘积**. 反之称 $\prod\limits_{n=1}^{+\infty} a_n$ **发散**.

如果无穷乘积 $\prod\limits_{n=1}^{+\infty} a_n = A \neq 0$ 收敛, 则对其部分积序列 $\{P_n\}$, 成立

$$a_n = \frac{P_n}{P_{n-1}}.$$

因而

$$\lim_{n\to+\infty} a_n = \lim_{n\to+\infty} \frac{P_n}{P_{n-1}} = \frac{A}{A} = 1.$$

我们得到 $\lim\limits_{n\to+\infty} a_n = 1$ 是无穷乘积 $\prod\limits_{n=1}^{+\infty} a_n$ 收敛的一个必要条件.

现设序列 $\{a_n\}$ 满足 $\lim\limits_{n\to+\infty} a_n = 1$, 且 $\{a_n\}$ 中任何一项都不为 0, 则在不取 0 的条件下, 任意改变 $\{a_n\}$ 中的有限项, 不会改变无穷乘积 $\prod\limits_{n=1}^{+\infty} a_n$ 的收敛性或者发散性. 因此在讨论无穷乘积时, 我们总可以假定 $a_n > 0$ 对所有 n 成立. 对此, 利用对数函数, 可以将无穷乘积化为无穷级数, 即有

$$\ln\left(\prod_{n=1}^{+\infty} a_n\right) = \sum_{n=1}^{+\infty} \ln a_n.$$

由于对数函数是连续函数, 极限与函数可以交换顺序. 上面等式右边收敛等价于等式左边收敛, 收敛时极限相等. 这样, 利用对数函数, 就可以将无穷乘积化为无穷级数. 而前面我们关于无穷级数的各种讨论方法和结论都可以应用到无穷乘积上.

例如: 如果 $a_n > 1$, 则无穷乘积 $\prod\limits_{n=1}^{+\infty} a_n$ 化为了正项级数 $\sum\limits_{n=1}^{+\infty} \ln a_n$. 而一个无穷乘积 $\prod\limits_{n=1}^{+\infty} a_n$ 称为**绝对收敛的无穷乘积**, 如果无穷级数 $\sum\limits_{n=1}^{+\infty} \ln a_n$ 绝对收敛; 无穷乘

积 $\prod_{n=1}^{+\infty} a_n$ 称为**条件收敛的无穷乘积**, 如果无穷级数 $\sum_{n=1}^{+\infty} \ln a_n$ 条件收敛. 绝对收敛的无穷乘积满足乘法的交换律, 即乘积与元素相乘所排的顺序无关. 而条件收敛的无穷乘积则不满足乘法的交换律.

例 1 设 $a_n = 1 + r_n$ 满足 $r_n > 0$, 证明: 无穷乘积 $\prod_{n=1}^{+\infty} a_n$ 收敛的充要条件是无穷级数 $\sum_{n=1}^{+\infty} r_n$ 收敛.

证明 无穷乘积 $\prod_{n=1}^{+\infty} a_n$ 收敛的充要条件是无穷级数 $\sum_{n=1}^{+\infty} \ln(1+r_n)$ 收敛. 而利用 L'Hospital 法则得

$$\lim_{x\to 0^+} \frac{\ln(1+x)}{x} = \lim_{x\to 0^+} \frac{\frac{1}{1+x}}{1} = 1.$$

因此, 序列 $\{r_n\}$ 与序列 $\{\ln(1+r_n)\}$ 是等价无穷小. 利用正项级数的比较判别法, 得正项级数 $\sum_{n=1}^{+\infty} \ln(1+r_n)$ 与正项级数 $\sum_{n=1}^{+\infty} r_n$ 同时收敛或者发散. ■

习　题

1. 求下列无穷级数的和:

(1) $\sum_{n=1}^{+\infty} \frac{1}{4n^2-1}$;　(2) $\sum_{n=1}^{+\infty} \frac{1}{(3n-2)(3n+1)}$;　(3) $\sum_{n=1}^{+\infty} \frac{1}{n(n+1)(n+2)}$.

2. 设序列 $\{a_n\}$ 满足 $\lim_{n\to+\infty} na_n = A \neq 0$, 证明: $\sum_{n=1}^{+\infty} a_n$ 发散.

3. 求下列无穷级数的和:

(1) $a\sin\theta + a^2\sin 2\theta + \cdots + a^n \sin n\theta + \cdots$, 其中 $|a| < 1$;

(2) $\frac{1}{2} + a\cos\theta + a^2\cos 2\theta + \cdots + a^n\cos n\theta + \cdots$.

4. 判断下列正项级数是否收敛:

(1) $\sum_{n=1}^{+\infty} \frac{1}{n^{\ln n}}$;　(2) $\sum_{n=2}^{+\infty} \frac{1}{(\ln n)^{\ln n}}$;　(3) $\sum_{n=1}^{+\infty} \frac{n\ln n}{2^n}$;

(4) $\sum_{n=1}^{+\infty} \frac{n^{n-1}}{(2n^2+n+1)^{\frac{n-1}{2}}}$;　(5) $\sum_{n=1}^{+\infty} \frac{n!2^n}{n^n}$;　(6) $\sum_{n=1}^{+\infty} \frac{n!2^n}{\left(n+\frac{1}{n}\right)^n}$.

5. 用 Cauchy 判别法证明 $\sum\limits_{n=1}^{+\infty} 2^{-n-(-1)^n}$ 收敛, 问 d'Alembert 判别法是否能用来判断这一正项级数的收敛性?

6. 设 $a_n > 0$, 且对于 $n = 1, 2, \cdots$, $\dfrac{a_{n+1}}{a_n} \leqslant r < 1$, 证明: $\sum\limits_{k=n}^{+\infty} a_k \leqslant \dfrac{ra_n}{1-r}$.

7. 设 $\{a_n\}$ 单调下降并趋于 0, 证明: $\sum\limits_{n=1}^{+\infty} a_n$ 收敛等价于 $\sum\limits_{n=1}^{+\infty} 2^n a_{2^n}$ 收敛.

8. 设 $\{a_n\}$ 单调下降并趋于 0, 证明: 如果 $\sum\limits_{n=1}^{+\infty} a_n$ 收敛, 则 $\lim\limits_{n\to+\infty} na_n = 0$.

9. 证明: 无穷级数 $\sum\limits_{n=1}^{+\infty} \dfrac{\cos n}{n}$ 条件收敛.

10. 将正项级数收敛的 Cauchy 判别法推广到广义积分. 试说明为什么广义积分不用 Cauchy 判别法.

11. 试举例说明对于一般的无穷级数, 低阶无穷小构成的无穷级数收敛时, 高阶无穷小构成的无穷级数不一定收敛.

12. 试用 Raabe 判别法讨论下列无穷级数的收敛性:

(1) $\sum\limits_{n=1}^{+\infty} \left(\dfrac{(2n-1)!!}{(2n)!!}\right)^p$;

(2) $\sum\limits_{n=1}^{+\infty} \dfrac{1}{n^p}\left[\dfrac{a(a-1)\cdots(a-n+1)}{n!}\right]$, 其中 $a > 0, p > 0$.

13. 设对于 $n = 1, 2, \cdots$, $a_n \leqslant c_n \leqslant b_n$, 如果 $\sum\limits_{n=1}^{+\infty} a_n$ 和 $\sum\limits_{n=1}^{+\infty} b_n$ 收敛, 证明: $\sum\limits_{n=1}^{+\infty} c_n$ 也收敛.

14. 如果 $\sum\limits_{n=1}^{+\infty} a_n^2$ 和 $\sum\limits_{n=1}^{+\infty} b_n^2$ 收敛, 证明: $\sum\limits_{n=1}^{+\infty} a_n b_n, \sum\limits_{n=1}^{+\infty}(a_n+b_n)^2, \sum\limits_{n=1}^{+\infty} \dfrac{a_n}{n}$ 都收敛.

15. 证明 Abel 不等式: 设 $\{a_1, a_2, \cdots, a_n\}$ 单调, 而 $\{b_1, b_2, \cdots, b_n\}$ 满足对于 $k = 1, 2, \cdots, n$, 成立 $\left|\sum\limits_{i=1}^{k} b_i\right| \leqslant M$, 则 $\left|\sum\limits_{i=1}^{n} a_i b_i\right| \leqslant M(|a_1| + 2|a_n|)$.

16. 利用 Abel 不等式证明无穷级数的 Dirichlet 判别法和 Abel 判别法.

17. 判断下列无穷级数是否收敛:

(1) $\sum\limits_{n=1}^{+\infty} \dfrac{\ln n}{n} \sin \dfrac{n\pi}{2}$;

(2) $\sum\limits_{n=1}^{+\infty} (-1)^n \dfrac{1 + \frac{1}{2} + \cdots + \frac{1}{n}}{n}$;

(3) $\sum\limits_{n=2}^{+\infty} (-1)^n \dfrac{1}{\sqrt{n} + (-1)^n}$;

(4) $\sum\limits_{n=1}^{+\infty} (-1)^n \dfrac{(-1)^{n(n-1)/2}}{3^n}$;

(5) $\sum\limits_{n=1}^{+\infty} \sin(\pi\sqrt{n^2+1})$;

(6) $\sum\limits_{n=1}^{+\infty} (-1)^n \dfrac{\sin^2 n}{n}$.

18. 设 $b_n > 0$, 且 $\lim\limits_{n\to+\infty} n\left(\dfrac{b_n}{b_{n+1}} - 1\right) > 0$, 证明: $\sum\limits_{n=1}^{+\infty} (-1)^{n+1} b_n$ 收敛.

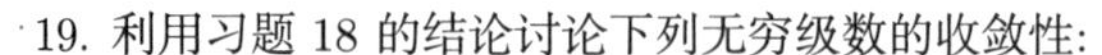

19. 利用习题 18 的结论讨论下列无穷级数的收敛性:

(1) $\displaystyle\sum_{n=1}^{+\infty}(-1)^{n+1}\left(\frac{(2n-1)!!}{(2n)!!}\right)^p$; (2) $\displaystyle 1+\sum_{n=1}^{+\infty}\frac{a(a-1)\cdots(a-n+1)}{n!}$.

20. 讨论无穷级数 $\displaystyle\sum_{n=2}^{+\infty}\frac{1}{n\ln n\ln^p(\ln n)}, \sum_{n=2}^{+\infty}\frac{1}{n\ln n\ln(\ln n)\ln^p(\ln(\ln n))}$ 的收敛性.

21. 对序列 $\{a_n\}$, $\{b_n\}$, 令 $S_n=a_1+a_2+\cdots+a_n, \Delta b_n=b_{n+1}-b_n$, 证明:

(1) 如果 $\{S_n\}$ 有界, $\displaystyle\sum_{n=1}^{+\infty}|\Delta b_n|$ 收敛, 且 $b_n\to 0$, 则 $\displaystyle\sum_{n=1}^{+\infty}a_nb_n$ 收敛, 并且成立

$$\sum_{n=1}^{+\infty}a_nb_n=-\sum_{n=1}^{+\infty}S_n\Delta b_n;$$

(2) 如果 $\displaystyle\sum_{n=1}^{+\infty}a_n$ 与 $\displaystyle\sum_{n=1}^{+\infty}|\Delta b_n|$ 都收敛, 则 $\displaystyle\sum_{n=1}^{+\infty}a_nb_n$ 收敛.

22. 讨论下列无穷级数的收敛性和绝对收敛性:

(1) $\displaystyle\sum_{n=1}^{+\infty}(-1)^n\frac{1}{n^p+\frac{1}{n}}$; (2) $\displaystyle\sum_{n=2}^{+\infty}(-1)^n\frac{1}{(n^p+(-1)^n)^p}$;

(3) $\displaystyle\sum_{n=1}^{+\infty}(-1)^n\frac{2^n\sin^{2n}x}{n}$; (4) $\displaystyle\sum_{n=1}^{+\infty}\left(\frac{x}{a_n}\right)^n$, 其中 $\displaystyle\lim_{n\to+\infty}a_n=a>0$;

(5) $\displaystyle 1+\sum_{n=1}^{+\infty}(-1)^n\frac{(2n-1)!!}{(2n)!!(2n+1)}$;

(6) $\displaystyle\sum_{n=1}^{+\infty}(-1)^n\frac{n!}{(x+1)(x+2)\cdots(x+n)}, x>0$.

23. 设 $\displaystyle\sum_{n=1}^{+\infty}a_n$ 条件收敛, 证明: 存在自然数 $\mathbb{N}$ 的一个重排 r, 使得 $\displaystyle\sum_{n=1}^{+\infty}a_{r(n)}$ 的部分和序列的上极限为 $+\infty$, 下极限为 $-\infty$.

24. 设 m 是给定的自然数, 证明: 如果将一收敛级数重排, 使得每一个元素离开原来的位置不超过 m, 则这一无穷级数仍然收敛, 且和不变.

25. 求无穷级数 $\displaystyle\left(\sum_{n=0}^{+\infty}x^n\right)^3$ 的和.

26. 设 $\displaystyle\sum_{n=1}^{+\infty}a_n$ 和 $\displaystyle\sum_{n=1}^{+\infty}b_n$ 都是无穷级数, 令 $S=\{a_nb_m\}_{n,m=1}^{+\infty}$, 证明: S 是可数集, 即证明可数无穷多个可数无穷集合的并仍然是可数无穷集合.

27. 已知对于任意 $x\in\mathbb{R}$, $\displaystyle\mathrm{e}^x=\sum_{n=0}^{+\infty}\frac{x^n}{n!}$, 证明: $\mathrm{e}^{x+y}=\mathrm{e}^x\mathrm{e}^y$.

28. 设 $p>0$, $q>0$, 证明: 如果将无穷级数 $\displaystyle\left(\sum_{n=1}^{+\infty}(-1)^n\frac{1}{n^p}\right)\left(\sum_{n=1}^{+\infty}(-1)^n\frac{1}{n^q}\right)$ 按对角线展开, 则 $p+q>1$ 时无穷级数收敛, 而 $p+q<1$ 时无穷级数发散.

29. 讨论下列无穷乘积的收敛性:

(1) $\prod\limits_{n=1}^{+\infty}\frac{1}{n}$;　　(2) $\prod\limits_{n=1}^{+\infty}\left(1+\frac{1}{n^p}\right)$;

(3) $\prod\limits_{n=1}^{+\infty}(1+\frac{x}{n^p})\mathrm{e}^{-\frac{x}{n}}$;　　(4) $\prod\limits_{n=1}^{+\infty}(1-x^n)$.

30. 设 $b_n=1+r_n$, 如果 $\sum\limits_{n=1}^{+\infty}r_n$ 收敛, 证明: 无穷乘积 $\prod\limits_{n=1}^{+\infty}b_n$ 收敛的充要条件是 $\sum\limits_{n=1}^{+\infty}r_n^2$ 收敛.

31. 设 $p_1<p_2<\cdots<p_n<\cdots$ 是自然数中所有素数按大小排成的序列, $x>1$ 是给定的常数, 利用等式

$$\frac{1}{1-\frac{1}{p_i^x}}=\sum_{n=0}^{+\infty}\left(\frac{1}{p_i^x}\right)^n$$

证明: 对于任意 N,

$$\prod_{p_i\leqslant N}\frac{1}{1-\frac{1}{p_i^x}}\leqslant\sum_{n\leqslant N}\frac{1}{n^x}+\sum_{n>N}\frac{1}{n^x}.$$

32. 利用习题 31 证明: $\prod\limits_{i=1}^{+\infty}\frac{1}{1-\frac{1}{p_i^x}}=\sum\limits_{n=0}^{+\infty}\frac{1}{n^x}$.

33. 设 $f(x)$ 是 $[-1,1]$ 上二阶连续可导的函数, 且 $\lim\limits_{x\to 0}\frac{f(x)}{x}=0$, 证明: $\sum\limits_{n=1}^{+\infty}f\left(\frac{1}{n}\right)$ 绝对收敛.

34. 讨论无穷级数 $\sum\limits_{n=1}^{+\infty}(-1)^n\frac{\arctan n}{n}$ 的收敛性.

35. 设 $\{a_n\},\{b_n\}$ 是两个无穷小序列, 满足 $\sum\limits_{n=1}^{+\infty}a_n=+\infty$, $\sum\limits_{n=1}^{+\infty}b_n=-\infty$, 证明: 对于任意给定的实数 x, 可用 $\{a_n\},\{b_n\}$ 构造一个无穷级数, 其和为 x.

36. 设 $\sum\limits_{n=1}^{+\infty}a_n$ 是一条件收敛的无穷级数, 证明: 存在自然数 $\mathbb{N}$ 的一个重排 $r:\mathbb{N}\to\mathbb{N}$, 使得 $\sum\limits_{n=1}^{+\infty}a_{r(n)}$ 的部分和序列在实轴上处处稠密.

第九章 函数序列与函数级数

在本书前面的讨论中我们曾多次提出这样的问题: 到目前为止, 我们真正能够解析表示和实际计算导数与积分的函数就是初等函数以及初等函数的简单变形. 那么, 对于初等函数以外的其他函数, 我们应该怎样来表示和计算呢?

初等函数以及初等函数的简单变形仅仅是函数集合中极少的一类函数. 因此, 对于以函数作为基本研究对象的数学分析这门学科而言, 怎样表示和计算其他函数显然是必须要回答的基本问题之一, 而极限则是数学分析用来解决这一问题的主要工具.

回顾一下初等函数的定义: 多项式、有理函数、三角函数、反三角函数、指数函数、对数函数和幂函数等基本初等函数经过有限次加、减、乘、除和复合运算后得到的函数称为初等函数. 而现在我们在数学分析中已经通过序列和无穷级数学习了极限理论. 在掌握了极限这一强有力的工具之后, 类比于利用有理数序列的极限能够得到无理数, 我们自然希望利用初等函数序列的极限来得到其他函数. 或者说我们需要将基本初等函数经有限次加、乘运算改进为基本初等函数经过无穷次加或者乘. 我们希望以此来表示出其他各种各样的函数, 并给出这些函数连续性的讨论, 以及微分和积分的计算等. 例如, 在前面不定积分的讨论中, 我们知道不定积分 $\int \mathrm{e}^{x^2}\mathrm{d}x$ 和 $\int \frac{\sin x}{x}\mathrm{d}x$ 都不是初等函数, 不能积出. 但是, 借助初等函数 e^{x^2} 和 $\frac{\sin x}{x}$ 的 Taylor 展开, 我们就能够得到它们的不定积分:

$$\int \mathrm{e}^{x^2}\mathrm{d}x = \lim_{n\to+\infty}\left[x+\frac{x^3}{3}+\cdots+\frac{x^{2n+1}}{(2n+1)n!}\right]+c,$$

$$\int \frac{\sin x}{x}\mathrm{d}x = \lim_{n\to+\infty}\left[x-\frac{x^3}{3\cdot 3!}+\cdots+(-1)^n\frac{x^{2n+1}}{(2n+1)(2n+1)!}\right]+c.$$

利用极限, 我们将有限和推广为无穷和, 用多项式的极限表示出了这些函数.

当然, 在具体讨论怎样利用初等函数序列的极限表示出其他函数之前, 我们需要先在理论上研究清楚, 怎样将极限理论应用到函数空间上. 在函数空间中对函数序列取极限后, 哪些性质和计算仍然成立. 例如: 连续函数序列取极限后是否仍然连续; 可导函数序列取极限后是否仍然可导, 可导时导数能不能通过极限得到; 函数的可积性和积分对于函数极限是否可以保持等. 在这一章中, 我们将利用序列极限和无穷级数的方法来详细回答这些问题.

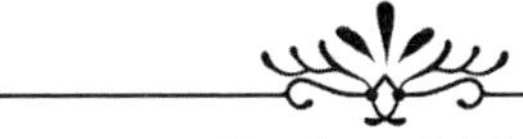

9.1 函数序列的极限问题

首先, 我们将上面关于在函数空间中对函数建立极限理论的问题用数学分析的语言来表示, 先考虑序列极限. 设 $[a,b]$ 是一给定的区间, 假定对于 $n=1,2,\cdots$, 都给定了区间 $[a,b]$ 上的一个函数 $f_n(x)$, 则 $\{f_n(x)\}$ 称为 $[a,b]$ 上的一个**函数序列**. 现在进一步假定对于任意 $x\in[a,b]$, x 固定后, 实数序列 $\{f_n(x)\}$ 都收敛, 则通过极限我们得到了 $[a,b]$ 上的一个函数 $f(x)$. $\forall x\in[a,b], f(x)=\lim\limits_{n\to+\infty} f_n(x)$. $f(x)$ 称为函数序列 $\{f_n(x)\}$ 的**极限函数**, 或者说 $f(x)$ 是函数序列 $\{f_n(x)\}$ 通过逐点取极限得到的函数. 例如, 前面利用函数的 Taylor 展开, 我们曾将 e^x, $\sin x$ 和 $\cos x$ 等函数表示为多项式序列的极限.

这里, 对于函数极限, 我们关心的问题是 $f_n(x)$ 的连续性、可导性和可积性等性质, 以及导数和积分的计算通过取极限后, 哪些对于函数 $f(x)$ 仍然成立.

换一个角度, 在初等数学中我们学习了加法和乘法, 在数学分析中我们学习了极限、求导和积分. 在引入极限、求导和积分这些概念之后, 我们总是要强调这些新定义的运算与传统的加法和乘法运算都是可以交换顺序的, 即

$$\lim_{x\to x_0}\big(af(x)+bg(x)\big)=a\lim_{x\to x_0}f(x)+b\lim_{x\to x_0}g(x),$$
$$\frac{\mathrm{d}}{\mathrm{d}x}\big(af(x)+bg(x)\big)=a\frac{\mathrm{d}}{\mathrm{d}x}f(x)+b\frac{\mathrm{d}}{\mathrm{d}x}g(x),$$
$$\int_a^b\big(af(x)+bg(x)\big)\mathrm{d}x=a\int_a^b f(x)\mathrm{d}x+b\int_a^b g(x)\mathrm{d}x.$$

更进一步, 我们需要知道极限与极限、极限与求导、极限与积分、求导与求导、求导与积分、积分与积分这些运算之间是不是也可以交换顺序. 如果利用上面的函数序列 $\{f_n(x)\}$ 和极限函数 $f(x)$ 来表示这些问题, 设 $x_0\in[a,b]$ 给定, 且对于任意 n,

$\lim\limits_{x\to x_0} f_n(x)$ 都收敛, 问 $x\to x_0$ 时, 极限函数 $f(x)$ 是否也收敛? 收敛时是否成立

$$\lim_{x\to x_0} f(x)=\lim_{x\to x_0}\left(\lim_{n\to+\infty} f_n(x)\right)=\lim_{n\to+\infty}\left(\lim_{x\to x_0} f_n(x)\right)?$$

即极限与极限是不是可以交换顺序?

通常将形式为 $\lim\limits_{n\to+\infty}\left(\lim\limits_{x\to x_0}\right)$ 的极限称为累次极限, 将形式为 $\lim\limits_{n\to+\infty}$ 以及 $\lim\limits_{x\to x_0}$ 的极限称为单极限. 极限交换顺序的问题可以表示为: 如果两个单极限 $\lim\limits_{n\to+\infty}$ 以及 $\lim\limits_{x\to x_0}$ 都收敛, 怎样保证两个累次极限也收敛并且相等?

又假定 $f_n(x)$ 都在 $[a,b]$ 上可导, 问极限函数 $f(x)$ 在 $[a,b]$ 上是否也可导? 可导时是否一定成立

$$\frac{\mathrm{d}}{\mathrm{d}x}f(x)=\frac{\mathrm{d}}{\mathrm{d}x}\left(\lim_{n\to+\infty} f_n(x)\right)=\lim_{n\to+\infty}\left(\frac{\mathrm{d}}{\mathrm{d}x}f_n(x)\right)?$$

即函数序列取极限后是否保持可导性, 可导时极限函数的导数是否可通过函数序列中函数的导数取极限得到? 或者说极限与求导是不是可以交换顺序?

再假定 $f_n(x)$ 在 $[a,b]$ 上都可积, 问极限函数 $f(x)$ 在 $[a,b]$ 上是否也可积? 可积时是否成立

$$\int_a^b f(x)\mathrm{d}x=\int_a^b\left(\lim_{n\to+\infty} f_n(x)\right)\mathrm{d}x=\lim_{n\to+\infty}\left(\int_a^b f_n(x)\mathrm{d}x\right)?$$

即函数序列取极限后是否保持可积性, 可积时极限与积分是否可交换顺序?

令人遗憾的是对于上面所有这些问题, 答案都是否定的. 先来看几个例子.

例 1 令

$$f_n(x)=\begin{cases}\sin\dfrac{1}{x}, & \text{如果 } x\in\left[\dfrac{1}{n\pi},1\right],\\[2ex] 0, & \text{如果 } x\in\left[0,\dfrac{1}{n\pi}\right).\end{cases}$$

$f_n(x)$ 在 $[0,1]$ 上连续, 特别地, $\lim\limits_{x\to0^+} f_n(x)=0$. 另一方面,

$$\lim_{n\to+\infty} f_n(x)=\begin{cases}\sin\dfrac{1}{x}, & \text{如果 } x\in(0,1],\\ 0, & \text{如果 } x=0.\end{cases}$$

这时, 累次极限 $\lim\limits_{n\to+\infty}\lim\limits_{x\to0^+} f_n(x)=0$, 而累次极限 $\lim\limits_{x\to0^+}\lim\limits_{n\to+\infty} f_n(x)$ 不收敛. 一个累次极限收敛不能保证交换极限顺序后的另一个累次极限也收敛.

例 2 令 $f_n(x)=x^n, x\in[0,1]$, 则 $\lim\limits_{x\to1^-} f_n(x)=1$, 而

$$\lim_{n\to+\infty} f_n(x)=\begin{cases}0, & \text{如果 } x\in[0,1),\\ 1, & \text{如果 } x=1.\end{cases}$$

这时 $\lim\limits_{x\to1^-}\lim\limits_{n\to+\infty}f_n(x)=0$, 而 $\lim\limits_{n\to+\infty}\lim\limits_{x\to1^-}f_n(x)=1$. 两个累次极限都收敛, 但并不相等.

通过上面两个例子, 我们看到累次极限一般不能交换极限顺序.

例 3 设 $x\in[-1,1]$, 令 $f_n(x)=\mathrm{e}^{-n^2x^2}$, 则

$$\lim_{n\to+\infty}f_n(x)=f(x)=\begin{cases}0, & \text{如果 } x\neq0,\\ 1, & \text{如果 } x=0.\end{cases}$$

这时, $f_n(x)$ 都可导, 但其极限函数在 $x=0$ 不连续, 因而不可导.

通过例 3, 我们看到函数极限一般不保持函数的可导性, 可导函数的极限函数可以不可导.

例 4 设 $x\in\left(-\dfrac{1}{2\pi},\dfrac{1}{2\pi}\right)$, 令 $f_n(x)=\dfrac{\sin nx}{\sqrt{n}}$, 则

$$\lim_{n\to+\infty}f_n(x)=f(x)\equiv0.$$

极限函数 $f(x)$ 处处可导, 但 $f_n'(x)=\sqrt{n}\cos nx$, 在 $n\to+\infty$ 时并不收敛.

通过例 4, 我们看到极限函数可导时也不能保证求导与极限可以交换顺序.

例 5 设 $x\in[0,1]$, 令

$$f_n(x)=\begin{cases}1, & \text{如果 } x=\dfrac{p}{q} \text{ 为有理数, 且 } q\leqslant n,\\ 0, & \text{其他情况.}\end{cases}$$

由于 $f_n(x)$ 在 $[0,1]$ 内仅有有限个间断点, 因而是 Riemann 可积函数. 而

$$\lim_{n\to+\infty}f_n(x)=D(x)=\begin{cases}1, & \text{如果 } x \text{ 是有理数},\\ 0, & \text{如果 } x \text{ 是无理数}.\end{cases}$$

$\{f_n(x)\}$ 的极限函数就是 Dirichlet 函数, 其在 $[0,1]$ 上不是 Riemann 可积的.

通过例 5, 我们看到函数极限一般不保持函数的可积性, 可积函数序列的极限函数可以不可积.

例 6 设 $x\in[0,1]$, 令 $f_n(x)=2(n+1)x(1-x^2)^n$, 容易证明:

$$\lim_{n\to+\infty}f_n(x)=f(x)\equiv0.$$

极限函数 $f(x)$ 在 $[0,1]$ 上可积, 但是

$$\lim_{n\to+\infty}\int_0^1f_n(x)\mathrm{d}x=1\neq\int_0^1\left(\lim_{n\to+\infty}f_n(x)\right)\mathrm{d}x=\int_0^1f(x)\mathrm{d}x=0.$$

通过例 6, 我们看到极限函数可积时也不能保证极限与积分可以交换顺序.

我们换一个角度, 用极限的另一形式 —— 无穷级数来代替序列极限.

设 $\{u_n(x)\}$ 是区间 $[a,b]$ 上的一个函数序列, 则形式和 $\sum\limits_{n=1}^{+\infty} u_n(x)$ 称为**函数级数**. 如果对于任意 $x \in [a,b]$, x 给定后无穷级数 $\sum\limits_{n=1}^{+\infty} u_n(x)$ 都收敛, 则得到 $[a,b]$ 上的一个函数 $u(x) = \sum\limits_{n=1}^{+\infty} u_n(x)$. $u(x)$ 称为函数级数 $\sum\limits_{n=1}^{+\infty} u_n(x)$ 的**和函数**.

无穷级数是有限和的推广, 而对于有限个函数的和, 我们知道当 $x \to x_0$ 时, 如果对于 $i = 1, 2, \cdots, n$, $\lim\limits_{x\to x_0} u_i(x)$ 都收敛, 则其和函数 $\sum\limits_{i=1}^{n} u_i(x)$ 在 $x \to x_0$ 时也收敛, 并且成立

$$\lim_{x\to x_0} \sum_{i=1}^{n} u_i(x) = \lim_{x\to x_0} u_1(x) + \lim_{x\to x_0} u_2(x) + \cdots + \lim_{x\to x_0} u_n(x),$$

即极限与有限和可以交换顺序.

而如果 $\{u_1(x), u_2(x), \cdots, u_n(x)\}$ 在 $[a,b]$ 上都可导, 则其和函数在 $[a,b]$ 上也可导, 并且成立

$$\big(u_1(x) + u_2(x) + \cdots + u_n(x)\big)' = u_1'(x) + u_2'(x) + \cdots + u_n'(x),$$

即函数的有限和保持函数的可导性, 求导运算与有限和可以交换顺序.

而如果 $\{u_1(x), u_2(x), \cdots, u_n(x)\}$ 在 $[a,b]$ 上都可积, 则其和函数在 $[a,b]$ 上也可积, 并且成立

$$\int_a^b \sum_{k=1}^{n} u_k(x)\mathrm{d}x = \sum_{k=1}^{n} \int_a^b u_k(x)\mathrm{d}x,$$

即函数的有限和保持函数的可积性, 积分与有限和可以交换顺序.

然而, 如果将上面几个例子中的函数序列 $\{f_n(x)\}$ 转换为无穷级数

$$f_1(x) + \sum_{n=1}^{+\infty} \big(f_{n+1}(x) - f_n(x)\big),$$

就能得到相应的函数级数的例子. 这些例子表明有限和关于极限、求导和积分的性质对于无穷和一般都不再成立. 对于函数级数, 连续函数的和函数可以不连续, 可导或者可积函数的和函数可以不可导或者不可积. 另外, 即便和函数连续、可导或者可积, 也不能保证极限、求导和积分运算与无穷和可以交换顺序.

但是, 就如同我们在讨论序列极限和无穷级数时曾反复强调的, 对于一个序列

$\{a_n\}$ 或者一个无穷级数 $\sum\limits_{n=1}^{+\infty} a_n$, 我们不能按照定义, 用一个已知的数 A 与序列的项或者无穷级数的部分和进行比较, 来讨论序列或者无穷级数的收敛性. 因为在一般情况下, 我们不可能事先知道序列或者无穷级数的极限值 A. 我们必须利用实数理论, 通过序列 $\{a_n\}$ 或者无穷级数 $\sum\limits_{n=1}^{+\infty} a_n$ 自身的性质来判断其是否收敛, 通过序列的项或者无穷级数的部分和来近似序列或者无穷级数的极限值.

对于一个函数序列 $\{f_n(x)\}$, 我们同样必须要通过序列中函数自身的性质来判断函数序列是否收敛. 收敛时, 也需要通过序列中的函数来逼近极限函数, 通过序列中函数的性质来得到极限函数的性质, 通过函数序列中函数的导数和积分计算来近似极限函数的导数和积分计算. 因为在一般的情况下, 我们不可能事先知道极限函数, 通常也不能够解析表示出极限函数. 例如, 极限函数不是初等函数时, 就会出现这样的情况. 所以, 必须要有一些方法, 使得我们通过这些方法能够保证极限与极限、极限与求导、极限与积分可以交换顺序. 这一点也可以表示为, 通过上面的例子我们看到需要对函数序列加上适当的条件, 才能保证其在收敛的同时能够通过序列中函数的性质以及导数和积分的计算得到极限函数的性质以及极限函数的导数和积分的计算.

对于函数级数 $\sum\limits_{n=1}^{+\infty} u_n(x)$, 上面的例子则表明, 我们需要加上适当的条件, 才能保证有限和关于极限、求导和积分的性质对于无穷和也能够成立.

在数学分析中, 为了保证极限与极限、极限与求导、极限与积分可以交换顺序, 通常需要对函数序列和函数级数, 或者它们的导函数序列和导函数级数加上 “一致收敛” 的条件.

9.2 一致收敛与极限交换顺序

在 9.1 节我们看到需要对函数序列 $\{f_n(x)\}$ 加上适当条件才能保证极限与极限、极限与求导、极限与积分可以交换顺序. 这里我们先来讨论累次极限在什么条件下都收敛以及相互可交换极限顺序的问题.

下面将主要以闭区间的形式来表述我们的定义和定理. 需要说明的是由此得到的结论大部分对于开区间或者半开区间都是成立的. 而具体到哪些结论对开区间或者半开区间成立, 哪些不成立, 哪些需要加上适当条件才能成立等问题, 留作思考题, 希望读者能尽可能多地自己去重复相关定理的表述和证明.

设 $\{f_n(x)\}$ 是 $[a,b]$ 上的一个函数序列, 假定对于任意 $x \in [a,b]$, x 固定后, 序列 $\{f_n(x)\}$ 都收敛, $f(x) = \lim\limits_{n\to+\infty} f_n(x)$ 是 $\{f_n(x)\}$ 在 $[a,b]$ 上的极限函数. 设 $x_0 \in (a,b)$ 给定, 并且对于 $n = 1,2,\cdots$, 单极限 $\lim\limits_{x\to x_0} f_n(x) = A_n$ 都收敛. 现在的问题是对 $\{f_n(x)\}$, 需要加上什么样的条件才能够保证下面两个累次极限

$$\lim_{n\to+\infty}\big(\lim_{x\to x_0} f_n(x)\big) = \lim_{n\to+\infty} A_n, \quad \lim_{x\to x_0}\big(\lim_{n\to+\infty} f_n(x)\big) = \lim_{x\to x_0} f(x)$$

都收敛并且相等.

为了得到合理的条件, 我们先做一点预推导, 看一看会碰到什么困难.

首先为了保证累次极限 $\lim\limits_{x\to x_0}\big(\lim\limits_{n\to+\infty} f_n(x)\big) = \lim\limits_{x\to x_0} f(x)$ 收敛, 对 $f(x)$ 应用函数极限收敛的 Cauchy 准则. 我们知道, 函数 $f(x)$ 在 $x \to x_0$ 时收敛的充要条件是: 对于任意的 $\varepsilon > 0$, 存在 $\delta > 0$, 使得只要 $0 < |x_1 - x_0| < \delta, 0 < |x_2 - x_0| < \delta$, 就成立

$$|f(x_1) - f(x_2)| < \varepsilon.$$

现在对于函数序列 $\{f_n(x)\}$, 应该加什么条件才能保证上式中的关系成立呢? 我们代入函数 $f_n(x)$ 进行比较, 就得到

$$|f(x_1) - f(x_2)| \leqslant |f(x_1) - f_n(x_1)| + |f_n(x_1) - f_n(x_2)| + |f(x_2) - f_n(x_2)|.$$

而在上面的不等式中, 由于 $f(x_1) = \lim\limits_{n\to+\infty} f_n(x_1), f(x_2) = \lim\limits_{n\to+\infty} f_n(x_2)$, 所以对于 x_1, x_2, 分别存在 N_{x_1}, N_{x_2}, 只要 $n > N_{x_1}$, $n > N_{x_2}$, 就成立

$$|f(x_1) - f_n(x_1)| < \varepsilon, \quad |f(x_2) - f_n(x_2)| < \varepsilon.$$

取 $n > \max\{N_{x_1}, N_{x_2}\}$, 将 n 固定, 由于 $\lim\limits_{x\to x_0} f_n(x) = A_n$, 应用 Cauchy 准则, 我们得到存在 $\delta > 0$, 使得只要 $0 < |x_1 - x_0| < \delta, 0 < |x_2 - x_0| < \delta$, 就成立

$$|f_n(x_1) - f_n(x_2)| < \varepsilon.$$

因此当 $0 < |x_1 - x_0| < \delta, 0 < |x_2 - x_0| < \delta$ 时, 成立

$$|f(x_1) - f(x_2)| < 3\varepsilon.$$

$x \to x_0$ 时, $f(x)$ 满足函数极限收敛的 Cauchy 准则, 所以 $f(x)$ 收敛.

在上面的推导过程中我们并没有对序列 $\{f_n(x)\}$ 加任何条件. 而 9.1 节的例 1 告诉我们, 单极限 $\lim\limits_{x\to x_0} f_n(x)=A_n$ 收敛时, 不能保证累次极限

$$\lim_{x\to x_0}\left(\lim_{n\to+\infty} f_n(x)\right)=\lim_{x\to x_0} f(x)$$

收敛. 因此, 这个推导是错误的.

仔细考察上面的推导过程不难看出, 由于其中满足 $0<|x_1-x_0|<\delta$, $0<|x_2-x_0|<\delta$ 的点 x_1,x_2 有无穷多个, 对于每一个点 x, 都存在 N_x, 使得只要 $n>N_x$, 就成立 $|f_n(x)-f(x)|<\varepsilon$. 但是由于有无穷多个 N_x, 所以集合 $\{N_x\}$ 不一定有界. 在上面的推导过程中 "取 $n>\max\{N_{x_1},N_{x_2}\}$, 将 n 固定" 的做法是不合理的. 这一做法在且仅在无穷集合 $\{N_x\}$ 有界时才能成立. 而如果假定集合 $\{N_x\}$ 有界, 则上面的整个推导过程就没有问题了. 在这一条件下我们得到累次极限 $\lim\limits_{x\to x_0}\left(\lim\limits_{n\to+\infty} f_n(x)\right)$ 收敛. 因此, 如果将集合 $\{N_x\}$ 有界作为条件, 则累次极限收敛. 以此为依据, 在数学分析中产生了下面的定义.

定义 9.2.1 设 $\{f_n(x)\}$ 是区间 $[a,b]$ 上的函数序列, $f(x)$ 是 $[a,b]$ 上的函数. 如果对于任意 $\varepsilon>0$, 存在 N, 使得只要 $n>N$, 对于所有的 $x\in[a,b]$, 都成立

$$|f_n(x)-f(x)|<\varepsilon,$$

则称函数序列 $\{f_n(x)\}$ 在 $[a,b]$ 上**一致收敛**到函数 $f(x)$, 记为 $f_n(x)\rightrightarrows f(x)$.

如果函数序列 $\{f_n(x)\}$ 在 $[a,b]$ 上一致收敛到函数 $f(x)$, 在上面的推导中用 $N=\sup\{N_x|x\in[a,b]\}$ 代替 $\max\{N_{x_1},N_{x_2}\}$, 证明的其余部分都不变, 就能够得到: 如果函数序列 $\{f_n(x)\}$ 在 $[a,b]$ 上一致收敛到 $f(x)$, 并且对于 $n=1,2,\cdots$, 单极限 $\lim\limits_{x\to x_0} f_n(x)=A_n$ 都收敛, 则累次极限 $\lim\limits_{x\to x_0}\left(\lim\limits_{n\to+\infty} f_n(x)\right)=\lim\limits_{x\to x_0} f(x)$ 收敛.

这样我们在单极限 $\lim\limits_{n\to+\infty} f_n(x)=f(x)$ 一致收敛的条件下得到了累次极限 $\lim\limits_{x\to x_0}\left(\lim\limits_{n\to+\infty} f_n(x)\right)$ 也收敛. 在这一结论的基础上, 进一步的问题是对于函数序列 $\{f_n(x)\}$, 在加上了单极限一致收敛的条件后, 另一个累次极限

$$\lim_{n\to+\infty}\left(\lim_{x\to x_0} f_n(x)\right)=\lim_{n\to+\infty} A_n$$

是不是也收敛? 收敛时两个累次极限是否相等? 即单极限 $\lim\limits_{n\to+\infty} f_n(x)=f(x)$ 一致收敛这一条件能否保证两个累次极限都收敛, 且可以交换极限顺序?

现在假定 $f_n(x)\rightrightarrows f(x)$, 并且对于 $n=1,2,\cdots$, 单极限 $\lim\limits_{x\to x_0} f_n(x)=A_n$ 都收

敛. 由上面讨论, 得累次极限

$$\lim_{x\to x_0}\left(\lim_{n\to+\infty} f_n(x)\right)=\lim_{x\to x_0} f(x)$$

收敛. 设 $\lim\limits_{x\to x_0}\left(\lim\limits_{n\to+\infty} f_n(x)\right)=\lim\limits_{x\to x_0} f(x)=B$, 则由一致收敛的定义, $f_n(x)\rightrightarrows f(x)$, 因而对于任意 $\varepsilon>0$, 存在 N, 使得只要 $n>N$, 对于任意 $x\in[a,b]$, 都成立

$$|f_n(x)-f(x)|<\varepsilon.$$

将 n 固定, 在上面不等式中令 $x\to x_0$, 由 $\lim\limits_{x\to x_0} f_n(x)=A_n$, $\lim\limits_{x\to x_0} f(x)=B$, 我们得到只要 $n>N$, 就成立 $|A_n-B|\leqslant\varepsilon$, 即

$$\lim_{n\to+\infty}\left(\lim_{x\to x_0} f_n(x)\right)=\lim_{n\to+\infty} A_n=B.$$

这样, 我们在单极限 $\lim\limits_{n\to+\infty} f_n(x)=f(x)$ 一致收敛的条件下证明了两个累次极限 $\lim\limits_{n\to+\infty}\left(\lim\limits_{x\to x_0} f_n(x)\right)$和 $\lim\limits_{x\to x_0}\left(\lim\limits_{n\to+\infty} f_n(x)\right)$ 都收敛并且相等. 一致收敛是一个能够保证累次极限都收敛并且可以交换极限顺序的合理条件.

另外, 如果在上面的推导过程中用单侧极限来代替极限, 则同样的结论对于单侧极限也是成立的. 特别地, 当 $x_0=a$, 或者 $x_0=b$ 为区间的端点时, 上面的结论也成立.

总结上面的讨论, 利用一致收敛, 我们得到了下面的定理.

定理 9.2.1 如果函数序列 $\{f_n(x)\}$ 在区间 $[a,b]$ 上一致收敛到函数 $f(x)$, 且在点 $x_0\in[a,b]$, 对于 $n=1,2,\cdots$, 单极限 $\lim\limits_{x\to x_0} f_n(x)=A_n$ 都收敛, 则两个累次极限

$$\lim_{x\to x_0}\left(\lim_{n\to+\infty} f_n(x)\right)=\lim_{x\to x_0} f(x),\quad \lim_{n\to+\infty}\left(\lim_{x\to x_0} f_n(x)\right)=\lim_{n\to+\infty} A_n$$

都收敛并且相等.

定理 9.2.1 的证明也可以参考下面定理 9.2.4 的证明.

例 1 设 $x\in[0,1]$, 令 $f_n(x)=2n^2x\mathrm{e}^{-n^2x^2}$. 容易看出, 在 $[0,1]$ 上 $f_n(x)$ 都连续, 而 $\lim\limits_{n\to+\infty} f_n(x)=f(x)\equiv 0$. 这时, 对于任意 $x_0\in[0,1]$, 两个累次极限

$$\lim_{x\to x_0}\left(\lim_{n\to+\infty} f_n(x)\right)=\lim_{x\to x_0} f(x),\quad \lim_{n\to+\infty}\left(\lim_{x\to x_0} f_n(x)\right)=\lim_{n\to+\infty} f_n(x_0)$$

都收敛并且相等. 但是,

$$f_n\left(\frac{1}{\sqrt{2}n}\right)=\sqrt{2}n\frac{1}{\sqrt{\mathrm{e}}}\to+\infty,\quad n\to+\infty.$$

因此, 函数序列 $\{f_n(x)\}$ 在区间 $[0,1]$ 上并不是一致收敛到函数 $f(x)$ 的.

例 1 表明一致收敛仅是累次极限都收敛并且相等的一个充分条件.

例 2 如果我们以肯定的语气表述函数序列 $\{f_n(x)\}$ 在区间 $[a,b]$ 上不一致收敛到函数 $f(x)$, 则用 $\forall$ 代替 $\exists$, 用 $\exists$ 代替 $\forall$, 以肯定的语气做否定, 我们得到:

(1) $\{f_n(x)\}$ 在区间 $[a,b]$ 上一致收敛到函数 $f(x)$, 如果 $\forall\varepsilon>0, \exists N$, s.t. $\forall n>N$, 以及 $\forall x\in[a,b]$, 都成立 $|f_n(x)-f(x)|<\varepsilon$;

(2) $\{f_n(x)\}$ 在区间 $[a,b]$ 上不一致收敛到函数 $f(x)$, 如果 $\exists\varepsilon_0>0$, s.t. $\forall N$, 都 $\exists n>N$, 以及 $\exists x'\in[a,b]$, s.t. $|f_n(x')-f(x')|\geqslant\varepsilon_0$.

例 2 也可用几何的语言来表述: 设 $f(x)$ 是区间 $[a,b]$ 上的函数, $\varepsilon>0$ 是给定的常数, 令

$$B(f,\varepsilon)=\big\{(x,y)\big|x\in[a,b], f(x)-\varepsilon<y<f(x)+\varepsilon\big\}.$$

$B(f,\varepsilon)$ 称为 $f(x)$ 的图像的 ε **管邻域**. 利用 ε 管邻域, 上面的例 2 可以表示为:

(1) 函数序列 $\{f_n(x)\}$ 在区间 $[a,b]$ 上一致收敛到函数 $f(x)$ 等价于对于 $f(x)$ 的任意 ε 管邻域, 存在 N, 使得 $n>N$ 后, 函数 $f_n(x)$ 在 $[a,b]$ 上的图像都在 $f(x)$ 的 ε 管邻域之内. 函数序列 $\{f_n(x)\}$ 对于 $f(x)$ 的逼近是整体、均衡和稳定的.

(2) 函数序列 $\{f_n(x)\}$ 在区间 $[a,b]$ 上不一致收敛到函数 $f(x)$ 则等价于存在 $f(x)$ 的一个 ε_0 管邻域, 不论 N 多大, 总存在 $n>N$, 使得函数 $f_n(x)$ 的图像上存在不在 $f(x)$ 的 ε_0 管邻域内的点. 函数序列 $\{f_n(x)\}$ 对于 $f(x)$ 的逼近不是整体的, 是不均衡、不稳定的.

作为定理 9.2.1 的应用, 如果我们进一步假定对于 $n=1,2,\cdots$, $f_n(x)$ 都是区间 $[a,b]$ 上的连续函数, 且函数序列 $\{f_n(x)\}$ 在 $[a,b]$ 上一致收敛到函数 $f(x)$, 则对于任意 $x_0\in[a,b]$, $\lim\limits_{x\to x_0}f_n(x)=f_n(x_0)$, 因此利用累次极限都收敛并且可以交换极限顺序, 我们得到

$$\lim_{x\to x_0}f(x)=\lim_{x\to x_0}\big(\lim_{n\to+\infty}f_n(x)\big)=\lim_{n\to+\infty}\big(\lim_{x\to x_0}f_n(x)\big)=\lim_{n\to+\infty}f_n(x_0)=f(x_0).$$

函数 $f(x)$ 在 $[a,b]$ 上也是连续的. 由此我们得到下面的定理.

定理 9.2.2 连续函数序列一致收敛的极限函数也连续.

在一致收敛的条件下, 连续函数序列取极限后保持了函数的连续性.

再一次利用例 1, 设 $x\in[0,1]$, 令 $f_n(x)=2n^2x\mathrm{e}^{-n^2x^2}$. 容易看出, 在 $[0,1]$ 上, $\lim\limits_{n\to+\infty}f_n(x)=f(x)\equiv0$. 极限函数 $f(x)$ 连续, 而函数序列 $\{f_n(x)\}$ 在 $[0,1]$ 上并不是一致收敛的. 因此一致收敛仅是保证连续函数序列的极限函数也连续的一个充

分条件. 但是, 如果我们在闭区间上要求函数序列 $\{f_n(x)\}$ 对于 n 有单调性, 则一致收敛就是保证连续函数序列的极限函数也连续的充要条件了. 对此, 有下面的 Dini 定理.

定理 9.2.3 (Dini 定理) 设 $\{f_n(x)\}$ 是闭区间 $[a,b]$ 上的连续函数序列, 在区间 $[a,b]$ 上收敛到极限函数 $f(x)$. 如果对于任意 n, 以及任意 $x\in[a,b]$, 都成立

$$f_{n+1}(x)\geqslant f_n(x),$$

则 $f(x)$ 在 $[a,b]$ 上连续的充要条件是 $\{f_n(x)\}$ 在 $[a,b]$ 上一致收敛到 $f(x)$.

证明 充分性显然, 如果 $f_n(x)\rightrightarrows f(x)$, 则 $f(x)$ 连续.

必要性. 用反证法. 现在假定 $f(x)$ 连续, 但 $\{f_n(x)\}$ 在 $[a,b]$ 上不一致收敛. 以肯定的语气做否定, 得 $\exists\varepsilon_0>0$, s.t. $\forall N$, 都 $\exists n>N$, 以及 $\exists x_n'\in[a,b]$, s.t.

$$|f_n(x_n')-f(x_n')|\geqslant\varepsilon_0.$$

令 $N=1$, 得到存在 $f_{n_1}(x)$, 以及 $x_{n_1}\in[a,b]$, 使得

$$|f_{n_1}(x_{n_1})-f(x_{n_1})|\geqslant\varepsilon_0.$$

再令 $N=n_1$, 得存在 $n_2>n_1$, 以及 $x_{n_2}\in[a,b]$, 使得

$$|f_{n_2}(x_{n_2})-f(x_{n_2})|\geqslant\varepsilon_0.$$

令 $N=n_2$, 得存在 $n_3>n_2$, 使得 $\cdots\cdots$ 以此类推, 我们得到一个单调上升的自然数序列 $\{n_i\}$, 以及 $[a,b]$ 中的一个点列 $\{x_{n_i}\}$, 满足

$$|f(x_{n_i})-f_{n_i}(x_{n_i})|=f(x_{n_i})-f_{n_i}(x_{n_i})\geqslant\varepsilon_0.$$

利用 Bolzano 定理, 序列 $\{x_{n_i}\}$ 中有收敛子列, 不妨设 $x_{n_i}\to x_0$, 则 $x_0\in[a,b]$.

对于任意 n, 将 n 固定, 则 $n_i>n$ 时, 由 $\{f_n(x)\}$ 对 n 的单调性得

$$f(x_{n_i})-f_n(x_{n_i})\geqslant f(x_{n_i})-f_{n_i}(x_{n_i})\geqslant\varepsilon_0.$$

令 $n_i\to+\infty$, 则 $x_{n_i}\to x_0$, 而 $f(x)$ 和 $f_n(x)$ 都连续, 因此得

$$f(x_0)-f_n(x_0)\geqslant\varepsilon_0.$$

而 n 是任意的, 与 $\lim\limits_{n\to+\infty}f_n(x_0)=f(x_0)$ 矛盾. ■

极限交换顺序的问题是数学分析中的一个非常重要，并且经常碰到的问题. 例如，极限与求导、极限与积分交换顺序的问题本质上都可以化为极限与极限交换顺序的问题. 而定理 9.2.1 则是数学分析在这方面讨论的一个非常经典，也很有意义的结论. 下面我们对定理 9.2.1 的形式稍加改造，给出一个更为一般的，使用起来也比较方便的定理. 后面我们将利用这一改造后的定理来讨论极限与求导、极限与积分交换顺序的问题.

设 A 和 B 都是 $\mathbb{R}$ 中子集，x_0 和 y_0 分别是 A 和 B 的聚点，并且 $x_0 \notin A, y_0 \notin B$. 令 $A \times B = \{(x,y)|x \in A, y \in B\}$. 现在设 $f(x,y): A \times B \to \mathbb{R}, (x,y) \to f(x,y)$ 是定义在集合 $A \times B$ 上的两个变元 x 和 y 的函数. 如果对于任意 $y \in B$，y 固定后，单极限 $\lim\limits_{x \to x_0} f(x,y) = h(y)$ 收敛，同时假定对于任意 $x \in A$，x 固定后，单极限 $\lim\limits_{y \to y_0} f(x,y) = g(x)$ 也收敛，则极限与极限交换顺序的问题可以一般地表示为：在什么条件下两个累次极限 $\lim\limits_{x \to x_0}\big(\lim\limits_{y \to y_0} f(x,y)\big)$ 和 $\lim\limits_{y \to y_0}\big(\lim\limits_{x \to x_0} f(x,y)\big)$ 都收敛并且相等.

如果令 $B = \mathbb{N} - \{0\}$ 为自然数 $\{1, 2, \cdots\}$ 构成的序列，同时将 $+\infty$ 看成是集合 $\mathbb{N} - \{0\}$ 的聚点，令 $f(x,n) = f_n(x)$，则函数序列中累次极限交换极限顺序的问题就是上面函数 $f(x,y)$ 的一个特例.

与函数序列累次极限的讨论相同，为了保证上面函数 $f(x,y)$ 的累次极限都收敛并且可以交换极限顺序，我们需要对单极限 $\lim\limits_{y \to y_0} f(x,y) = g(x)$，或者单极限 $\lim\limits_{x \to x_0} f(x,y) = h(y)$ 加上一致收敛的条件.

类比于定义 9.2.1，称 $x \to x_0$ 时，$f(x,y)$ 在 B 上一致收敛到 $h(y)$，如果 $\forall \varepsilon > 0$，$\exists \delta > 0$, s.t. 只要 $x \in A$，且 $0 < |x - x_0| < \delta$，则 $\forall y \in B$，都成立

$$|f(x,y) - h(y)| < \varepsilon.$$

记为 $f(x,y) \rightrightarrows h(y)$.

同理，称 $y \to y_0$ 时 $f(x,y)$ 在 A 上一致收敛到 $g(x)$，如果 $\forall \varepsilon > 0$，$\exists \delta > 0$, s.t. 只要 $y \in B$，且 $0 < |y - y_0| < \delta$，则 $\forall x \in A$，都成立

$$|f(x,y) - g(x)| < \varepsilon.$$

记为 $f(x,y) \rightrightarrows g(x)$.

利用一致收敛，成立下面关于累次极限收敛并且可交换极限顺序的基本定理.

定理 9.2.4　符号与上面相同. 对于函数 $f(x,y): A \times B \to \mathbb{R}$，如果两个单极限 $\lim\limits_{y \to y_0} f(x,y) = g(x)$ 和 $\lim\limits_{x \to x_0} f(x,y) = h(y)$ 都收敛，并且其中有一个是一致收敛

的, 则两个累次极限 $\lim\limits_{x\to x_0}\big(\lim\limits_{y\to y_0} f(x,y)\big)$ 和 $\lim\limits_{y\to y_0}\big(\lim\limits_{x\to x_0} f(x,y)\big)$ 都收敛并且相等.

证明 这里的证明与定理 9.2.1 的证明基本相同.

设 $y\to y_0$ 时, $f(x,y)$ 对 $x\in A$ 一致收敛到 $g(x)$. 对 $g(x)$ 应用函数极限收敛的 Cauchy 准则: 当 $x\in A$, $x\to x_0$ 时, $g(x)$ 收敛的充要条件是 $\forall\varepsilon>0$, $\exists\delta>0$, s.t. 只要 $x_1,x_2\in A$, 且 $0<|x_1-x_0|<\delta$, $0<|x_2-x_0|<\delta$, 就成立

$$|g(x_1)-g(x_2)|<\varepsilon.$$

而对于任意 $x_1,x_2\in A$, $y\in B$, 成立不等式

$$|g(x_1)-g(x_2)|\leqslant|g(x_1)-f(x_1,y)|+|f(x_1,y)-f(x_2,y)|+|f(x_2,y)-g(x_2)|.$$

在上面的不等式中, 由于 $g(x)=\lim\limits_{y\to y_0} f(x,y)$ 一致收敛, 所以对于任意 $\varepsilon>0$, 存在 $\delta'>0$, 使得只要 $y\in B, 0<|y-y_0|<\delta'$, 对于任意 $x\in A$, 都成立

$$|g(x)-f(x,y)|<\varepsilon.$$

取 $y'\in B, 0<|y'-y_0|<\delta'$, 将 y' 固定, 由于 $\lim\limits_{x\to x_0} f(x,y')=h(y')$, 对函数 $f(x,y')$ 应用函数极限收敛的 Cauchy 准则, 我们得到存在 $\delta>0$, 使得只要 $x_1,x_2\in A$, 且 $0<|x_1-x_0|<\delta, 0<|x_2-x_0|<\delta$, 就成立

$$|f(x_1,y')-f(x_2,y')|<\varepsilon.$$

因此只要 $x_1,x_2\in A$, 且 $0<|x_1-x_0|<\delta, 0<|x_2-x_0|<\delta$, 就成立

$$|g(x_1)-g(x_2)|<3\varepsilon.$$

当 $x\to x_0$ 时, $g(x)$ 满足函数极限收敛的 Cauchy 准则, 因而 $g(x)$ 收敛, 得累次极限

$$\lim_{x\to x_0}\big(\lim_{y\to y_0} f(x,y)\big)=\lim_{x\to x_0} g(x)$$

收敛. 设 $\lim\limits_{x\to x_0} g(x)=L$.

下面希望证明 $y\to y_0$ 时, $h(y)$ 也收敛到 L, 从而得到两个累次极限都收敛并且相等. 首先利用一致收敛的定义, 对于任意 $\varepsilon>0$, 由于 $y\to y_0$ 时, $f(x,y)$ 对 $x\in A$ 一致收敛到 $g(x)$, 因而存在 $\delta>0$, 使得只要 $y\in B$, 且 $0<|y-y_0|<\delta$, 对于任意 $x\in A$, 都成立

$$|g(x)-f(x,y)|<\varepsilon.$$

在上面不等式中令 $x \to x_0$, 由于 $\lim\limits_{x\to x_0} g(x) = L$, 而 $\lim\limits_{x\to x_0} f(x,y) = h(y)$, 因而只要 $y \in B$, 且 $0 < |y - y_0| < \delta$, 就成立 $|h(y) - L| \leqslant \varepsilon$. 即有

$$\lim_{y\to y_0}\big(\lim_{x\to x_0} f(x,y)\big) = \lim_{y\to y_0} h(y) = L.$$

两个累次极限都收敛并且相等. ■

在定理 9.2.4 中, 令 $B = \mathbb{N}$ 为自然数集, 将 $y_0 = +\infty$ 看作 $\mathbb{N}$ 的聚点, 就得到定理 9.2.1. 定理 9.2.4 是关于累次极限交换极限顺序的一个基本定理, 应该引起读者的充分重视. 在下面讨论中还将反复应用这一定理.

在定理 9.2.4 中, 我们仅要求两个单极限里有一个一致收敛, 而在函数序列 $\{f_n(x)\}$ 的讨论中, 我们通常假定 $n \to +\infty$ 时, $\{f_n(x)\}$ 对 x 一致收敛. 而这一条件也可以改变为 $x \to x_0$ 时, $\{f_n(x)\}$ 对 $n \in \mathbb{N}$ 一致收敛.

定义 9.2.2 称函数序列 $\{f_n(x)\}$ 在区间 $[a,b]$ 上**等度连续**, 如果 $\forall \varepsilon > 0, \exists \delta > 0$, s.t. 只要 $x_1, x_2 \in [a,b]$, 满足 $|x_1 - x_2| < \delta$, 对于任意 n, 都成立

$$|f_n(x_1) - f_n(x_2)| < \varepsilon.$$

如果函数序列 $\{f_n(x)\}$ 在区间 $[a,b]$ 上等度连续, 显然每一个函数 $f_n(x)$ 在 $[a,b]$ 上连续. 特别地, 对于任意 $x_0 \in [a,b]$, 成立 $\lim\limits_{x\to x_0} f_n(x) = f_n(x_0)$. 而等度连续的条件则表明这一单极限对于 $n \in \mathbb{N}$ 是一致收敛的. 因此, 如果进一步假定单极限 $\lim\limits_{n\to+\infty} f_n(x) = f(x)$ 也收敛, 则由定理 9.2.4, 累次极限都收敛并且相等, 得极限函数 $f(x)$ 连续. 当然, 这一结论从等度连续的定义就可以直接得到. 尽管如此, 等度连续仍然是数学中的一个重要概念, 在其他理论中有广泛的应用. 关于这一点, 读者也可参考本章后面的习题.

作为一致收敛这一概念的应用, 我们可以考虑这样一个问题: 哪些函数可以表示为初等函数序列一致收敛的极限函数? 我们知道初等函数都是连续函数, 而连续函数序列一致收敛的极限函数必须也连续. 因此只有连续函数才有可能在一致收敛的意义下用初等函数序列来逼近. 另一方面, 如果仅限于讨论连续函数, 则可以以函数空间的形式来应用一致收敛这一概念.

以 $C[a,b]$ 表示 $[a,b]$ 上连续函数全体构成的集合. 利用函数的加法和数乘, $C[a,b]$ 是一无穷维线性空间. 对于 $C[a,b]$ 中的任意两个元素 $f(x)$和$g(x)$, 定义 $f(x)$ 与 $g(x)$ 之间的距离 $d(f,g)$ 为

$$d(f,g) = \max_{x\in[a,b]}\{|f(x) - g(x)|\}.$$

距离 $d(f,g)$ 满足:

(1) 对称性: $d(f,g)=d(g,f)$;

(2) 正定性: $d(f,g)\geqslant 0$, 并且 $d(f,g)=0$ 当且仅当 $f(x)\equiv g(x)$;

(3) 三角不等式: 对于 $C[a,b]$ 中的任意三个元素 $f(x),g(x),h(x)$, 成立

$$d(f,g)\leqslant d(f,h)+d(h,g).$$

对于任意 $f\in C[a,b]$, 定义

$$||f||=d(f,0)=\max_{x\in[a,b]}\{|f(x)|\},$$

$||f||$ 称为向量 f 的**长度**. $||f||$ 满足:

(1) 正定性: $||f||\geqslant 0$, 并且 $||f||=0$ 当且仅当 $f\equiv 0$;

(2) 对称性: 对于任意 $f,g\in C[a,b]$, $||f-g||=||g-f||$;

(3) 绝对值不等式: 对于任意 $f,g\in C[a,b]$, 成立 $||f+g||\leqslant||f||+||g||$.

无穷维线性空间 $C[a,b]$ 上的距离 $d(\cdot,\cdot)$, 或者说长度 $||f||$ 是实数域 $\mathbb{R}$ 上绝对值的推广. 在 $\mathbb{R}$ 上我们利用绝对值定义了序列极限. 类比于此, 在函数空间 $C[a,b]$ 上, 可以利用距离 $d(f,g)$ 来定义极限.

定义 9.2.3 设 $\{f_n(x)\}$ 是 $C[a,b]$ 中的一个函数序列, $f(x)\in C[a,b]$, 如果

$$\lim_{n\to+\infty}d(f_n,f)=0\quad\left(\lim_{n\to+\infty}||f_n-f||=0\right),$$

则称函数序列 $\{f_n(x)\}$ 在空间 $C[a,b]$ 中**依距离** $d(\cdot,\cdot)$ **收敛**到函数 $f(x)$.

由 $d(\cdot,\cdot)$ 的定义不难看出函数序列 $\{f_n(x)\}$ 在 $C[a,b]$ 中依距离 $d(\cdot,\cdot)$ 收敛到 $f(x)$ 的充要条件是 $\{f_n(x)\}$ 在 $[a,b]$ 上一致收敛到 $f(x)$.

不难证明 $C[a,b]$ 上利用距离 $d(f,g)$ 定义的极限也满足极限的唯一性、极限的线性性、极限与函数乘法和除法的交换性等关于极限的各种基本性质.

这里我们关心这样一个问题: 关于实数极限理论的七个基本定理对于 $C[a,b]$ 及其上面利用距离 $d(\cdot,\cdot)$ 定义的极限是否仍然成立?

首先, 由于 $C[a,b]$ 中元素之间没有序 (大小) 关系, 因而在 $C[a,b]$ 上不能推广实数域的确界原理和单调有界收敛定理.

实数空间中有界序列一定有收敛子列的 Bolzano 定理对于 $C[a,b]$ 上的极限也不成立. 事实上, 只要在区间 $[a,b]$ 中取一严格单调上升的点列 $\{x_n\}$, 使得 $\lim\limits_{n\to+\infty}x_n=b$.

对于 $n=1,2,\cdots$, 在 $[a,b]$ 上定义函数 $f_n(x)$ 为

$$f_n(x)=\begin{cases}\dfrac{2}{x_n-x_{n-1}}x-\dfrac{x_n+x_{n-1}}{x_n-x_{n-1}}, & \text{如果 } x\in\left[\dfrac{x_n+x_{n-1}}{2},x_n\right],\\ \dfrac{2}{x_n-x_{n+1}}x-\dfrac{x_{n+1}+x_n}{x_n-x_{n+1}}, & \text{如果 } x\in\left[x_n,\dfrac{x_{n+1}+x_n}{2}\right],\\ 0, & \text{其他},\end{cases}$$

则 $f_n(x)\in C[a,b]$, 并且 $m\neq n$ 时, $d(f_n,f_m)=1$. 序列 $\{f_n(x)\}$ 在 $C[a,b]$ 中有界, 但其没有在 $C[a,b]$ 内收敛的子列, Bolzano 定理在 $C[a,b]$ 上不成立.

由于 Bolzano 定理在 $C[a,b]$ 上不成立, 因此聚点原理、区间套原理和开覆盖定理在 $C[a,b]$ 上都不能成立. 因为如果这些定理成立, 则由这些定理都能够推出 Bolzano 定理必须也成立.

而另一方面, 关于序列极限收敛的 Cauchy 准则在 $C[a,b]$ 上是成立的, 即 $C[a,b]$ 中的函数序列 $\{f_n(x)\}$ 依距离 $d(\cdot,\cdot)$ 收敛的充要条件是对于任意 $\varepsilon>0$, 存在 N, 使得只要 $n_1>N,n_2>N$, 就成立

$$d(f_{n_1},f_{n_2})<\varepsilon.$$

事实上, 如果函数序列 $\{f_n(x)\}$ 在 $C[a,b]$ 中依距离 $d(\cdot,\cdot)$ 收敛到 $f(x)$, 对于任意 $\varepsilon>0$, 存在 N, 使得只要 $n>N$, 就成立 $d(f_n,f)<\dfrac{\varepsilon}{2}$. 利用三角不等式我们得到, 只要 $n_1>N,n_2>N$, 就成立

$$d(f_{n_1},f_{n_2})\leqslant d(f_{n_1},f)+d(f_{n_2},f)<\varepsilon.$$

反之, 如果函数序列 $\{f_n(x)\}$ 满足 Cauchy 准则, 即对于任意 $\varepsilon>0$, 存在 N, 只要 $n_1>N,n_2>N$, 就成立

$$d(f_{n_1},f_{n_2})=\max_{x\in[a,b]}\left\{\left|f_{n_1}(x)-f_{n_2}(x)\right|\right\}<\varepsilon.$$

因而对于任意 $x\in[a,b]$, x 固定时, 序列 $\{f_n(x)\}$ 是实数中的 Cauchy 列, 利用实数的 Cauchy 准则, 序列 $\{f_n(x)\}$ 收敛. 函数序列 $\{f_n(x)\}$ 在 $[a,b]$ 上的每一点都收敛. 设 $f(x)$ 是 $\{f_n(x)\}$ 的极限函数. 在不等式 $\max\limits_{x\in[a,b]}\left\{\left|f_{n_1}(x)-f_{n_2}(x)\right|\right\}<\varepsilon$ 中将 $n_1>N$ 固定, 令 $n_2\to+\infty$, 我们得到对于任意 $\varepsilon>0$, 存在 N, 使得只要 $n_1>N$, 就成立

$$\max_{x\in[a,b]}\left\{\left|f_{n_1}(x)-f(x)\right|\right\}\leqslant\varepsilon.$$

函数序列 $\{f_n(x)\}$ 在 $[a,b]$ 上一致收敛到 $f(x)$. 而利用这一节我们证明的结论: 连续函数序列一致收敛的极限函数连续, 因此 $f(x) \in C[a,b]$, $\{f_n(x)\}$ 在 $C[a,b]$ 中依距离 $d(\cdot,\cdot)$ 收敛到 $f(x)$. Cauchy 准则成立.

由于在 $C[a,b]$ 上利用距离 $d(\cdot,\cdot)$ 定义的极限满足 Cauchy 准则, 所以通常称 $C[a,b]$ 对于距离 $d(\cdot,\cdot)$ 是完备的距离空间.

在下册第一章中, 我们将证明对于任意 $f(x) \in C[a,b]$, 都存在一个多项式序列 $\{p_n(x)\}$, 使得在 $C[a,b]$ 中, $\{p_n(x)\}$ 依距离 $d(\cdot,\cdot)$ 收敛到 $f(x)$, 即连续函数都可以表示为多项式一致收敛的极限函数, 或者说类似于有理数在实数空间中处处稠密, 所有多项式给出的集合在函数空间 $C[a,b]$ 中也是处处稠密的, 即便加上了一致收敛的条件, 连续函数都可以表示为初等函数序列的极限.

这里有一点需要说明: 如果不要求一致收敛, 其他的一些有间断点的函数, 例如单调函数、可积函数等也都可以在另外的收敛意义下表示为初等函数序列的极限. 我们将在下册进一步讨论这方面的问题.

9.3 极限与求导、极限与积分的顺序交换问题

在 9.2 节我们将一致收敛作为条件讨论了极限与极限交换顺序的问题. 这一节我们仍将以一致收敛作为条件, 在定理 9.2.4 的基础上来讨论极限与求导、极限与积分交换顺序的问题.

我们首先来讨论极限与求导的顺序交换问题.

设 $\{f_n(x)\}$ 是区间 $[a,b]$ 上一列可导的函数, 在 $[a,b]$ 上收敛到极限函数 $f(x)$. 我们这里需要考虑的问题是 $f(x)$ 是否可导? 如果 $f(x)$ 可导, 其导函数 $f'(x)$ 是否是 $\{f_n'(x)\}$ 的极限函数? 即函数的可导性以及导函数对函数极限是否保持不变? 对于这些问题, 9.1 节中的例 3 和例 4 告诉我们可导函数序列的极限函数不一定可导. 并且即便极限函数可导, 也不能保证求导与极限可交换顺序. 我们需要对函数序列 $\{f_n(x)\}$ 加上适当的条件.

设 $x_0 \in (a,b)$ 是任意给定的点, 按照定理 9.2.4, 我们有两个单极限

$$\lim_{x\to x_0} \frac{f_n(x)-f_n(x_0)}{x-x_0} = f_n'(x_0), \quad \lim_{n\to+\infty} \frac{f_n(x)-f_n(x_0)}{x-x_0} = \frac{f(x)-f(x_0)}{x-x_0}.$$

利用这两个单极限, 形式上我们得到两个累次极限

$$\lim_{n\to+\infty}\left(\lim_{x\to x_0}\frac{f_n(x)-f_n(x_0)}{x-x_0}\right)=\lim_{n\to+\infty}f_n'(x_0),$$
$$\lim_{x\to x_0}\left(\lim_{n\to+\infty}\frac{f_n(x)-f_n(x_0)}{x-x_0}\right)=\lim_{x\to x_0}\frac{f(x)-f(x_0)}{x-x_0}.$$

如果这两个累次极限都收敛并且相等, 即两个累次极限可以交换顺序, 则后一个累次极限收敛表示极限函数 $f(x)$ 在 x_0 可导, 而两个累次极限相等则表示

$$f'(x_0)=\lim_{n\to+\infty}f_n'(x_0).$$

因此, 求导与极限交换顺序的问题本质上仍然是极限与极限交换顺序的问题. 而按照定理 9.2.4, 需要对上面两个单极限中的一个加上适当条件使得其一致收敛.

怎样保证单极限

$$\lim_{n\to+\infty}\frac{f_n(x)-f_n(x_0)}{x-x_0}=\frac{f(x)-f(x_0)}{x-x_0}$$

一致收敛呢? 如果将条件直接加在 $\{f_n(x)\}$ 上, 即假定函数序列 $\{f_n(x)\}$ 在 $[a,b]$ 上一致收敛到 $f(x)$, 问这是否足以保证上面单极限一致收敛呢? 对此, 只需要看一看 9.1 节的例 4, 函数序列 $\left\{f_n(x)=\dfrac{\sin nx}{\sqrt{n}}\right\}$ 在 $\left[-\dfrac{1}{2\pi},\dfrac{1}{2\pi}\right]$ 上一致收敛到 $f(x)\equiv 0$, 但 $\{f_n'(x)\}=\{\sqrt{n}\cos nx\}$ 并不收敛, 即累次极限

$$\lim_{n\to+\infty}\left(\lim_{x\to x_0}\frac{f_n(x)-f_n(x_0)}{x-x_0}\right)=\lim_{n\to+\infty}f_n'(x_0)$$

不收敛. 因而按照定理 9.2.4, 单极限

$$\lim_{n\to+\infty}\frac{f_n(x)-f_n(x_0)}{x-x_0}=\frac{f(x)-f(x_0)}{x-x_0}$$

不可能是一致收敛的.

现在将条件加在 $\{f_n'(x)\}$ 上, 假定 $f_n(x)$ 在 $[a,b]$ 上都可导, 并且导函数序列 $\{f_n'(x)\}$ 在 $[a,b]$ 上一致收敛到函数 $g(x)$, 希望证明在这样的条件下单极限

$$\lim_{n\to+\infty}\frac{f_n(x)-f_n(x_0)}{x-x_0}=\frac{f(x)-f(x_0)}{x-x_0}$$

是一致收敛的.

由于假定了 $\{f_n'(x)\}$ 在 $[a,b]$ 上一致收敛到函数 $g(x)$, 对于任意 $\varepsilon>0$, 存在 N, 使得只要 $n>N$, 对于任意 $x\in[a,b]$, 都成立 $|f_n'(x)-g(x)|<\varepsilon$. 现任取 $n_1,n_2>N$,

利用 Lagrange 中值定理, 我们知道存在 $\theta \in (0,1)$, 使得

$$
\begin{aligned}
&\left|\frac{f_{n_1}(x)-f_{n_1}(x_0)}{x-x_0}-\frac{f_{n_2}(x)-f_{n_2}(x_0)}{x-x_0}\right| = \left|\frac{(f_{n_1}(x)-f_{n_2}(x))-(f_{n_1}(x_0)-f_{n_2}(x_0))}{x-x_0}\right| \\
&= |f'_{n_1}(x_0+\theta(x-x_0)) - f'_{n_2}(x_0+\theta(x-x_0))| \\
&\leqslant \left|f'_{n_1}(x_0+\theta(x-x_0))-g(x_0+\theta(x-x_0))\right| + \left|f'_{n_2}(x_0+\theta(x-x_0))-g(x_0+\theta(x-x_0))\right| \\
&< 2\varepsilon.
\end{aligned}
$$

在上面不等式中将 n_1 固定, 令 $n_2 \to +\infty$, 则 $f_{n_2}(x) \to f(x)$, 我们得到

$$
\left|\frac{f_{n_1}(x)-f_{n_1}(x_0)}{x-x_0}-\frac{f(x)-f(x_0)}{x-x_0}\right| \leqslant 2\varepsilon,
$$

即 $\forall \varepsilon > 0$, $\exists N$, s.t. 当 $n > N$ 时, 上面不等式对于任意 $x \in [a,b]$ 成立函数序列 $\left\{\frac{f_{n_1}(x)-f_{n_1}(x_0)}{x-x_0}\right\}$ 一致收敛于 $\frac{f(x)-f(x_0)}{x-x_0}$. 应用定理 9.2.4, 两个累次极限

$$
\lim_{n\to+\infty}\left(\lim_{x\to x_0}\frac{f_n(x)-f_n(x_0)}{x-x_0}\right) = \lim_{n\to+\infty} f'_n(x_0),
$$

$$
\lim_{x\to x_0}\left(\lim_{n\to+\infty}\frac{f_n(x)-f_n(x_0)}{x-x_0}\right) = \lim_{x\to x_0}\frac{f(x)-f(x_0)}{x-x_0} = f'(x_0)
$$

都存在并且相等. 这样, 在 $\{f'_n(x)\}$ 一致收敛的条件下, 我们得到 $f(x)$ 可导, 并且 $f'(x_0) = \lim\limits_{n\to+\infty} f'_n(x_0)$ 在 $[a,b]$ 上成立.

事实上, 上面的条件还可以再降低一点, 对此, 我们有下面的定理.

定理 9.3.1 设 $\{f_n(x)\}$ 是 $[a,b]$ 上一可导的函数序列, 并且其导函数序列 $\{f'_n(x)\}$ 在 $[a,b]$ 上一致收敛, 如果存在一个点 $x_0 \in [a,b]$, 使得 $\{f_n(x_0)\}$ 收敛, 则函数序列 $\{f_n(x)\}$ 在 $[a,b]$ 上也一致收敛, 并且其极限函数 $f(x) = \lim\limits_{n\to+\infty} f_n(x)$ 在 $[a,b]$ 上可导, 导函数 $f'(x)$ 在 $[a,b]$ 上满足

$$
f'(x) = \lim_{n\to+\infty} f'_n(x).
$$

证明 设 $\{f'_n(x)\}$ 在 $[a,b]$ 上一致收敛到函数 $g(x)$, 对于任意 $\varepsilon > 0$, 存在 N_1, 使得只要 $n > N_1$, 对于任意 $x \in [a,b]$, 都成立 $|f'_n(x) - g(x)| < \varepsilon$.

另一方面, 实数序列 $\{f_n(x_0)\}$ 收敛, 利用关于序列极限收敛的 Cauchy 准则, 对 $\varepsilon > 0$, 存在 N_2, 使得当 $n_1, n_2 > N_2$ 时, 成立 $|f_{n_1}(x_0) - f_{n_2}(x_0)| < \varepsilon$. 现令 $N = \max\{N_1, N_2\}$, 任取 $n_1 > N, n_2 > N$, 则对于任意 $x \in [a,b]$, 利用 Langrange 中

值定理, 我们知道存在 $\theta\in(0,1)$, 使得

$$
\begin{aligned}
&\left|f_{n_1}(x)-f_{n_2}(x)\right|\\
\leqslant&\left|(f_{n_1}(x)-f_{n_2}(x))-(f_{n_1}(x_0)-f_{n_2}(x_0))\right|+\left|f_{n_1}(x_0)-f_{n_2}(x_0)\right|\\
=&\left|\big(f'_{n_1}(x_0+\theta(x-x_0))-f'_{n_2}(x_0+\theta(x-x_0))\big)(x-x_0)\right|+\left|f_{n_1}(x_0)-f_{n_2}(x_0)\right|\\
\leqslant&\left|\big(f'_{n_1}(x_0+\theta(x-x_0))-g(x_0+\theta(x-x_0))\big)(b-a)\right|\\
&+\left|\big(f'_{n_2}(x_0+\theta(x-x_0))-g(x_0+\theta(x-x_0))\big)(b-a)\right|+\left|f_{n_1}(x_0)-f_{n_2}(x_0)\right|\\
<&\,2\varepsilon(b-a)+\varepsilon.
\end{aligned}
$$

序列 $\{f_n(x)\}$ 满足 Cauchy 准则, 因而收敛. 设 $\lim\limits_{n\to+\infty}f_n(x)=f(x)$. 在上式中, 将 n_1 固定, 令 $n_2\to+\infty$, 则 $f_{n_2}(x)\to f(x)$. 由于 x 是任取的, 我们得到对于任意 $\varepsilon>0$, 存在 N, 使得只要 $n>N$, 对于任意 $x\in[a,b]$, 都成立

$$
|f_n(x)-f(x)|\leqslant 2\varepsilon(b-a)+\varepsilon.
$$

$\{f_n(x)\}$ 在 $[a,b]$ 上一致收敛到 $f(x)$.

另一方面, 按照上面的讨论, 在 $\{f'_n(x)\}$ 一致收敛的条件下, 单极限

$$
\lim_{n\to+\infty}\frac{f_n(x)-f_n(x_0)}{x-x_0}=\frac{f(x)-f(x_0)}{x-x_0}
$$

一致收敛. 因此应用定理 9.2.4, 两个累次极限

$$
\begin{aligned}
\lim_{n\to+\infty}\left(\lim_{x\to x_0}\frac{f_n(x)-f_n(x_0)}{x-x_0}\right)&=\lim_{n\to+\infty}f'_n(x_0),\\
\lim_{x\to x_0}\left(\lim_{n\to+\infty}\frac{f_n(x)-f_n(x_0)}{x-x_0}\right)&=\lim_{x\to x_0}\frac{f(x)-f(x_0)}{x-x_0}
\end{aligned}
$$

都收敛并且可以交换顺序, 函数 $f(x)$ 在 $[a,b]$ 上可导, 并且导函数 $f'(x)$ 在 $[a,b]$ 上满足 $f'(x)=\lim\limits_{n\to+\infty}f'_n(x)$. ■

在上面的讨论中, 我们在导函数序列一致收敛、函数序列在一个点收敛的条件下证明了极限与求导可以交换顺序. 这里需要说明定理 9.3.1 中函数序列在一个点收敛的条件不能减少. 例如, 令 $f_n(x)=(-1)^n$, 则导函数序列 $\{f'_n(x)\equiv 0\}$ 一致收敛, 但函数序列 $\{f_n(x)\}$ 本身不收敛.

下面我们来讨论极限与积分交换顺序的问题.

设 $\{f_n(x)\}$ 是区间 $[a,b]$ 上一可积函数序列, 并且在 $[a,b]$ 上收敛到函数 $f(x)$, 我们的问题是 $f(x)$ 是否可积, 可积时是否成立

$$
\int_a^b f(x)\mathrm{d}x=\lim_{n\to+\infty}\int_a^b f_n(x)\mathrm{d}x.
$$

对于这一问题, 由 9.1 节中的例 5 和例 6, 我们知道可积函数序列的极限函数可以不可积. 另外, 即便可积函数序列的极限函数可积, 也不能保证积分与极限可以交换顺序. 必须加上适当的条件. 对此, 利用定理 9.2.4, 需要将积分与极限交换顺序的问题化为累次极限是否收敛, 是否可以交换极限顺序, 然后再利用一致收敛.

首先, 按照 Riemann 积分的定义, 设 $\Delta: a=x_0<x_1<\cdots<x_m=b$ 是 $[a,b]$ 的一个分割, $\lambda(\Delta)=\max\left\{|x_{i+1}-x_i|\big|i=1,2,\cdots,m\right\}$, 对于 $i=1,2,\cdots,m$, 任意选取 $t_i\in[x_{i-1},x_i]$. 由于 $f_n(x)$ 在 $[a,b]$ 上都可积, 利用函数 $f_n(x)$ 的 Riemann 和, 我们定义变量 n,Δ 和 $\{t_i\}$ 的函数 $F(n,\Delta,\{t_i\})$ 为

$$F(n,\Delta,\{t_i\})=\sum_{i=1}^{m}f_n(t_i)(x_i-x_{i-1}).$$

设 $f(x)$ 是函数序列 $\{f_n(x)\}$ 的极限函数, Δ 和 $\{t_i\}$ 固定后, 我们得一个单极限

$$\lim_{n\to+\infty}F(n,\Delta,\{t_i\})=\lim_{n\to+\infty}\sum_{i=1}^{m}f_n(t_i)(x_i-x_{i-1})=\sum_{i=1}^{m}f(t_i)(x_i-x_{i-1}).$$

而由于 $f_n(x)$ 在 $[a,b]$ 上都可积, 我们得到另一个单极限

$$\lim_{\lambda(\Delta)\to0}F(n,\Delta,\{t_i\})=\lim_{\lambda(\Delta)\to0}\sum_{i=1}^{m}f_n(t_i)(x_i-x_{i-1})=\int_a^b f_n(x)\mathrm{d}x.$$

利用这两个单极限, 形式上我们得到两个累次极限

$$\lim_{n\to+\infty}\left(\lim_{\lambda(\Delta)\to0}\sum_{i=1}^{m}f_n(t_i)(x_i-x_{i-1})\right)=\lim_{n\to+\infty}\int_a^b f_n(x)\mathrm{d}x,$$
$$\lim_{\lambda(\Delta)\to0}\left(\lim_{n\to+\infty}\sum_{i=1}^{m}f_n(t_i)(x_i-x_{i-1})\right)=\lim_{\lambda(\Delta)\to0}\sum_{i=1}^{m}f(t_i)(x_i-x_{i-1}).$$

如果这两个累次极限都收敛并且相等, 则后一个累次极限存在表示 $f(x)$ 在 $[a,b]$ 上可积, 而两个累次极限相等则表示

$$\int_a^b f(x)\mathrm{d}x=\lim_{n\to+\infty}\int_a^b f_n(x)\mathrm{d}x.$$

至此, 问题化为在什么条件下两个累次极限都收敛并可交换极限顺序. 利用定理 9.2.4, 需要上面的两个单极限中有一个是一致收敛的. 通常将一致收敛的条件加在极限 $\lim\limits_{n\to+\infty}f_n(x)=f(x)$ 上. 设可积函数序列 $\{f_n(x)\}$ 在区间 $[a,b]$ 上一致收敛到函数 $f(x)$, 则对于 $[a,b]$ 的任意分割 $\Delta: a=x_0<x_1<\cdots<x_m=b$, 以及任意选

取的 $t_i \in [x_{i-1}, x_i]$, Δ 和 $\{t_i\}$ 固定后,

$$\left|F(n,\Delta,\{t_i\}) - \sum_{i=1}^{m} f(t_i)(x_i - x_{i-1})\right| = \left|\sum_{i=1}^{m}(f_n(t_i) - f(t_i))(x_i - x_{i-1})\right| \leqslant \sum_{i=1}^{m} \left|f_n(t_i) - f(t_i)\right|(x_i - x_{i-1}).$$

由于 $\{f_n(x)\}$ 在 $[a,b]$ 上一致收敛到 $f(x)$, 对于任意 $\varepsilon > 0$, 存在 N, 使得只要 $n > N$, 对于任意 $x \in [a,b]$, 成立 $|f_n(x) - f(x)| < \varepsilon$. 我们得到

$$\left|F(n,\Delta,\{t_i\}) - \sum_{i=1}^{m} f(t_i)(x_i - x_{i-1})\right| = \left|\sum_{i=1}^{m}(f_n(t_i) - f(t_i))(x_i - x_{i-1})\right| \leqslant \sum_{i=1}^{m} |f_n(t_i) - f(t_i)|(x_i - x_{i-1}) < \varepsilon(b-a)$$

对于任意 Δ 和任意 $\{t_i\}$ 都成立, 即单极限

$$\lim_{n\to+\infty} F(n,\Delta,\{t_i\}) = \lim_{n\to+\infty} \sum_{i=1}^{m} f_n(t_i)(x_i - x_{i-1}) = \sum_{i=1}^{m} f(t_i)(x_i - x_{i-1})$$

对 Δ 和 $\{t_i\}$ 一致收敛, 应用定理 9.2.4, 我们得到下面的定理.

定理 9.3.2 如果可积函数序列 $\{f_n(x)\}$ 在区间 $[a,b]$ 上一致收敛到函数 $f(x)$, 则 $f(x)$ 在 $[a,b]$ 上可积, 并且成立

$$\int_a^b f(x)\mathrm{d}x = \lim_{n\to+\infty} \int_a^b f_n(x)\mathrm{d}x.$$

例 1 在区间 $[0,1]$ 上, 令 $f_n(x) = x^n$, 则函数序列 $\{f_n(x)\}$ 收敛到函数

$$f(x) = \begin{cases} 0, & \text{如果 } x \in [0,1), \\ 1, & \text{如果 } x = 1. \end{cases}$$

由于 $f(x)$ 在 $[0,1]$ 上不连续, 所以 $\{f_n(x)\}$ 在 $[0,1]$ 上不是一致收敛的. 但是

$$\lim_{n\to+\infty} \int_0^1 f_n(x)\mathrm{d}x = \lim_{n\to+\infty} \int_0^1 x^n\mathrm{d}x = \lim_{n\to+\infty} \frac{1}{n+1} = 0 = \int_0^1 f(x)\mathrm{d}x.$$

定理 9.3.2 中一致收敛的条件仅仅是极限与积分交换顺序的一个充分条件.

下面用函数级数的形式来表述上面的结论. 首先给出下面的定义.

定义 9.3.1 称函数级数 $\sum_{n=1}^{+\infty} u_n(x)$ 在 $[a,b]$ 上**一致收敛**到 $u(x)$, 如果 $\forall\varepsilon > 0$,

$\exists N$, s.t. 只要 $n>N$, $\forall x\in[a,b]$, 都成立

$$\left|\sum_{k=1}^{n}u_k(x)-u(x)\right|<\varepsilon.$$

将序列极限转换为无穷级数, 则上面给出的定理 9.2.1、定理 9.2.2、定理 9.2.3 和定理 9.3.1、定理 9.3.2 用函数级数可以分别等价地表示为下面的定理.

定理 9.3.3 设 $\{u_n(x)\}$ 是区间 $[a,b]$ 上的一个函数序列, 如果函数级数 $\sum\limits_{n=1}^{+\infty}u_n(x)=u(x)$ 在 $[a,b]$ 上一致收敛, 且在点 $x_0\in[a,b]$ 处, 极限 $\lim\limits_{x\to x_0}u_n(x)$ 收敛, 则极限 $\lim\limits_{x\to x_0}u(x)$ 也收敛, 并且成立

$$\lim_{x\to x_0}u(x)=\lim_{x\to x_0}\left(\sum_{n=1}^{+\infty}u_n(x)\right)=\sum_{n=1}^{+\infty}\lim_{x\to x_0}u_n(x).$$

定理 9.3.3 说明, 在一致收敛的条件下, 极限与无穷和可以交换顺序.

定理 9.3.4 设 $\{u_n(x)\}$ 是区间 $[a,b]$ 上的一个连续函数序列, 如果函数级数 $\sum\limits_{n=1}^{+\infty}u_n(x)=u(x)$ 在 $[a,b]$ 上一致收敛, 则和函数 $u(x)$ 在 $[a,b]$ 上连续.

定理 9.3.4 说明, 连续函数序列的函数级数如果一致收敛, 则和函数连续.

定理 9.3.5 (Dini 定理) 设 $\{u_n(x)\}$ 是 $[a,b]$ 上的连续函数序列, 如果对于 $n=1,2,\cdots$, 成立 $u_n(x)\geqslant 0$, 则函数级数 $\sum\limits_{n=1}^{+\infty}u_n(x)=u(x)$ 在 $[a,b]$ 上一致收敛的充要条件是和函数 $u(x)$ 在 $[a,b]$ 上连续.

定理 9.3.6 设 $\{u_n(x)\}$ 是 $[a,b]$ 上可导的函数序列, 如果存在一个点 $x_0\in[a,b]$, 使得 $\sum\limits_{n=1}^{+\infty}u_n(x_0)$ 收敛, 同时 $\sum\limits_{n=1}^{+\infty}u_n'(x)$ 在 $[a,b]$ 上一致收敛, 则 $\sum\limits_{n=1}^{+\infty}u_n(x)$ 在 $[a,b]$ 上也一致收敛, 其和函数 $u(x)=\sum\limits_{n=1}^{+\infty}u_n(x)$ 在 $[a,b]$ 上可导, 并且成立

$$u'(x)=\left(\sum_{n=1}^{+\infty}u_n(x)\right)'=\sum_{n=1}^{+\infty}u_n'(x).$$

定理 9.3.7 设 $\{u_n(x)\}$ 是 $[a,b]$ 上的可积函数序列, 如果函数级数 $\sum\limits_{n=1}^{+\infty}u_n(x)=u(x)$

在 $[a,b]$ 上一致收敛, 则和函数 $u(x)=\sum\limits_{n=1}^{+\infty}u_n(x)$ 可积, 并且成立

$$\int_a^b u(x)\mathrm{d}x=\int_a^b\left(\sum_{n=1}^{+\infty}u_n(x)\right)\mathrm{d}x=\sum_{n=1}^{+\infty}\int_a^b u_n(x)\mathrm{d}x.$$

定理 9.3.7 说明, Riemann 可积函数序列的函数级数如果一致收敛, 则和函数可积, 并且积分与无穷和可以交换顺序.

通过上面几个定理我们看到, 对于函数级数, 如果适当地加上一致收敛的条件, 则函数级数的无穷和保持了有限和对于极限、求导和积分的相关性质. 为便于读者更好地理解这些定理, 下面我们给一个例子.

例 2 求不定积分 $\int \mathrm{e}^{x^2}\mathrm{d}x$.

解 不定积分 $\int \mathrm{e}^{x^2}\mathrm{d}x$ 不是初等函数, 因此只能应用函数级数来表示.

利用指数函数 e^x 的 Taylor 展开, 我们知道 $\mathrm{e}^{x^2}=\sum\limits_{n=0}^{+\infty}\dfrac{x^{2n}}{n!}$. 这一函数级数在 $(-\infty,+\infty)$ 上不是一致收敛的. 但是, 对于任意 $c>0$, c 固定后, 由于 $\mathrm{e}^{c^2}=\sum\limits_{n=0}^{+\infty}\dfrac{c^{2n}}{n!}$, 因此对于任意 $\varepsilon>0$, 存在 N, 使得 $n>N$ 后,

$$\mathrm{e}^{c^2}-\sum_{k=0}^{n}\frac{c^{2k}}{k!}=\sum_{k=n+1}^{+\infty}\frac{c^{2k}}{k!}<\varepsilon.$$

所以, 当 $n>N$, 对于任意 $x\in[-c,c]$, 成立

$$\mathrm{e}^{x^2}-\sum_{k=0}^{n}\frac{x^{2k}}{k!}=\sum_{k=n+1}^{+\infty}\frac{x^{2k}}{k!}\leqslant\sum_{k=n+1}^{+\infty}\frac{c^{2k}}{k!}<\varepsilon.$$

函数级数 $\sum\limits_{n=0}^{+\infty}\dfrac{x^{2n}}{n!}$ 在 $[-c,c]$ 上一致收敛到 e^{x^2}. 利用定理 9.3.7, 我们得到对于任意 $x\in(-\infty,+\infty)$,

$$\int_0^x \mathrm{e}^{t^2}\mathrm{d}t=\sum_{n=0}^{+\infty}\int_0^x\frac{t^{2n}}{n!}\mathrm{d}t=\sum_{n=0}^{+\infty}\frac{x^{2n+1}}{(2n+1)n!}.$$

而利用不定积分与定积分的关系, 得

$$\int \mathrm{e}^{x^2}\mathrm{d}x=\int_0^x \mathrm{e}^{t^2}\mathrm{d}t+c=\sum_{n=0}^{+\infty}\frac{x^{2n+1}}{(2n+1)n!}+c.$$

9.4 一致收敛的判别

在上面几节的讨论中我们看到一致收敛作为函数序列研究的基本条件是非常重要的. 然而, 什么样的函数序列一致收敛呢? 对于这一问题, 与其他极限问题的讨论相同, 在多数情况下都不可能直接应用一致收敛的定义来判别一个函数序列是否一致收敛. 因为对于一个给定的函数序列, 一般我们得不到其极限函数的解析表示. 例如, 当极限函数不是初等函数或者初等函数的简单变形时, 就没有通常意义下的解析表示, 不能直接利用定义.

函数序列讨论的目的是希望用函数序列中的函数来逼近极限函数, 通过函数序列中函数的性质来了解极限函数的性质. 因此, 对于函数序列一致收敛的问题, 与其他极限问题相同, 需要通过函数序列中函数自身的性质来判断其是否一致收敛.

设 $\{f_n(x)\}$ 是区间 $[a,b]$ 上的函数序列, 怎样通过这一序列自身来判断其是否一致收敛呢? 对此, 回顾我们在序列极限中的相关讨论, 对于一个序列 $\{a_n\}$, 要通过 $\{a_n\}$ 自身的性质来判断其是否收敛, 需要利用实数理论中的单调有界收敛定理或者 Cauchy 准则. 对于函数序列, 同样需要利用实数理论中的这两个基本定理来判断其是否一致收敛.

首先考虑单调有界收敛定理. 设 $\{f_n(x)\}$ 是一函数序列, 如果对于任意 $x \in [a,b]$, 以及 $n=1,2,\cdots$, 都成立 $f_{n+1}(x) \geqslant f_n(x)$, 则称 $\{f_n(x)\}$ 为对 n 单调上升的函数序列. 对于单调上升的函数序列, 在定理 9.2.3 (Dini 定理) 中, 我们证明了如果 $\{f_n(x)\}$ 是闭区间上单调上升的连续函数序列, 则 $\{f_n(x)\}$ 一致收敛的充要条件是其极限函数连续.

将 Cauchy 准则应用到函数序列 $\{f_n(x)\}$, 我们有下面的定理.

定理 9.4.1 (Cauchy 准则) $\{f_n(x)\}$ 在 $[a,b]$ 上一致收敛的充要条件是 $\forall \varepsilon > 0$, $\exists N$, s.t. 只要 $n_1, n_2 > N$, $\forall x \in [a,b]$, 都成立 $|f_{n_1}(x) - f_{n_2}(x)| < \varepsilon$.

证明 必要性. 如果函数序列 $\{f_n(x)\}$ 在 $[a,b]$ 上一致收敛到函数 $f(x)$, 则按照定义, $\forall \varepsilon > 0$, $\exists N$, s.t. 只要 $n > N$, $\forall x \in [a,b]$, 都成立 $|f_n(x) - f(x)| < \dfrac{\varepsilon}{2}$. 因此, 当 $n_1, n_2 > N$ 时, 对于任意 $x \in [a,b]$, 成立

$$|f_{n_1}(x) - f_{n_2}(x)| \leqslant |f_{n_1}(x) - f(x)| + |f(x) - f_{n_2}(x)| < \varepsilon.$$

函数序列 $\{f_n(x)\}$ 满足 Cauchy 准则.

充分性. 设函数序列 $\{f_n(x)\}$ 满足 Cauchy 准则, 则对于任意 $x\in[a,b]$, 将 x 固定后, 实数序列 $\{f_n(x)\}$ 满足序列极限收敛的 Cauchy 准则, 因而收敛. 设

$$\lim_{n\to+\infty} f_n(x)=f(x),$$

$f(x)$ 是函数序列在 $[a,b]$ 上的极限函数. 而由 Cauchy 准则的条件, 对于任意 $\varepsilon>0$, 存在 N, 使得只要 $n_1,n_2>N$, 对于任意 $x\in[a,b]$, 都成立 $|f_{n_1}(x)-f_{n_2}(x)|<\varepsilon$. 在上式中将 $n_1=n$ 固定, 令 $n_2\to+\infty$, 我们得到对于任意 $\varepsilon>0$, 存在 N, 使得只要 $n>N$, 对于任意 $x\in[a,b]$, 都成立

$$|f_n(x)-f(x)|\leqslant\varepsilon.$$

因而函数序列 $\{f_n(x)\}$ 在 $[a,b]$ 上一致收敛到函数 $f(x)$. ■

如果用函数级数来表示定理 9.4.1, 我们得到下面的结论.

定理 9.4.2 (Cauchy 准则) 设 $\sum\limits_{n=1}^{+\infty}u_n(x)$ 是区间 $[a,b]$ 上的函数级数, 则这一函数级数在 $[a,b]$ 上一致收敛的充要条件是对于任意 $\varepsilon>0$, 存在 N, 使得只要 $n_2>n_1>N$, 对于任意 $x\in[a,b]$, 都成立

$$\left|\sum_{k=n_1}^{n_2}u_k(x)\right|<\varepsilon.$$

例 1 证明: 函数级数 $\mathrm{e}^x=\sum\limits_{n=0}^{+\infty}\dfrac{x^n}{n!}$ 在 $(-\infty,+\infty)$ 中的任意有界区间上一致收敛, 但在 $(-\infty,+\infty)$ 上不一致收敛.

证明 设 S 是 $(-\infty,+\infty)$ 中一给定的有界区间, 取 $c>0$, 使得 $S\subset[-c,c]$. 由于 $\mathrm{e}^c=\sum\limits_{n=0}^{+\infty}\dfrac{c^n}{n!}$ 收敛, 因而其满足数项级数收敛的 Cauchy 准则. 对于任意 $\varepsilon>0$, 存在 N, 使得只要 $n_1>n_2>N$, 就成立 $\sum\limits_{k=n_1}^{n_2}\dfrac{c^k}{k!}<\varepsilon$. 由此, 对于任意 $x\in S$, 成立

$$\left|\sum_{k=n_1}^{n_2}\frac{x^k}{k!}\right|\leqslant\sum_{k=n_1}^{n_2}\frac{|x|^k}{k!}\leqslant\sum_{k=n_1}^{n_2}\frac{c^k}{k!}<\varepsilon.$$

函数级数 $\sum\limits_{n=0}^{+\infty}\dfrac{x^n}{n!}$ 在 S 上满足 Cauchy 准则, 因而一致收敛.

而在 $(-\infty,+\infty)$ 上, n 固定时成立 $\lim\limits_{x\to+\infty}\dfrac{x^n}{n!}=+\infty$, 因而 $\mathrm{e}^x=\sum\limits_{n=0}^{+\infty}\dfrac{x^n}{n!}$ 在

$(-\infty,+\infty)$ 上不满足 Cauchy 准则, 不是一致收敛的. ■

由于数项级数同时结合了序列极限和广义积分的特点, 本身运算也更加灵活. 我们在第八章已经看到数项级数有许多自己特有的收敛判别法. 同样地, 函数级数相对于函数序列, 除了 Cauchy 准则外, 我们还能在此基础上建立关于一致收敛的更细致的判别法. 下面我们将对函数级数一致收敛的判别问题, 推广数项级数的比较判别法、Dirichlet 判别法和 Abel 判别法.

对于数项级数的比较判别法, 与例 1 相同, 我们有下面的推广.

定理 9.4.3 (Weierstrass 控制收敛判别法) 设 $\{u_n(x)\}$ 是区间 $[a,b]$ 上的函数序列, 如果对于 $n=1,2,\cdots$, 存在 c_n, 使得在 $[a,b]$ 上 $|u_n(x)|\leqslant c_n$, 并且无穷级数 $\sum\limits_{n=1}^{+\infty}c_n$ 收敛, 则函数级数 $\sum\limits_{n=1}^{+\infty}u_n(x)$ 在 $[a,b]$ 上一致收敛.

在上面的判别法中, 通常将 $\sum\limits_{n=1}^{+\infty}c_n$ 称为 $\sum\limits_{n=1}^{+\infty}u_n(x)$ 的控制级数. 另外, 这一判别法仅适用于 $\sum\limits_{n=1}^{+\infty}|u_n(x)|$ 也一致收敛的函数级数. 这样的函数级数称为**绝对一致收敛的函数级数**.

例 2 证明: $\sum\limits_{n=1}^{+\infty}\dfrac{\sin nx}{n^2}$ 在 $(-\infty,+\infty)$ 上绝对一致收敛.

证明 由 $\dfrac{|\sin nx|}{n^2}\leqslant\dfrac{1}{n^2}$, 而 $\sum\limits_{n=1}^{+\infty}\dfrac{1}{n^2}$ 收敛, 利用 Weierstrass 控制收敛判别法, $\sum\limits_{n=1}^{+\infty}\dfrac{\sin nx}{n^2}$ 在 $(-\infty,+\infty)$ 上绝对一致收敛. ■

例 3 给 p,q 一个条件, 使得 $\sum\limits_{n=1}^{+\infty}\dfrac{x}{n^p+n^qx^2}$ 在 $(-\infty,+\infty)$ 上绝对一致收敛.

解 这里我们希望利用 Weierstrass 控制收敛判别法, 为此, 需要考虑函数 $u_n(x)=\dfrac{x}{n^p+n^qx^2}$ 在 $(-\infty,+\infty)$ 上的最大值.

$$\left(\frac{x}{n^p+n^qx^2}\right)'=\frac{n^p+n^qx^2-2n^qx^2}{(n^p+n^qx^2)^2}=\frac{n^p-n^qx^2}{(n^p+n^2x^2)^2},$$

函数 $u_n(x)$ 在 $x=\pm\dfrac{n^p}{n^q}$ 处可能有极值点. 而

$$\lim_{x\to\infty}\frac{x}{n^p+n^qx^2}=0,$$

因而函数 $u_n(x)$ 在 $x=\dfrac{n^p}{n^q}$ 处取到最大值, 这时对于任意 $x\in(-\infty,+\infty)$, 成立

$$\frac{|x|}{n^p+n^qx^2}\leqslant\frac{1}{n^p+n^q}.$$

而如果 $\max\{p,q\}>1$, 则无穷级数 $\sum\limits_{n=1}^{+\infty}\dfrac{1}{n^p+n^q}$ 收敛. 因此得 $\max\{p,q\}>1$ 时, 函数级数 $\sum\limits_{n=1}^{+\infty}\dfrac{x}{n^p+n^qx^2}$ 在 $(-\infty,+\infty)$ 上绝对一致收敛.

例 4 讨论函数级数 $\sum\limits_{n=1}^{+\infty}\dfrac{x^n}{n}$ 在 $[0,1)$ 上的一致收敛性.

解 对于任意 $c\in(0,1)$, 由于在 $[0,c]$ 上, $\dfrac{x^n}{n}\leqslant c^n$, 而 $\sum\limits_{n=1}^{+\infty}c^n$ 收敛, 因此函数级数 $\sum\limits_{n=1}^{+\infty}\dfrac{x^n}{n}$ 在 $[0,1)$ 中的任意闭区间上一致收敛.

另一方面, 如果 $\sum\limits_{n=1}^{+\infty}\dfrac{x^n}{n}$ 在 $[0,1)$ 上一致收敛, 即单极限 $\lim\limits_{n\to+\infty}\sum\limits_{k=1}^{n}\dfrac{x^k}{k}$ 对于 x 在 $[0,1)$ 上一致收敛. 而对于任意 n, 当 n 固定后, 单极限

$$\lim_{x\to1^-}\sum_{k=1}^{n}\frac{x^k}{k}=\sum_{k=1}^{n}\frac{1}{k}$$

存在. 利用我们关于累次极限收敛并可交换极限顺序的基本定理 (定理 9.2.4), 这时必须累次极限

$$\lim_{n\to+\infty}\left(\lim_{x\to1}\sum_{k=1}^{n}\frac{x^k}{k}\right)=\lim_{n\to+\infty}\sum_{k=1}^{n}\frac{1}{k}=\sum_{k=1}^{+\infty}\frac{1}{k}$$

收敛. 我们知道这是不成立的. 因此, $\sum\limits_{n=1}^{+\infty}\dfrac{x^n}{n}$ 在 $[0,1)$ 上不是一致收敛的.

下面来讨论无穷级数的 Dirichlet 判别法和 Abel 判别法对于函数级数的推广. 对此, 对比数项级数的 Dirichlet 判别法和 Abel 判别法中考虑的, 形式为 $\sum\limits_{n=1}^{+\infty}a_nb_n$ 的无穷级数, 这里需要考虑形式为 $\sum\limits_{n=1}^{+\infty}u_n(x)v_n(x)$ 的函数级数, 并且需要将无穷级数 $\sum\limits_{n=1}^{+\infty}a_nb_n$ 中关于单调和有界等概念推广到函数序列.

上面定义了对 n 单调的函数序列, 下面对函数序列定义一致有界的概念.

定义 9.4.1 区间 $[a,b]$ 上的函数序列 $\{f_n(x)\}$ 称为**一致有界**, 如果存在常数 M, 使得对于任意 $x\in[a,b]$, 以及 $n=1,2,\cdots$, 都成立 $|f_n(x)|\leqslant M$.

将函数序列的单调性和一致有界性作为条件, 类比于数项级数 $\sum_{n=1}^{+\infty} a_n b_n$ 收敛的 Dirichlet 判别法, 成立下面关于函数级数一致收敛的 Dirichlet 判别法.

定理 9.4.4 (Dirichlet 判别法) 设函数序列 $\{u_n(x)\}$ 在 $[a,b]$ 上对 n 单调, 并且 $n \to +\infty$ 时, $\{u_n(x)\}$ 一致趋于 0, 而函数序列 $\left\{\sum_{k=1}^{n} v_k(x)\right\}$ 在 $[a,b]$ 上一致有界, 则函数级数 $\sum_{n=1}^{+\infty} u_n(x)v_n(x)$ 在 $[a,b]$ 上一致收敛.

证明 法一 首先, 按照我们在数项级数的 Dirichlet 判别法证明里应用过的方法, 用广义积分来给一个证明.

先定义变元 x, y 的两个函数 $f(x,y)$ 和 $g(x,y)$. 对于 $n = 1, 2, \cdots$, 令

$$f(x,y) = u_n(x), \quad \text{如果 } y \in [n, n+1), x \in [a,b],$$

$$g(x,y) = v_n(x), \quad \text{如果 } y \in [n, n+1), x \in [a,b].$$

函数序列 $\left\{\sum_{k=1}^{n} v_k(x)\right\}$ 在 $[a,b]$ 上一致有界, 因而存在常数 M, 使得 $\forall x \in [a,b]$, $n = 1, 2, \cdots$, 成立 $\left|\sum_{k=1}^{n} v_k(x)\right| \leqslant M$. 特别地, 对于任意 $n_1 > n_2$, 成立

$$\left|\sum_{k=n_2}^{n_1} v_n(x)\right| = \left|\sum_{k=1}^{n_1} v_k(x) - \sum_{k=1}^{n_2-1} v_k(x)\right| \leqslant \left|\sum_{k=1}^{n_1} v_k(x)\right| + \left|\sum_{k=1}^{n_2-1} v_k(x)\right| \leqslant 2M.$$

因此, 对于任意 $c \in [n_2, n_1]$, 成立

$$\left|\int_{n_2}^{c} g(x,y)\mathrm{d}y\right| \leqslant \left|\int_{n_2}^{[c]} g(x,y)\mathrm{d}y\right| + \left|\int_{[c]}^{c} g(x,y)\mathrm{d}y\right| \leqslant \left|\sum_{k=n_2}^{[c]-1} v_n(x)\right| + \left|v_{[c]}(x)\right| \leqslant 4M.$$

同理, 对于任意 $c \in [n_2, n_1]$, 成立

$$\left|\int_{c}^{n_1} g(x,y)\mathrm{d}y\right| \leqslant 4M.$$

由于 $n \to +\infty$ 时, $\{u_n(x)\}$ 一致趋于 0, 因而对于任意 $\varepsilon > 0$, 存在 N, 使得只要 $n = y > N$, 对于任意 $x \in [a,b]$, 成立

$$\left|f(x,y)\right| = \left|u_n(x)\right| < \frac{\varepsilon}{8M}.$$

将 x 固定, 则对于任意 $n_1 > n_2 > N$, 由函数 $f(x,y)$ 和 $g(x,y)$ 的定义, 成立

$$\sum_{k=n_2}^{n_1} u_k(x)v_k(x) = \int_{n_2}^{n_1+1} f(x,y)g(x,y)\mathrm{d}y.$$

另一方面, 由于 $f(x,y)$ 对 y 单调, 对上面关于 y 的积分, 应用积分第二中值定理, 我们知道存在 $c_x \in [n_2, n_1]$, 使得

$$\int_{n_2}^{n_1} f(x,y)g(x,y)\mathrm{d}y = f(x,n_2)\int_{n_2}^{c_x} g(x,y)\mathrm{d}y + f(x,n_1+1)\int_{c_x}^{n_1+1} g(x,y)\mathrm{d}y.$$

因此, x 固定时,

$$\begin{aligned}\left|\sum_{k=n_2}^{n_1} u_k(x)v_k(x)\right| &= \left|\int_{n_2}^{n_1+1} f(x,y)g(x,y)\mathrm{d}y\right| \\ &\leqslant \left|f(x,n_1+1)\right|\left|\int_{c_x}^{n_1+1} g(x,y)\mathrm{d}y\right| + \left|f(x,n_2)\right|\left|\int_{n_2}^{c_x} g(x,y)\mathrm{d}y\right| \\ &< \frac{\varepsilon}{8M}4M + \frac{\varepsilon}{8M}4M = \varepsilon.\end{aligned}$$

虽然上式中的 c_x 与 x 有关, 但最后的不等式与 x 的选取无关. 我们得到函数级数 $\sum\limits_{n=1}^{+\infty} u_n(x)v_n(x)$ 满足一致收敛的 Cauchy 准则, 因而一致收敛. ■

法二 为了帮助读者更好地理解 Dirichlet 判别法, 下面按照传统的方法, 用 Abel 不等式对 Dirichlet 判别法另外给一个证明. 先对第五章给出的 Abel 不等式做一点改造.

设 $\{a_1, a_2, \cdots, a_n\}$ 和 $\{b_1, b_2, \cdots, b_n\}$ 是两个数组, 满足 $\{a_1, a_2, \cdots, a_n\}$ 单调, 而对 $k = 1, 2, \cdots, n$, 成立, $\left|\sum\limits_{i=1}^{k} b_i\right| \leqslant M$, 其中 M 是常数. 为了给出和 $\sum\limits_{i=1}^{n} a_i b_i$ 的上界估计, 我们有下面的 Abel 变换和 Abel 不等式.

令 $B_0 = 0$, $B_k = \sum\limits_{i=1}^{k} b_i, k = 1, 2, \cdots, n$, 则利用下面的 Abel 变换得

$$\begin{aligned}\sum_{i=1}^{n} a_i b_i &= \sum_{i=1}^{n} a_i(B_i - B_{i-1}) = \sum_{i=1}^{n} a_i B_i - \sum_{i=1}^{n} a_i B_{i-1} \\ &= \sum_{i=1}^{n} a_i B_i - \sum_{i=1}^{n-1} a_{i+1} B_i = \sum_{i=1}^{n-1}(a_i - a_{i+1})B_i + a_n B_n.\end{aligned}$$

对上式取绝对值, 利用 $\{a_1, a_2, \cdots, a_n\}$ 的单调性, 以及 $|B_i| \leqslant M$, 得 Abel 不等式

$$\begin{aligned}\left|\sum_{i=1}^{n} a_i b_i\right| &= \left|\sum_{i=1}^{n-1}(a_i - a_{i+1})B_i + a_n B_n\right| \leqslant \left|\sum_{i=1}^{n-1}(a_i - a_{i+1})B_i + a_n B_n\right| \\ &\leqslant \sum_{i=1}^{n-1}\left|(a_i - a_{i+1})B_i\right| + \left|a_n B_n\right| \leqslant \left[\left|\sum_{i=1}^{n-1}(a_i - a_{i+1})\right| + \left|a_n\right|\right] M \\ &\leqslant (\left|a_1\right| + 2\left|a_n\right|]M.\end{aligned}$$

应用 Abel 不等式, 下面我们来证明 Dirichlet 判别法. 这里用到的符号和不等式与证明的法一相同.

对于任意 $n_1 > n_2 > N$, 应用定理条件和 Abel 不等式, 成立

$$\left|\sum_{k=n_2}^{n_1} u_n(x)v_n(x)\right| \leqslant \left(\left|u_{n_2}(x)\right| + 2\left|u_{n_1}(x)\right|\right)2M < \frac{\varepsilon}{8M}2M + \frac{\varepsilon}{8M}4M = \frac{3\varepsilon}{4}.$$

函数级数 $\sum\limits_{n=1}^{+\infty} u_n(x)v_n(x)$ 满足一致收敛的 Cauchy 准则, 因而一致收敛. ■

下面我们用同样的方法将关于数项级数收敛的 Abel 判别法推广为函数级数一致收敛的 Abel 判别法.

定理 9.4.5 (Abel 判别法) 设函数序列 $\{u_n(x)\}$ 在 $[a,b]$ 上对于 n 单调并且一致有界, 而函数级数 $\sum\limits_{n=1}^{+\infty} v_n(x)$ 在 $[a,b]$ 上一致收敛, 则函数级数 $\sum\limits_{n=1}^{+\infty} u_n(x)v_n(x)$ 在 $[a,b]$ 上一致收敛.

证明与 Dirichlet 判别法证明的法一和法二基本相同, 留给读者自己试一试.

例 5 证明: 函数级数 $\sum\limits_{n=1}^{+\infty}(-1)^n\dfrac{x^n}{n}$ 在 $[0,1]$ 上一致收敛.

证明 令 $u_n(x) = x^n$, $v_n(x) = (-1)^n\dfrac{1}{n}$, 则函数序列 $\{u_n(x)\}$ 在 $[0,1]$ 上对于 n 单调并且一致有界, 而函数级数 $\sum\limits_{n=1}^{+\infty} v_n(x)$ 收敛. 由于 $v_n(x)$ 与 x 无关, 因而可以看作对 $x \in [0,1]$ 一致收敛. 利用 Abel 判别法, 我们得到 $\sum\limits_{n=1}^{+\infty}(-1)^n\dfrac{x^n}{n}$ 在 $[0,1]$ 上一致收敛. ■

利用例 4, 我们知道函数级数 $\sum\limits_{n=1}^{+\infty}(-1)^n\dfrac{x^n}{n}$ 在区间 $[0,1)$ 上不是绝对一致收敛的, 因而对这一函数级数不能应用 Weierstrass 控制收敛判别法.

例 6 证明: 函数级数 $\sum\limits_{n=1}^{+\infty}\dfrac{\sin nx}{n}$ 和 $\sum\limits_{n=1}^{+\infty}\dfrac{\cos nx}{n}$ 在 $(-\infty,+\infty)$ 内任意一个不含 $2k\pi, k \in \mathbb{Z}$ 的闭区间上一致收敛.

证明 以 $\sum\limits_{n=1}^{+\infty}\dfrac{\sin nx}{n}$ 的证明为例. 令 $u_n(x) = \dfrac{1}{n}$, 则 $\{u_n(x)\}$ 对于 n 单调, 并且

$\lim\limits_{n\to+\infty} u_n(x)=0$. 令 $v_n(x)=\sin nx$, 利用三角函数的积化和差公式, 我们得到

$$\begin{aligned}\sum_{k=1}^{n}\sin\frac{x}{2}\sin kx &= \sum_{k=1}^{n}\frac{1}{2}\left(\cos\left(k-\frac{1}{2}\right)x-\cos\left(k+\frac{1}{2}\right)x\right)\\ &=\frac{1}{2}\left(\cos\frac{x}{2}-\cos\left(n+\frac{1}{2}\right)x\right).\end{aligned}$$

因此

$$\left|\sum_{k=1}^{n}\sin kx\right|\leqslant\frac{2}{\left|\sin\dfrac{x}{2}\right|}.$$

在任意不含 $2k\pi, k\in\mathbb{Z}$ 的闭区间内, $\left|\sum\limits_{k=1}^{n}\sin kx\right|$ 一致有界, 利用 Dirichlet 判别法得 $\sum\limits_{n=1}^{+\infty}\dfrac{\sin nx}{n}$ 在任意不含 $2k\pi, k\in\mathbb{Z}$ 的闭区间内一致收敛. ■

作为函数级数理论的应用, 下面给出一个由 Weierstrass 提出的处处连续, 但处处不可导的函数. 这一函数与前面讨论过的 Dirichlet 函数和 Riemann 函数一样, 在数学分析发展过程中对人们认识和理解函数的多样性和复杂性起了重要作用.

例 7* (Weierstrass 处处连续但处处不可导的函数) 证明: 存在 $(-\infty,+\infty)$ 上处处连续, 但处处不可导的函数.

证明 首先在 $[0,1]$ 上定义一个函数 $u(x)$ 为

$$u(x)=\begin{cases}x, & \text{如果 } x\in\left[0,\dfrac{1}{2}\right],\\ 1-x, & \text{如果 } x\in\left(\dfrac{1}{2},1\right].\end{cases}$$

$u(x)$ 连续, 在 $\left(0,\dfrac{1}{2}\right)$ 上导数为 1, 在 $\left(\dfrac{1}{2},1\right)$ 上导数为 -1, 在 $x=\dfrac{1}{2}$ 处不可导. 由于 $u(0)=u(1)$, 如果令 $u(x+1)=u(x)$, 就将 $u(x)$ 延拓为 $(-\infty,+\infty)$ 上以 1 为周期的连续函数, 并且对于任意 $n\in\mathbb{Z}$, $u(x)$ 在 $\left(n,n+\dfrac{1}{2}\right)$ 上导数为 1, 在 $\left(n+\dfrac{1}{2},n+1\right)$ 上导数为 -1, 在 $x=n$ 和 $x=n+\dfrac{1}{2}$ 处都不可导.

对于 $k=1,2,\cdots$, 令

$$u_k(x)=\frac{u(4^k x)}{4^k}.$$

$u_k(x)$ 是 $(-\infty,+\infty)$ 上以 $\dfrac{1}{4^k}$ 为周期的连续函数, 满足

$$|u_k(x)|\leqslant\frac{1}{2\cdot4^k}.$$

而对于任意 $n \in \mathbb{Z}$, $u_k(x)$ 在区间 $\left(\dfrac{n}{4^k}, \dfrac{n}{4^k}+\dfrac{1}{2\cdot 4^k}\right)$ 上都可导, 且导数为 1. $u_k(x)$ 在区间 $\left(\dfrac{n}{4^k}+\dfrac{1}{2\cdot 4^k}, \dfrac{n+1}{4^k}\right)$ 上也可导, 而导数为 -1. $u_k(x)$ 在其他的点处不可导, 见图 9.1.

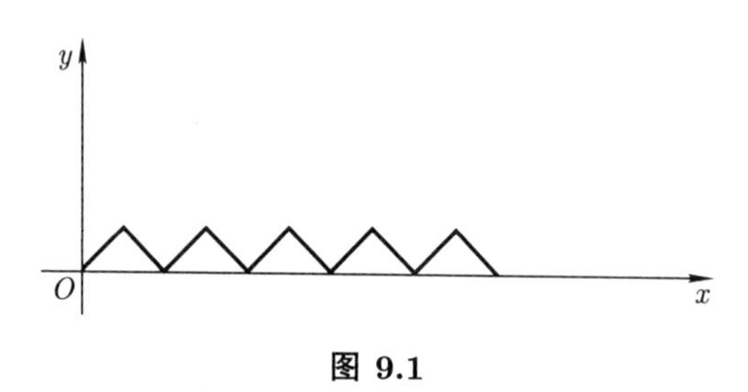

图 9.1

令

$$f(x)=\sum_{k=0}^{+\infty} u_k(x),$$

利用 Weierstrass 控制收敛定理容易看出 $f(x)$ 在 $(-\infty,+\infty)$ 上连续.

现设 $x_0 \in (-\infty,+\infty)$ 是任意给定的点, 我们希望证明 $f(x)$ 在 x_0 处不可导. 对于 $n=1,2,\cdots$, 令 $x_n = x_0 \pm \dfrac{1}{4\cdot 4^n}$, 其中, 适当选取 $\pm$, 使得 $x_0 \in \left[\dfrac{m}{4^n}, \dfrac{m+1}{4^n}\right)$ 时, $[x_0, x_n] \subset \left[\dfrac{m}{4^n}, \dfrac{m}{4^n}+\dfrac{1}{2\cdot 4^n}\right)$, 这里 m 是整数.

将 n 固定, 现在来考察

$$\frac{f(x_n)-f(x_0)}{x_n-x_0}=\sum_{k=1}^{+\infty}\frac{u_k(x_n)-u_k(x_0)}{x_n-x_0}.$$

当 $k>n$ 时, 由于 $\dfrac{1}{4\cdot 4^n}$ 是函数 $u_k(x)$ 的周期, 因而 $u_k(x_n)-u_k(x_0)=0$, 得

$$\frac{f(x_n)-f(x_0)}{x_n-x_0}=\sum_{k=1}^{n}\frac{u_k(x_n)-u_k(x_0)}{x_n-x_0}.$$

而 $k \leqslant n$ 时, 由我们对于 x_n 的选取, 存在整数 m, 使得

$$[x_0, x_n] \subset \left[\frac{m}{4^n}, \frac{m}{4^n}+\frac{1}{2\cdot 4^n}\right) \subset \left[\frac{m}{4^k}, \frac{m}{4^k}+\frac{1}{2\cdot 4^k}\right),$$

由 $u_k(x)$ 的定义, 这时

$$\frac{u_k(x_n)-u_k(x_0)}{x_n-x_0}=\pm 1.$$

而 $n \to +\infty$ 时 $\sum\limits_{k=1}^{n}(\pm 1)$ 显然不收敛, $f(x)$ 在 x_0 处不可导, 因而 $f(x)$ 在 $(-\infty,+\infty)$

上处处不可导. ■

例 8 试构造 $[-1,1]$ 上的一个连续函数 $f(x)$, 使得 $f(x)$ 在 $[-1,1]$ 中的无理点上可导, 在 $[-1,1]$ 中的有理点上不可导.

解 首先, 对于 $x\in[-2,2]$, 令 $u(x)=|x|$, 则在 $[-2,2]$ 上 $|u(x)|\leqslant 2$, 而 $u(x)$ 在 $x=0$ 处不可导.

由于 $[-1,1]$ 中的所有有理数构成的集合是一可数集, 我们可以将 $[-1,1]$ 中的所有有理数排成一个序列 $\{a_n\}$. 现在定义函数 $f(x)$ 为

$$f(x)=\sum_{k=1}^{+\infty}\frac{u(x-a_k)}{k^2}.$$

由于在 $[-1,1]$ 上, $|u(x-a_k)|\leqslant 2$, 利用 Weierstrass 控制收敛定理, 上面函数级数一致收敛, 因而 $f(x)$ 连续.

现任取无理数 $x_0\in[-1,1]$, 由于 $u(x-a_k)$ 在 x_0 处都可导, 因而 n 固定时, 单极限

$$\lim_{x\to x_0}\sum_{k=1}^{n}\frac{u(x-a_k)-u(x_0-a_k)}{x-x_0}\cdot\frac{1}{k^2}=\sum_{k=1}^{n}\frac{u'(x_0-a_k)}{k^2}$$

收敛. 而 $x\in[-1,1]$ 固定时, 单极限

$$\lim_{n\to+\infty}\sum_{k=1}^{n}\frac{u(x-a_k)-u(x_0-a_k)}{x-x_0}\cdot\frac{1}{k^2}=\frac{f(x)-f(x_0)}{x-x_0}$$

收敛. 另一方面, 利用绝对值不等式

$$|u(x-a_k)-u(x_0-a_k)|=\Big||x-a_k|-|x_0-a_k|\Big|\leqslant|x-x_0|,$$

$n\to+\infty$ 时, 上面第二个单极限对于 $x\in[-1,1]$ 是绝对一致收敛的. 利用我们关于累次极限收敛和可以交换极限顺序的基本定理 (定理 9.2.4), 我们得到累次极限

$$\lim_{x\to x_0}\left(\lim_{n\to+\infty}\sum_{k=1}^{n}\frac{u(x-a_k)-u(x_0-a_k)}{x-x_0}\cdot\frac{1}{k^2}\right)=\lim_{x\to x_0}\frac{f(x)-(x_0)}{x-x_0}=f'(x_0)$$

收敛, $f(x)$ 在 x_0 处可导.

同理, 容易证明对于任意 a_n,

$$f(x)-\frac{u(x-a_n)}{n^2}=\sum_{k=1,k\neq n}^{+\infty}\frac{u(x-a_k)}{k^2}$$

在 a_n 处可导, 但 $\dfrac{u(x-a_n)}{n^2}$ 在 a_n 处不可导, 因此 $f(x)$ 在 a_n 处也不可导. $f(x)$ 满足例 8 的要求.

习　　题

1. 给出下列函数级数的收敛区域, 并说明是否绝对收敛:

(1) $\sum\limits_{n=1}^{+\infty} \dfrac{x^n}{1+x^n}$;　　(2) $\sum\limits_{n=1}^{+\infty} \dfrac{n}{1+n} \cdot \dfrac{x}{2x+1}$;

(3) $\sum\limits_{n=1}^{+\infty} \dfrac{(-1)^n}{2n-1}\left(\dfrac{1-x}{1+x}\right)^n$;　　(4) $\sum\limits_{n=1}^{+\infty} \dfrac{1}{\sqrt{n}} \cdot \dfrac{1}{1+a^{2n}x^2}$.

2. 讨论下列函数序列在指定区间上的一致收敛性:

(1) $\left\{f_n(x) = \dfrac{x^n}{1+x^n}\right\}$, (a) $0 \leqslant x \leqslant b < 1$; (b) $0 \leqslant x \leqslant 1$; (c) $1 < a \leqslant x \leqslant +\infty$.

(2) $\left\{f_n(x) = \dfrac{1}{1+nx}\right\}$, (a) $0 < a \leqslant x \leqslant +\infty$; (b) $0 < x \leqslant +\infty$.

(3) $\left\{f_n(x) = \dfrac{n^2x^2}{1+n^3x^3}\right\}$, (a) $0 < a \leqslant x \leqslant +\infty$; (b) $0 < x \leqslant +\infty$.

(4) $\left\{f_n(x) = \dfrac{1}{n}\ln(1+\mathrm{e}^{-nx})\right\}$, $-\infty < x < +\infty$.

3. 设 $f(x)$ 是定义在 (a,b) 上的函数, 令 $f_n(x) = \dfrac{[nf(x)]}{n}$, 其中 $[\cdot]$ 是取整函数, 证明: $f_n(x) \rightrightarrows f(x)$.

4. 设 $f(x)$ 是区间 (a,b) 上连续可导的函数, 令 $f_n(x) = n\left(f\left(x+\dfrac{1}{n}\right) - f(x)\right)$, 证明: 在 (a,b) 内的任意闭区间上, $f_n(x) \rightrightarrows f'(x)$.

5. 以开区间和单侧极限的形式表述并证明定理 9.2.1.

6. 以肯定的语气表述函数序列 $\{f_n(x)\}$ 在 $[a,b]$ 上不一致收敛到 $f(x)$. 用肯定的语气表述函数级数不一致收敛. 给一个处处收敛但不一致收敛的例子, 并用你的表述来验证你的例子.

7. 设 $f_1(x)$ 在区间 $[a,b]$ 上 Riemann 可积, 令

$$f_{n+1}(x) = \int_a^x f_n(t)\mathrm{d}t,$$

证明: $f_n(x) \rightrightarrows 0$.

8. 证明: 如果函数序列 $\{f_n(x)\}$ 在 $[a,b]$ 上等度连续, 并且一致有界, 则存在 $\{f_n(x)\}$ 的子序列 $\{f_{n_k}(x)\}$ 在 $[a,b]$ 上一致收敛.

9. 讨论下列函数级数在指定区间上的一致收敛性:

(1) $\sum\limits_{n=1}^{+\infty} \dfrac{\sin nx}{x+2^n}$, $-2 < x < +\infty$;　　(2) $\sum\limits_{n=1}^{+\infty} \dfrac{nx}{1+n^5x^2}$, $-\infty < x < +\infty$;

(3) $\sum\limits_{n=1}^{+\infty} \dfrac{n^2}{\sqrt{n!}}(x^n + x^{-n})$, $\dfrac{1}{2} \leqslant |x| \leqslant 2$;　　(4) $\sum\limits_{n=1}^{+\infty} x^2\mathrm{e}^{-nx}$, $0 \leqslant x < +\infty$.

10. 讨论下列函数级数在指定区间上的一致收敛性:

(1) $\sum_{n=1}^{+\infty} 2^n \sin \frac{1}{x3^n}$, $0 < x < +\infty$;　　(2) $\sum_{n=1}^{+\infty} \frac{(-1)^n}{x+n}$, $-1 < x < +\infty$;

(3) $\sum_{n=1}^{+\infty} \frac{(-1)^n}{n+\sin x}$, $-\infty < x < +\infty$.

11. 设 $\sum_{n=1}^{+\infty} a_n$ 收敛, 证明: 函数级数 $\sum_{n=1}^{+\infty} a_n \mathrm{e}^{-nx}$ 在 $[0,+\infty)$ 上一致收敛.

12. 讨论下列函数级数的和函数在指定区域上的连续性:

(1) $\sum_{k=0}^{+\infty} x^k$, $-1 < x < 1$;　　(2) $\sum_{n=0}^{+\infty} \frac{x^n}{n}$, $-1 \leqslant x < 1$;

(3) $\sum_{n=0}^{+\infty} \frac{x^n}{n^2}$, $-1 \leqslant x \leqslant 1$;　　(4) $\sum_{n=0}^{+\infty} \frac{1}{(x+n)(x+n+1)}$, $0 < x < +\infty$.

13. 问下列函数级数的和函数在什么区域上连续:

(1) $\sum_{n=1}^{+\infty} \frac{1}{(1+n^2x^2)}$;　　(2) $\sum_{n=1}^{+\infty} \frac{nx}{(1+n^4x^2)}$;　　(3) $\sum_{n=1}^{+\infty} \frac{\cos nx}{n^2}$;

(4) $\sum_{n=1}^{+\infty} \frac{\sin nx}{n\sqrt{n}}$;　　(5) $\sum_{n=1}^{+\infty} \frac{x^2}{(1+x^2)^n}$.

14. 问 a 取什么值时, 函数序列 $\{f_n(x) = n^a x \mathrm{e}^{-nx}\}$ 在区间 $[0,1]$ 上收敛? 在区间 $[0,1]$ 上一致收敛? 极限与积分 $\int_0^1 f_n(x)\mathrm{d}x$ 可交换顺序?

15. 设函数级数 $\sum_{n=1}^{+\infty} u_n(x)$ 在区间 (a,b) 上一致收敛, $u_n(x)$ 都在 $[a,b]$ 上连续, 证明: $\sum_{n=1}^{+\infty} u_n(x)$ 在 $[a,b]$ 上, 一致收敛, 和函数在 $[a,b]$ 上连续.

16. 设连续函数序列 $\{f_n(x)\}$ 在 $[a,b]$ 上一致收敛到 $f(x)$, 且 $f(x)$ 在 $[a,b]$ 上没有零点, 证明: 在 $[a,b]$ 上, $\frac{1}{f_n(x)} \rightrightarrows \frac{1}{f(x)}$.

17. 设 A 和 B 都是实数 $\mathbb{R}$ 中的子集, x_0 和 y_0 分别是 A 和 B 的聚点, 令 $A \times B = \{(x,y)|x \in A, y \in B\}$. 设 $f(x,y): A \times B \to \mathbb{R}, (x,y) \to f(x,y)$ 是定义在 $A \times B$ 上的函数, 假设存在 $z \in \mathbb{R}$, 使得对于任意 $\varepsilon > 0$, 存在 $\delta > 0$, 使得只要 $(x,y) \in A \times B$, 满足 $0 < |x-x_0| < \delta, 0 < |y-y_0| < \delta$, 就成立 $|f(x,y)-z| < \varepsilon$. 如果对于任意 $y \in B$, y 固定后, 单极限 $\lim_{x\to x_0} f(x,y) = h(y)$ 存在, 而对于任意 $x \in A$, x 固定后, 单极限 $\lim_{y\to y_0} f(x,y) = g(x)$ 收敛. 证明: 累次极限 $\lim_{x\to x_0}\lim_{y\to y_0} f(x,y)$ 和 $\lim_{y\to y_0}\lim_{x\to x_0} f(x,y)$ 都收敛并相等.

18. 设可导的函数序列 $\{f_n(x)\}$ 在 $[a,b]$ 上收敛到函数 $f(x)$, 证明: 如果导函数序列 $\{f_n'(x)\}$ 在 $[a,b]$ 上等度连续, 则 $f(x)$ 在 $[a,b]$ 上可导, 并且 $f'(x)$ 是 $\{f_n'(x)\}$ 的极限函数.

19. 证明: (1) $\sum_{n=1}^{+\infty} x^n \ln x$ 在区间 $[0,1]$ 上不一致收敛;

(2) $\sum_{n=1}^{+\infty} \dfrac{x^n \ln x}{1+\left|\ln\ln\dfrac{1}{x}\right|}$ 在区间 $[0,1]$ 上一致收敛, 但不能用控制收敛判别法.

20. 设函数级数 $\sum_{n=1}^{+\infty} u_n(x)$ 在 $[a,b]$ 上一致收敛, 并且在每一点都绝对收敛, 问 $\sum_{n=1}^{+\infty} |u_n(x)|$ 是否一致收敛?

21. 问定理 9.3.1 在开区间上是否仍然成立?

22. 设 $\{f_n(x)\}$ 是区间 $[a,b]$ 上的可积函数序列, 问怎样定义 Riemann 和 $\sum_{i=1}^{m} f_n(t_i)(x_i - x_{i-1})$ 对 $n=1,2,\cdots$ 的一致收敛性? 并给出函数序列 $\{f_n(x)\}$ 一个条件, 使得 Riemann 和一致收敛.

23. 设 $\{f_n(x)\}$ 是 $[0,+\infty)$ 上广义可积函数序列, 假定对任意 $R>0$, 序列 $\{f_n(x)\}$在 $[0,R]$ 上一致收敛. 请用 ε-δ 语言, 按照极限交换顺序基本定理的模式给极限 $\lim\limits_{n\to+\infty}\int_0^R f_n(x)\mathrm{d}x$, $\lim\limits_{R\to+\infty}\int_0^R f_n(x)\mathrm{d}x$ 一个条件, 使得由这两个极限得到的累次极限可交换顺序.

24. 为你在习题 23 中给的条件建立一个判别方法, 举一个应用你给出的判别方法的例子.

25. 将 $(0,1)$ 中所有有理数排成一个序列 $\{a_n\}$, 令 $f(x) = \sum_{n=1}^{+\infty} \dfrac{|x-a_n|}{2^n}$, 问 $f(x)$ 在 $(0,1)$ 上是否连续? 在什么点上可导?

26. 设在区间 (a,b) 上函数序列 $\{f_n(x)\}$ 和 $\{g_n(x)\}$ 都一致有界, 假定其分别一致收敛到函数 $f(x)$ 和 $g(x)$, 证明: 函数序列 $\{f_n(x)g_n(x)\}$ 在区间 (a,b) 上一致收敛到函数 $f(x)g(x)$.

27. 令 $f(x) = \sum_{n=1}^{+\infty} \dfrac{(-1)^n}{n}\mathrm{e}^{-nx^2}$, 证明: 函数 $f(x)$ 在 $(-\infty,+\infty)$ 上可导, 并且其在 $(-\infty,+\infty)-\{0\}$ 上任意阶可导.

28. 如果在区间 $[a,+\infty)$ 上广义可积的函数序列 $\{f_n(x)\}$ 在 $[a,+\infty)$ 上一致收敛到函数 $f(x)$, 问 $f(x)$ 在 $[a,+\infty)$ 上是否也广义可积? 可积时是否成立

$$\int_a^{+\infty} f(x)\mathrm{d}x = \lim_{n\to+\infty}\int_a^{+\infty} f_n(x)\mathrm{d}x?$$

29. Dini 定理对开区间是不是也成立?

30. 函数序列一致收敛的 Cauchy 准则对于开区间是否成立?

31. 关于函数级数一致收敛的 Dirichlet 判别法和 Abel 判别法对于开区间是否成立?

32. 试求 $\sum_{n=1}^{+\infty} \dfrac{n2^n}{3^n}$. (提示: 先计算 $\sum_{n=1}^{+\infty} nx^n$)

33. 求函数级数 $\sum_{n=1}^{+\infty} \dfrac{x^n}{n^2}$, 说明其成立的区域.

34. 表述并证明函数级数可逐项求导的定理.

35. 设函数序列 $\{f_n(x)\}$ 在区间 $[a,b]$ 上一致收敛到函数 $f(x)$, 且 $f_n(x)$ 在 $[a,b]$ 上无第二类间断点, 证明: $f(x)$ 在 $[a,b]$ 上无第二类间断点.

36. 将习题 35 中的第二类间断点改为第一类间断点后, 结论是否仍然成立? 证明你的判断.

37. 设函数序列 $\{f_n(x)\}$ 在 $(-\infty,+\infty)$ 上一致有界, 并且对于任意闭区间 $[a,b]$, 成立 $\lim\limits_{n\to+\infty}\int_a^b f_n(x)\mathrm{d}x = 0$. 证明: 对于任意闭区间 $[a,b]$, 以及 $[a,b]$ 上绝对可积的函数 $h(x)$, 成立 $\lim\limits_{n\to+\infty}\int_a^b f_n(x)h(x)\mathrm{d}x = 0$.

部分习题提示

第一章

1. $y_0+\mathrm{d}y=(x_0+\mathrm{d}x)^2$, $\dfrac{\mathrm{d}y}{\mathrm{d}x}=2x_0+\mathrm{d}x=2x_0$, 切线为 $y-y_0=2x_0(x-x_0)$.

2. $\dfrac{1}{3}(x^3)'=x^2$, 因此 $\displaystyle\int_0^1 x^2\mathrm{d}x=\frac{1}{3}$.

3. 应用勾股定理.

4. 以序列极限为例. A 为序列 $\{a_n\}$ 在 n 趋于无穷时的极限, 如果 $\forall\varepsilon>0$, $\exists N$, s.t. $\forall n>N$, 都成立 $|a_n-A|<\varepsilon$. 记为 $\lim\limits_{n\to+\infty}a_n=A$.

5. 令 $-S=\{-x|x\in S\}$, 则 $-S$ 的上确界就是 S 的下确界.

6. 令 $S=\left\{\dfrac{1}{2^n}\middle|n=1,2,\cdots\right\}$, 则 S 有下界, 因而有下确界, 设为 A. 如果 $A>0$, 存在 N, 使得 $\dfrac{1}{N}<A$, 但 $\dfrac{1}{2^N}<\dfrac{1}{N}<A$, 矛盾, 必须 $A=0$. $\forall\varepsilon>0$, $A+\varepsilon$ 不是 S 的下界, $\exists N$, s.t. $\dfrac{1}{2^N}<\varepsilon$ 而 $n>N$, $\dfrac{1}{2^n}<\dfrac{1}{2^N}<\varepsilon$.

7. 以上确界为例. A 是集合 S 的上确界, 如果 $\forall a\in S$, 成立 $a\leqslant A$, 并且 $\forall\varepsilon>0$, $\exists a\in S$, 满足 $a>A-\varepsilon$.

8. 利用定义 $\pi=$ 圆周长/圆直径, 得圆周长公式 $s(r)=2\pi r$, 而半径为 r 的圆盘由半径为 0 到 r 的圆周组成, 对圆周做和得圆面积 $m(r)=\displaystyle\int_0^r 2\pi t\mathrm{d}t=\pi r^2$. 而球体可以看作由圆盘组成, 因此球体积可表示为对圆盘面积做和. 由圆周公式 $x^2+y^2=t^2$, 得

$$v(r)=2\int_0^r\pi(r^2-t^2)\mathrm{d}t=2\pi\left(r^3-\frac{1}{3}r^3\right)=\frac{4\pi}{3}r^3.$$

另一方面, 球体可以看作由球面叠加而成, 即 $v(r)=\displaystyle\int_0^r u(t)\mathrm{d}t$, 其中 $u(t)$ 为半径为 t 的球面面积, 因此 $u(r)=v'(r)=4\pi r^2$.

9. 设 $\sqrt{2}=\dfrac{p}{q}$, p,q 无公因子, 得 $2q^2=p^2$, p 是偶数, 因此 q 也是偶数.

11. 例如 $\sqrt{2}$ 的分割.

12. $A=\{r_1+r_2|r_1>0,r_2>0,r_1^2<2,,r_2^2<3\}\bigcup\{r|r\leqslant 0\}$.

13. 设 $a+(-a)=0,a+(-a')=0$, 则 $-a=(a+(-a'))-a=-a'+(a-a)=-a'$.

14. $0<b-a$, 因而 $0>c(b-a)$, $ca>cb$.

15. Archimedes 原理显然, 其余部分与书中证明相同.

16. $x=x+(-x+-(-x))=(x+(-x))+-(-x)=-(-x)$.

17. 利用定义.

18. 对上类应用确界原理.

19. 利用有理数的分配律.

20. 可设 $a>1$, 令 $S=\{x\in\mathbb{R},x^3<a\}$, $S\neq\varnothing$, S 有上确界, 设为 b. 如果 $b^3<a$, 取 n 充分大, 使得 $\left(b+\dfrac{1}{n}\right)^3=b^3+3b^2\dfrac{1}{n}+3b\dfrac{1}{n^2}+\dfrac{1}{n^3}<a$, 矛盾.

24. 不妨设 $\mathbb{R}$ 是利用 Dedekind 分割给出的实数模型. 令 $F(0)=0,F(1)=1$, F 将有理数映为有理数, 进一步应用 $\mathbb{R}$ 的 Dedekind 分割和 $\mathbb{R}'$ 的确界原理, F 将实数映为实数. 由有理数的稠密性, 得 F 满足条件.

25. 设运动方程为 $s(t)$, 则速度为 $s'(t)$, 而加速度是速度变化率, 因此加速度为 $(s'(t))'$, 得 $(s'(t))'=g$, $s'(t)=gt+v$, $s(t)=\dfrac{1}{2}gt^2+vt+w$, 其中 w,v 是常数, 表示运动物体在 $t=0$ 时的初始位置和初始速度.

第二章

2. $\left|\dfrac{a_1+\cdots+a_n}{n}-A\right|\leqslant\dfrac{|a_1-A|+\cdots+|a_n-A|}{n}$, 由 $\lim\limits_{n\to+\infty}a_n=A$, 对于任意 $\varepsilon>0$, 存在 N, 当 $n>N$ 时, $|a_n-A|<\varepsilon$. 因此当 $n>N$ 时, 就成立

$$\begin{aligned}\left|\frac{a_1+\cdots+a_n}{n}-A\right|&\leqslant\frac{|a_1-A|+\cdots+|a_N-A|}{n}\\&\quad+\frac{|a_{N+1}-A|+\cdots+|a_n-A|}{n}\\&<\frac{|a_1-A|+\cdots+|a_N-A|}{n}+\frac{n-N}{n}\varepsilon.\end{aligned}$$

$n\to+\infty$ 时, 上式趋于 0. $A=+\infty$ 时结论成立, $A=\infty$ 时结论不成立.

3. 以第一个不等式为例. 设 $\inf\limits_{x\in(a,b)}[f(x)+g(x)]=A$, 对于任意 $\varepsilon>0$, 存在 $x_0\in(a,b)$, 使得 $f(x_0)+g(x_0)<A+\varepsilon$, 但 $\inf\limits_{x\in(a,b)}f(x)\leqslant f(x_0)$, $\inf\limits_{x\in(a,b)}g(x)\leqslant g(x_0)$, 因此得到

$$\inf_{x\in(a,b)}f(x)+\inf_{x\in(a,b)}g(x)<A+\varepsilon.$$

4. 设 Archimedes 原理不成立, 则存在 $a>0,b>0$, s.t. $\forall n,na<b$. 令 $a_n=na$, 则序列 $\{a_n\}$ 单调上升, 有上界 b, 因而收敛. 设 $\lim\limits_{n\to+\infty}a_n=A$, 则 $(n+1)a\leqslant A$, $na\leqslant A-a$, 矛盾.

5. 以 (1) 为例. 先证 $a_1=\sqrt{2},a_2=\sqrt{2\sqrt{2}},\cdots$, 则 $\{a_n\}$ 单调上升有上界. 设 $\lim\limits_{n\to+\infty}a_n=A$, 利用 $a_{n+1}=\sqrt{2a_n}$, 两边取极限得 $A=\sqrt{2A}$, 则 $A=2$.

6. 证明 $\{a_n\},\{b_n\}$ 单调, 取极限即可.

8. 套出一个闭区间.

9. 将集合包含在闭区间内, 1/2 等分, 留下含无穷点的部分.

*10. 去掉的区间长度和为

$$\frac{1}{3}+2\left(\frac{1}{3}\right)^2+4\left(\frac{1}{3}\right)^3+\cdots=\frac{1}{3}\left[1+\frac{2}{3}+\left(\frac{2}{3}\right)^2+\cdots\right]=\frac{1}{3}\cdot\frac{1}{1-\dfrac{2}{3}}=1.$$

留下的集合由三进制中 0, 2 组成, 与二进制中 0, 1 一一对应.

11. 对 $[a,b]$ 用开覆盖定理.

12. $[-n,n]$ 内仅含有限个集合的点, 逐步扩大, 可将集合排成一个序列.

13. 利用聚点原理的证明方法.

14. 利用确界原理或者开覆盖定理.

15. 如果 x_0 是 S' 的聚点, 则其任意邻域含 S' 中的点, 例如 y_0, 但这邻域也是 y_0 的邻域, 因而含 S 中的点, $x_0\in S'$.

16. 是. 证明与上题相同.

17. (1) 对每一个 x_n, 取一个序列趋于 x_n, 再将这可数多个序列排成一个新的序列. (2) 是.

19. 令 $a_n=(-1)^n, b_n=(-1)^{n+1}$.

20. 用反证法. 设存在 $A\in\left[\varliminf\limits_{n\to+\infty}x_n,\varlimsup\limits_{n\to+\infty}x_n\right]$, 但 A 不是 $\{x_n\}$ 的极限点, 则存在 $\varepsilon>0$, 使得 $(A-\varepsilon,A+\varepsilon)$ 内仅有 $\{x_n\}$ 的有限个点. 而 $\lim\limits_{n\to+\infty}(x_{n+1}-x_n)=0$, 因而存在 N, 当 $n>N$, $|x_{n+1}-x_n|<\varepsilon$, 取 n 充分大, 使得 x_n 在 $(A-\varepsilon,A+\varepsilon)$ 的一侧, 则 x_{n+1} 也在 $(A-\varepsilon,A+\varepsilon)$ 的同一侧, 矛盾.

21. 例如令 $x_n=(-1)^n, y_n=1$.

22. $\forall M>0, \exists n$, s.t. $|x_n|>M$.

24. $\exists M$, s.t. $\forall N,\exists n>N$, 但 $x_n<M$.

25. 用肯定的语气表述 Cauchy 准则不成立, 证明 $\dfrac{1}{n}+\cdots+\dfrac{1}{2n}>\dfrac{1}{2}$.

26. $\exists\varepsilon>0$, s.t. $\forall\delta>0$, $\exists x',x''$, 满足 $0<|x'-x_0|<\delta, 0<|x''-x_0|<\delta$, 但 $|f(x')-f(x'')|>\varepsilon$.

27. $$\big|f(x_{n+1})-f(x_n)\big|<\frac{1}{2}|f(x_n)-f(x_{n-1})|<\left(\frac{1}{2}\right)^2|f(x_{n-1})-f(x_{n-2})|<\cdots$$

$$<\left(\frac{1}{2}\right)^n|f(x_1)-x_1|.$$

因此

$$\begin{aligned}|f(x_{n+m})-f(x_n)|&\leqslant|f(x_{n+m})-f(x_{n+m-1})|+\cdots+|f(x_{n+1})-f(x_n)|\\&<\left[\left(\frac{1}{2}\right)^{n+m}+\cdots+\left(\frac{1}{2}\right)^n\right]|f(x_1)-x_1|\\&<\left(\frac{1}{2}\right)^n|f(x_1)-x_1|.\end{aligned}$$

应用 Cauchy 准则得结论.

28. 利用关系式 $\dfrac{1}{n^2}<\dfrac{1}{n(n-1)}=\dfrac{1}{n-1}-\dfrac{1}{n}$ 以及 Cauchy 准则.

29. 设存在 A 到 S 的一一对应 $F: A \to S$, 令 $V = \{x \in A | x \notin F(x)\}$, 则 V 是 A 的子集. 设 $y = F^{-1}(V)$, 如果 $y \in V$, 则 $y \notin F(y) = V$, 不成立; 如果 $y \notin V$, 则 $y \in F(y) = V$, 同样不成立.

30. $(S_1 \bigcup S_2)' = S_1' \bigcup S_2'$ 成立. 但 $\left(\bigcup\limits_{i=1}^{+\infty} S_i\right)' = \bigcup\limits_{i=1}^{+\infty} S_i'$ 不成立. 例如令 $S_i = \left\{\dfrac{1}{i}\right\}$, $S_i' = \varnothing$, 但 $\left(\bigcup\limits_{i=1}^{+\infty} S_i\right)' = \{0\}$.

31. 先说明所有 n 阶整系数多项式是可数集, 再利用可数多个可数集的并可数得所有整系数多项式构成的集合可数, 而每个多项式仅有有限个根, 所有根构成的集合可数.

32. 令 $x = \sqrt{2} + \sqrt{3}$, 则 $x^2 = 2 + 2\sqrt{2}\sqrt{3} + 3, (x^2 - 5)^2 = 24, x^4 - 10x^2 + 1 = 0$.

第三章

3. 参考序列极限的证明.

8. 参考 $\lim\limits_{n\to+\infty} \dfrac{n^k}{a^n} = 0$ 的证明.

11. 设 $x_n \to +\infty$ 不成立, 则存在 M, 使得 $\forall N, \exists n > N$, 但 $x_n < M$, 因此 $f(x_n) < f(M) < \lim\limits_{x\to+\infty} f(x)$, 矛盾.

13. 设 $f(x)$ 单调上升, 利用习题 12, $f(x)$ 在点 x_0 不收敛等价于 $\lim\limits_{x\to x_0^-} f(x) < \lim\limits_{x\to x_0^+} f(x)$, 同样由 $f(x)$ 单调, 不同的间断点得到的区间不同, 在每个区间内取一有理数, 间断点的个数少于等于有理数的个数, 间断点的个数可数.

14. 设存在 x_1, x_2, 使得 $|f(x_1) - f(x_2)| = \varepsilon_0 > 0$, 则 $|f(2^n x_1) - f(2^n x_2)| = \varepsilon_0 > 0$, 与 $\lim\limits_{x\to+\infty} f(x) = A$ 矛盾.

22. $f(x) + g(x)$ 不连续, 而 $f(x)g(x)$ 可能连续, 例如 $f(x) = 0$.

25. $\forall x > 0$, $\sqrt[2n]{x} \to 1$, $f(x) = f(\sqrt{x}) = f(\sqrt{\sqrt{x}}) = \cdots \to f(1)$.

26. $f(1) = f\left(\dfrac{q}{q}\right) = qf\left(\dfrac{1}{q}\right), f\left(\dfrac{1}{q}\right) = \dfrac{1}{q}f(1)$, $f\left(\dfrac{p}{q}\right) = \dfrac{p}{q}f(1)$. 无理数利用有理数取极限即可.

27. 设 $f(a) < c < f(b)$, 令 $S = \{x | f(x) < c\}$, 证明 $f(\sup\{S\}) = c$. 如果不存在 $x \in [a, b]$, 使得 $f(x) = c$, 构造 $[a, b]$ 的一个开覆盖, 使得在其中每一个开区间上函数都不取 c, 矛盾.

28. 证明函数 $f(x) = x^3 + px + q$ 严格单调.

29. 利用介值定理, 参考连续函数的反函数连续的证明.

30. 迭代法, 任取 x_1, 令 $x_{n+1} = f(x_n)$, 利用 Cauchy 准则证明 $\{x_n\}$ 收敛.

32. 区间等分, 上确界大的留下, 得到函数的最大值点. 取序列 $\{x_n\}$ 使得 $f(x_n) \to \sup\{f\}$, 利用 Bolzano 定理, 设 $x_n \to x_0$, 则 $f(x_0) = \sup\{f\}$.

33. 有界成立, 取到最大, 最小不成立.

34. 利用 Bolzano 定理.

35. 连续按照定义证. $g(t)$ 单调下降, 取 $x_n \to +\infty$, 使得 $f(x_n) \to \overline{\lim\limits_{x\to+\infty}} f(x)$, $g(x_n) \geqslant f(x_n)$, 因此 $\lim\limits_{x\to+\infty} g(x) \geqslant \overline{\lim\limits_{x\to+\infty}} f(x)$. 任取 $\varepsilon > 0$, 则存在 M, 使得 $x > M$ 时, $f(x) < \overline{\lim\limits_{x\to+\infty}} f(x) + \varepsilon$, 得 $g(x) \leqslant \overline{\lim\limits_{x\to+\infty}} f(x) + \varepsilon$.

37. 如果 $\lim\limits_{x\to+\infty} f(x)$ 不收敛, 则 $\overline{\lim\limits_{x\to+\infty}} f(x) > \underline{\lim\limits_{x\to+\infty}} f(x)$. 取 $\varepsilon>0$, 使得 $\overline{\lim\limits_{x\to+\infty}} f(x)-\varepsilon > \underline{\lim\limits_{x\to+\infty}} f(x)-\varepsilon$, 则按照定义并利用介值定理, 对任意 $c\in\left[\underline{\lim\limits_{x\to+\infty}} f(x)-\varepsilon, \overline{\lim\limits_{x\to+\infty}} f(x)-\varepsilon\right]$, 存在 $x_n\to+\infty$, 使得 $f(x_n)=c$. 矛盾.

38. 设 $f(x)$ 在 (a,b) 上一致连续, 则 $x\to a^+, x\to b^-$ 时 $f(x)$ 满足极限收敛的 Cauchy 准则, 因而 $\lim\limits_{x\to a^+} f(x)$, $\lim\limits_{x\to b^-} f(x)$ 收敛.

40. 反过来不成立, 例如 $\sin x$.

41. 参考习题 37 的提示.

42. 不能改为闭区间, $x\to1$ 时 $f(x)$ 的上、下极限不一定能够取到.

44. 仍然一致连续, 按照定义证.

45. $\varepsilon>0$ 给定, 取 M, 当 $x_1>M, x_2>M$ 时, $\left|\dfrac{f(x_1)-f(x_2)}{g(x_1)-g(x_2)}-A\right|<\dfrac{\varepsilon}{4}$, 而

$$f(x_2)-Ag(x_2)=\left|\frac{f(x_2)-f(x_1)}{g(x_2)-g(x_1)}-A\right|\big(g(x_2)-g(x_1)\big)+\big(f(x_1)-Ag(x_1)\big),$$

等式两边同除 $g(x_2)$, 应用绝对值不等式得

$$\left|\frac{f(x_2)}{g(x_2)}-A\right|\leqslant\left|\frac{f(x_1)-f(x_2)}{g(x_1)-g(x_2)}-A\right|\left|\frac{g(x_1)-g(x_2)}{g(x_2)}\right|+\left|\frac{f(x_1)-Ag(x_1)}{g(x_2)}\right|.$$

x_1 固定, 利用条件 $\lim\limits_{x\to+\infty} g(x)=\infty$, 可取 $M'>M$, 使得对于任意 $x>M'$, 成立不等式 $\left|1-\dfrac{g(x_1)}{g(x)}\right|<2, \left|\dfrac{f(x_1)-Ag(x_1)}{g(x)}\right|<\dfrac{\varepsilon}{2}$, 则 $x>M'$,

$$\left|\frac{f(x)}{g(x)}-A\right|\leqslant 2\left|\frac{f(x_2)-f(x_1)}{g(x_2)-g(x_1)}-A\right|+\frac{\varepsilon}{2}\leqslant\frac{\varepsilon}{2}+\frac{\varepsilon}{2}=\varepsilon,\quad \lim_{x\to+\infty}\frac{f(x)}{g(x)}=A.$$

46. $\varepsilon>0$ 给定, $|f(x)-f(x_0)|\leqslant|f(x)-f_n(x)|+|f_n(x)-f_n(x_0)|+|f_n(x_0)-f(x_0)|$, 取 N, 使得 $n>N, \forall x, |f(x)-f_n(x)|<\dfrac{\varepsilon}{3}$. 取定一个 $n>N$, $f_n(x)$ 连续, 存在 $\delta>0$, $|x-x_0|<\delta$ 时, $|f_n(x)-f_n(x_0)|<\dfrac{\varepsilon}{3}$, 因此 $|x-x_0|<\delta$ 时, $|f(x)-f(x_0)|<\varepsilon$.

47. 存在, 参考开覆盖定理的证明.

第四章

3. $x\to x_0^+$ 时 $f(x)$ 不可导, 如果对于任意 $A\in\mathbb{R}, \exists\varepsilon_0>0, \text{s.t.}\forall\delta>0, \exists x'\in(x_0,x_0+\delta)$, s.t. $\left|\dfrac{f(x')-f(x_0)}{x'-x_0}-A\right|\geqslant\varepsilon$.

4. $xD(x)$ 不可导, 其余的都可导.

5. 令 $m(r)=\inf\left\{\dfrac{f(x)}{x}\middle| x\in(0,r)\right\}, M(r)=\sup\left\{\dfrac{f(x)}{x}\middle| x\in(0,r)\right\}$, 则由条件得

$$\lim_{n\to+\infty} m\left(\frac{1}{n}\right)=\lim_{n\to+\infty} M\left(\frac{1}{n}\right)=f'(0).$$

而

$$\left(\frac{1}{n^2}+\cdots+\frac{n}{n^2}\right)m\left(\frac{1}{n}\right)\leqslant f\left(\frac{1}{n^2}\right)+\cdots+f\left(\frac{n}{n^2}\right)\leqslant\left(\frac{1}{n^2}+\cdots+\frac{n}{n^2}\right)M\left(\frac{1}{n}\right).$$

令 $n \to +\infty$, 可得结果.

8. 令 $U_n(x) = 1+x+\cdots+x^n = \dfrac{1-x^{n+1}}{1-x}$, 则 (1) $S_n(x) = U_n'(x)$; (2) $S_n(x) = (xU_n'(x))'$, 求导即可.

10. 以 (2) 为例. (2) $S_n = \sum\limits_{k=1}^{n} k\cos kx = \left(\sum\limits_{k=1}^{n}\sin kx\right)'$. 而

$$\sum_{k=1}^{n}\sin kx = \frac{\sum\limits_{k=1}^{n}\sin kx\sin\dfrac{x}{2}}{\sin\dfrac{x}{2}} = \frac{\sum\limits_{k=1}^{n}\left[\cos(k+1)x - \cos(k-1)x\right]}{2\sin\dfrac{x}{2}}$$
$$= \frac{\cos(n+x/2)-\cos x/2}{2\sin x/2},$$

求导即可.

14. $f(x)-f(x_0) = f'(x_0)(x-x_0)+o(x-x_0)$, $x(t)-x(t_0) = x'(t_0)(t-t_0)+o(t-t_0)$, 因此

$$f(x(t))-f(x(t_0)) = f'(x(t_0))(x'(t_0)(t-t_0)+o(t-t_0)) + o(x'(t_0)(t-t_0)+o(t-t_0))$$
$$= f'(x(t_0))x'(t_0)(t-t_0)+o(t-t_0),$$
$$\mathrm{d}f(x(t)) = f'(x(t_0))x'(t_0)\mathrm{d}t = f'(x_0)\mathrm{d}x, \quad \mathrm{d}^2 f = f''(x)\mathrm{d}x^2 + f'(x)\mathrm{d}^2 x.$$

如果 $\mathrm{d}^2x \equiv 0$, 则 $x = at+c$ 为一次函数, 高阶微分保持形式不变性.

17. 对 $f(x) = x^m(1-x)^n$ 在 0, 1 应用 Lagrange 中值定理.

18. 由 Lagrange 中值定理, $f(x)$ 的两个零点之间必有 $f'(x)$ 的零点.

19. 由 $\dfrac{f(x)-f(x_0)}{x-x_0} = f'(c)$, 右边的极限收敛, 则左边的极限也收敛, 并与右边极限相等, 函数在 x_0 可导, 导函数连续.

20. $f(x)-f(x+\delta) = f'(x+\theta\delta)\delta$, δ 固定, x 充分大, 右边可任意大.

21. 不正确, 因为 c 仅取了 (x, x_0) 中的一部分.

22. 对 $f(\sqrt{x})$ 应用 Lagrange 中值定理.

23. 在 $[-\infty, +\infty]$ 上证明和应用 Lagrange 中值定理.

24. 对 $\dfrac{f(x_1)-f(x_2)}{\sqrt{x_1}-\sqrt{x_2}}$ 应用 Cauchy 中值定理, 证 $x \to 0$ 时, $f(x)$ 满足 Cauchy 准则, 因而收敛.

27. 由 $\ln(1+x) = x\dfrac{1}{1+\theta x}$, 解出 $\theta = \dfrac{1}{\ln(1+x)} - \dfrac{1}{x}$, $x \to 0$ 时对右边应用 L'Hospital 法则.

31. 参考 21 题的提示.

36. 对 $(a+b\cos x)\sin x - x = o(x^5)$ 做 Taylor 展开.

37. 在 $f(x_0+h)-f(x_0) = f'(x_0+\theta h)h$ 中对 $f'(x_0+\theta h)h$ 在 x_0 做 Taylor 展开, 解出 θ, 再应用 L'Hospital 法则, 即可求得 θ 的值.

38. 分别将 $f(x)$ 在 a 点和 b 点展开, $f(b)-f(a) = \dfrac{1}{2}f''(c_1)(b-a)^2$, $f(a)-f(b) = \dfrac{1}{2}f''(c_2)(b-a)^2$, 作差得不等式.

49. 奇次多项式不能恒大于等于 0.

54. 利用 Taylor 展开证明 x_0 分别是 $f(x)$ 和 $f'(x)$ 的极值点.

55. (1) 导函数没有第一类间断, 因而不能在间断点邻域内单调.

(2) $f'(x)$ 在 x_0 点的任意邻域不单调, 则 $f''(x)$ 在 x_0 点的任意邻域内有无穷多零点, 函数的两个零点之间必有导函数的零点, 得其余结论.

58. 可设 $x \neq x_i$, 将 x 固定. 取 λ 使得 $0 = f(x) - g(x) + \lambda(x - x_0)\cdots(x - x_n)$, 令 $F(t) = f(t) - g(t) + \lambda(t - x_0)\cdots(t - x_n)$, 则 $F(t)$ 有 $n+2$ 个零点, 因而 $F^{n+1}(t)$ 至少有一个零点, 设为 c, 代入即可.

59. 等价. 如果确界原理不成立, 则存在 S, S 不空, 有上界, 但没有上确界. 取 a, b, 使得 a 不是 S 的上界, b 是 S 的上界. 在 $[a, b]$ 上定义函数 $f(x)$ 为 $f(x) = x - a$, 如果 x 不是 S 的上界; $f(x) = b - x$, 如果 x 是 S 的上界. Lagrange 中值定理对 $f(x)$ 不成立.

60. 张三在走下坡路, 而且下降的速度越来越快. 李四由向下转为向上, 只是上升的势头有所减缓.

第五章

2. Riemann 可积: $\exists A \in \mathbb{R}$, s.t. $\forall \varepsilon > 0$, $\exists \delta > 0$, $\forall \Delta : a = x_0 < x_1 < \cdots < x_n = b$, 满足 $\lambda(\Delta) < \delta$, 以及 $\forall t_i \in [x_{i-1}, x_i]$, $\left|\sum_{i=1}^{n} f(t_i)(x_i - x_{i-1}) - A\right| < \varepsilon$.

Riemann 不可积: $\forall A \in \mathbb{R}$, s.t. $\exists \varepsilon_A > 0$, $\forall \delta > 0$, $\exists \Delta : a = x_0 < x_1 < \cdots < x_n = b$, 满足 $\lambda(\Delta) < \delta$, 以及 $\exists t_i \in [x_{i-1}, x_i]$, s.t. $\left|\sum_{i=1}^{n} f(t_i)(x_i - x_{i-1}) - A\right| \geqslant \varepsilon_A$.

4. 利用凸函数的性质 $f(t_1x_1 + \cdots + t_nx_n) \leqslant t_1f(x_1) + \cdots + t_nf(x_n)$, 其中 $t_1 + \cdots + t_n = 1$, 则有

$$
\begin{aligned}
f\left(\frac{a+b}{2} - \frac{b-a}{2n}\right) &= f\left(\frac{a}{n} + \left(a + \frac{b-a}{n}\right)\frac{1}{n} + \cdots + \left(a + (n-1)\frac{b-a}{n}\right)\frac{1}{n}\right) \\
&\leqslant \left(f(a) + f\left(a + \frac{b-a}{n}\right) + \cdots + f\left(a + (n-1)\frac{b-a}{n}\right)\right)\frac{1}{n},
\end{aligned}
$$

上式两边乘 $b - a$, 令 $n \to +\infty$, 得不等式.

7. 令 $u(x) = x^2$, 考虑 $F(u(x))$.

10. $\exists \varepsilon_0 > 0$, $\forall \delta > 0$, $\exists \Delta_1 : a = x_0 < x_1 < \cdots < x_n = b, \Delta_2 : a = x'_0 < x'_1 < \cdots < x'_m = b$, 满足 $\lambda(\Delta_1) < \delta$, $\lambda(\Delta_2) < \delta$, 以及 $\exists t_i \in [x_{i-1}, x_i], s_j \in [x'_{j-1}, x'_j]$, s.t.

$$
\left|\sum_{i=1}^{n} f(t_i)(x_i - x_{i-1}) - \sum_{i=1}^{m} f(s_j)(x'_j - x'_{j-1})\right| \geqslant \varepsilon_0.
$$

11. 必要性: $f(x)$ 可积, 则 $|f(x)|$ 可积, 而 $2f^+(x) = |f(x)| + f(x), 2f^-(x) = -|f(x)| + f(x)$, 所以 $f^+(x), f^-(x)$ 可积. 充分性: $f^+(x), f^-(x)$ 可积, 由 $f(x) = f^+(x) + f^-(x)$, 所以 $f(x)$ 可积.

12. 与函数的加法不能交换顺序.

13. 按定义证.

14. 利用一致连续.

15. 利用 4.9 节例 4 中的不等式 $\sqrt[n]{a_1 \cdots a_n} \leqslant \dfrac{a_1 + \cdots + a_n}{n}$, 对区间 n 等分, 取极限.

21. 存在 $x_0 \in [a,b]$, 使得 $f(x_0)=\frac{1}{b-a}\int_a^b f(x)\mathrm{d}x$, 因此 $f(x)=f(x_0)+\int_{x_0}^x f'(t)\mathrm{d}t$, 由此得不等式.

22. 利用 Darboux 上、下和.

23. $f(x)-f(a)=\int_a^x f'(t)\mathrm{d}t=\int_a^x f'^{+}(t)\mathrm{d}t+\int_a^x f'^{-}(t)\mathrm{d}t$.

24. 按定义证.

27. $\int_a^b f(x)\mathrm{d}g(x)=\int_a^b f(x)g'(x)\mathrm{d}x$, 证明与换元公式相同.

31. 先讨论常数函数, 然后讨论阶梯函数, 可积函数用阶梯函数逼近.

33. 与换元公式证明相同.

34. 取一有间断点的单调函数, 在间断点处, 变上限积分只是单侧可导.

35. 利用 $|f(x)| \leqslant (x-a)\max\limits_{a\leqslant x\leqslant b}\{|f'(x)|\}$.

36. 分部积分.

40. 利用积分第二中值定理证明收敛的 Cauchy 准则.

41. 等价. 如果确界原理不成立, 可构造一个例子, 使 Newton-Leibniz 公式也不成立.

第七章

3. $\forall \varepsilon>0, \exists R>0$, s.t. $\forall x>R$, $\left|\int_x^{2x} f(t)\mathrm{d}t\right|<\frac{\varepsilon}{2}$, 因此 $2xf(2x)<\varepsilon$.

11. 按下极限定义证明.

14. 由积分第二中值定理, 对于 $n=1,2,\cdots$, 存在 c_n, 使得

$$\int_0^n f(x)g(x)\mathrm{d}x=f(0)\int_0^{c_n} g(x)\mathrm{d}x,$$

$\{c_n\}$ 在 $[0,+\infty]$ 中有收敛子列, 积分对积分上限连续.

18. $2|f(x)| \leqslant 1+f^2(x)$.

24. 如果 $f(x)$ 可积, 则 $f(x)$ 一定绝对可积, 得 $f(x)\sin^2 x$ 可积. 而 $\sin^2 x=(1+\cos 2x)/2$, $f(x)\sin^2 x$ 可积, $f(x)\cos 2x$ 可积, 得 $f(x)$ 可积.

25. 如果 $\lim\limits_{x\to+\infty} f(x)=0$ 不成立, 则存在序列 $c_n\to+\infty$, 使得 $\lim\limits_{n\to+\infty} f(c_n)=A\neq 0$. 设 $A>0$, 由一致连续, 存在 $\delta>0$, 使得对于 $n=1,2,\cdots$, $x\in[c_n-\delta, c_n+\delta]$, $f(x)>A/2$. 但另一方面, $f(x)$ 可积, $\forall\varepsilon>0$, 存在 $R>0$, 只要 $x_1>x_2>R$, 就成立 $\left|\int_{x_1}^{x_2} f(x)\mathrm{d}x\right|<\varepsilon$. 与 $\int_{c_n-\delta}^{c_n+\delta} f(x)\mathrm{d}x \geqslant A\delta$ 矛盾.

第八章

2. 先证 $\sum\limits_{n=1}^{+\infty}\frac{1}{n}$ 发散.

6. 利用 $a_{n+m}\leqslant a_{n+m-1}r\leqslant\cdots\leqslant a_n r^m$.

7. 利用 $a_1=a_1, a_2=a_2, a_3+a_4\geqslant 2a_4,\cdots, a_{2^{n-1}+1}+\cdots+a_{2^n}\geqslant 2^{n-1}a_{2^n}$, $a_1=a_1$, $2a_2\geqslant a_2+a_3, 4a_4\geqslant a_4+a_5+a_6+a_7,\cdots, 2^{n-1}a_{2^n}\geqslant a_{2^n}+\cdots+a_{2^{n+1}-1}$, 得 $\sum\limits_{n=1}^{+\infty}2^n a_{2^n}$ 与 $\sum\limits_{n=1}^{+\infty}a_n$ 同收敛、发散.

8. $\forall\varepsilon>0$, 由 Cauchy 准则, $\exists N_1$, 对于 $n=1,2,\cdots$, $\sum\limits_{k=N_1}^{N_1+n} na_k<\varepsilon$, $\lim\limits_{n\to+\infty} a_n=0$, $\exists N_2$, s.t. $n>N_2, a_nN_1<\varepsilon$. 因此 $m>\max\{N_1,N_2\}$, 则

$$ma_m=\left|(m-N_1)a_m-N_1a_m\right|\leqslant\left|(m-N_1)a_m\right|+\left|N_1a_m\right|<2\varepsilon.$$

9. 与证明广义积分 $\displaystyle\int_1^{+\infty}\frac{\cos x}{x}\mathrm{d}x$ 条件收敛相同.

10. 用 $\lim\limits_{x\to+\infty}\sqrt[x]{f(x)}$ 给出判别条件. 广义积分里使用的比较函数 $\dfrac{1}{x^r}$ 强于在 Cauchy 判别法里使用的比较函数 a^x.

11. 只适用于条件收敛, 例如, $\displaystyle\sum_{n=1}^{+\infty}\frac{(-1)^n}{\sqrt{n}}$ 收敛, $\displaystyle\sum_{n=1}^{+\infty}\frac{1}{n}$ 发散.

23. 令 $n=1,2,\cdots$, 让重排的和在 $\pm n$ 之间来回振荡.

24. 利用如果 $\displaystyle\sum_{n=1}^{+\infty}a_n$ 收敛, 则 $\lim\limits_{n\to+\infty}a_n=0$, 比较重排前后部分和的差.

26. 对角线排法或者矩形排法.

33. 应用微分中值定理, $f\left(\dfrac{1}{n}\right)=f'\left(\dfrac{c_1}{n}\right)\dfrac{1}{n}=f''\left(\dfrac{c_2}{n}\right)\dfrac{c_1}{n^2}$, $\displaystyle\sum_{n=1}^{+\infty}\frac{1}{n^2}$ 绝对收敛.

35. 与 Riemann 定理的证明相同.

36. 参考第二章习题 20 以及 Riemann 定理.

第九章

4. 应用微分中值定理.

7. $|f_n(x)|\leqslant\dfrac{M}{n!}(x-a)^n$.

8. 先在 $[a,b]$ 中取一个序列 $\{a_n\}$, 使得集合 $\{a_n\}$ 在区间 $[a,b]$ 中处处稠密. 证明在 $\{f_n(x)\}$ 中存在一个子列在集合 $\{a_n\}$ 上收敛, 则这一序列一致收敛.

15. 应用极限交换顺序的基本定理.

17. 需要用自己的语言按照极限交换顺序的基本定理的思路表述证明.

20. $\displaystyle\sum_{n=1}^{+\infty}\frac{(-1)^n}{n}x^n$ 在 $[0,1)$ 上不绝对一致收敛.

25. 利用极限交换顺序的基本定理证明在无理点可导, 在有理点不可导.

28. 分别考虑 $f_n(x)=\dfrac{1}{x^{\frac{n+1}{n}}}$ 和 $f_n(x)=\dfrac{1}{n}\cdot\dfrac{1}{x^{n+1}}$.

29. 不成立, 应该改为在开区间内的任意闭区间上一致收敛.

35. 应用极限交换顺序的基本定理.

36. 不成立, 例如,

$$f_n(x)=\begin{cases}\dfrac{1}{n}\sin\dfrac{x}{n}, & x>0,\\ 1+\dfrac{1}{n}\sin\dfrac{x}{n}, & x\leqslant 0.\end{cases}$$

37. 可设 b 是 $h(x)$ 的瑕点, 将 $[a,b]$ 分为 $[a,b-\delta],[b-\delta,b]$ 来讨论.

索 引

Q

R

S

T

W

X

Y

Z